U0263628

西北旱区生态水利学术著作丛书

坡地物质传输

王全九 等 著

国家自然科学基金重点项目（51239009）：黄土坡地土壤养分随地表径流流失动力机制与模拟模型

科学出版社

北 京

内 容 简 介

　　土地质量和生态环境保护日益被重视，控制农业面源污染及保护土地资源成为生态农业发展的主要研究内容。本书系统介绍农田植物截留，植物水分消耗特征，植物生长与土壤理化性质的关系，降雨、上方来、土壤及地形对坡地物质传输影响，碎石覆盖、秸秆覆盖和植被种植条件下坡地物质传输特征，土壤结构改良与坡地物质传输的关系，植被过滤带控制水土养分流失效果，以及降雨和上方来水条件下坡面水土养分流失数学模型和经验公式等方面的研究成果。全书共 8 章，包括植物生长与田间水循环、植被生长与土壤理化性质、供水特征与坡地物质传输、土壤和地形特征与坡地物质传输、土壤结构改良与坡地物质传输、地面覆盖与坡地物质传输、植被过滤带与坡地物质传输、坡地物质传输数学模型等内容。

　　本书可供从事生态环境、农业水利工程、水文与水资源、土壤物理等工作的科研、管理和教学人员参考。

图书在版编目（CIP）数据

坡地物质传输/王全九等著. —北京：科学出版社，2022.10
（西北旱区生态水利学术著作丛书）
ISBN 978-7-03-060027-1

Ⅰ.①坡… Ⅱ.①王… Ⅲ.①坡地-养分流失-研究 Ⅳ.①S158

中国版本图书馆 CIP 数据核字（2018）第 294314 号

责任编辑：祝　洁　罗　瑶／责任校对：崔向琳
责任印制：张　伟／封面设计：迷底书装

科 学 出 版 社 出版
北京东黄城根北街 16 号
邮政编码：100717
http://www.sciencep.com
北京中石油彩色印刷有限责任公司 印刷
科学出版社发行　各地新华书店经销
*
2022 年 10 月第 一 版　开本：720×1000　1/16
2022 年 10 月第一次印刷　印张：31
字数：615 000
定价：298.00 元
（如有印装质量问题，我社负责调换）

《坡地物质传输》撰写委员会

负 责 人　王全九

承担单位　西安理工大学

参加单位　中国农业大学

西北农林科技大学/中国科学院水利部水土
保持研究所

参加人员　王全九　杨培岭　王 力　樊 军　周蓓蓓
吴军虎　陶汪海　单鱼洋　苏李君

总 序 一

　　水资源作为人类社会赖以延续发展的重要要素之一，主要来源于以河流、湖库为主的淡水生态系统。这个占据着少于1%地球表面的重要系统虽仅容纳了地球上全部水量的 0.01%，但却给全球社会经济发展提供了十分重要的生态服务，尤其是在全球气候变化的背景下，健康的河湖及其完善的生态系统过程是适应气候变化的重要基础，也是人类赖以生存和发展的必要条件。人类在开发利用水资源的同时，对河流上下游的物理性质和生态环境特征均会产生较大影响，从而打乱了维持生态循环的水流过程，改变了河湖及其周边区域的生态环境。如何维持水利工程开发建设与生态环境保护之间的友好互动，构建生态友好的水利工程技术体系，成为传统水利工程发展与突破的关键。

　　构建生态友好的水利工程技术体系，强调的是水利工程与生态工程之间的交叉融合，由此生态水利工程的概念应运而生，这一概念的提出是新时期社会经济可持续发展对传统水利工程的必然要求，是水利工程发展史上的一次飞跃。作为我国水利科学的国家级科研平台，西北旱区生态水利工程省部共建国家重点实验室培育基地（西安理工大学）是以生态水利为研究主旨的科研平台。该平台立足我国西北旱区，开展旱区生态水利工程领域内基础问题与应用基础研究，解决若干旱区生态水利领域内的关键科学技术问题，已成为我国西北地区生态水利工程领域高水平研究人才聚集和高层次人才培养的重要基地。

　　《西北旱区生态水利学术著作丛书》作为重点实验室相关研究人员近年来在生态水利研究领域内代表性成果的凝炼集成，广泛深入地探讨了西北旱区水利工程建设与生态环境保护之间的关系与作用机理，丰富了生态水利工程学科理论体系，具有较强的学术性和实用性，是生态水利工程领域内重要的学术文献。丛书的编纂出版，既是对重点实验室研究成果的总结，又对今后西北旱区生态水利工程的建设、科学管理和高效利用具有重要的指导意义，为西北旱区生态环境保护、水资源开发利用及社会经济可持续发展中亟待解决的技术及政策制定提供了重要的科技支撑。

中国科学院院士　王光谦

2016 年 9 月

总　序　二

近 50 年来全球气候变化及人类活动的加剧，影响了水循环诸要素的时空分布特征，增加了极端水文事件发生的概率，引发了一系列社会-环境-生态问题，如洪涝、干旱灾害频繁，水土流失加剧，生态环境恶化等。这些问题对于我国生态本底本就脆弱的西北地区而言更为严重，干旱缺水（水少）、洪涝灾害（水多）、水环境恶化（水脏）等严重影响着西部地区的区域发展，制约着西部地区作为"一带一路"桥头堡作用的发挥。

西部大开发水利要先行，开展以水为核心的水资源-水环境-水生态演变的多过程研究，揭示水利工程开发对区域生态环境影响的作用机理，提出水利工程开发的生态约束阈值及减缓措施，发展适用于我国西北旱区河流、湖库生态环境保护的理论与技术体系，确保区域生态系统健康及生态安全，既是水资源开发利用与环境规划管理范畴内的核心问题，又是实现我国西部地区社会经济、资源与环境协调发展的现实需求，同时也是对"把生态文明建设放在突出地位"重要指导思路的响应。

在此背景下，作为我国西部地区水利学科的重要科研基地，西北旱区生态水利工程省部共建国家重点实验室培育基地（西安理工大学）依托其在水利及生态环境保护方面的学科优势，汇集近年来主要研究成果，组织编纂了《西北旱区生态水利学术著作丛书》。该丛书兼顾理论基础研究与工程实际应用，对相关领域专业技术人员的工作起到了启发和引领作用，对丰富生态水利工程学科内涵、推动生态水利工程领域的科技创新具有重要指导意义。

在发展水利事业的同时，保护好生态环境，是历史赋予我们的重任。生态水利工程作为一个新的交叉学科，相关研究尚处于起步阶段，期望以该丛书的出版为契机，促使更多的年轻学者发挥其聪明才智，为生态水利工程学科的完善、提升做出自己应有的贡献。

中国工程院院士　王　超

2016 年 9 月

总 序 三

我国西北干旱地区地域辽阔、自然条件复杂、气候条件差异显著、地貌类型多样，是生态环境最为脆弱的区域。20 世纪 80 年代以来，随着经济的快速发展，生态环境承载负荷加大，遭受的破坏亦日趋严重，由此导致各类自然灾害呈现分布渐广、频次显增、危害趋重的发展态势。生态环境问题已成为制约西北旱区社会经济可持续发展的主要因素之一。

水是生态环境存在与发展的基础，以水为核心的生态问题是环境变化的主要原因。西北干旱生态脆弱区由于地理条件特殊，资源性缺水及其时空分布不均的问题同时存在，加之水土流失严重导致水体含沙量高，对种类繁多的污染物具有显著的吸附作用。多重矛盾的叠加，使得西北旱区面临的水问题更为突出，急需在相关理论、方法及技术上有所突破。

长期以来，在解决如上述水问题方面，通常是从传统水利工程的逻辑出发，以人类自身的需求为中心，忽略甚至破坏了原有生态系统的固有服务功能，对环境造成了不可逆的损伤。老子曰"人法地，地法天，天法道，道法自然"，水利工程的发展绝不应仅是工程理论及技术的突破与创新，而应调整以人为中心的思维与态度，遵循顺其自然而成其所以然之规律，实现由传统水利向以生态水利为代表的现代水利、可持续发展水利的转变。

西北旱区生态水利工程省部共建国家重点实验室培育基地（西安理工大学）从其自身建设实践出发，立足于西北旱区，围绕旱区生态水文、旱区水土资源利用、旱区环境水利及旱区生态水工程四个主旨研究方向，历时两年筹备，组织编纂了《西北旱区生态水利学术著作丛书》。

该丛书面向推进生态文明建设和构筑生态安全屏障、保障生态安全的国家需求，瞄准生态水利工程学科前沿，集成了重点实验室相关研究人员近年来在生态水利研究领域内取得的主要成果。这些成果既关注科学问题的辨识、机理的阐述，又不失在工程实践应用中的推广，对推动我国生态水利工程领域的科技创新，服务区域社会经济与生态环境保护协调发展具有重要的意义。

中国工程院院士　胡春宏

2016 年 9 月

前　言

　　坡地水土养分流失是一个复杂的物理化学过程，受多种因素影响，涉及环境学、水文学、土壤物理、土壤化学、地下水及生态学等多种学科。水土养分流失特征不仅是研究土壤水分和养分迁移转化、产汇流和土壤侵蚀特征的基础问题，也是实现农田合理施肥、植物养分吸收与有效利用、土壤及水环境污染防治的重要内容。深入研究各种因素的作用机制，有助于更好地理解水土养分流失的内在规律，发展有效控制水土养分流失措施，实现水肥高效利用、土地资源可持续利用和生态环境保护相协调的目标。

　　自 1998 年，在沈晋教授、王文焰教授和顾慰祖研究员等悉心指导下，王全九课题组相继开展了坡地水土养分流失机制与数学模型研究工作，对坡地水土养分流失机制的理解逐步深化。本书研究内容有幸获得国家自然科学基金重点项目（51239009）资助，参加单位有西安理工大学、中国农业大学及西北农林科技大学/中国科学院水利部水土保持研究所，开展黄土坡地土壤养分随地表径流流失动力机制与模拟模型的研究成果。本书共 8 章。前言由王全九撰写；第 1 章由王全九、王力、樊军、刘艳丽、韩雪、王石言、王亚飞、杨婷、张鹏宇等撰写；第 2 章由王全九、陶汪海、柴晶、赵光旭、李虎军等撰写；第 3 章由王全九、王力、吴军虎、杨婷、陶汪海、王丽、马亚、张鹏宇、刘艳丽等撰写；第 4 章由王全九、杨培岭、王力、杨婷、王丽、邢伟民、敖畅、刘艳丽、张鹏宇等撰写；第 5 章由王全九、杨培岭、王力、周蓓蓓、吴军虎、陶汪海、王丽、敖畅、吕金榜、杨婷、刘艳丽、张鹏宇等撰写；第 6 章由王全九、吴军虎、周蓓蓓、樊军、单鱼洋、苏李君、杨婷、刘艳丽、张鹏宇、马亚、赵光旭撰写；第 7 章由王全九、赵光旭、刘艳丽、张鹏宇、柴晶、李虎军等撰写；第 8 章由王全九、吴军虎、周蓓蓓、苏李君、单鱼洋、杨婷、陶汪海、刘艳丽、张鹏宇、赵光旭、唐湘伟等撰写。全书由王全九、陶汪海和单鱼洋等整理统稿。

　　本书系统总结了作者所在课题组近年来在黄土坡地土壤养分随地表径流流失动力机制与模拟模型方面的研究成果。衷心感谢西安理工大学西北旱区生态水利工程国家重点实验室培育基地、西北农林科技大学/中国科学院水利部水土保持研究所黄土高原土壤侵蚀与旱地农业国家重点实验室、中国科学院水利部水土保持研究所神木侵蚀与环境试验站、中国科学院长武黄土高原农业生态试验站、中国农业大学农业部土壤和水重点开放实验室及内蒙古和林格尔综合实验基地的各位领导和同仁，在实验场地建设、试验条件保障方面给予研究指导和全方位帮助。特别感谢国家自然科学基金委员会及水利学科李万红主任，中国农业大学康绍忠院士、雷廷武教授、左强教授，北京师范大学杨志峰院士，中国科学院地理科学与资源研究所邵明安院士，水土保持研究所李世清研究员，西安理工大学沈冰教授、周孝德教授、罗兴锜教授、黄强教授、李占斌教授、刘云贺教授、张建丰教授、宋孝玉教授和史文娟教授，扬州大学冯绍元教授、罗纨教授和贾忠华教授，美国爱荷华州立大学 Horton 教授，美国加利福尼亚大学吴劳生教授，美国特拉华大学金妍教授，美国田纳西大学庄杰教授等在项目设计和实施过程中给予指导、帮助和支持。衷心感谢参加项目研究的工作人员，他们的艰辛努力使本书相关研究工作顺利开展，明确了坡地水土养分流失机制并构建了相关数学模型，为坡地水土养分流失控制做出了应有的贡献。

由于作者水平有限，相关问题研究有待进一步深化和完善，书中不足之处在所难免，恳请批评指正。

作　者

2021 年 11 月

目　录

总序一

总序二

总序三

前言

第1章　植物生长与田间水循环 ·· 1

　1.1　植物叶面和茎秆截留特征 ·· 1

　　1.1.1　测定方法 ··· 1

　　1.1.2　浸泡法与人工降雨法测定最大截留量 ····················· 2

　　1.1.3　最大截留量与植物特征参数的相关性 ····················· 6

　　1.1.4　植物叶片与茎最大截留量 ······························· 8

　1.2　黄土塬区小麦和玉米地的水循环特征 ·························· 8

　　1.2.1　研究方法 ··· 8

　　1.2.2　自然降雨条件下玉米冠层截留特征及影响因素 ········ 11

　　1.2.3　黄土塬区小麦和玉米地蒸散特征及主控因素 ·········· 16

　1.3　黄土塬区苹果园的水循环特征 ······························· 21

　　1.3.1　研究方法 ··· 21

　　1.3.2　苹果园降雨再分配特征 ································· 24

　　1.3.3　不同降雨年型的苹果园蒸散特征 ······················· 29

　　1.3.4　降雨和土壤入渗与蒸散的关系 ··························· 32

　1.4　水蚀风蚀交错区干燥化土壤植被恢复 ······················· 33

　　1.4.1　试验方法 ··· 33

　　1.4.2　不同植被恢复方式下土壤水分变化特征 ················ 35

　　1.4.3　多年限土地平均含水量变化特征 ······················· 35

　　1.4.4　多年限土地剖面含水量变化特征 ······················· 37

　　1.4.5　紫花苜蓿地降雨入渗和产流产沙特征 ·················· 38

　参考文献 ··· 46

第2章　植被生长与土壤理化性质 ·· 47

　2.1　植物生长特征 ·· 48

　　2.1.1　植物株高的增长特征 ································· 49

　　2.1.2　植物盖度的增长特征 ································· 50

　　2.1.3　植物地上生物量的增长特征 ······················· 51

　　2.1.4　地下生物量的增长特征 ····························· 52

　　　2.1.5 植物生长的数学模型 ……………………………………… 53
　　　2.1.6 植物的耗水特性和水分利用效率 …………………………… 57
　2.2 植物生长过程中土壤理化性质的变化特征 ……………………… 58
　　　2.2.1 土壤物理性质的变化特征 …………………………………… 58
　　　2.2.2 土壤养分含量的变化特征 …………………………………… 66
　2.3 土壤理化性质与植物生长的关系 ………………………………… 76
　　　2.3.1 土壤养分与植物生长的关系 ………………………………… 76
　　　2.3.2 土壤物理性质与地下生物量的关系 ………………………… 95
　参考文献 …………………………………………………………………… 100
第3章　供水特征与坡地物质传输 …………………………………………… 101
　3.1 雨滴动能对坡地水土养分径流流失特征的影响 ………………… 101
　3.2 降雨强度对坡地物质传输的影响 ………………………………… 104
　　　3.2.1 坡地产流产沙特征 …………………………………………… 104
　　　3.2.2 降雨强度对径流氮磷流失特征的影响 ……………………… 105
　　　3.2.3 降雨强度对土壤水分和养分含量垂直分布影响 …………… 108
　3.3 降雨雨型对坡地物质传输的影响 ………………………………… 110
　　　3.3.1 降雨雨型对坡地产流、产沙和养分流失特征的影响 ……… 110
　　　3.3.2 降雨强度发生时间对产流、产沙及养分流失特征的影响 … 112
　　　3.3.3 不同降雨雨型下单宽流量与产沙率及养分流失率的关系 … 119
　　　3.3.4 降雨雨型对坡地水流动力学特性的影响 …………………… 122
　　　3.3.5 不同降雨雨型下水蚀动力参数变化特征分析 ……………… 126
　3.4 间歇性降雨对坡地径流-土壤侵蚀-养分流失的影响 ………… 129
　　　3.4.1 间歇性降雨时坡地径流、侵蚀及养分流失的特征 ………… 129
　　　3.4.2 降雨次数对坡地径流、土壤侵蚀及养分流失总量的影响 … 135
　3.5 上方来水流量与坡地物质传输 …………………………………… 136
　　　3.5.1 产流、产沙和养分流失的特征 ……………………………… 136
　　　3.5.2 上方来水的水流动力学特征 ………………………………… 139
　　　3.5.3 水流动力学参数与径流泥沙和养分流失的关系 …………… 143
　3.6 上方来水条件下的坡地物质传输 ………………………………… 146
　　　3.6.1 植被盖度对坡地物质传输的影响 …………………………… 146
　　　3.6.2 碎石覆盖对坡地物质传输的影响 …………………………… 151
　3.7 自然降雨下的坡地物质传输 ……………………………………… 156
　　　3.7.1 降雨量与径流深的关系 ……………………………………… 156
　　　3.7.2 降雨量与侵蚀量的关系 ……………………………………… 158
　　　3.7.3 降雨强度与径流深和侵蚀量的关系 ………………………… 159
　　　3.7.4 径流泥沙和养分流失的变化特征 …………………………… 159
　　　3.7.5 径流中硝态氮与铵态氮的浓度和流失量 …………………… 161
　　　3.7.6 泥沙中氮磷含量和流失量 …………………………………… 163

参考文献 ·· 164

第 4 章　土壤和地形特征与坡地物质传输 ·· 165

　4.1　土壤质地与坡地物质传输 ··· 165

　4.2　土壤初始含水量与坡地物质传输 ·· 169

　　4.2.1　土壤初始含水量对平均入渗率及平均径流深的影响 ··············· 169

　　4.2.2　土壤初始含水量对总产沙量的影响 ····································· 170

　　4.2.3　土壤初始含水量对径流氮磷浓度的影响 ······························ 171

　　4.2.4　土壤初始含水量对土壤氮磷垂直分布的影响 ·························· 173

　　4.2.5　土壤初始含水量对氮磷径流流失率的影响 ···························· 174

　4.3　坡长与坡地物质传输 ·· 176

　　4.3.1　小尺度坡长对坡地物质传输的影响 ····································· 176

　　4.3.2　中尺度坡长对坡地物质传输的影响 ····································· 178

　4.4　坡度与水土养分流失 ·· 188

　　4.4.1　坡度对粉壤土坡地水土养分流失的影响 ······························ 188

　　4.4.2　坡度对砂壤土坡地水土养分流失的影响 ······························ 195

　4.5　坡形与坡地物质传输 ·· 197

　　4.5.1　坡形对坡地产流的影响 ·· 198

　　4.5.2　坡形对坡地产沙的影响 ·· 199

　　4.5.3　坡形对坡地养分流失的影响 ··· 200

　　4.5.4　坡形、施加 PAM 与坡地物质传输 ······································ 203

　参考文献 ··· 209

第 5 章　土壤结构改良与坡地物质传输 ·· 211

　5.1　施加 PAM 与坡地物质传输 ·· 211

　　5.1.1　坡度对 PAM 调控坡地物质传输的影响 ································ 212

　　5.1.2　PAM 施量对坡地物质传输的影响 ······································ 219

　　5.1.3　PAM 施用位置对坡地水土养分流失的影响 ···························· 235

　5.2　施加羧甲基纤维素钠对坡地土壤侵蚀及养分流失的影响 ················ 240

　　5.2.1　CMC-Na 对土壤团粒结构的影响 ·· 240

　　5.2.2　CMC-Na 施量对产流过程的影响 ·· 241

　　5.2.3　CMC-Na 施量对产沙过程的影响 ·· 242

　　5.2.4　CMC-Na 对坡地养分流失过程的影响 ··································· 244

　5.3　条施纳米碳与坡地物质传输 ··· 246

　　5.3.1　条施纳米碳对产流过程的影响 ··· 247

　　5.3.2　条施纳米碳对产沙过程的影响 ··· 250

　　5.3.3　条施纳米碳对径流养分流失过程的影响 ······························ 253

　　5.3.4　降雨强度对纳米碳施用地水土养分流失的影响 ······················ 262

　参考文献 ··· 271

第6章　地面覆盖与坡地物质传输 ·· 272

　　6.1　落叶层厚度对坡地径流养分流失的影响 ······························· 272

　　　　6.1.1　落叶层厚度对产流特征的影响 ·································· 272

　　　　6.1.2　落叶层贮水量估算 ··· 273

　　　　6.1.3　落叶层厚度对径流养分浓度的影响 ·························· 274

　　　　6.1.4　落叶层厚度对径流养分流失总量的影响 ·················· 276

　　　　6.1.5　落叶层厚度对土壤剖面养分分布的影响 ·················· 276

　　6.2　秸秆覆盖量对坡地物质传输的影响 ··································· 278

　　　　6.2.1　秸秆覆盖量对坡地水土养分流失过程的影响 ············ 278

　　　　6.2.2　秸秆覆盖量对坡地水流动力学特征的影响 ··············· 281

　　6.3　植物对坡地物质传输的影响 ·· 284

　　　　6.3.1　植物对坡地水文过程的影响 ·································· 285

　　　　6.3.2　植物对产沙过程的影响 ·· 291

　　　　6.3.3　植物对土壤养分流失的影响 ·································· 306

　　6.4　碎石覆盖对坡地物质传输的影响 ······································ 321

　　　　6.4.1　碎石覆盖对地表径流过程的影响 ·························· 321

　　　　6.4.2　碎石覆盖对土壤侵蚀的影响 ·································· 326

　　　　6.4.3　碎石覆盖对坡地水土养分流失的影响 ··················· 338

　　参考文献 ··· 341

第7章　植被过滤带与坡地物质传输 ··· 342

　　7.1　概述 ·· 343

　　7.2　植被过滤带长度对坡地物质传输的影响 ···························· 344

　　　　7.2.1　过滤带植物生长状况 ··· 344

　　　　7.2.2　植被过滤带长度对径流削减效果的影响 ·················· 344

　　　　7.2.3　植被过滤带长度对径流中吸附态氮、磷流失量的影响 ··· 345

　　　　7.2.4　植被过滤带长度对溶解态氮、磷削减效果的影响 ········ 347

　　　　7.2.5　植被过滤带长度对总氮、总磷削减效果的影响 ·········· 348

　　　　7.2.6　相关性分析 ·· 349

　　7.3　植物类型对植被过滤带径流养分削减效果的影响 ················ 349

　　　　7.3.1　不同类型植物的生长状况 ····································· 350

　　　　7.3.2　不同类型植被过滤带对径流削减效果的影响 ············ 350

　　　　7.3.3　不同类型植被过滤带对径流中吸附态氮、磷流失总量的影响 ··· 351

　　　　7.3.4　不同类型植被过滤带对溶解态氮、磷削减效果的影响 ··· 352

　　　　7.3.5　不同类型植被过滤带对总氮、总磷削减效果的影响 ····· 353

　　　　7.3.6　相关性分析 ·· 354

　　7.4　植物种植密度对径流养分削减效果的影响 ························· 355

　　　　7.4.1　不同种植密度的植物生长状况 ······························ 355

7.4.2　种植密度对径流削减效果的影响 ································· 356

7.4.3　种植密度对径流中吸附态氮、磷流失量的影响 ··············· 356

7.4.4　种植密度对溶解态氮、磷削减效果的影响 ···················· 357

7.4.5　种植密度对径流总氮、总磷削减效果的影响 ················· 358

7.4.6　相关性分析 ··· 359

7.5　植被过滤带作用下径流养分传输数学模型 ····························· 360

7.5.1　模型建立 ·· 360

7.5.2　参数确定 ·· 363

7.5.3　模型参数推求与模型评估 ·· 363

参考文献 ··· 365

第8章　坡地物质传输数学模型 ·· 367

8.1　坡地产汇流数学模型 ··· 367

8.1.1　降雨条件下坡地产汇流数学模型 ································ 367

8.1.2　上方来水条件下坡地产汇流数学模型 ························· 374

8.2　水流冲刷下的土壤侵蚀模型 ··· 403

8.2.1　坡地土壤侵蚀模型的建立 ·· 403

8.2.2　土壤侵蚀模型参数确定与准确性评估 ························· 406

8.2.3　下垫面条件对模型参数的影响 ··································· 409

8.3　土壤养分向地表径流传递的数学模型 ································· 415

8.3.1　降雨条件下土壤养分向地表径流传递的混合深度模型 ······ 415

8.3.2　基于降雨分散能力的土壤养分向径流传递模型 ·············· 428

8.3.3　水流冲刷下土壤养分向地表径流传递的有效混合深度模型 ··· 441

8.3.4　水流冲刷下土壤养分向地表径流传递的等效混合深度模型 ··· 446

8.3.5　基于水流分散能力的土壤养分向径流传递模型 ·············· 451

8.4　考虑降雨雨型影响的坡地水土养分传输数学模型 ··················· 457

8.4.1　数学模型 ·· 457

8.4.2　模型参数确定 ·· 460

8.4.3　模型评估 ·· 461

8.5　次降雨土壤硝态氮随地表径流流失的经验公式 ····················· 465

8.5.1　坡地土壤硝态氮径流流失公式的建立 ························· 465

8.5.2　经验公式参数的确定 ·· 468

8.5.3　经验公式构建与评价 ·· 472

参考文献 ··· 474

第1章　植物生长与田间水循环

植物生长与水分消耗是田间水循环的重要组成部分，研究植物生长与水分消耗过程不仅有利于分析坡地水土养分流失特征，而且是确定植被水分承载能力的基础。为了分析田间水循环特征，在陕西省神木市和长武县等地开展不同类型植物截留、植物生长与水分消耗特征的研究工作。

1.1　植物叶面和茎秆截留特征

为了对比分析不同植物叶片截留差异性，根据黄土区气候条件和植物分布类型，选择 2 种木本植物和 3 种草本植物作为供试样本，其中木本植物有酸枣和刺槐，草本植物包括大豆、玉米和紫花苜蓿。这几种植物均是黄土区广泛分布的物种，且叶面绒毛及质地特征具有代表性，其形状和长势各有特点。大豆和玉米也是该地区的典型作物，供试植物生活习性及叶片特征见表 1.1。

表 1.1　供试植物生活习性及叶片特征

植物类型	科	生活型	叶习性	叶片特征
刺槐	豆科	乔木	落叶	有蜡质，表面光滑
大豆	豆科	草本	落叶	无蜡质，表面附有稠密绒毛
紫花苜蓿	豆科	草本	落叶	有蜡质，表面有稀疏绒毛
玉米	禾本科	草本	落叶	有蜡质，表面有绒毛
酸枣	鼠李科	小乔木	落叶	有蜡质，表面光滑

1.1.1　测定方法

为了测定不同植株及其茎叶的最大截留量，选择不同生育期的植物样本，用剪刀贴地表剪下。对于乔木及灌木，在植株上、中、下三个位置取点，分别用剪刀剪取发育完全的不同枝条，迅速移回实验室测定，每个物种设 3 组重复试验。为确保降雨前样本完全干燥，降雨前的日照干燥期至少为 8d。通过平台扫描仪获取叶片标准图形，并使用 MATLAB 进行图像处理，计算叶面积。植物叶面和茎秆截留能力测定通常采用浸泡法[1-3]，浸泡法具有操作简单、方便的优点，是一种理想状态下测定叶片可吸附水量的方法。为了探讨浸泡法和人工降雨法测定植物叶片截留能力的差异，利用这两种方法分别测定不同植株及其茎和叶的最大截留量。

1）浸泡法

在实验室无风条件下，选择完整、健康且不同叶面积的叶片和不同生育期的茎，分别测定茎、叶的鲜重，将茎和叶用镊子夹住，分别浸泡在蒸馏水中 30min，取出控水 1min，待其不滴水时重新称重，吸附水量为浸泡后质量与浸泡前质量的差值。

2）人工降雨法

在实验室无风条件下，选择完整、健康且具有不同叶面积的叶片、不同生育期的茎和单株植物，分别测定单株植物、茎和叶的鲜重，利用针头式降雨器进行人工降雨试验，设计降雨强度（简称"雨强"）为 100mm/h，降雨历时（降雨时间）为 4min。一方面，较大降雨强度可使冠层快速达到最大截留量；另一方面，较短的降雨历时可减少降雨期间的蒸发[4,5]。将样本插入预先打好孔的高密度防水泡沫板上，保证降雨产生的茎秆流及时从出口排出。泡沫板上表面孔口与植株接触处用凡士林密封，防止水流损失。试样制作完毕后，将泡沫板上下表面及四周淋水，保证泡沫板降雨前后状态一致，称量试验样品初重[6,7]。叶片最大截留量为降雨前后样品质量的差值，植物特征测定指标包括株高、植株鲜重与干重、茎粗、茎高、茎鲜重与干重、叶面积、叶鲜重与干重、叶长、叶宽及叶周长。

3）计算方法

最大截留量为试验前后样本质量的差值，为了分析不同植物茎和叶截留能力的差异，分别对比分析不同叶片单位叶面积截留量及茎和叶片的截留率，具体计算公式为

$$I_P = M_1 - M_0 \qquad (1.1)$$

$$I_m = (M_1 - M_0)/S \qquad (1.2)$$

$$I_{\text{r-leaf}} = \frac{I_{\text{leaf}}}{I_P} \times 100\% \qquad (1.3)$$

$$I_{\text{r-stem}} = \frac{I_{\text{stem}}}{I_P} \times 100\% \qquad (1.4)$$

式中，I_P 为植株最大截留量(g)；I_m 为单位叶面积最大截留量(g/m^2)；M_0 为样本鲜重(g)；M_1 为样本浸水或降雨后重(g)；S 为叶面积(m^2)；$I_{\text{r-leaf}}$ 为叶片最大截留率(%)；$I_{\text{r-stem}}$ 为茎最大截留率(%)；I_{leaf} 为叶片最大截留量(g)；I_{stem} 为茎最大截留量(g)。

1.1.2 浸泡法与人工降雨法测定最大截留量

1.1.2.1 浸泡法与人工降雨法测定叶片最大截留量

叶面积是表征植物生理形态的主要指标，两种方法测定不同植物的单位叶面积

最大截留量如表 1.2 所示。人工降雨法和浸泡法测定的叶片最大截留量差异均显著（显著水平 $p<0.05$），且人工降雨法较浸泡法高 1.46%～47.46%。该结果与余开亮等[8]分别采用浸泡法和人工降雨法测定的高寒草甸冠层截留结果基本一致。由于降雨容易在叶面形成大量的水滴，当水滴尺寸小于非光滑体，水滴将填满粗糙表面的凹槽，若水滴与固体表面的接触面积较大，水滴与固体表面的作用力也较大，使叶片对水的持留能力较强。大豆、酸枣、玉米、紫花苜蓿及刺槐的单位叶面积最大截留量依次减小，浸泡法测定的单位叶面积最大截留量从刺槐的 30.08g/m² 到大豆的 122.84g/m²，人工降雨法测定的单位叶面积最大截留量从刺槐的 32.76g/m² 到大豆的 181.14g/m²。有研究显示，接触角越大，越不利于叶片持水，接触角大于 90° 为不润湿叶片，叶面持水量较小。适量稀疏绒毛有利于刺破水滴表面，诱导水滴分散成膜，但密集绒毛反而不利于叶片持水。其中，刺槐、紫花苜蓿的接触角均大于 90°，因此刺槐和紫花苜蓿的单位叶面积最大截留量相对较小，有绒毛的紫花苜蓿叶片持水量高于叶面光滑的刺槐。在试验中，将疏水性强的刺槐叶片用镊子夹住浸入水中，叶片漂浮在水面上不被润湿。王会霞[9]研究发现，蜡质叶面具有疏水性，当叶片表面蜡质层厚度减小时，水与叶面之间的黏性剪切力增大，使得水滴更易在叶片表面铺展。对于叶面接触角较小的大豆、玉米、酸枣而言，其中叶面有绒毛且无疏水性蜡质的大豆单位叶面积最大截留量最大，说明大豆叶面绒毛利于持水；玉米、酸枣的叶面均有蜡质，但叶面密被绒毛的玉米单位叶面积最大截留量较低，说明酸枣叶面蜡质含量较小，利于液滴在叶片表面铺展。在试验中，将酸枣叶片浸入水中时，水滴在叶面呈水膜状态。这些结果显示，叶面表面特征对截留量会产生较大的影响。

表 1.2　两种方法测定不同植物的单位叶面积最大截留量（单位：g/m²）

测定方法	大豆	酸枣	玉米	紫花苜蓿	刺槐
浸泡法	122.84	118.79	82.00	43.90	30.08
人工降雨法	181.14	123.13	83.20	63.67	32.76

为了进一步分析浸泡法与人工降雨法的关系，采用转换系数 a 将浸泡法与人工降雨法测定的单位叶面积最大截留量进行转换。

$$I_{\text{m-rainfall}} = aI_{\text{m-soak}} \tag{1.5}$$

式中，$I_{\text{m-rainfall}}$ 为人工降雨法测定的单位叶面积最大截留量均值(g/m²)；$I_{\text{m-soak}}$ 为浸泡法测定的单位叶面积最大截留量均值(g/m²)。

大豆、酸枣、紫花苜蓿、刺槐和玉米的转换系数 a 分别为 1.475、1.037、1.451、1.089 和 1.037，均大于 1，说明人工降雨法测定的单位叶面积最大截留量大于浸泡法的测定值。因此，在测定叶片单位面积最大截留量时，可以采用简单方便的浸泡法进行测定，再根据式（1.5）转化为更接近实际降雨状态的人工降雨法测定值。

1.1.2.2　浸泡法与人工降雨法测定茎最大截留量

采用浸泡法和人工降雨法分别测定不同植物茎最大截留量，并分析株高和茎粗与茎最大截留量的关系，对其进行相关性分析。结果表明茎最大截留量与茎粗和株高的乘积呈线性正相关关系，如图 1.1 所示。人工降雨法和浸泡法测定的茎最大截留量有显著差异（显著水平 $p<0.05$）。对比发现，浸泡法测量的茎最大截留量高于人工降雨法，与表 1.2 中单位叶面积最大截留量的试验结果相反，说明茎截留特性与叶片截留特性不同。植物截留量包括植物体吸收的水分和表面附着的水分两部分。浸泡法使茎完全浸入水中，且时间较长，更有利于样本充分吸收水分，说明茎相对叶片更容易吸收水分，其吸收的水量高于表面附着的水量，导致浸泡法测量结果明显高于人工降雨法，而叶片的截留量主要以叶片表面附着的水量为主，因此人工降雨法更利于叶片表面持留水分。

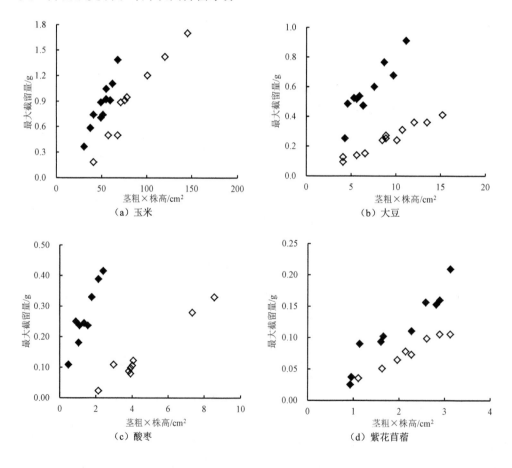

（a）玉米　　　　　　　　　　　　　（b）大豆

（c）酸枣　　　　　　　　　　　　　（d）紫花苜蓿

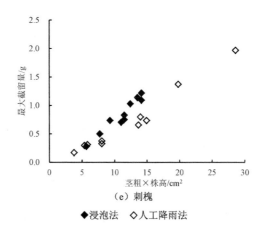

（e）刺槐

◆浸泡法　◇人工降雨法

图 1.1　不同植物茎最大截留量随茎粗与株高乘积的变化曲线

根据数据点变化趋势，采用线性函数对茎最大截留量与茎粗和株高乘积的关系曲线进行拟合，即

$$I_{stem} = \alpha(d \times H) \tag{1.6}$$

式中，I_{stem} 为茎最大截留量(g)；α 为拟合系数；d 为茎粗(cm)；H 为株高(cm)。

表 1.3 显示了植物茎最大截留量与茎粗×株高关系的拟合结果，决定系数 R^2 较高，达到显著性水平（显著水平 $p<0.01$），表明茎最大截留量和茎粗×株高之间满足很好的线性关系。拟合系数 α 反映茎截留能力受株高和茎粗影响的程度，两种方法测定的不同植物类型间 α 差异显著（显著水平 $p<0.05$）。浸泡法的拟合系数 α 高于人工降雨法，即浸泡法测得的茎最大截留量高于人工降雨法。进一步观察拟合结果可以看出，浸泡法和人工降雨法拟合系数 α 均表现为酸枣、大豆、刺槐、紫花苜蓿、玉米依次减小的趋势，说明这 5 种植物茎截留能力受株高和茎粗影响的程度逐渐减小。

表 1.3　植物茎最大截留量与茎粗×株高函数关系拟合结果

植物类型	拟合系数 α		决定系数 R^2	
	浸泡法	人工降雨法	浸泡法	人工降雨法
酸枣	0.178	0.033	0.81	0.84
大豆	0.082	0.027	0.82	0.97
刺槐	0.078	0.026	0.84	0.93
紫花苜蓿	0.058	0.025	0.90	0.96
玉米	0.017	0.011	0.81	0.89

为了进一步分析浸泡法与人工降雨法之间的关系，提出转换系数 b，实现浸泡法与人工降雨法测定结果的相互转化，关系式为

$$I_{\text{stem-rainfall}} = bI_{\text{stem-soak}} \tag{1.7}$$

式中，$I_{\text{stem-rainfall}}$为人工降雨法测定单位茎粗与株高乘积下茎最大截留量(g)；$I_{\text{stem-soak}}$为浸泡法测定单位茎粗与株高乘积下茎最大截留量(g)；b为转换系数。

刺槐、大豆、酸枣、玉米和紫花苜蓿的转换系数b分别为 0.142、0.321、0.590、0.629 和 0.697，b均小于 1，且依次增大。因此，在测定茎最大截留量时，可以采用方便简单的浸泡法进行测定，再根据式（1.7）转化为更接近实际降雨状态下的人工降雨法测定值。

1.1.3　最大截留量与植物特征参数的相关性

采用人工降雨法测定单株植物和叶片最大截留量，分析结果表明，对于完整植株而言，不同植株的株高和茎粗与植株最大截留量相关性均不明显。对于草本型的大豆、紫花苜蓿和玉米而言，单株植物最大截留量与植株鲜重呈很好的正相关关系（$R^2>0.90$），这与卓丽等[10]采用浸泡法测定草坪型结缕草冠层截留的试验结果一致。对于乔木型的酸枣和刺槐，单株植物最大截留量与植株鲜重相关性不明显。分析植株干重与植物最大截留量的关系，以及叶片的叶干重、叶面积和叶片最大截留量的关系（图 1.2）。植株的最大截留量与植株干重均呈很好的线性正相关关系，结果如图 1.2（a）所示。对比不同植物的最大截留量可以看出，大豆、酸枣、玉米、紫花苜蓿和刺槐植株的最大截留量依次降低，与表 1.2 中不同植物叶片最大截留量的大小排序结果相同，但与表 1.3 中不同植物的茎最大截留量的大小排序结果不同，说明单株植物截留降雨时叶片截留起到主要作用。对于植物叶片而言，叶片的叶长、叶宽、叶周长、叶鲜重与叶片最大截留量相关性不显著，而叶面积和叶干重与叶片最大截留量呈很好的线性正相关关系，如图 1.2（b）和（c）所示。

根据曲线变化趋势，采用线性函数对植株及叶片最大截留量与植物特征参数进行拟合，拟合结果为

$$I_{\text{P}} = \beta M_{\text{P}} \tag{1.8}$$

$$I_{\text{leaf}} = \eta M_{\text{leaf}} \tag{1.9}$$

$$I_{\text{leaf}} = \lambda S \tag{1.10}$$

式中，I_{P}为植株最大截留量(g)；I_{leaf}为叶片最大截留量(g)；M_{P}为植株干重(g)；M_{leaf}为叶片干重(g)；S为叶面积(m^2)；β、η、λ均为拟合系数，分别代表单位植株干重最大截留量、单位叶片干重最大截留量及单位叶面积最大截留量的拟合系数。

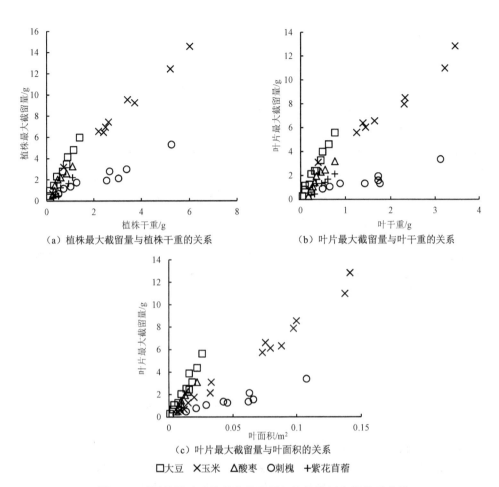

（a）植株最大截留量与植株干重的关系　　　（b）叶片最大截留量与叶干重的关系

（c）叶片最大截留量与叶面积的关系

□大豆　×玉米　△酸枣　○刺槐　＋紫花苜蓿

图 1.2　不同植株及叶片最大截留量与植物特征参数关系曲线

叶片最大截留量随叶面积及叶干重变化的拟合结果如表 1.4 所示，结果显示决定系数 R^2 较高，达到显著性水平（$p<0.01$），表现出很好的线性正相关关系。对于大豆、酸枣、玉米、紫花苜蓿和刺槐而言，系数 β、η 及 λ 均依次降低，说明其截留能力依次降低。

表 1.4　叶片最大截留量随叶面积及叶干重变化的拟合结果

植物类型	β	R^2	λ	R^2	η	R^2
大豆	4.016	0.95	194.410	0.90	7.094	0.96
酸枣	3.130	0.93	139.070	0.92	4.303	0.92
玉米	2.548	0.94	83.253	0.95	3.734	0.90
紫花苜蓿	1.269	0.87	71.054	0.90	2.629	0.86
刺槐	0.918	0.90	28.454	0.90	1.016	0.85

1.1.4 植物叶片与茎最大截留量

为了对比分析植物叶片和茎最大截留量的关系，将一株植物的茎叶分离，采用人工降雨法分别测定叶片和茎的最大截留量，分析叶片和茎的最大截留量及最大截留率，结果如表 1.5 所示。对于大豆、酸枣、玉米、紫花苜蓿而言，叶片截留率明显高于茎截留率，叶片最大截留率均在 90%左右，说明叶片截留在植株截留中起到主要作用。对于刺槐，叶片最大截留率相对较低，为 66.05%。由于刺槐叶片具有很强的疏水性，叶片最大截留量较低，相对而言茎最大截留率仍占有较大比例，为 33.95%，说明相对其他植物而言，刺槐茎在截留过程中起到较大作用。

表 1.5　不同植物叶片和茎最大截留量及最大截留率

植物类型	叶面积 S/m^2	植株最大截留量 I_p/g	叶片最大截留量 I_{leaf}/g	茎最大截留量 I_{stem}/g	叶片最大截留率 $I_{r-leaf}/\%$	茎最大截留率 $I_{r-stem}/\%$
紫花苜蓿	0.015	1.064	0.998	0.066	93.80	6.20
酸枣	0.012	1.658	1.525	0.133	91.98	8.02
大豆	0.013	2.641	2.395	0.246	90.69	9.31
玉米	0.091	8.482	7.564	0.918	89.18	10.82
刺槐	0.046	2.056	1.358	0.698	66.05	33.95

1.2　黄土塬区小麦和玉米地的水循环特征

以黄土塬区农田土壤-植被-大气连续体为研究对象，分析自然降雨条件下作物冠层截留特征、农田生态系统蒸散规律、农田土壤水分状况和农田水量平衡与其影响因素的关系，为黄土塬区农田水分管理提供科学依据。

1.2.1 研究方法

试验点选在中国科学院水利部水土保持研究所长武黄土高原农业生态试验站，位于陕西省咸阳市长武县县城以西 12km 的陕甘交界处（107°40′30″E～107°42′30″E，35°12′16″N～35°16′00″N），属暖温带半湿润半干旱大陆性季风气候，年日照时数为 2226.5h，日照百分率为 51%，年总辐射量为 48.4kJ/cm³，年均气温为 8.4℃，无霜期为 171 天。降雨年际间变化大，最大年降雨量为 813.2mm，最小年降雨量为 369.5mm，多年平均降雨量为 584.1mm，降雨主要集中在 7～9 月，约占全年降雨量的 55%以上。该地区是典型的黄土高原沟壑区，塬面海拔 1215～1226m，主要土壤类型为黏黑垆土，母质为中壤质马兰黄土，全剖面土质均匀疏松，非饱和层深厚，稳定入渗率为 1.35mm/min，田间持水量为 21%～23.8%，凋萎系数为 9%～12%。地下水埋深为 50～80m，属典型的旱作农业区。试验是在中国科学院水利部水土保持研究所长武黄土高原农业生态试验站西南方向 20m 的农田进行。选取小麦地、玉米地各 1hm²，种植品种分别为"长旱 58"和"先玉 335"，耕作方式为连作。大田管理为传统耕作法，即播种前进行翻耕，并施肥一次，播种后追肥一次，无灌溉措施。小麦生育期为当年 9 月到次年 6 月，玉米生育期为当年 4～9 月。

1.2.1.1　气象特征的测定方法

1. 降雨量的测定

降雨量由安置在距试验地 50m 的自动气象站实时观测，自动记录降雨期间每小时内的降雨量。为提高测量精度，对降雨量进行人工校正。围绕试验小区四周开阔处布置四个承雨桶（直径为 20cm，高度为 30cm）。单次降雨事件结束后 30min 内记录降雨量。

2. 相关气象要素的测定

相关气象要素均由位于距固定样地 50m 处的自动气象观测站连续监测。测定的指标主要有太阳总辐射 R_{sun}(W/m²)、风速 V(m/s)、降雨量 P(mm)、降雨历时 T(h)、空气温度 T_a(℃)和相对湿度 RH(%)等，除风速每 10min 记录一次以外，其他指标每 1h 记录一次。辐射测定包括长波、短波、净辐射，仪器安装高度为 2.5m；土壤热通量板（soil heat flux plate, HF）安装在地下 5cm；三维超声风速/温度计（R3-50, UK）和开路 CO_2/H_2O 分析仪（Li-7500, USA）安装高度为 1.86m。

1.2.1.2　作物冠层截留量的测定

1. 株高、叶面积及叶面积指数的测定

株高、叶面积测定采取量测法，叶面积通过长×宽×折算系数计算；叶面积指数为单茎叶面积×单位土地面积内茎数/单位土地面积，采用冠层分析仪每十天测定一次。

2. 茎秆流量的测定

在选定的玉米植株底部，将聚乙烯板弯曲折叠成漏斗状包裹住玉米茎秆，漏斗上口边缘距茎秆 1cm 左右，防止降雨直接落入。漏斗下部与茎秆衔接处用凡士林密封，在漏斗下部开一小孔引一根导管，降雨过程中将导管接入集水桶，使茎秆流流入集水桶内。用所测水量除以平均单株玉米占据的面积，即可折算成茎秆流量(mm)。

3. 穿透雨量的测定

在试验地作物行间随机选取 6 个点，放置长 100cm、宽 20cm、高 10cm（小麦地承雨槽规格），或长 100cm、宽 40cm、高 10cm（玉米地承雨槽规格）的长方形铁皮水槽（承雨槽），水槽边沿与水平面的夹角为 120°，保证植株体与接水槽紧密接触，使茎秆流尽量流入水槽中。单次降雨事件后的 30min 内测量承雨槽内水量(mm)即穿透雨量。

4．冠层截留量的确定

冠层截留量的计算表达式为

$$I_c = P - T_b - F_s \tag{1.11}$$

式中，I_c 为冠层截留量(mm)；P 为降雨量(mm)；T_b 为穿透雨量(mm)；F_s 为茎秆流量(mm)。

由于冬小麦植株茎秆直径平均不到 1cm，其茎秆流量在整个降雨过程中占比很小，忽略降雨过程中的小麦茎秆流量，即 $F_s = 0$；玉米植株茎秆直径较大，不能忽略。冠层截留率计算公式为

$$P_g = I_c / P \times 100\% \tag{1.12}$$

式中，I_c 为冠层截留量(mm)；P 为降雨量(mm)；P_g 为冠层截留率(%)。

1.2.1.3　蒸散量的测定

1．水量平衡法

水量平衡法是通过计算区域内水量的输入（降雨和灌溉）、输出（地表径流和蒸散）和土壤贮水量来计算蒸散量的。该方法适用范围广，可测定不同面积（几平方米至几百平方千米）的蒸散量。其特点是非均匀下垫面和任何天气条件下都可以应用，不受微气象学方法中许多条件的限制，但只能用于测定较长时段的总蒸散量，一般为一周以上的水分运动[11]。水量平衡方程可表示为[12]

$$P + I_a = ET + \Delta D_w + R_s \tag{1.13}$$

式中，I_a 为灌溉量(mm)；ET 为蒸散量(mm)；ΔD_w 为土体贮水量的变化量(mm)；R_s 为地表径流量(mm)。

一般地，对于平坦的农田，地表径流可以忽略，即 $R_s = 0$。由于本试验中的农田没有人工灌溉，即 $I_a = 0$，式（1.13）可简化为 $P = ET + \Delta D_w$。

2．涡度相关法

农田生态系统潜热和显热通量由涡度相关系统进行测定。农田通量观测场内架设高度为 1.86m，该系统由一个三维超声风速/温度计（R3-50，UK）和开路 CO_2/H_2O 分析仪（Li-7500，USA）组成，原始采样频率为 10Hz，数据采集器（CR5000X，USA）自动采集并储存。

1.2.1.4　土壤贮水量的测定

根据本地区土壤水分变化特征，本试验将农地的水分测定深度确定为 0～600cm，每块试验小区内埋设 6 根聚氯乙烯（polyvinyl chloride，PVC）材质的中子管，0～100cm 深度以每 10cm 为一个层次测定，100cm 深度之下以 20cm 为一个层次测定，使用中子仪每月上旬、中旬、下旬各测定一次。

土壤贮水量采用水层深度 D_w (cm)表示，计算公式为

$$D_w = \sum \theta_i \times h_i \tag{1.14}$$

式中，h_i 为某土壤深度(cm)；θ_i 为某土层含水量(cm^3/cm^3)。

1.2.1.5　土壤干燥化指数

利用土壤干燥化指数 S_{di}（soil desiccation index）评价土壤干燥程度，计算公式为

$$S_{di} = \left(1 - \frac{\theta - S_w}{S^* - S_w}\right) \times 100\% = \frac{S^* - \theta}{S^* - S_w} \times 100\% \tag{1.15}$$

式中，S_{di} 为土壤干燥化指数(%)；θ 为土壤含水量(cm^3/cm^3)；S_w 为凋萎湿度(cm^3/cm^3)；S^* 为植物气孔开始关闭时的土壤含水量(cm^3/cm^3)，相对应的土壤水势约为 –0.01MPa，表征植物开始受水分胁迫的临界值，以 S^* 作为判别土壤干燥化强度的上限物理意义和生物学意义比田间稳定持水量更为明确[13]。依据 S_{di} 的大小，将土壤干燥化程度分为 6 级，①若 $S_{di} < 0$，为无干燥化；②若 $0 \leqslant S_{di} < 25\%$，为轻度干燥化；③若 $25\% \leqslant S_{di} < 50\%$，为中度干燥化；④若 $50\% \leqslant S_{di} < 75\%$，为严重干燥化；⑤若 $75\% \leqslant S_{di} < 100\%$，为强烈干燥化；⑥若 $S_{di} \geqslant 100\%$，为极度干燥化。

1.2.2　自然降雨条件下玉米冠层截留特征及影响因素

降雨进入植物冠层后将进行再分配，改变冠层顶部和地表之间的水量分布。冠层截留作为土壤-植被-大气系统水文循环中不可忽略的环节，对系统各界面之间水热及其他物质的传输和分配具有重要影响，因此冠层截留特征和机理的研究一直是生态水文的前沿和热点。目前，国内外对植被冠层截留特征和规律的研究主要集中于林灌木。已有研究表明，林木冠层截留量、茎秆流量和穿透雨量随降雨强度的增加而增加，均与降雨强度呈显著的线性相关关系[14]。针对作物冠层截留这一不可忽视的水分通量，以玉米为研究对象，研究在自然降雨条件下玉米冠层降雨截留特征和分布规律，分析叶面积指数、降雨量、降雨时间、风速和饱和水汽压差等因素对作物冠层截留量的影响，以期更加合理地评价玉米对自然降雨的水分利用效率，为科学密植、提高旱作农业区作物产量及防止农耕地土壤侵蚀提供理论依据。

1.2.2.1　玉米冠层降雨截留的分配特征

表 1.6 为试验期间（2013 年 7 月 1 日～9 月 1 日）观测到的 10 场降雨事件的玉米冠层截留分配结果。10 场降雨事件中，不同降雨量级（0.1～4.9mm，5.0～14.9mm，15.0～29.9mm）下，平均穿透雨率（穿透雨量占降雨量百分比）分别为 51.2%、53.2%、55.5%，综合平均值为 53.3%。平均茎秆流率（茎秆流量占降雨量百分比）分别为 36.7%、34.7%、29.1%，综合平均值为 33.5%。平均冠层截留率（冠层截留量占降雨量百分比）分别为 12.3%、12.1%、15.3%，综合平均值为 13.2%。相关分析表明穿

透雨量、茎秆流量、冠层截留量与降雨量均呈极显著相关关系（$p<0.01$）。

表 1.6　降雨经玉米冠层截留分配结果

日期 /(月-日)	平均株高 /cm	降雨量 /mm	穿透雨量 /mm	穿透雨率 /%	茎秆流量 /mm	茎秆流率 /%	冠层截留量 /mm	冠层截留率 /%
07-01	157	2.6	1.3	50.0	1.1	42.3	0.2	7.7
07-09	172	22.2	11.7	52.7	8.1	36.5	2.4	10.8
07-10	174	16.8	9.3	55.4	5.4	32.1	2.1	12.5
07-15	188	14.6	7.6	52.1	5.3	36.3	1.7	11.6
08-01	235	1.0	0.5	50.0	0.4	34.0	0.2	20.0
08-07	236	25.2	14.1	56.0	4.2	16.7	6.9	20.1
08-24	234	2.6	1.3	49.2	0.9	33.6	0.5	19.2
08-27	235	7.2	4.0	55.6	2.3	31.9	0.9	12.5
08-28	234	2.0	1.1	55.0	0.7	35.0	0.2	10.0
09-01	234	20.6	12.0	56.8	7.0	36.6	1.6	7.8
平均值	209.9	11.5	6.3	53.3	3.5	33.5	1.7	13.2

1.2.2.2　叶面积指数和株高对冠层截留率的影响

图 1.3 显示了 2013 年 7 月 1 日～9 月 1 日 10 次降雨事件中叶面积指数和冠层截留率的变化过程曲线。结果显示叶面积指数与冠层截留率之间的变化趋势一致，在玉米生育前期，冠层截留率随着叶面积指数的增加而增加，自 2013 年 8 月 7 日（播种后 107 天），玉米处于灌浆期之后叶面积指数降低，冠层截留率也随之下降。

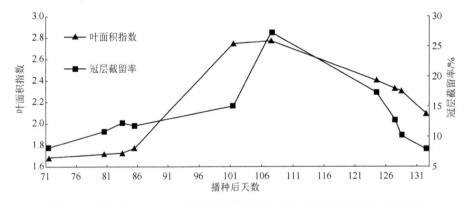

图 1.3　播种后（71～132 天）冠层截留率与玉米叶面积指数的变化过程

图 1.4 为播种后（71～132 天）玉米株高和冠层截留率之间关系。玉米在生育前期，冠层截留率随着株高的增加而增加，进入灌浆期后，株高不再变化，冠层截留率却降低。为了探讨玉米叶面积指数和株高与冠层截留率的关系，建立灌浆期前叶面积指数和冠层截留率回归方程为

$$P_{\text{g1}} = 3.5e^{0.639\text{LAI}} \tag{1.16}$$

式中，LAI 为叶面积指数；P_{g1} 为灌浆期前冠层截留率(%)。

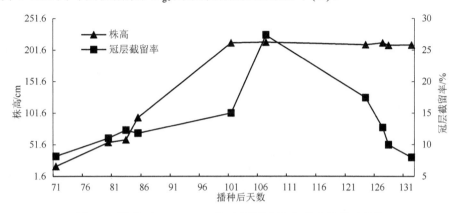

图 1.4　播种后（71～132 天）冠层截留率与株高的关系曲线

经方差检验，式（1.16）相关性达到显著水平（$p<0.05$），$R^2 = 0.70$，其次，建立灌浆期后叶面积指数和冠层截留率的回归方程为

$$P_{\text{g2}} = 0.255\text{LAI}^{4.606} \tag{1.17}$$

式中，P_{g2} 为灌浆期后冠层截留率(%)。

经方差检验式（1.17）相关性达到显著水平（$p<0.01$），$R^2 = 0.93$。从式中可知，在玉米株高不变的情况下，叶面积指数与冠层截留率的相关性较高。植物茎秆会吸收部分水分，因此株高也是影响作物冠层截留率的因素。建立冠层截留率与叶面积指数和株高之间的回归方程：

$$P_{\text{g}} = 18.616\text{LAI} - 0.135H + 1.551 \tag{1.18}$$

式中，P_{g} 为冠层截留率(%)；H 为株高(cm)。经方差检验，式（1.18）相关性达到极显著水平（$p<0.05$），$R^2 = 0.62$。

1.2.2.3　气象因子对冠层截留量的影响

自然降雨与喷灌和人工降雨相比，影响因子更加复杂。从冠层截留率与叶面积指数和株高的相关性分析来看，冠层截留率与作物的形态指标呈显著相关性（$p<0.05$），但是决定系数 $R^2 = 0.62$，不能很好地解释叶面积指数和株高对冠层截留率的影响。自然降雨环境条件下，可能有其他气象因子对作物冠层截留产生了影响。因此，将冠层截留量与风速、饱和水汽压差、降雨量、降雨强度、降雨历时等主要气象因子在小时尺度上的观测数据进行相关性分析（表 1.7）。

表 1.7　冠层截留量与气象因子的决定系数（样本数 n=10）

气象因子	风速/(m/s)	饱和水汽压差/kPa	降雨历时/h	降雨量/mm	降雨强度/(mm/h)
气象因子与冠层截留量的决定系数	0.607*	−0.559*	0.722**	0.808**	0.252

注：*表示 p<0.05；**表示 p<0.01。

上述结果表明，冠层截留量与降雨强度相关性不显著，与风速呈显著正相关关系，与降雨历时和降雨量呈极显著正相关关系，而与饱和水汽压差呈显著负相关关系。冠层截留量与降雨量、降雨历时、风速和饱和水汽压差的相关性依次降低。

1. 降雨历时对作物冠层截留量的影响

图 1.5 为冠层截留量与降雨历时的关系。从图中可以看出，冠层截留量随着降雨历时的增加而增加，呈极显著的幂函数关系。降雨历时为 16h 时，冠层截留量最大，为 6.9mm；降雨历时为 1h 时，冠层截留量最小为 0.2mm。建立冠层截留量与降雨历时的回归方程：

$$I_c = 0.172e^{0.184T} \tag{1.19}$$

式中，I_c 为冠层截留量(mm)；T 为降雨历时(h)。经方差检验，式（1.19）相关性达到极显著水平（p=0.001），R^2=0.77。

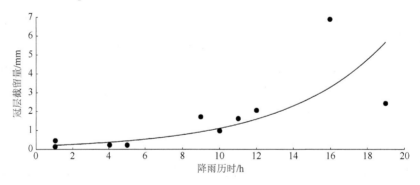

图 1.5　冠层截留量与降雨历时的关系

2. 降雨量对冠层截留量的影响

对冠层截留量与降雨量和降雨强度分别进行相关性分析，发现冠层截留量与降雨强度相关性不显著，冠层截留量与降雨量呈极显著正相关关系。下面着重研究冠层截留量与降雨量的关系。建立冠层截留量与降雨量的回归方程为

$$I_c = 0.119P^{1.025} \tag{1.20}$$

经方差检验，式（1.20）相关性达到显著水平（p<0.01），R^2=0.92。如图 1.6 所示，冠层截留量随降雨量的增加而增加。试验期内最大降雨量为 25.2mm，最大冠层截留量为 6.9mm，冠层截留率为 27.4%，冠层截留量与降雨量的关系曲线呈上升趋势。

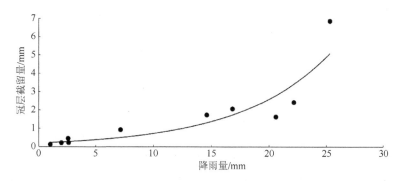

图 1.6　冠层截留量与降雨量的关系

3. 饱和水汽压差对冠层截留量的影响

饱和水汽压差反映了空气温度和相对湿度的协同效应，冠层截留量与其呈显著负相关关系。图 1.7 显示了玉米冠层截留量与饱和水汽压差的关系，随着饱和水汽压差的增大，冠层截留量降低。冠层截留量与饱和水汽压差的关系为

$$I_c = 11.059 e^{-20.12 \text{VPD}} \tag{1.21}$$

式中，VPD 为饱和水汽压差(kPa)。

经方差检验，式（1.21）相关性达到显著水平（$p<0.01$），$R^2=0.80$。

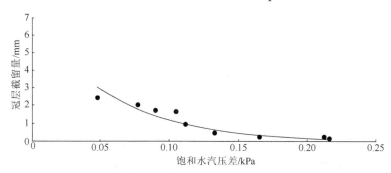

图 1.7　冠层截留量与饱和水汽压差的关系

1.2.2.4　冠层截留量与多影响因子的综合关系

通过上述研究发现，冠层截留量与降雨量的决定系数较大，而与其他因素的决定系数均不高。这可能是自然降雨事件中多种因素对作物的冠层截留量交互影响，单一因素不能完全解释。以冠层截留量为因变量，叶面积指数、株高、风速、降雨历时、降雨量和饱和水汽压差为自变量，进行多元线性回归分析，建立冠层截留量与多影响因子的综合关系模型为

$$I_c = 3.49\text{LAI} + 1.422V + 0.142T + 0.059P + 0.12r$$
$$- 4.576\text{VPD} - 0.025H - 4.969 \tag{1.22}$$

式中，I_c 为冠层截留量(mm)；LAI 为叶面积指数；V 为风速(m/s)；T 为降雨历时(h)；P 为降雨量(mm)；r 为降雨强度(mm/h)；VPD 为饱和水汽压差(kPa)；H 为株高(cm)。

经方差检验，式（1.22）相关性 $R^2=0.95$，显著水平 $p<0.01$。

1.2.3　黄土塬区小麦和玉米地蒸散特征及主控因素

蒸散是水量平衡和能量平衡的重要组成部分，也是农田生态系统水分消耗的主要途径。蒸散量（ET）主要包括土壤蒸发量（E_s）、植物蒸腾量（T_r）及冠层截留蒸发量（I_p）三个部分，受到作物类型、大气稳定度、土壤含水量及其他环境因素的影响。蒸散量的确定方法不断改进并且日趋成熟，主要有土壤水量平衡法、波文比法、同位素示踪法和涡度相关法等[15]。目前，涡度相关法的应用较为广泛，它是基于湍流交换的空气动力学原理对通量过程进行测定的一种方法。虽然易受到湍流交换的影响，但其假设条件少，可以在生态系统尺度上进行连续测量，并且大多数涡度相关系统都可以同时测定气象因子及各组分的能量，有利于分析影响因子与能量平衡各组分之间的关系。在旱作农业区，作物需水全部来自大气降雨，蒸散又是主要水分消耗途径，极易受到气象因子及下垫面因素的影响，如一些农田和果园植被稀疏区域，很大一部分蒸散来自土壤裸露区域，也有研究指出，T_r/ET 受生态系统和时间尺度的影响，年际波动在 40%～70%[16]。这表明即使在土壤水分条件受限制的环境中，植被也不能完全利用降雨，存在无效水分消耗，主要以土壤蒸发方式损失。黄土高原沟壑区是我国西部主要的旱作农业区之一，降雨量少、年际分布不均、变幅大，降雨入渗快但很难超过作物蒸散层，地下水位较深，存在土壤干层。土壤水分是限制该地区作物生长的主要因子，水资源利用率也未达到期望程度，并且对于黄土高原蒸散数据的观测积累较少。因此，研究农田蒸散变化特征及主控因素对于提高旱作农业区土壤水分利用效率、增加作物产量有重要意义，也能为黄土高原地区通量观测系统积累原始数据。本书以冬小麦、玉米为研究对象，运用涡度相关法测定农田生态系统蒸散量，分析和探讨黄土塬区农田蒸散的变化特征及主控因素，以期为科学种植，提高农田水分利用效率，维持土壤生产力的健康发展，评估农田生态系统的科学管理提供理论依据。

1.2.3.1　涡度相关法观测的能量闭合状况

系统能量平衡闭合性分析是评价涡度相关法观测数据可靠性的方法之一，本书运用最小二乘法线性回归，对试验期内降雨前水分胁迫条件下（2013 年 6 月 5 日、10 月 9 日）及降雨后无水分胁迫条件下（6 月 11 日、10 月 15 日）的显热通量与潜热通量之和（Hs+LE）与所提供能量（Rn−G）进行闭合（图1.8），所得回归直线斜率为 0.54，决定系数为 0.80，说明该站点的涡度相关法观测的数据基本可靠。

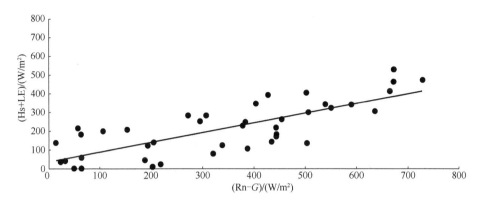

图 1.8　试验站点经质量控制后的数据能量闭合情况

LE-潜热；Hs-显热；Rn-净辐射；G-土壤热通量

1.2.3.2　土壤含水量与降雨量的关系

2013 年，研究区降雨量为 523.4mm，低于多年平均降雨量（584.1mm）10.4%，年蒸散量为 995.4mm，属干旱年。大气降雨是该地区土壤水分的主要补给源，主要集中在 7～9 月（占全年降雨量的 55%）。图 1.9 为 2013 年玉米和小麦生育期（0～600cm）农田土壤水分剖面特征变化。由图可知，0～100cm 土层土壤含水量的变异系数（coefficient of variation，CV）较大，分别为 9.61% 和 6.85%，土壤含水量的变化较为剧烈；随着土壤深度的增加，土壤水分变异系数逐渐变小，并趋于稳定。这主要是土壤（0～100cm）水分受到大气降雨、植物类型、土壤蒸发差异及蒸散等综合因素的影响较大；土层越深，土壤水分受到影响越小，土壤水分含量相对稳定。同时，图 1.10 所示的含水量与降雨量变化结果表明，0～100cm 土层土壤含水量的

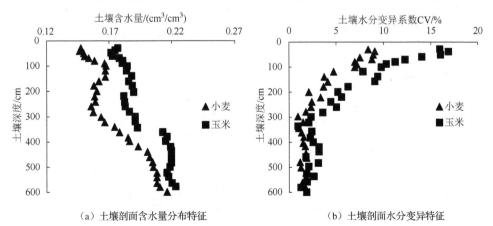

（a）土壤剖面含水量分布特征　　　　　　　（b）土壤剖面水分变异特征

图 1.9　作物生育期内农田土壤水分剖面特征变化

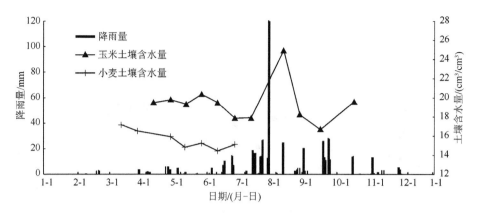

图 1.10　作物生育期内农田土壤（0～100cm）含水量与降雨量变化情况

变化情况与降雨量的变化趋势一致，降雨能够暂时补充表层土壤的分水。冬小麦为秋播夏收，整个生育期都处于当年雨季后和次年雨季前，从 4 月中旬拔节期开始，大气降雨虽然对土壤水分有所补给，但降雨偏少。冬小麦进入拔节期后耗水增加，到抽穗扬花达到耗水高峰期，因此土壤含水量总体呈下降趋势，观测期内土壤含水量最低为 0.14cm³/cm³。玉米生育期比冬小麦短（一般为当年的 4 月下旬播种，9 月上旬收获），拔节期至灌浆期一般处于当地的雨季，大气降雨较多，同时这段时期土壤水分消耗较大，土壤含水量最低为 0.16cm³/cm³，除特大降雨外（降雨量为 120.8mm），土壤含水量变化波动不大，但总体呈下降趋势。

1.2.3.3　蒸散量与降雨量的关系

图 1.11 显示了 2013 年农田日蒸散量的变化过程。从图 1.11 中可以看出，年内日蒸散量呈先增加后下降趋势，全年蒸散主要集中在 4～10 月，包含了冬小麦生长旺盛期及玉米的全生育期，日蒸散量最高可达 8.38mm/d。3 月，冬小麦返青后

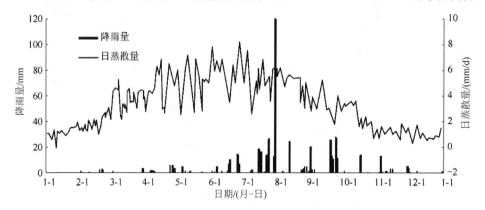

图 1.11　2013 年农田日蒸散量的变化过程

进入发育期，降雨量逐渐增加，温度升高，日蒸散量逐渐增大。9 月中下旬后，玉米收割结束，小麦刚刚播种，降雨减少，温度降低，日蒸散量随之下降。另外，降雨对于蒸散量的影响较为显著，降雨过后，土壤含水量得到补充，降雨后的日蒸散量曲线上也会出现一个峰值。

1.2.3.4　蒸散量与影响因子的关系

1. 不同天气条件下蒸散量的动态变化特征

蒸散量的时动态变化特征可以从微观角度理解蒸散的动态变化过程，因此对蒸散时动态变化过程进行观测。观测期内，每月选取代表性的两种天气（晴天，日照分辨率>60%；阴雨天，日照分辨率<20%），对蒸散量的日变化进行分析，结果发现蒸散量遵循周期性变化（日变化曲线总体呈单峰型）的同时随着天气条件的变化而变化。时蒸散的日变化波形均受到气象因子的扰动，但从总体上看阴天受到的扰动更为显著。蒸散量一般在 6:00～7:30 开始出现，随后逐渐增加。晴天条件下，蒸散量的峰值一般出现在 12:00～14:00，大多集中在 12:30 左右；阴天条件下，第一次出现蒸散量的峰值较晴天提前约 1～2h，一般出现在 10:30～11:30。蒸散量达到峰值后会出现一个相对平稳的时期，一般持续 2～5h，阴天的持续时间相对较长。随后蒸散量开始降低，6 月和 8 月 20:00 左右蒸散量在 0 附近变化，4 月和 10 月蒸散量出现 0 的时间提前，一般在 19:00 左右，夜间会出现负值，变动幅度小且平稳。另外，晴天的蒸散量均显著高于阴天。

2. 不同天气条件下环境因子对蒸散量的影响

蒸散量变化受到气象因子和下垫面的共同影响，晴天的蒸散量显著高于阴天，这是众多影响因子共同作用的结果。晴天（8 月 19 日）与阴天（8 月 17 日）两种天气条件下净辐射和土壤热通量、蒸散量的变化趋势一致，日变化具有相同的峰型，但是在时间上有所滞后。这可能是由于清晨和傍晚能量在大气层和土壤层之间的传输过程需要一定的时间。晴天条件下，大气温度、风速和饱和水汽压差的变化较为平稳，蒸散量的变化也较为平稳；阴天条件下大气温度变化较小，但风速和饱和水汽压差波动较大，蒸散量变化曲线受到的扰动较为明显。用 8 月 17 日、8 月 19 日两天数据对不同天气条件下的蒸散量与各气象因子的关系进行曲线估计拟合，选取决定系数最大者为对应的关系模型，如表 1.8 所示。

表 1.8　不同天气条件下蒸散量与各气象因子的关系模型

天气情况	气象因子	回归方程	决定系数 R^2	显著水平
晴天	土壤热通量(G)	$ET = 156.913G^3 - 122.714G^2 - 10.653$	0.89	0.0010
	净辐射(Rn)	$ET = -1956.142Rn^3 - 1242.27Rn^2 - 8.083$	0.86	0.0005
	饱和水汽压差(VPD)	$ET = -7.287VPD^2 - 11.896VPD + 0.715$	0.59	0.0012
	大气温度(T_a)	$ET = -38.907T_a^2 - 61.404T_a + 22.069$	0.56	0.0007
	风速(V)	$ET = 24.675V^3 - 88.154V^2 + 89.582V + 1.588$	0.55	0.0010

续表

天气情况	气象因子	回归方程	决定系数 R^2	显著水平
	净辐射(Rn)	$ET = 1179Rn^3 + 12539.969Rn^2 - 17.976$	0.75	0.0010
	土壤热通量(G)	$ET = 167.836G^3 + 756.718G^2 - 6.336$	0.75	0.0010
阴天	大气温度(T_a)	$ET = -24.305T_a^3 - 170.337T_a^2 + 21.935$	0.20	0.0070
	风速(V)	$ET = 4.414V^2 - 91.732V + 1.058$	0.13	0.0480
	饱和水汽压差(VPD)	$ET = -3.536VPD^2 - 37.182VPD + 0.347$	0.11	0.0840

晴天条件下，蒸散量与各气象因子相关性都极为显著，其决定关系为土壤热通量>净辐射>饱和水汽压差>大气温度>风速。阴天条件下，蒸散量与各气象因子的决定关系为净辐射=土壤热通量>大气温度>风速>饱和水汽压差。可见无论在哪种天气条件下，蒸散量与净辐射和土壤热通量的相关性均最显著。阴天条件下，大气温度偏低，土壤热通量总体偏小，其他气象因子变动较大，这也是蒸散曲线变化波动性较大的直接原因。为了阐明气象因子对蒸散量的复合影响，以蒸散量为因变量，各气象因子为自变量，采用多元线性逐步回归分析法，得到多元回归模型（表1.9）。

表1.9　不同天气条件下蒸散量与气象因子的多元回归模型

天气情况	回归方程	决定系数 R^2	显著水平
晴天	$ET = 0.833Rn + 0.513T_a - 0.333V - 0.486$	0.93	0.0010
阴天	$ET = 0.858Rn + 0.219VPD - 0.001$	0.75	0.0012

表1.9中两个回归方程反映了两种天气条件下净辐射均为控制蒸散量最主要的因素。晴天条件下蒸散速率还受到大气温度和风速的影响，大气温度能够影响叶片气孔开放程度，进而增加叶片的生理活动。另外，作物从土壤中吸收水分，要有足够大的根压才能实现；温度对根压起决定性的作用，而风速能够加速土壤蒸发作用。阴天条件下的蒸散还受到饱和水汽压差的影响，饱和水汽压差反应的是大气温度与相对湿度的协同作用。两个方程没有反映出土壤热通量对蒸散量的影响，净辐射为土壤热通量的能量来源，未在方程中体现，可能是由于土壤水分含量较高，土壤热通量变化不明显。

3. 不同土壤水分条件下蒸散量变化特征

选取研究期内农田处于水分胁迫条件下两个典型日（6月5日和10月9日）和无水分胁迫条件下两个典型日（6月11日和10月15日）的时蒸散量进行对比。其中，6月8日～6月10日降雨量为20.2mm，10月14日降雨量为14.5mm，使得表层土壤水分得到明显补充。6月5日和10月9日反映了农田表层土壤水分亏缺条件下农田蒸散量的日变化过程，6月11日和10月15日反映了农田表层土壤水分供应相对充足条件下农田蒸散量的日变化过程。在大气温度和风速等指标相近的条件下，比较四个典型日的蒸散量变化过程，农田水分亏缺和水分供应相对充足条件下蒸散量的日变化存在一定的差异，主要表现为两点：第一，无水分胁迫条件下的时蒸散量高于水分胁迫条件。6 月 5 日～6 月 11 日正处于冬小麦的抽穗扬花期，耗水量较高，表层土壤水分得到补充后的蒸散量是水分胁迫条件下的 0.7 倍。10 月 9 日～10 月 15 日作物已经收割完成，此时的蒸散量主要来自土壤蒸发，表层土壤水分得到补充后的蒸散量是水分胁迫条件下的 2.8 倍。第二，无水分胁迫条件下"蒸散高地"的持续时间较水分胁迫条件下短，表现为蒸散量达到一个峰值后，蒸散量曲线斜率突然变化，在两个拐点之间的蒸散量保持某个相对稳定的高值，无水分胁迫日（6 月 5 日和 10 月 9 日）的"蒸散高地"持续时间大约为 2h，水分胁迫日（6 月 11 日和 10 月 15 日）"蒸散高地"持续时间分别为 3h 和 5h。可见土壤含水量对农田蒸散量有显著的影响。

1.3　黄土塬区苹果园的水循环特征

长武县光照充足、海拔高、温差大，是我国苹果最佳适生区之一。中国农业科学院果树研究所在全国苹果区划报告中指出，以陕西渭北旱塬为代表的西北黄土高原是 7 项指标全部达标的苹果适生区，其中包括长武县。自 20 世纪 90 年代，随着农村产业结构不断调整，加之实施退耕还林工程，长武县耕地大量转为苹果园，苹果产业已成为全县经济发展与农业生产的支柱产业。

1.3.1　研究方法

研究区域同样选择在中国科学院水利部水土保持研究所长武黄土高原农业生态试验站王东沟小流域，主要树种有油松、刺槐等；农林作物主要是苹果经济林、小麦与玉米等，主要分布在塬面上。

1.3.1.1　试验样地

本研究在中国科学院长武黄土高原农业生态试验站的四块试验样地进行长期监测试验，研究对象分别为苹果园幼林、苹果园成林。两块果园试验样地均呈南北走向，长为 70m，宽为 16m，面积为 1120m^2，果树品种为红富士。幼林果园平均树高为 3.0m，平均冠幅为 3.2m，平均胸径为 8cm，株行距为 3.5m×4.0m，林分密度为 720 株/hm^2；成林果园平均树高为 3.5m，平均冠幅为 4.5m，平均胸径为 14cm，株行距为 3.5m×4.0m，林分密度为 720 株/hm^2。林内地势平坦，无灌溉水输入；果园的培育及管理模式均采取当地常规方法，定期进行病虫害防治，保墒追肥，清除杂草，适时拉枝剪梢与套袋。

1.3.1.2　试验方法

1. 数据采集

试验样地的气象数据由距固定样地 50m 处的自动气象观测站连续监测而得，测定的指标主要有太阳总辐射强度 R_{sun}(W/m^2)、空气温度 T_a(℃)、相对湿度 RH(%)、风速 V(m/s) 和降雨量 P(mm) 等指标，每 1h 记录一次。采用地温计与普通温度计相结合的方式，每日进行三次（8:00、14:00、20:00）不同深度（0cm、5cm、10cm、15cm、20cm、25cm）的土壤温度数据采集。在苹果林的一个生长季内，使用冠层分析仪（LAI-2000），每隔 8~10 天进行叶面积指数的采集。

2. 降雨年型划分

本书采用常用降雨年型标准划分降雨年型[17,18]。

丰水年：

$$P_i > \overline{P} + 0.33\delta \tag{1.23}$$

枯水年：

$$P_i < \overline{P} - 0.33\delta \tag{1.24}$$

式中，P_i 为当年降雨量(mm)；$\overline{P}$ 为多年平均降雨量(mm)；δ 为多年降雨量的均方差(mm)。根据长武地区 1957~2006 年多年降雨资料计算得出降雨均方差为 133.3mm，年降雨量小于 540.0mm 为枯水年，大于 628.0mm 为丰水年。

3. 冠层截留量测定

基于水量平衡原理，进行林分冠层截留量的测定。在单次降雨事件中，降雨量减去苹果林地穿透雨量和茎秆流量，所得差值即为该降雨时段被林冠表面截留的雨量，冠层截留量计算公式为

$$I_c = P - T_b - F_s \tag{1.25}$$

式中，I_c 为冠层截留量(mm)；P 为降雨量(mm)；T_b 为林地穿透雨量(mm)；F_s 为茎秆流量(mm)。

降雨量由距试验样地 50m 处的自动气象观测站对降雨连续监测获得，每小时记录一次。为保证降雨数据连续性，在试验林地外空旷处放置简易雨量筒，在单次降雨事件结束 30min 内观测降雨量；人工记录降雨起止时间，计算降雨时间。

林地穿透雨量测量是在试验林地内随机布设 10 个铁质不漏水的简易雨量筒（内径 20cm，高度 30cm）。在单次降雨事件结束后 30min 内称量简易雨量筒内收集的穿透雨量质量，做好数据记录，后期数据处理时将穿透雨量的质量换算成单位面积上的水量深度。

在试验林地内选择 10 株标准果树进行茎秆流量的测量。首先，将橡胶管沿剖面

直径纵向剖开。其次，将一分为二的橡胶管，依次呈螺旋状地缠绕于果树地上 50cm 的主干上。为了保证茎秆流量能够全部被收集，使橡胶管在每株果树主干上至少缠绕 2 圈，并使橡胶管上沿与树干接触处敞开，用玻璃胶密封橡胶管下沿与树干接触处，保证下沿不漏水。最后，将橡胶管下端导入细口承接容器（容积为 10L 的塑料桶），对降雨过程中沿树干流下的水量进行收集。降雨结束后 30min 内，称量收集的茎秆流量质量，并做好记录。

　　试验地内的土壤蒸发量用小型土壤蒸发皿测定。在苹果林行距与株距之间随机选择 10 个点，每个点上安置一个小型土壤蒸发皿（PVC 管，内径为 11cm，高度为 15cm，下沿打磨成刃状）并编号，在蒸发皿上沿加垫一块木板，用木锤垂直打入土壤表层，使其上沿与地表平齐；然后挖出蒸发皿，顺着下沿削平去掉多余土壤，蒸发皿底部安装铁质圆形底盖，用胶带纸粘贴牢固；最后，将蒸发皿外部擦拭干净，置于电子秤上称重，记录质量后重新埋入地表，使之与地表平齐。每天早晨 8:00 将蒸发皿取出，称重后，按原状埋于原处，相邻两天蒸发皿质量的差值即当天的蒸发量，按照蒸发皿的口径换算为单位面积上的蒸发量。视蒸发强度状况，一般每隔 3～5 天，按上述步骤对蒸发皿进行彻底换土后继续测定。

　　果树蒸腾估算采用美国生产的 FLGS-TDP 插针式植物茎流计，所用的探针型号为 TDP-10，探针长 10mm，探针头直径为 1.2mm。双探针易插拔，可反复使用。恒温加热，采用热扩散方法，可以连续测量。试验林地内选择 8 株标准果树，用数据采集器 CR1000（UN）和 PC 400 来调节茎流计的工作电压和检测热电偶，每 60s 获取一次数据并记录 0.5h 的平均值，在试验期间连续不间断地进行测量。在选定的果树主干南北两侧各安装一个茎流计探针，连接到数据采集器，自动连续记录两探针间的温度差，5min 采集一次数据，10min 内对两个数据进行平均并储存；用生长锥确定果树测定位置的边材面积。Granier[19]定义了一个无量纲参数 K 用于消除液流速率为零时的温差，并建立了 K 与实际液流速率 $V_\text{实}$ 的关系，进而利用被测木的边材面积 A 计算被测木的边材液流通量 ξ。

　　水量平衡法的蒸散量估算是将果园地上部分及 0～600cm 土壤综合体看作一个完整黑箱，基于水量平衡原理，进行半月尺度蒸散量估算。

　　土壤含水量测定是在试验苹果林矩形样地内随机布设 6 个土壤水分监测点，利用中子仪于每月 15 日和 30 日（2 月为当月最后一天）对土壤水分进行监测。本试验土壤水分测量深度为 600cm，0～100cm 阶段土层按每 10cm 测定一次，100～600cm 的土层按每 20cm 记录读数一次，并与土壤容重结合，计算每个土壤水分监测点土壤含水量，用 6 个监测点数据的平均值来表示同时期的土壤平均含水量，采用土钻法对土壤水分中子仪测定值进行校准。

土壤干燥程度评级是以土壤稳定湿度作为土壤干燥化的上限指标，凋萎湿度作为下限指标，利用式（1.15）计算土壤干燥化指数 S_{di}，分别对 9 龄果园（苹果园幼林）和 19 龄果园（苹果园成林）的土壤干燥程度进行定量评级。

1.3.2　苹果园降雨再分配特征

林木冠层直接参与土壤-植物-大气连续体水分循环，在区域水文循环过程中起重要作用，是森林水文学研究热点之一。黄土高原旱塬区生态脆弱，属水土易流失地区，为利用苹果林的经济效益和生态效益，在该地区可持续发展规划中，将苹果列为主要造林树种之一。本小节将着重分析降雨量级分布对降雨再分配的影响，各水文分量与林外降雨关系，以及相同雨量级果园不同生长时期的水文分量变化规律，研究结果将对苹果经济林的可持续经营和生态保护具有重要意义。

1.3.2.1　冠层降雨再分配特征

2014～2015 年，试验期共观测到 54 场降雨事件，其中有效降雨 48 场，林外累积降雨总量为 706.4mm。当降雨到达苹果树冠层，降雨发生重新分配，主要分为穿透雨量、茎秆流量和冠层截留量三部分。结果显示降雨再分配过程中，穿透雨量最大，冠层截留量次之，茎秆流量最小。苹果园成林的累积穿透雨量为 568.1mm，茎秆流量为 20.5mm，冠层截留量为 117.8mm，分别占总降雨量的 80.4%、2.9% 和 16.7%；苹果园幼林的累积穿透雨量为 588.7mm，茎秆流量为 11.8mm，冠层截留量为 105.9mm，截留量分别占总降雨量的 83.3%、1.7% 和 15.0%。所有有效降雨事件中，苹果园成林与幼林的穿透雨率最小值分别为 46.2% 和 45.1%，最大值分别为 97.2% 和 98.1%，但是无论成林还是幼林的穿透雨率，主要集中在 65.5%～95.5%；苹果园成林与幼林的树干茎流率变化幅度分别为 0.7%～2.2% 和 0.8%～2.1%；苹果园成林与幼林的冠层截留率变化幅度分别为 0.9%～53.1% 和 0.4%～43.5%。试验观测得到苹果园成林的穿透雨量比幼林少 20.6mm，而苹果园成林的冠层截留量比幼林多 11.9 mm；同时，苹果园成林相对于幼林的穿透雨率低，冠层截留率高，这是因为苹果园成林的郁闭程度相对于幼林较大，枝叶比幼林更繁茂，有利于截获降雨，而幼林更有利于穿透雨的形成。

1.3.2.2　林木穿透雨特征

利用线性方程和二次多项式方程分别拟合苹果园成林和幼林穿透雨量与降雨量间的关系，如图 1.12 和图 1.13 所示。

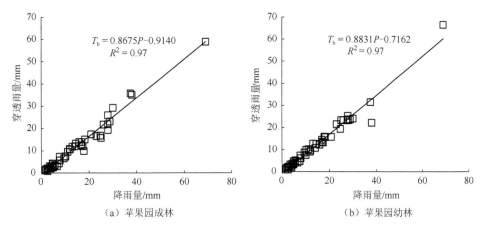

图 1.12　线性方程模拟穿透雨量与降雨量的关系

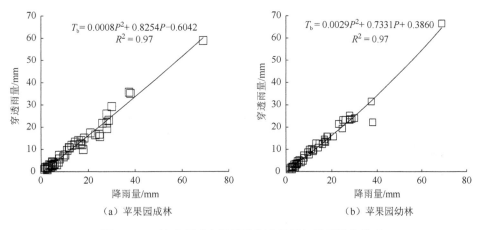

图 1.13　二次多项式方程模拟穿透雨量与降雨量的关系

苹果园成林线性方程：

$$T_b = 0.8675P - 0.9140, \quad R^2 = 0.97, \quad n = 48 \qquad (1.26)$$

苹果园幼林线性方程：

$$T_b = 0.8831P - 0.7162, \quad R^2 = 0.97, \quad n = 48 \qquad (1.27)$$

苹果园成林二次多项式方程：

$$T_b = 0.0008P^2 + 0.8254P - 0.6042, \quad R^2 = 0.97, \quad n = 48 \qquad (1.28)$$

苹果园幼林二次多项式方程：

$$T_b = 0.0029P^2 + 0.7331P + 0.3860, \quad R^2 = 0.97, \quad n = 48 \qquad (1.29)$$

式中，n 为有效降雨场次。

结果显示，无论是苹果园成林还是幼林，二次多项式方程对果园穿透雨量与降雨量间关系的决定系数等于线性方程的决定系数；两种拟合情况均揭示出穿透雨量随着降雨量的增大而增加。线性方程表明穿透雨量与降雨量的增加趋势相同，而二次多项式方程则表明穿透雨量的增加随着降雨量的增加呈现出逐渐加快的趋势。已有研究认为，关于苹果林的穿透雨量和林外降雨量的关系，在降雨量较小的情况下用线性方程拟合比较近似，在降雨量较大的情况下用二次多项式表达结果更佳[18]。本试验对比线性方程和二次多项式统计模型发现，后者与前者具有相似的拟合度，两种统计方程均能准确表达穿透雨量和林外降雨量之间的关系。

1.3.2.3　树干茎流特征

利用线性方程和二次多项式方程分别拟合苹果园成林和幼林茎秆流量与降雨量间关系，如图 1.14 和图 1.15 所示。

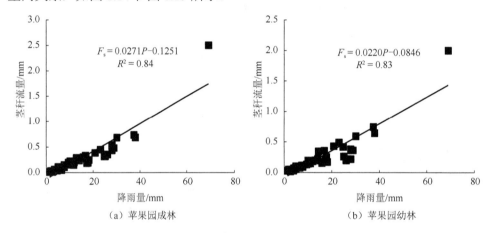

（a）苹果园成林　　　　　　　　　　（b）苹果园幼林

图 1.14　线性方程模拟茎秆流量与降雨量的关系

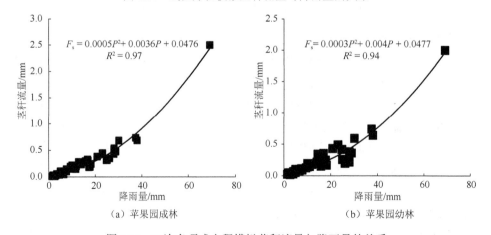

（a）苹果园成林　　　　　　　　　　（b）苹果园幼林

图 1.15　二次多项式方程模拟茎秆流量与降雨量的关系

苹果园成林线性方程：

$$F_s = 0.0271P - 0.1251, \quad R^2 = 0.84, \quad n = 48 \tag{1.30}$$

苹果园幼林线性方程：

$$F_s = 0.0220P - 0.0846, \quad R^2 = 0.83, \quad n = 48 \tag{1.31}$$

苹果园成林二次多项式方程：

$$F_s = 0.0005P^2 + 0.0036P + 0.0476, \quad R^2 = 0.97, \quad n = 48 \tag{1.32}$$

苹果园幼林二次多项式方程：

$$F_s = 0.0003P^2 + 0.004P + 0.0477, \quad R^2 = 0.94, \quad n = 48 \tag{1.33}$$

结果显示，茎秆流量占降雨量的比例较小，苹果园成林和幼林的二次多项式方程对果园茎秆流量与降雨量关系的决定系数均高于线性方程的决定系数；降雨期间茎秆流量的实际情况与穿透雨量类似，茎流产生之前果树树冠枝叶首先截留吸附降雨，只有当树冠的截留吸附达到一定的饱和程度，后续的降雨才会形成穿透雨和树干茎流。因此，在降雨发生初期，随降雨的增大，茎秆流量增加的趋势相对平缓；随着果树树冠截留吸附逐渐达到饱和，更多的降雨不能被冠层截留蓄集而产生了树干茎流，此时，茎秆流量随降雨量增大而增加的趋势加快。

1.3.2.4　冠层截留特征

苹果树为落叶乔木，具有周期生长的特点，苹果园冠层对降雨截留影响较大，苹果冠层截留量与降雨量间未出现严格的变化规律。有研究发现，树木冠层的降雨截留作用不仅受降雨量影响，同时与降雨强度、郁闭度、叶面积指数、风前或雨前枝叶干燥度等因素有关。

1.3.2.5　降雨量级与冠层降雨再分配特征

如图 1.16 所示，降雨量与苹果园冠层的降雨再分配过程关系密切，在六个降雨量级（$P<5$mm、5mm$\leqslant P<10$mm、10mm$\leqslant P<20$mm、20mm$\leqslant P<30$mm、30mm$\leqslant P<40$mm、$P\geqslant 40$mm）中，降雨次数随着降雨量级增大而减小，在较小的降雨量级，降雨事件出现的频度（相应降雨量级的测定次数与总测定次数的比率）较高；较大的降雨量级降雨事件较少，说明在黄土高原长武塬区，较小的降雨事件发生频率高于较大的降雨事件（表 1.10 和表 1.11）。结果显示，苹果园成林与幼林的穿透雨率和茎秆流率随降雨量级的增大整体呈增大趋势；在不同降雨量级，冠层截留率随降雨量级增大出现减小的趋势。主要由于苹果树冠层的截留能力有限，在降雨量逐渐增大的过程中，冠层截留量逐渐趋向饱和。当降雨量持续增大，冠层截留量保持稳定，冠层截留率降低。在一次降雨事件中，降雨量为 69.0mm，林冠持水量较小，且达饱和状态，冠层截留量保持稳定不变。因此，苹果园幼林和成林的冠层截留率均很小，分别为 0.7% 和 1.1%。

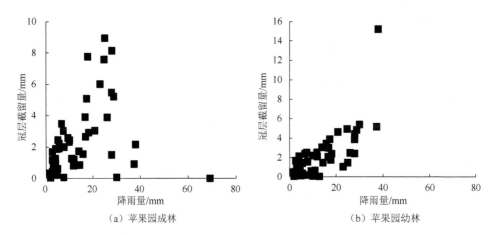

（a）苹果园成林　　　　　　　　　　　（b）苹果园幼林

图 1.16　冠层截留量与降雨量的关系

表 1.10　不同降雨量级苹果园幼林冠层降雨再分配

降雨量级 /mm	测定次数	降雨量 /mm	频度 /%	平均降雨量 /mm	穿透雨量 /mm	穿透雨率 /%	茎秆流量 /mm	茎秆流率 /%	冠层截留量 /mm	冠层截留率 /%
$P<5$	13	48.3	27.1	3.8	2.8	74.4	0.0	1.2	0.9	24.4
$5{\leqslant}P<10$	11	88.8	22.9	8.1	6.1	69.4	0.1	1.4	1.9	29.2
$10{\leqslant}P<20$	11	162.9	22.9	15.7	12.1	77.6	0.3	1.8	3.3	20.6
$20{\leqslant}P<30$	9	232.1	18.8	25.8	19.8	76.8	0.4	1.6	5.5	21.6
$30{\leqslant}P<40$	3	105.4	6.3	35.7	34.0	95.3	0.7	2.0	1.0	2.7
$P{\geqslant}40$	1	69.0	2.1	69.0	66.6	96.5	1.9	2.8	0.5	0.7

　　注：频度为相应降雨量级的测定次数与总测定次数的百分比；平均降雨量为相应降雨量级测定降雨量的平均值；穿透雨率为相应降雨量级测得的穿透雨量占该降雨量级平均降雨量的体积百分比；茎秆流率为相应降雨量级测得的茎秆流量占该降雨量级平均降雨量的体积百分比；冠层截留率为相应降雨量级测定的冠层截留量占该降雨量级平均降雨量的体积百分比。

表 1.11　不同降雨量级苹果园成林冠层降雨再分配

降雨量级 /mm	测定次数	降雨量 /mm	频度 /%	平均降雨量 /mm	穿透雨量 /mm	穿透雨率 /%	茎秆流量 /mm	茎秆流率 /%	冠层截留量 /mm	冠层截留率 /%
$P<5$	13	48.3	27.1	3.8	2.8	73.8	0.0	1.3	0.9	24.8
$5{\leqslant}P<10$	11	88.8	22.9	8.1	6.4	75.4	0.1	1.5	1.6	23.1
$10{\leqslant}P<20$	11	162.9	22.9	15.7	13.4	86.0	0.2	1.2	2.1	12.8
$20{\leqslant}P<30$	9	232.1	18.8	25.8	22.1	85.7	0.3	1.4	3.3	13.0
$30{\leqslant}P<40$	3	105.4	6.3	35.7	31.0	87.0	0.7	1.9	4.0	11.1
$P{\geqslant}40$	1	69.0	2.1	69.0	66.6	96.5	1.6	2.4	0.8	1.1

　　研究结果显示，苹果园成林和幼林的降雨再分配过程较为相似，在 $P<5mm$、$5mm{\leqslant}P<10mm$、$10mm{\leqslant}P<20mm$、$20mm{\leqslant}P<30mm$、$30mm{\leqslant}P<40mm$、$P{\geqslant}40mm$

六个降雨量级中，苹果园幼林的穿透雨率分别为74.4%、69.4%、77.6%、76.8%、95.3%和96.5%，苹果园成林的穿透雨率分别为73.8%、75.4%、86.0%、85.7%、87.0%和96.5%。苹果园幼林的茎秆流率分别为1.2%、1.4%、1.8%、1.6%、2.0%和2.8%，苹果园成林的茎秆流率分别为1.3%、1.5%、1.2%、1.4%、1.9%和2.4%。虽然苹果园成林和幼林的穿透雨率与茎秆流率随着降雨量级的增大整体呈增大趋势，但苹果园成林的穿透雨率和茎秆流率并未出现明显的增大趋势。这是由于苹果园冠层结构随着果树从开花到叶芽生长，从枝叶旺盛到果实膨大等不同的生长阶段，外观明显不同，降雨再分配不仅与降雨量级密切相关，果树不同生长阶段的不同生理生态结构对降雨再分配的影响同样显著。苹果园成林和幼林的穿透雨率和茎秆流率与冠层截留率变化趋势相反，冠层截流率均随着降雨量级的增大整体减小，苹果园幼林的冠层截留率分别为24.4%、29.2%、20.6%、21.6%、2.7%和0.7%，苹果园成林的冠层截留率分别为24.8%、23.1%、12.8%、13.0%、11.1%和1.1%。同样，苹果园果树在不同生长阶段的生理生态特征对冠层截留率的影响显著。

1.3.3　不同降雨年型的苹果园蒸散特征

基于水量平衡原理，以半个月为时间尺度，研究不同降雨年型苹果园生长季的蒸散规律及其与降雨量和土壤贮水量的关系，分析其生态水文响应机制，对旱作苹果经济林的可持续发展与管理提供科学指导，也是对黄土高原不同立地蒸散研究的有效补充。

1.3.3.1　降雨量变化特征

2012年，试验区年降雨量为480.8mm，是多年平均降雨量（584.1mm）的82.3%，为枯水年；2013年，降雨量为547.6mm，接近枯水年与平水年的划分线，是多年平均降雨量的93.8%，为平水年；2014年，降雨量为578.8mm，与多年平均降雨量几乎持平，是多年平均降雨量的99.1%，为平水年（表1.12）。试验区降雨量年内分布不均，波动性大，主要集中在7~9月。2012年7~9月降雨量为305.2mm，占全年降雨量的63.5%；2013年7~9月降雨量为392.2mm，占全年降雨量的71.6%；2014年7~9月降雨量为350.0mm，占全年降雨量的60.5%。1~3月为降雨第一阶梯，降雨量最少，为枯水期；4~6月为降雨第二阶梯，降雨量开始增多，为过渡期；7~9月降雨量最大，处在第三阶梯，为丰水期；10~12月又迅速降低至最低水平（枯水期）。降雨事件主要发生在苹果营养生殖旺盛期，有利于树木有效利用水分。2012~2014年，长武塬三年平均降雨量为535.7mm，未达到枯水年与平水年界线降雨量（540.0mm），水分供给不足。

表 1.12　2012～2014 年降雨资料统计

年份	年降雨量/mm	年次降雨量最小值/mm	年次降雨量最大值/mm	次降雨量极差/mm	次降雨量均值/mm	次降雨量标准差/mm	次降雨量变异系数
2012	480.8	0.6	116.6	116.0	40.1	41.7	1.04
2013	547.6	1.7	237.0	235.3	45.6	68.2	1.49
2014	578.8	0.9	195.3	194.4	48.2	61.0	1.27

1.3.3.2　土壤贮水量变化特征

2012 年与 2013 年，降雨量均未达到多年平均降雨量水平，根据水量平衡原理计算果园生长季土壤贮水量的变化量，分别为-12.2mm 和-18.2mm，土壤水分出现亏缺，林木以消耗前期土壤贮水来保持正常生长；2014 年，降雨量接近多年平均降雨水平，土壤贮水量的变化量为 1.1mm，较 2013 年略有增加（表 1.13）。2012 年和 2014 年苹果园生长季（4 月中旬至 10 月中旬）土壤贮水量变化不明显，0～6m 土壤贮水量在 160～200mm，变化幅度小。4 月 16 日～8 月 30 日，苹果处于叶幕形成等营养生殖阶段，水分需求量大于降雨补给量，土壤贮水量整体略呈下降趋势；9 月 1 日～10 月 15 日，果树水分蒸散消耗降低，加之降雨补给，土壤贮水量增加。从整体来看，2013 年土壤贮水量的变化量较 2012 年与 2014 年变化幅度大。2013 年 4 月 16 日～7 月 16 日，土壤贮水量同 2012 年和 2014 年变化规律相似，整体呈下降趋势；从 7 月中旬开始，土壤贮水量由 176.4mm 增至 219.8mm，7 月降雨量为 237.0mm，较大的降雨量满足了蒸散的需求，同时使土壤贮水量迅速增加。8 月上半月土壤贮水量迅速下降，一方面是因为 8 月降雨少，仅为 38.4mm，土壤水分补充量小，另一方面苹果处于果实膨大期及枝叶茂盛阶段，蒸散达到高峰期，导致土壤贮水量下降。直到 9 月 15 日，由于 8 月下半月降雨量为 12.0mm，9 月上半月降雨量为 24.0mm，降雨未形成土壤贮水量而直接以蒸散形式输出，致使土壤贮水量维持在较低水平。随着 9 月下半月降雨量增多，一部分降雨进入土壤，土壤贮水量有所增加。综上所述，土壤贮水量变化与降雨量密切相关，降雨量较小时，降雨主要被植被吸收利用，土壤贮水量变化幅度较小；只有降雨量骤增或骤减时，土壤贮水量才对降雨有显著的响应。

表 1.13　蒸散量的水量平衡法评估

月份	2012 年			2013 年			2014 年		
	降雨量/mm	贮水量的变化量/mm	蒸散量/mm	降雨量/mm	贮水量的变化量/mm	蒸散量/mm	降雨量/mm	贮水量的变化量/mm	蒸散量/mm
4-	12.8	-4.2	17.0	16.0	1.0	15.0	60.2	0.1	60.1
5+	38.0	-5.3	43.3	19.4	2.6	16.8	18.0	0.3	17.7
5-	22.2	0.0	22.2	13.1	-4.6	17.7	11.2	-5.5	16.7

月份	2012 年			2013 年			2014 年		
	降雨量 /mm	贮水量的变化量 /mm	蒸散量 /mm	降雨量 /mm	贮水量的变化量 /mm	蒸散量 /mm	降雨量 /mm	贮水量的变化量 /mm	蒸散量 /mm
6+	0.8	−5.3	6.1	22.3	−4.6	26.9	24.2	−2.7	26.9
6−	51.2	−0.6	51.8	22.2	−2.3	24.5	31.8	−0.3	32.1
7+	41.8	−3.8	45.6	58.6	1.6	57.0	17.8	−1.2	19.0
7−	63.6	0.2	63.4	178.4	43.4	135.0	4.0	3.7	0.3
8+	26.0	−0.8	26.8	26.4	−92.0	118.4	105.6	−5.7	111.3
8−	57.2	−2.8	60.0	12.0	12.1	−0.1	9.2	−2.0	11.2
9+	91.8	8.4	83.4	24.0	−20.2	74.2	140.2	10.2	130.0
9−	24.8	2.0	22.8	92.8	46.9	45.9	62.5	2.2	60.2
10+	—	—	—	14.2	−2.1	16.3	1.4	2.0	−0.6
合计	430.2	−12.2	442.4	499.4	−18.2	547.6	486.1	1.1	484.9

注：月份"+"表示上半月；"−"表示下半月。

1.3.3.3　苹果园蒸散特征

根据水量平衡和半月尺度土壤贮水量变化，估算半月尺度苹果园蒸散量（表 1.13）。据统计，2012 年 4 月 16 日～9 月 30 日，降雨量为 430.2mm，蒸散量为 442.4mm，蒸散量是降雨量的 1.03 倍；2013 年 4 月 15 日～10 月 15 日，降雨量为 499.4mm，蒸散量为 547.6mm，蒸散量是降雨量的 1.10 倍；2014 年 4 月 17 日～10 月 16 日，降雨量为 486.1mm，蒸散量为 484.9mm，蒸散量占降雨量的 99.8%。2012 年属枯水年，果园靠消耗前期土壤贮水保证林木水分需求；2013 年虽为平水年，但降雨量比多年平均降雨量小 36.5mm，接近平水年下限，果园蒸散量仍大于降雨量，致使土壤贮水出现亏缺；在平水年（2014 年），降雨量与多年平均降雨量接近，可保证果园的水分需求。综上所述，当年降雨量与多年平均降雨量相近时，降雨量可满足水分蒸散消耗量；枯水年或降雨量低于多年平均值较多的平水年，果园均会受水分胁迫，降雨无法满足果园蒸散消耗。

2012 年，生长季的半月蒸散量最大值出现在 9 月上半月，第二大蒸散量出现在 7 月下半月，均值与标准差分别为 40.2mm、23.4mm，变异系数为 0.58。2013 年，蒸散量最大值出现在 7 月下半月，第二大蒸散量出现在 8 月上半月，均值与标准差分别为 43.1mm、42.3mm，变异系数为 0.98。2014 年，蒸散量最大值出现在 9 月上半月，第二大蒸散量出现在 8 月上半月，均值与标准差分别为 40.4mm、42.4mm，变异系数为 1.05。综合看来，受水分胁迫的半干旱塬区，降雨是林地系统水分利用的主要来源；黄土塬区苹果园半月蒸散量高峰期出现在 7 月底～9 月初，蒸散量波动性较大，降雨因子对蒸散及其变化起到关键作用。

长武塬区苹果园蒸散量变化过程为双峰曲线，第一峰值首次出现于 7 月下半月或 8 月上半月，第二峰值出现于 9 月上半月，该时段是降雨集中期及果实膨大期，前者为蒸散过程提供了水分来源，后者为蒸散耗水作用提供动力。在两个峰值之间，存在蒸散量低谷，主要发生在 8 月下半月（2012 年出现于 8 月上半月），其原因如下：第一，该阶段降雨量较少，林地水源补给不足；第二，前期降雨未充分储存在土壤中，水源补充不足及前期土壤贮水受限等共同导致蒸散低谷出现。2012 年 7 月下半月降雨量较大，水分不受蒸散限制，同时该阶段空气温度高、辐射强、蒸散大，土壤不能大量贮水，8 月上半月降雨较少情况下，蒸散量随之降低。2013 年 8 月上半月降雨明显减少，但并未出现蒸散低谷。这是因为 7 月下半月降雨量高达 178.4mm，足够多的降雨转换为土壤贮水，增大了土壤可蒸散量；8 月下半月，降雨量较小，土壤贮水不足，导致蒸散量低谷出现。

2013 年 8 月下半月与 2014 年 10 月上半月的蒸散量估算值为接近于 0 的微小负值（-0.1mm 与-0.6mm），在理论上属于不可能事件，这可能与忽略水量平衡方程中的径流项等有关。苹果园样地虽地表平坦，但也可能产生少量径流，或由于 9 月末及 10 月初昼夜温差大而出现晨雾，使得枝叶上凝结有小水滴，当小水滴不断积聚并随其表面张力不断变小和质量的变大滴入土壤。为了更明确地分析长武塬区苹果园生长季内蒸散变化，将三年蒸散量平均值绘于图 1.17。由图 1.17 可知，4～6 月蒸散量较低，该阶段降雨量少，蒸散受到水分不足的限制；7～9 月果树处在挂果阶段，此阶段的降雨、水分蒸散能力和实际蒸散量都达到最大。9 月下半月以后，蒸散量逐渐下降至较低水平。

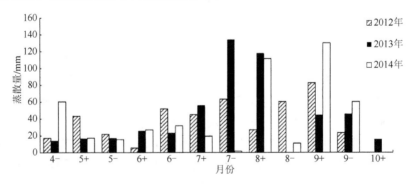

图 1.17　2012～2014 年苹果园半月尺度蒸散量生长季动态变化

月份"+"表示上半月；"−"表示下半月

1.3.4　降雨和土壤入渗与蒸散的关系

降雨、土壤入渗及蒸散为苹果园水文循环的三个主要环节，其中土壤入渗可看作中间连接环节。由图 1.17 和图 1.18 可知，对于较小的降雨，水在土壤中的储存时间较短，短时间内即可蒸散输出。对较大的降雨，如 2013 年 7 月下半月，土壤储存雨水时间较长，可被后期蒸散利用。综上所述，黄土塬区苹果园对降雨响应快速，且降雨几乎全部用于蒸散。

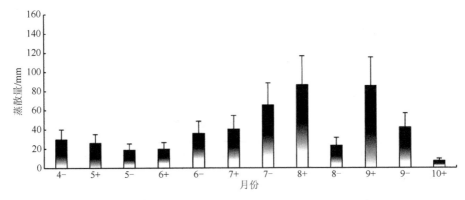

图 1.18　2013 年苹果园半月尺度蒸散量生长季动态变化

月份"+"表示上半月；"-"表示下半月

1.4　水蚀风蚀交错区干燥化土壤植被恢复

对黄土高原水蚀风蚀交错区植被恢复过程中土壤干燥化现象进行实地调查取样，分析黄土高原植被恢复后的土壤水分变化特征。在此基础上，选择干燥化现象较为严重的人工草地，采用野外人工模拟连续性降雨的方法，研究连续性降雨对降雨过程中入渗、径流、泥沙的影响，分析前期土壤含水量与径流系数的关系，以此探索土壤水分对模拟降雨过程中入渗-产流的影响。

1.4.1　试验方法

试验区位于陕西省神木市六道沟小流域——中国科学院水利部水土保持研究所神木侵蚀与环境试验站（110°21′E～110°23′E，38°46′N～48°51′N），海拔 1094.0～1273.9m，地处毛乌素沙漠边缘地带，流域面积为 6.9km²，属于半干旱大陆性季风气候。该地区年平均气温为 8.4℃，多年平均降雨量为 408.5mm，其中 6～9 月的降雨量占全年降雨量的 81%，且多以暴雨形式出现，年际变化较大，是典型的水蚀风蚀交错区。该区地貌类型属片沙覆盖下的黄土丘陵，主要土壤类型有黄绵土、硬黄土、红土、风沙土及坝地淤土。当地典型的植物类型为灌木和草本结合，天然植被大部分已经被破坏，多为退化的紫花苜蓿地、农田弃耕后的天然荒草地，常见的群落结构有紫花苜蓿、沙蒿、柠条、长芒草和达乌里胡枝子等。沟道内有零星分布的杨树、柳树等栽种的乔木，山坡上有小面积的"小老树"——杨树。

当地的主要农作物为谷子、玉米、马铃薯、荞麦。

以当地 4 种常见的土地类型作为研究对象，分别为紫花苜蓿地、荒草地、弃耕地和杏树地。紫花苜蓿为不同时期退耕时所种植，虽经过长时间种植管理后有所退化，但在一定的时间内仍然为优势种；荒草地多由已经不再进行管理的紫花苜蓿及人工草地演替而来，废弃后期属于自然演替下的草地类型；弃耕的农田其原本种植农作物的地块荒废成为弃耕地，植被自然演替，无人为干扰；杏树地为退耕还林时期农地上栽植杏树的土地。调查时各样地的年限都在 10 年以上，详细的样地信息如表 1.14 所示。

表 1.14　调查样地基本信息

样地	年限/年	坡度/(°)	坡向/(°)	海拔/m	容重/(g/cm³)	地上生物量/(g/m²)	优势种
紫花苜蓿地	12	14.3	NE43	1191	1.48	97.7	紫花苜蓿、茵陈蒿、达乌里胡枝子
	15	13.2	NE55	1207	1.51	79.6	长芒草、阿尔泰狗娃花、紫花苜蓿
	17	8.7	NW28	1233	1.37	78.7	长芒草、阿尔泰狗娃花、紫花苜蓿
	21	12.7	NE20	1233	1.40	50.7	长芒草、紫花苜蓿、达乌里胡枝子
	26	10.7	NE21	1214	1.45	82.9	长芒草、茵陈蒿、砂珍棘豆
	41	21.3	NW6	1230	1.37	126.8	长芒草、铁杆蒿、草木樨状黄芪
荒草地	15	8.7	SW63	1201	1.47	48.7	长芒草、三芒草、茵陈蒿
	32	13.0	SW23	1203	1.47	28.7	长芒草、达乌里胡枝子、紫花苜蓿
	41	14.0	SW60	1204	1.50	50.2	长芒草、紫花苜蓿、达乌里胡枝子
弃耕地	12	6.5	SW45	1185	1.38	72.6	早熟禾、达乌里胡枝子、三芒草
	12	18.2	NE78	1209	1.24	66.9	长芒草、达乌里胡枝子、沙蒿
	21	19.3	NW5	1241	1.32	97.4	三芒草、早熟禾、达乌里胡枝子
	21	14.7	SW62	1208	1.41	44.2	长芒草、沙蒿、茵陈蒿
	41	—	—	1216	1.37	51.7	长芒草、角蒿、草木樨状黄芪
杏树地	14	8.2	SW8	1230	1.31	73.5	早熟禾、草木樨状黄芪、丛生隐子草
	14	10.7	NW78	1196	1.25	39.4	长芒草、紫花苜蓿、草木樨状黄芪

注：NW 为西北坡向；NE 为东北坡向；SW 为西南坡向。

土壤容重用环刀法测得；土壤水分采用土钻法测量，在每块样地的坡上、中、下三个部位各选取一位置用土钻取土，取样深度为 200cm。0～100cm 土层每 10cm 取样一次，100～200cm 土层每 20cm 取样一次。将采集的样品转移至实验室，采用烘干法测定土壤含水量（质量比）。最后，将每层土壤测得的含水量取均值作为该样地对应土层土壤的含水量。

选取黄土高原六道沟小流域干化现象较为严重的人工草地类型——紫花苜蓿地作为模拟降雨试验样地，土壤质地为砂壤土。紫花苜蓿地长 30m、宽 12m，坡度平均为 10°，设计降雨试验小区长 1.5m、宽 1m。紫花苜蓿地共设计试验小区30块，裸地3块，其中紫花苜蓿盖度为0.20～0.80。试验设计三种降雨强度分别为20mm/h、40mm/h和60mm/h，降雨时间60～80min，降雨持续一段时间后，试验小区单位时间产生的径流量达到稳定。

1.4.2　不同植被恢复方式下土壤水分变化特征

在退耕地植被恢复过程中，植被恢复方式对土壤贮水量有显著影响。表1.15显示了不同植被恢复方式的土壤水分差异。分析发现，4种土地利用类型在0～200cm土层剖面上的平均土壤含水量为0.073～0.109cm³/cm³，平均贮水量为208.7～320.4mm，具体表现为弃耕地>荒草地>杏树地>紫花苜蓿地。与紫花苜蓿地相比，荒草地、弃耕地和杏树地的0～200cm土层土壤平均含水量和土壤贮水量较高，三者之间差异不显著。从土壤贮水量的变异系数上看，紫花苜蓿地、荒草地、弃耕地和杏树地依次为0.29、0.18、0.19和0.09。

表1.15　不同植被恢复方式的土壤水分差异

样地类型	0～200cm 土壤含水量				0～200cm 土壤贮水量			
	最小值/(cm³/cm³)	最大值/(cm³/cm³)	均值±标准差/(cm³/cm³)	变异系数 CV	最小值/mm	最大值/mm	均值±标准差/mm	变异系数 CV
紫花苜蓿地	0.048	0.097	0.073±0.020[b]	0.27	128.3	281.9	208.7±61.5[b]	0.29
荒草地	0.069	0.105	0.086±0.018[ab]	0.21	211.9	301.3	254.7±44.8[ab]	0.18
弃耕地	0.080	0.133	0.109±0.020[a]	0.18	230.6	393.1	320.4±59.9[a]	0.19
杏树地	0.080	0.086	0.083±0.040[ab]	0.05	235.4	267.6	251.5±22.8[ab]	0.09

注：同列数据上标含不同字母表示差异显著（$p<0.05$），表1.16～表1.18同。

1.4.3　多年限土地平均含水量变化特征

黄土高原半干旱区紫花苜蓿地一般的高产阶段出现在种植后第4～8年，10年后随紫花苜蓿退化，土壤水分开始缓慢恢复。表1.16显示了不同生长年限紫花苜蓿地的土壤含水量及土壤贮水量差异。通过对比12年、15年、17年、21年、26年和41年紫花苜蓿地的土壤含水量数据发现，15年紫花苜蓿地的平均土壤含水量和贮水量最小，分别为0.048cm³/cm³±0.004cm³/cm³和128.3mm±7.3mm；17年紫花苜蓿地的平均土壤含水量和贮水量最高，分别为0.097cm³/cm³±0.006cm³/cm³和281.9mm±15.1mm；21年、26年和41年紫花苜蓿地的含水量显著高于12年和15年，贮水量接近两者的总和。从统计分析结果可知，12年和15年的紫花苜蓿地的水分状况无显著差异，17年、21年、26年和41年之间水分无显著差异，平均贮水量为246.5mm。说明紫花苜蓿地到一定的生长年限后，0～200cm的土层内的含水量基本达到了稳定。

表 1.16　不同生长年限紫花苜蓿地的土壤含水量及土壤贮水量差异

年限/年	0～200cm 土壤含水量		0～200cm 土壤贮水量	
	均值±标准差/(cm³/cm³)	变异系数 CV	均值±标准差/mm	变异系数 CV
12	0.050±0.001^c	0.02	137.6±6.5^b	0.05
15	0.048±0.004^c	0.08	128.3±7.3^b	0.06
17	0.097±0.006^a	0.06	281.9±15.1^a	0.05
21	0.082±0.003^{ab}	0.04	233.2±7.8^a	0.03
26	0.082±0.001^{ab}	0.01	238.0±5.7^a	0.02
41	0.078±0.020^b	0.26	233.0±63.3^a	0.27

表 1.17 显示了不同生长年限荒草地的土壤含水量及土壤贮水量差异。随着年限的增加，荒草地土壤 0～200cm 土层的平均含水量和土壤贮水量呈逐渐减少的趋势。不同年限之间土壤含水量差异显著（$p<0.05$），其中 15 年荒草地土壤贮水量显著高于 32 年和 41 年，为 301.3mm±12.3mm。

表 1.17　不同生长年限荒草地的土壤含水量及土壤贮水量差异

年限/年	0～200cm 土壤含水量		0～200cm 土壤贮水量	
	均值±标准差/(cm³/cm³)	变异系数 CV	均值±标准差/(mm±mm)	变异系数 CV
15	0.105±0.004^a	0.04	301.3±12.3^a	0.04
32	0.084±0.005^b	0.07	250.8±11.9^b	0.05
41	0.069±0.008^c	0.11	211.9±17.4^c	0.08

表 1.18 显示了不同生长年限弃耕地的土壤含水量及土壤贮水量差异，相同年限的不同弃耕地土壤含水量差异明显。21 年弃耕地土壤贮水量最高为 393.1mm，最低为 301.4mm。12 年和 21 年弃耕地平均贮水量分别为 284.6mm 和 347.3mm，与 41 年弃耕地贮水量（337.1mm）差异不显著。12～21 年弃耕地自然恢复 10 年内，土壤贮水量增加的速率为 6.3mm/a；21～41 年弃耕地自然恢复 20 年，土壤贮水量减少速率仅为 0.5mm/a。由此可知，随着年限的增加土壤的贮水量先增加后减少，但植被恢复后期土壤贮水量的变化不明显。

表 1.18　不同生长年限弃耕地的土壤含水量及土壤贮水量差异

年限/年	0～200cm 土壤含水量		0～200cm 土壤贮水量	
	均值±标准差/(cm³/cm³)	变异系数 CV	均值±标准差/(mm±mm)	变异系数 CV
12[#1]	0.080±0.100^d	0.02	230.6±1.2^c	0.01
12[#2]	0.111±0.800^{bc}	0.07	338.6±19.8^b	0.06
21[#3]	0.101±0.300^c	0.03	301.4±13.3^b	0.04
21[#4]	0.133±1.200^a	0.09	393.1±30.2^a	0.08
41[#5]	0.118±1.100^b	0.09	337.1±26.8^b	0.08

注：年限上标的数代表不同的弃耕地，如 12[#1] 代表 12 年弃耕地 1，以此类推。

1.4.4 多年限土地剖面含水量变化特征

图 1.19 显示了不同生长年限紫花苜蓿地剖面含水量变化。整体上不同生长年限紫花苜蓿地剖面含水量处于较低水平。随着生长年限的延长，剖面含水量变化不明显。紫花苜蓿地 0～100cm 土层的土壤平均含水量大小排序为 17 年>21 年>26 年>41 年>12 年>15 年。紫花苜蓿的根系较深且耗水较快，土壤剖面的干化程度较大，可以得到降雨入渗补充的 0～100cm 土层的平均含水量分别为和 0.056cm³/cm³；100cm 以下土层 12 年和 15 年紫花苜蓿地剖面含水量更小且基本保持稳定，分别为 0.042cm³/cm³ 和 0.033cm³/cm³。41 年紫花苜蓿地中，紫花苜蓿已经较少且不再属于优势种，优势种为坡上长芒草群落和坡中、坡下的铁杆蒿群落和草木樨状黄芪，0～100cm 土层的土壤平均含水量为 0.073cm³/cm³。17 年紫花苜蓿地 0～100cm 土壤平均含水量最大为 0.094cm³/cm³，该样地生物量介于 41 年、26 年及 21 年紫花苜蓿地之间，且容重最小为 1.37g/cm³，植被耗水较少与土壤入渗增加，导致 0～100cm 土壤含水量较高。100cm 以下土层除 17 年的含水量较高（0.010cm³/cm³）之外，21 年、26 年和 41 年紫花苜蓿地随着生长年限的增加，剖面的平均含水量有逐渐增加的趋势，大小依次为 0.076cm³/cm³、0.083cm³/cm³ 和 0.088cm³/cm³。

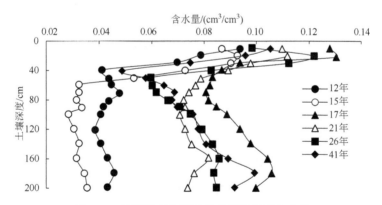

图 1.19 不同生长年限紫花苜蓿地剖面含水量

图 1.20 显示了不同生长年限荒草地剖面含水量变化，发现荒草地剖面含水量要明显高于相近生长年限的紫花苜蓿地，且土壤含水量随着生长年限的增加呈现降低趋势。15 年荒草地 0～100cm 土壤含水量最高为 0.126cm³/cm³，该样地的生物量为 48.7g/m²，地块中生长较多的蒿类、禾本科植物，这是 15 年荒草地土壤含水量较高的原因。140cm 以下土层 15 年、32 年和 41 年荒草地土壤含水量逐渐接近，在土层达到 200cm 深度时基本相等，平均含水量为 0.092cm³/cm³。

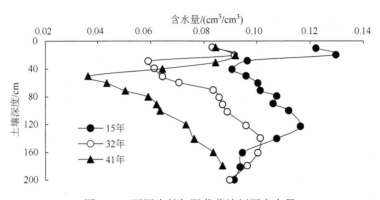

图 1.20　不同生长年限荒草地剖面含水量

图 1.21 显示了不同年限弃耕地剖面含水量的变化。弃耕地剖面含水量随着弃耕年限的延长呈现增加的趋势，这与荒草地土壤剖面含水量的规律相反。50cm 土层以下各年限弃耕地土壤含水量总体为增加趋势，在 200cm 土层处土壤含水量达到最大且三者较为接近，这与荒草地的规律相同。与紫花苜蓿地和荒草地相比，弃耕地的土壤平均容重最小（为 1.34g/cm³），表层土壤疏松及弃耕前期植被耗水深度较浅会引起各年限弃耕地的剖面含水量较高，并明显高于相同生长年限的紫花苜蓿地和荒草地。12 年、21 年和 41 年弃耕地 0～100cm 土层的土壤平均含水量分别为 0.091cm³/cm³、0.113cm³/cm³ 和 0.119cm³/cm³，3 种年限的弃耕地土壤含水量在 200cm 处平均值约为 0.132cm³/cm³。

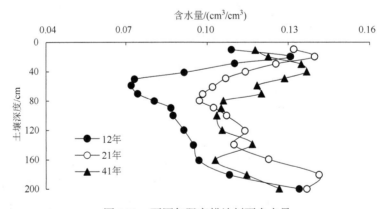

图 1.21　不同年限弃耕地剖面含水量

1.4.5　紫花苜蓿地降雨入渗和产流产沙特征

为了进一步分析降雨对土壤水分补给特征，在紫花苜蓿地开展人工降雨试验，试验小区坡度为 10°，盖度为 20%，株高为 17.18cm，地上生物量为 96.11g/m²。

1.4.5.1 降雨对坡地径流特征的影响

坡地试验小区初始产流时间综合反映了坡地土壤物理状况，降雨会影响坡地降雨—入渗—产流过程，如表 1.19 所示。三种降雨强度下，第一次降雨（干态）初始产流时间最长，随着降雨次数的增加初始产流时间整体缩短，降雨强度越大，该趋势越明显。总体上，初始产流时间与降雨次数呈负相关趋势，降雨次数能明显增加土壤含水量。由此可知，土壤前期水分状态会对初始产流时间产生影响。

表 1.19　不同降雨强度下坡地初始产流时间

降雨强度/(mm/h)	初始产流时间/s				
	第一次降雨	第二次降雨	第三次降雨	第四次降雨	第五次降雨
20	—	287	270	152	221
40	723	218	97	70	107
60	339	292	160	107	92

与第一次降雨（初始干燥土壤）相比，两次以上的降雨初始产流时间更早，径流速率增加也更快，连续性降雨次数越多，稳定时期的径流速率越大，降雨强度越大，该规律表现越明显。不同降雨强度下的坡地径流流速如图 1.22 所示，在 20mm/h 降雨强度下，第二次降雨和第一次降雨之间的径流曲线差别较大，第二场降雨与第三场、第四场、第五场降雨的径流曲线差别较小。初次降雨时，表层土壤较为干燥且土壤疏松，导致 20mm/h 降雨强度下第一次降雨没有产生径流。第二次降雨时，土壤表层较为湿润，地表形成明显的结皮，土壤入渗能力下降，易于产生径流。连续性降雨得到的径流速率差异较小，稳定时的径流速率变化范围为 206~264mL/min。

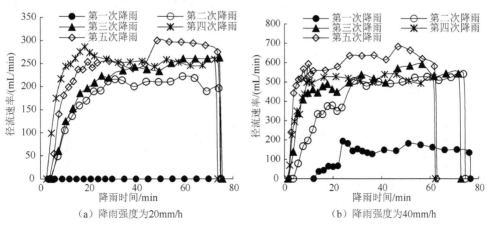

（a）降雨强度为20mm/h　　　　　　（b）降雨强度为40mm/h

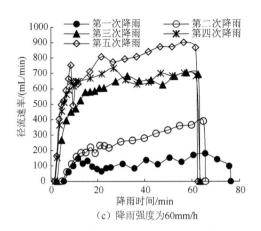

图 1.22　不同降雨强度下的坡地径流速率

当降雨强度增加到 40mm/h 时，第一次降雨径流速率趋于稳定所需时间较长，且稳定时的径流速率较小；第二次及之后连续性降雨的稳定径流速率差别不大。当降雨强度为 60mm/h 时，径流速率曲线随时间的变化趋势更加陡峭，除第一次和第二次降雨时的径流速率达到稳定所需时间较长之外，降雨次数越多，试验小区径流速率达到稳定的时间越短，且径流达到稳定时的径流速率明显高于相同降雨次数下降雨强度为 20mm/h 和 40mm/h 的径流速率。相同降雨试验条件下，降雨强度的增大会明显增加径流速率。

1.4.5.2　降雨对坡地产沙特征的影响

图 1.23 显示了不同降雨强度下的产沙率动态过程，在 20mm/h 和 40mm/h 降雨强度下，产沙率随着降雨次数的增加逐渐增加。在 60mm/h 降雨强度下，降雨前期产沙率随着降雨次数的增加呈先增加后减小的趋势，降雨持续一段时间后产沙率随着降雨次数的增加而增加。虽然产沙率随降雨次数的增加逐渐增加，但连续两次降雨产沙率之间的差异逐渐缩小。三种降雨强度下第五次降雨产沙率的平均值分别为 2.76g/min、4.93g/min 和 4.06g/min。

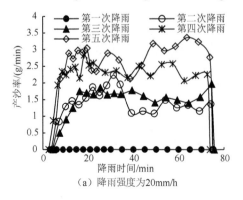

（a）降雨强度为20mm/h

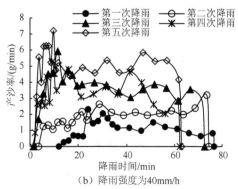

（b）降雨强度为40mm/h

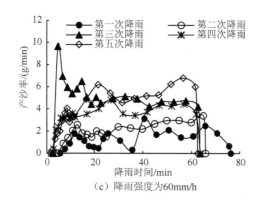

（c）降雨强度为60mm/h

图 1.23　不同降雨强度下的产沙率动态过程

1.4.5.3　降雨对坡地入渗特征的影响

图 1.24 描述了不同降雨强度下的坡地平均入渗率。整体上，坡地平均入渗率与降雨时间呈幂函数规律。除第一次降雨外，20mm/h 降雨强度下降雨 30min 后，平均入渗率趋于稳定；随着降雨次数的增加，平均入渗率趋于稳定的时间差异不明显，第二～五次降雨的稳定平均入渗率分别为 0.19mm/min、0.16mm/min、0.16mm/min 和 0.15mm/min。当降雨强度变为 40mm/h 和 60mm/h 时，第一次降雨下的土壤入渗能力增加较为明显。40mm/h 降雨强度下第一～五次降雨稳定后的平均入渗率分别为 0.55mm/min、0.32mm/min、0.31mm/min、0.31mm/min 和 0.26mm/min；60mm/min 降雨强度下的第一～五次降雨稳定后的平均入渗率分别为 0.91mm/min、0.80mm/min、0.54mm/min、0.54mm/min 和 0.48mm/min。以上结果表明，随着降雨次数的增加，平均入渗率呈逐渐减少的趋势。由于土壤含水量较低，土壤颗粒在雨滴冲击作用下易于分散，且细颗粒会填塞土壤孔隙，形成表层致密层，入渗能力随之减弱。随着降雨次数的增加，土壤含水量逐渐增加，连续性降雨在稳定状态下的平均入渗率相差不大。

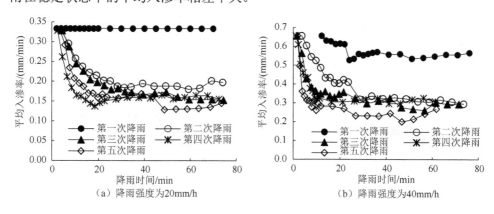

（a）降雨强度为20mm/h　　　　　　　（b）降雨强度为40mm/h

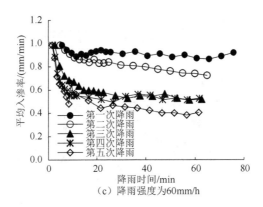

（c）降雨强度为60mm/h

图 1.24　不同降雨强度下的坡地平均入渗率

图 1.25 显示了不同降雨强度下的坡地累积入渗量。累积入渗量均随降雨时间呈增加趋势，相同时间内的累积入渗量均随降雨次数的增加而减小。由于降雨次数越多，初始含水量和基质势越大，而土壤吸力越小，土壤水势梯度越小，土壤入渗也越慢，相同时间内的累积入渗量越小。20mm/h 降雨强度下的入渗规律显示，第一次降雨的累积入渗量曲线与连续性降雨的累积入渗量曲线差异明显，多次降雨后土壤累积入渗量差异不大。当降雨强度为 40mm/h 和 60mm/h 时，第一次降雨与连续性降雨之间土壤累积入渗量曲线之间的差异逐渐增大。三种降雨强度下，第一次降雨入渗总量依次为 23.3mm、44.8mm 和 70.0mm，分别占降雨量的 100%、88.3%和 92.5%；第二次降雨入渗总量依次为 15.9mm、28.3mm 和 53.9mm，分别占降雨量的 64.4%、57.6%和 83.2%；第三次降雨入渗总量依次为 14.5mm、24.2mm 和 38.1mm，分别占降雨量的 58.3%、50.7%和 60.8%；第四次降雨入渗总量依次为 12.6mm、21.1mm 和 35.6mm，分别占降雨量的 52.2%、51.7%和 57.7%；第五次降雨入渗总量依次为 12.7mm、17.2mm 和 30.4mm，分别占降雨量的 51.9%、41.6%和 49.5%。除第一次降雨之外，小、中降雨强度下的降雨入渗总量占降雨量的百分比变化不明显，而大降雨强度下的入渗总量占降雨量的百分比显著减小。

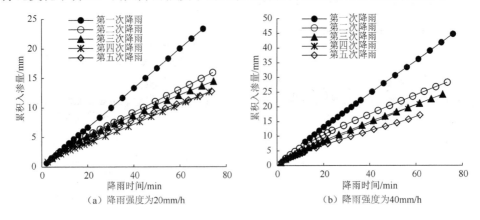

（a）降雨强度为20mm/h　　　　　　　　（b）降雨强度为40mm/h

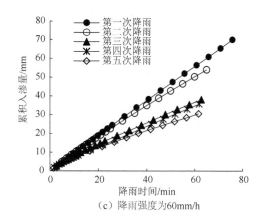

（c）降雨强度为60mm/h

图 1.25　不同降雨强度下的坡地累积入渗量

1.4.5.4　径流深与泥沙流失总量的关系

在相同降雨次数下，60mm/h 降雨强度下的径流深与泥沙流失总量较大，其次为 40mm/h、20 mm/h。由图 1.26 可知，随着径流深的增加，泥沙流失总量总体呈现增加的趋势，该规律符合水大沙多的特征。

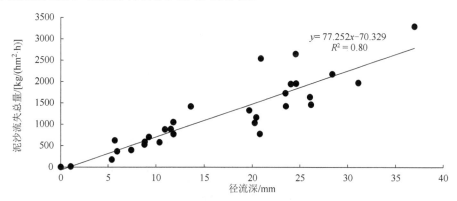

图 1.26　模拟降雨条件下径流深与泥沙流失总量的关系

1.4.5.5　土壤前期含水量与坡地径流的关系

降雨次数会改变土壤前期含水量，而土壤前期含水量会影响降雨中的径流过程。为探索土壤前期含水量与径流的关系，分析了土壤深度为 0～10cm、0～20cm 和 0～30cm 土壤前期含水量与径流系数（径流深/降雨量）之间的关系。如图 1.27 所示，0～10cm 土壤前期含水量与径流系数的线性决定关系较低（R^2=0.49, p<0.01）。0～20cm 土壤前期含水量与径流系数拟合时，决定系数明显增大（R^2=0.61）。0～30cm 土壤前期含水量与径流系数之间线性拟合的决定系数较高（R^2=0.60）。0～20cm 土壤

前期含水量处在 $0.14\sim0.20\text{cm}^3/\text{cm}^3$ 时，径流系数会突然增大。当 $0\sim20\text{cm}$ 土壤前期含水量低于 $0.10\text{cm}^3/\text{cm}^3$ 时，径流系数小于 20%且波动较大。表明 $0\sim20\text{cm}$ 土壤前期含水量与径流系数的拟合关系较好。

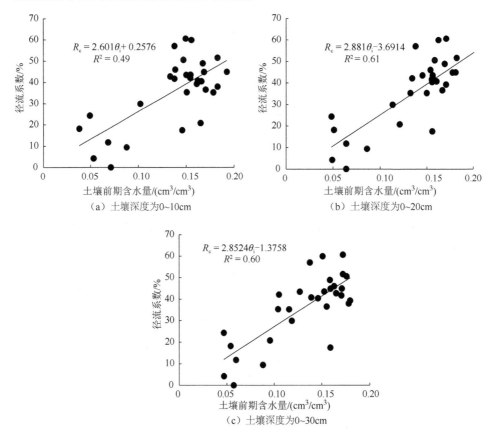

图 1.27　坡地土壤前期含水量与径流系数的关系

R_c-径流系数；θ_i-土壤前期含水量

采用二次多项式对土壤前期含水量与径流系数进行拟合（图 1.28）。整体上，二次多项式拟合曲线的决定系数高于线性拟合的决定系数，$0\sim10\text{cm}$、$0\sim20\text{cm}$ 和 $0\sim30\text{cm}$ 土壤前期含水量与径流系数二次多项式拟合的决定系数依次为 0.51、0.62 和 0.62。土壤深度为 $0\sim30\text{cm}$ 时，决定系数没有显著增加，这表明 $0\sim20\text{cm}$ 土壤前期含水量与径流系数的决定系数较好，$0\sim30\text{cm}$ 土壤深度的决定系数变化不明显，与线性回归拟合方法得到的规律相同。当土壤前期含水量处于较高水平时（$>0.14\text{cm}^3/\text{cm}^3$），随着土壤前期含水量的增加对降雨产流的影响程度增加。

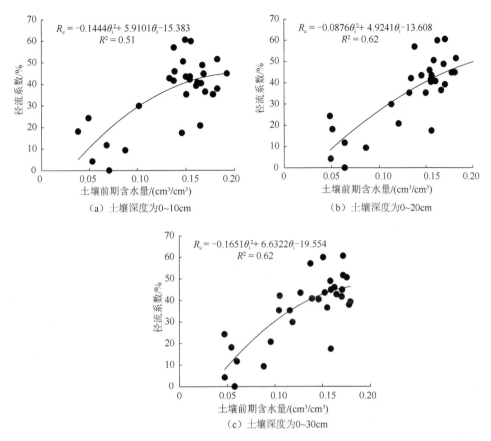

图 1.28　坡地土壤前期含水量与径流系数的二次多项式拟合

1.4.5.6　植被盖度与径流-泥沙关系的分析

图 1.29 显示了不同植被盖度下径流-泥沙变化特征。泥沙流失总量随植被盖度的增加而减少，当植被盖度为 0 时，径流系数和泥沙流失总量均最大，分别为 35.1% 和 2085.5kg/(hm² · a)；当植被盖度为 0.35 时，径流系数和泥沙流失总量均最小，分别为 9.8% 和 63.4kg/(hm² · a)。植被盖度能降低雨滴对表层土壤的击溅作用，在地面形成一个天然的保护层，使泥沙流失总量减少。当地表植被盖度达到某一值后，植被盖度的持续增加会导致径流量呈现增加的趋势，地表植被虽然能延缓径流的形成时间，但植被躯干能促进雨水汇聚，易于在地面上形成径流，径流系数随之变大，径流深变大的可能性会随之增加，该问题值得进一步研究。

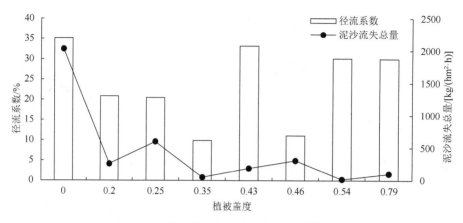

图 1.29　不同植被盖度下径流-泥沙变化特征

参 考 文 献

[1] 马惠, 张洪江, 王伟, 等. 重庆市四面山不同森林类型林冠的截留作用[J]. 中国水土保持科学, 2010, 8（6）: 108-114.

[2] LLORENS P, GALLART F. A simplified method for forest water storage capacity measurement[J]. Journal of hydrology, 2000, 240(1-2): 131-144.

[3] WOHLFAHRT G, BIANCHI K, CERNUSCA A. Leaf and stem maximum water storage capacity of herbaceous plants in a mountain meadow[J]. Journal of hydrology, 2006, 319(1-4): 383-390.

[4] 王迪, 李久生, 饶敏杰. 喷灌冬小麦冠层截留试验研究[J]. 中国农业科学, 2006, 39（9）: 1859-1864.

[5] KEIM R F, SKAUGSET A E, WEILER M. Storage of water on vegetation under simulated rainfall of varying intensity[J]. Advances in water resources, 2006, 29(7): 974-986.

[6] 刘艳丽, 王全九, 杨婷, 等. 不同植物截留特征的比较研究[J]. 水土保持学报, 2015, 29（3）: 172-177.

[7] 刘艳丽, 王全九, 杨婷, 等. 植物叶片截留特征分析[J]. 水土保持研究, 2015, 22（4）: 143-147.

[8] 余开亮, 陈宁, 余四胜, 等. 物种组成对高寒草甸植被冠层降雨截留容量的影响[J]. 生态学报, 2011, 31(19): 5771-5779.

[9] 王会霞. 基于润湿性的植物叶面截留降雨和降尘的机制研究[D]. 西安: 西安建筑科技大学, 2012.

[10] 卓丽, 苏德荣, 刘自学, 等. 草坪型结缕草冠层截留性能试验研究[J]. 生态学报, 2009, 29（2）: 669-675.

[11] 左大康, 谢群贤. 农田蒸发研究[M]. 北京: 气象出版社, 1991.

[12] BOULET G, CHEHBOUNI A, BRAUD I, et al. A simple water and energy balance model designed for regionalization and remote sensing data utilization[J]. Agricultural and forest meteorology, 2000, 105(1-3): 117-132.

[13] WANG L, WEI S P, HORTON R, et al. Effects of vegetation and slope aspect on water budget in the hill and gully region of the Loess Plateau of China[J]. Catena, 2011, 87(1): 90-100.

[14] 杨志鹏, 李小雁, 孙永亮, 等. 毛乌素沙地沙柳灌丛降雨截留与树干茎流特征[J]. 水科学进展, 2008, 19（5）: 693-698.

[15] KOOL D, AGAM N, LAZAROVITCH N, et al. A review of approaches for evapotranspiration partitioning[J]. Agricultural and forest meteorology, 2014, 184(15): 56-70.

[16] STAUDT K, SERAFIMOVICH A, SIEBICKE L, et al. Vertical structure of evapotranspiration at a forest site (a case study)[J]. Agricultural and forest meteorology, 2011, 151(6): 709-729.

[17] 张北赢, 徐学选, 刘文兆, 等. 黄土丘陵沟壑区不同降雨年型下土壤水分动态[J]. 应用生态学报, 2008, 19(6): 1234-1240.

[18] 陶林威, 马洪, 葛芬莉. 陕西省降雨特性分析[J]. 陕西气象, 2000, （5）: 6-9.

[19] GRANIER A. Evaluation of transpiration in a Douglas-fir stand by means of sap flow measurements[J]. Tree physiology, 1987, 3(4): 309-319.

第 2 章 植被生长与土壤理化性质

土壤理化性质和生物过程与土壤水分运动息息相关，土壤空气、微生物活动、植物根系发育受控于土壤水分状况。土壤水动力特征影响和控制土壤水分及化学物质的运移速度和分布特征，进而影响植物生长。因此，科学地分析和描述土壤理化性质与植物生长的关系，可以有效提高农业水资源利用率，缓解水资源短缺问题，加快精准农业和生态农业发展，为促进水土和水与环境之间的平衡提供理论依据[1-5]。

为了研究植物生长与土壤理化性质的关系，开展田间试验研究工作。试验在中国科学院水利部水土保持研究所长武黄土高原农业生态试验站进行，该试验站位于陕西省长武县以西 12km 陕甘分界处的洪家镇王东村，该区域位于东经 107°40′30″，北纬 35°12′16″，海拔为 1200m，属于暖温带半湿润半干旱大陆性季风气候，年平均降雨量为 584.1mm，年平均气温 9.1℃，大于 10℃的有效积温为 3029℃，年平均日照时数为 2226.5h，多年平均无霜期为 171 天。地下水埋深为 50~80m，属于典型旱作农业区。土壤属黏钙黑垆土，其中砂粒含量为 39.30%，粉粒含量为 51.43%，黏粒含量为 9.27%，有机质含量为 9.2g/kg，全氮（总氮）含量为 0.62g/kg，速效磷含量为 5.8mg/kg。试验小区均设置为方形，尺寸为 1m×1m，坡度为 8°，边界埋入 60cm 的 PVC 板，在试验小区出流处用 PVC 管导出径流，在 PVC 管下方安置径流桶。在试验小区种植 6 种不同类型的植物（小麦、大豆、谷子、小冠花、毛苕子、红三叶），共设计 36 个试验小区，其中 18 个试验小区用于研究降雨入渗、土壤水分和土壤养分含量变化特征，另外 18 个试验小区用于研究植物生长、土壤理化性质变化。试验分别选择在植物幼苗期、拔节期/分枝期、孕穗-抽穗期/开花-结荚期、鼓粒期和成熟期 5 个典型生育期内进行，共计降雨 180 场。种植的植物类型及试验时间如表 2.1 所示。试验小区翻耕 25cm，综合当地的施肥习惯，种植植物试验小区的底肥均采用一次性施入复合肥，施肥量为 450kg/hm²，播种密度分别为 300kg/hm²、90kg/hm²、15kg/hm²、15kg/hm²、45kg/hm² 和 11.25kg/hm²。试验过程采用野外模拟人工降雨进行水分调控，试验装置由供水系统、降雨器组成。采用针头式降雨器模拟人工降雨，降雨器的降雨面积为 1m×1m，降雨高度为 1.5m，降雨强度为 100mm/h。

表 2.1 种植植物类型及试验时间

项目	农作物			绿肥植物		
	小麦	大豆	谷子	小冠花	毛苕子	红三叶
植物	幼苗期	幼苗期	幼苗期	幼苗期	幼苗期	幼苗期
生育期	拔节期	分枝期	拔节期	分枝期	拔节期	分枝期

续表

项目	农作物			绿肥植物		
	小麦	大豆	谷子	小冠花	毛苕子	红三叶
植物 生育期	孕穗–抽穗期	开花–结荚期	孕穗–抽穗期	开花–结荚期	开花–结荚期	开花–结荚期
	灌浆期（鼓粒期）	鼓粒期	鼓粒期	鼓粒期	鼓粒期	鼓粒期
	成熟期	成熟期	成熟期	成熟期	成熟期	成熟期

2.1　植物生长特征

植物地上生物量、地下生物量、株高、盖度、叶面积指数是反映其生长变化的关键指标。根据黄土高原地区气候条件和植物分布类型，选择 3 种农作物和 3 种绿肥植物作为供试样本。农作物包括小麦、大豆和谷子，绿肥植物包括小冠花、毛苕子和红三叶。通过研究植物株高、盖度、地上生物量、地下生物量、耗水特性和水分利用效率等生长特征，用有效积温代替 Logistic 模型中的时间（t）研究不同处理下的参数变化规律，进一步确定 Logistic 模型的参数，便于根据株高和耗水量估计植物生长过程，为旱区植物生长特性研究奠定一定的理论基础[6,7]。

作物增长幅度 y 的计算公式为

$$y = 100(x_{i+1} - x_i) / x_m \tag{2.1}$$

Logistic 模型表示为

$$x = x_m / (1 + e^{a+bGDD}) \text{ 或 } x = x_m / (1 + e^{a+bGDD+cGDD^2}) \tag{2.2}$$

式中，x 为植物的某个生长指标，如地上生物量、地下生物量、株高、盖度、叶面积指数等，下标 i 为植物生育期；x_m 为生长指标 x 对应的最大值；GDD 为有效积温(℃)；a、b、c 为待定系数。有效积温是指日平均气温与作物生物学下限温度，也就是作物生理活动所需的最低温度之差，具体表示为

$$GDD = \sum_{i=1}^{n} (T_{avg_i} - T_b) \tag{2.3}$$

式中，T_b 为生物学下限温度(℃)；T_{avg_i} 为植物各生育期的日平均气温(℃)。

日平均气温计算式为

$$T_{avg} = \frac{\left(T_x^* + T_n^*\right)}{2} \tag{2.4}$$

式中，T_x^* 为当日最高气温(℃)；T_n^* 为当日最低气温(℃)，其定义为

$$\begin{cases} T_x^* = T_{upper}, & T_x^* \geq T_{upper} \\ T_x^* = T_{base}, & T_x^* \leq T_{base} \\ T_x^* = T_x, & \text{其他} \end{cases} \tag{2.5}$$

$$\begin{cases} T_n^* = T_{upper}, & T_n^* \geqslant T_{upper} \\ T_n^* = T_{base}, & T_n^* \leqslant T_{base} \\ T_n^* = T_n, & \text{其他} \end{cases} \tag{2.6}$$

式中，T_{upper} 为日有效气温上限(℃)；T_{base} 为日有效气温下限(℃)。

植物生物学特征如播种日期、收获日期、生育期天数、日有效气温上/下限如表 2.2 所示，计算得到的植物生育期内有效积温和降雨量如图 2.1 所示。

表 2.2 植物生物学特征

项目	农作物			绿肥植物		
	小麦	谷子	大豆	小冠花	毛苕子	红三叶
播种日期/（月/日）	4/14	4/29	5/1	5/11	4/28	5/11
收获日期/（月/日）	7/10	7/29	8/31	9/13	9/13	9/13
生育期天数/d	87	91	92	121	138	121
T_{base}/℃	10	10	10	10	10	10
T_{upper}/℃	30	30	35	35	30	30

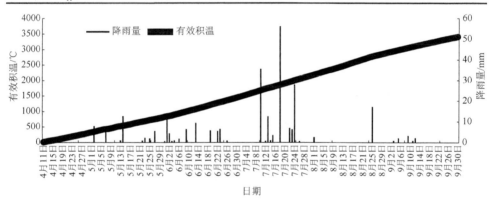

图 2.1 植物生育期内有效积温与降雨量

2.1.1 植物株高的增长特征

图 2.2 和图 2.3 分别显示了 6 种植物生育期内株高及其增长幅度的变化特征。植物株高均呈现先迅速增大后逐渐变缓趋势，其中拔节期/分枝期、孕穗-抽穗期/开花-结荚期呈现明显的增长趋势。鼓粒期、成熟期植物株高增长缓慢，增长幅度均在 10%左右。植物株高在幼苗期、鼓粒期后期、成熟期的增长速度缓慢。幼苗期小麦、大豆、谷子株高的增长较小冠花、毛苕子、红三叶更慢。植物株高最大增长幅度主要出现在拔节期/分枝期到孕穗-抽穗期/开花-结荚期初期。毛苕子株高的最大增长幅度为 53.31%，明显高于其他植物；谷子次之，最大增长幅度为45.82%；红三叶、大豆和小冠花的最大增长幅度相差不大，分别为 40.85%、37.29%

和 32.87%；小麦的最大增长幅度最小为 32.59%。综上所述，6 种植物的株高增长幅度从大到小依次为毛苕子>谷子>红三叶>大豆>小冠花>小麦。

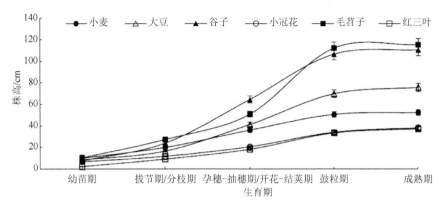

图 2.2　6 种植物株高的变化特征

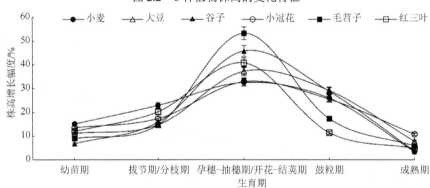

图 2.3　6 种植物株高增长幅度的变化特征

2.1.2　植物盖度的增长特征

图 2.4 和图 2.5 分别显示了 6 种植物在全生育期内盖度及其增长幅度的变化特征。植物盖度总体呈现逐渐增大后趋于稳定的变化趋势，植物盖度最大值均在鼓粒期后期，3 种绿肥植物的最大盖度高于 3 种农作物。毛苕子枝杆较长且最大盖度达到了 100%，大豆、红三叶、小冠花最大盖度相差不大，均在 96.00%~97.00%，谷子最大盖度为 92.59%，小麦的最大盖度最小，为 79.04%。幼苗期毛苕子盖度明显高于其他植物，盖度增长幅度也明显高于其他植物，也是其全生育期最大增长幅度。拔节期植物盖度呈缓慢增长的趋势，谷子、小麦和大豆在拔节期/分枝期增长幅度明显低于毛苕子的增长幅度，且这三种作物盖度的最大增长幅度发生在拔节期/分枝期到抽穗-孕穗期/开花-结荚期。鼓粒期植物盖度均不同程度接近全生育期内的最大值，其中毛苕子最先达到最大值，小麦、小冠花、红三叶次之，谷子盖度还在持续增长。鼓粒期到成熟期除谷子的盖度还在增长外，其他 5 种植物盖度变化很小。

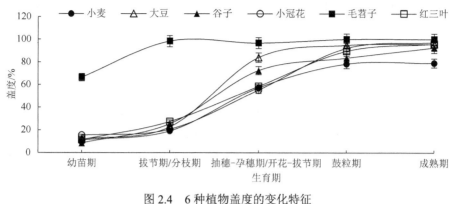

图 2.4　6 种植物盖度的变化特征

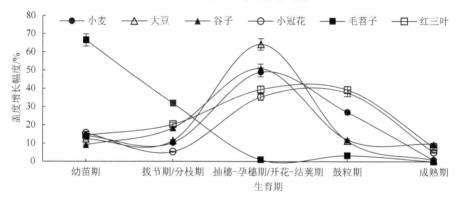

图 2.5　6 种植物盖度增长幅度的变化特征

2.1.3　植物地上生物量的增长特征

图 2.6 显示了 6 种植物地上生物量的变化特征，总体呈现先缓慢增大后迅速增大，最后趋于稳定的变化趋势。从孕穗-抽穗期/开花-结荚期到鼓粒期，植物地上生物量迅速增大且在成熟期达到最大值。6 种植物的地上生物量大小依次为大豆>谷

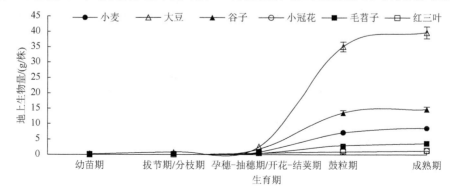

图 2.6　6 种植物地上生物量的变化特征

子>小麦>毛苕子>红三叶>小冠花。3 种农作物的单株地上生物量高于 3 种绿肥植物，其中大豆单株地上生物量远大于其他植物，红三叶与小冠花相差不大。

图 2.7 为 6 种植物地上生物量增长幅度变化特征，总体呈现先增加后减小的变化规律。植物鼓粒期时单株地上生物量增长最快，其中大豆的增长幅度最大，其次为谷子、小麦、毛苕子、红三叶、小冠花。大豆、谷子最大增长幅度差异较小，分别为 82.48%、81.00%；小麦与毛苕子较为接近，分别为 73.03%、73.01%；红三叶与小冠花相对较小，分别为 43.11%、40.18%。3 种农作物地上生物量的增大幅度高于 3 种绿肥植物。这可能是由于小冠花、红三叶的花荚数及籽粒数远少于其他植物的花荚数与籽粒数。

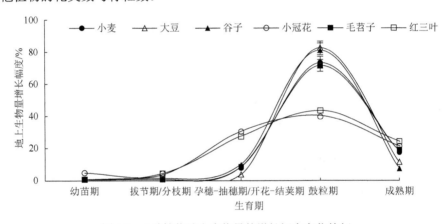

图 2.7　6 种植物地上生物量的增长幅度变化特征

2.1.4　地下生物量的增长特征

图 2.8 显示了 6 种植物地下生物量的变化特征，3 种农作物的地下生物量呈现先增大后逐渐减小的 S 形变化趋势，小麦、谷子地下生物量在孕穗-抽穗期/开花-结荚期达到峰值，其余植物大多在成熟期达到峰值。3 种绿肥植物的地下生物量

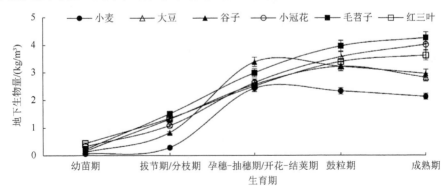

图 2.8　6 种植物地下生物量的变化特征

呈现先迅速增长后缓慢增长的变化趋势，在生育后期达到峰值。绿肥植物地下生物量的最大值高于农作物，其中小麦为 2.43kg/cm³，大豆为 3.21kg/cm³，谷子为 3.38kg/cm³，小冠花为 4.02kg/cm³，毛苕子为 4.26kg/cm³，红三叶为 3.63kg/cm³。

图 2.9 显示了 6 种植物地下生物量的增长幅度，其最大增长幅度均发生在孕穗-抽穗期/开花-结荚期，小麦和谷子增长幅度的变化波动较大，大豆和 3 种绿肥植物的增长幅度波动较小。小麦地下生物量的增长幅度最大，谷子次之，其他植物变化幅度相差不大。总体来讲，孕穗-抽穗期/开花-结荚期 3 种农作物地下生物量的增长幅度较 3 种绿肥植物的增长幅度大。这可能是因为生育期内 3 种绿肥植物的地下生物量持续增长，直到后期才达到地下生物量的峰值，而 3 种农作物在生育期后期已经出现衰老死亡的现象。

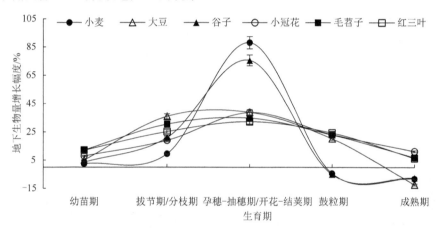

图 2.9　6 种植物地下生物量的增长幅度变化特征

2.1.5　植物生长的数学模型

植物产量与其生长指标，如株高、盖度、地上生物量、地下生物量等密切相关，但是这些指标测定需要投入大量的时间、人力、专业设备，且不易实现田间实时监测。植物各项生理指标中，株高测量最简单易行且精度高。因此，可以利用 Logistic 模型建立株高和盖度、株高和地上生物量、株高和地下生物量之间的关系式，以此计算各生育期的盖度、地上生物量和地下生物量，为植物各个生育期的生长特征的预测提供理论基础并为田间管理提供充分的依据。

2.1.5.1　株高与有效积温的关系

利用 Logistic 模型对生育期植物株高的变化进行定量分析，具体表达式为

$$H = H_{\max} / (1 + e^{a_1 + b_1 \text{GDD}}) \tag{2.7}$$

式中，H 为植物的株高(cm)；$H_{\max}$ 为植物在生育期内的最大株高(cm)；GDD 为植物播种后的有效积温(℃)；a_1、b_1 为拟合参数。

利用式（2.7）对试验数据进行拟合，拟合参数见表 2.3。结果表明，Logistic
模型能够较好地模拟植物生育期内株高的变化过程，决定系数均大于等于 0.90。
小麦、大豆和谷子的拟合决定系数分别为 0.98、0.97 和 0.98。毛苕子、小冠花和
红三叶拟合的决定系数分别为 0.90、0.94 和 0.95。由表 2.3 也可以看出，农作物
Logistic 曲线拟合参数 a_1、b_1 差异较大，而绿肥植物则基本相同。

表 2.3 植物株高的 Logistic 模型拟合参数

植物类型	a_1	b_1	R^2
小麦	3.61	−0.0021	0.98
大豆	2.40	−0.0036	0.97
谷子	6.14	−0.0070	0.98
毛苕子	3.59	−0.0021	0.90
小冠花	3.56	−0.0023	0.94
红三叶	3.58	−0.0023	0.95

2.1.5.2 植物盖度与有效积温的关系

植物盖度度在生育期的变化过程符合经典的 Logistic 模型，具体表达式为

$$C = C_{max} / (1 + e^{a_2 + b_2 GDD}) \tag{2.8}$$

式中，C 为植物盖度(%)；C_{max} 为植物在生育期内的最大盖度(%)；a_2、b_2 为拟合参数。

利用式（2.8）拟合植物盖度变化过程，具体参数如表 2.4 所示。由表 2.4 可以看
出，采用 Logistic 模型可以很好地拟合植物盖度变化过程，决定系数均大于等于 0.92。
其中，谷子的拟合效果较好，决定系数为 0.97，大豆拟合效果相对较差，决定系数
为 0.92。6 种植物的拟合参数 a_2 和 b_2 变化较大，a_2 为 2.1～7.2，b_2 为−0.0058～−0.0032。

表 2.4 植物盖度的 Logistic 模型拟合参数

植物类型	a_2	b_2	R^2
小麦	3.2	−0.0043	0.94
大豆	4.4	−0.0058	0.92
谷子	6.2	−0.0036	0.97
毛苕子	7.2	−0.0038	0.96
小冠花	2.1	−0.0040	0.93
红三叶	3.3	−0.0032	0.96

2.1.5.3 地上生物量与有效积温的关系

利用 Logistic 模型对植物地上生物量进行定量分析，具体表达式为

$$B_a = B_{max} / (1 + e^{a_3 + b_3 GDD}) \tag{2.9}$$

式中，B_a 为地上生物量(g/株)；B_{max} 为植物生育期内的最大地上生物量(g/株)；a_3、
b_3 为拟合参数。

利用式(2.9)对植物地上生物量数据进行拟合,得到植物地上生物量的 Logistic 模型具体参数如表 2.5 所示。结果表明,Logistic 模型能够较好地模拟植物地上生物量的动态变化过程,决定系数均大于等于 0.90,其中绿肥植物的决定系数为 0.95~0.99,拟合效果明显优于农作物。6 种植物的 Logistic 模型拟合参数值 a_3 因植物类型的不同而变化,3 种农作物的参数值 a_3 为 4.05~7.75;3 种绿肥植物的参数值 a_3 变化不大,为 7.41~7.45。6 种植物的 Logistic 模型拟合的参数值 b_3 变化不大,为-0.0039~-0.0031。

表 2.5　植物地上生物量的 Logistic 模型拟合参数

植物类型	a_3	b_3	R^2
小麦	4.05	-0.0037	0.90
大豆	4.55	-0.0036	0.93
谷子	7.75	-0.0039	0.92
毛苕子	7.45	-0.0032	0.95
小冠花	7.44	-0.0031	0.99
红三叶	7.41	-0.0033	0.97

2.1.5.4　地下生物量与有效积温的关系

生育期中后期植物地下生物量变化特点各不相同,3 种农作物地下生物量出现负增长,而 3 种绿肥植物的地下生物量总体呈现逐渐增长趋势。利用 Logistic 模型对 3 种农作物地下生物量的拟合效果较差,因此本书仅采用 Logistic 模型对 3 种绿肥植物生育期地下生物量进行定量分析,具体表达式为

$$D_u = D_{max} / (1 + e^{a_4 + b_4 GDD}) \tag{2.10}$$

式中,D_u 为植物的地下生物量(g/cm^3);D_{max} 为植物生长过程中的最大地下生物量(g/cm^3);a_4、b_4 为拟合参数。

利用式(2.10)对 3 种绿肥植物的地下生物量进行拟合,植物地下生物量的 Logistic 曲线拟合的具体参数见表 2.6。由表 2.6 可以看出,3 种绿肥植物的拟合效果较好,决定系数均大于等于 0.94,其中小冠花的拟合效果最好,决定系数为 0.97;红三叶和毛苕子次之,决定系数分别为 0.96 和 0.94。植物类型不同,拟合参数也不同,植物类型对 a_4 的影响大于 b_4,a_4 为 4.2~9.1,b_4 为-0.0046~-0.0039。

表 2.6　植物地下生物量的 Logistic 模型拟合参数

植物类型	a_4	b_4	R^2
毛苕子	9.1	-0.0045	0.94
小冠花	7.1	-0.0046	0.97
红三叶	4.2	-0.0039	0.96

2.1.5.5 株高和地上生物量的关系

上述研究结果表明，植物类型对 3 种绿肥植物的株高与地上生物量的拟合参数（a_1、b_1、a_3 和 b_3）影响很小，表明植物类型对株高、地上生物量的曲线没有显著影响，只是影响其最大值，可以对不同作物类型的参数进行标准化处理。取 3 种绿肥植物株高拟合参数 a_1、b_1 的平均数，分别为 3.58 和 -0.0022；取地上生物量拟合参数 a_3、b_3 的平均数，分别为 7.43 和 -0.0032。因此，3 种绿肥植物的株高和地上生物量公式可转化为

$$\frac{H_{\max}}{H} = 1 + e^{3.58 - 0.0022\text{GDD}} \tag{2.11}$$

$$\frac{B_{\max}}{B_a} = 1 + e^{7.43 - 0.0032\text{GDD}} \tag{2.12}$$

标准化处理参数后，利用式（2.11）和式（2.12）计算相应的株高和地上生物量。绿肥植物整个生育期的计算值与测量值之间的相对误差如表 2.7 所示。结果显示，3 种绿肥植物的株高与地上生物量的相对误差均小于 10%，可以认为植物类型对株高和地上生物量的 Logistic 模型参数影响不大，归一化参数方法是可行的。

表 2.7　参数标准化计算作物株高、地上生物量的相对误差

植物类型	株高的相对误差/%	地上生物量的相对误差/%
毛苕子	6.52	6.19
小冠花	3.18	3.04
红三叶	7.70	6.30

对式（2.11）两边取对数得

$$\text{GDD} = \frac{\ln\left(\dfrac{H_{\max}}{H} - 1\right) - 3.58}{-0.0022} \tag{2.13}$$

将其代入式（2.12），有

$$B_a = B_{\max} \left/ \left(1 + e^{7.43 - 0.0032 \cdot \left[\frac{\ln\left(\frac{H_{\max}}{H} - 1\right) - 3.58}{-0.0022}\right]} \right) \right. \tag{2.14}$$

式（2.14）表示绿肥植物株高与地上生物量的关系，将绿肥植物实测株高代入方程，计算绿肥植物地上生物量 B_a。地上生物量模拟值和实测值的关系如图 2.10 所示，决定系数为 0.95~0.98，模拟值与实测值之间有较好的吻合关系。因此，可以利用绿肥植物不同生育期株高和地上生物量的最大值预测地上生物量的动态变化过程。

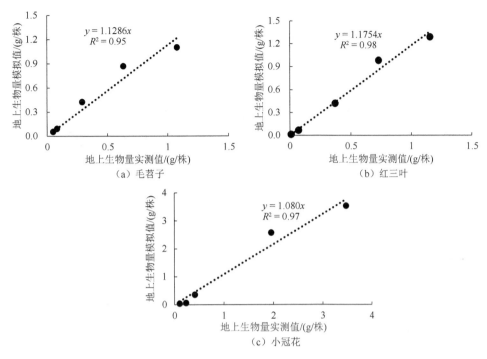

图 2.10　地上生物量模拟值与实测值的关系

2.1.6　植物的耗水特性和水分利用效率

采用水量平衡法，按照式（2.15）～式（2.17）计算植物生育期耗水量、土壤贮水消耗量和水分利用效率。植物生育期耗水量计算公式为

$$\mathrm{ET_a} = I_s + P_s + G_i - U_d - G_o \pm \Delta W \qquad (2.15)$$

式中，$\mathrm{ET_a}$ 为植物生育期耗水量(mm)；I_s 为时段内灌水量(mm)；P_s 为时段内有效降雨量(mm)；G_i 为地下水补给水量(mm)；U_d 为深层渗漏水量(mm)（本书不考虑深层渗漏）；G_o 为补给地下水水量(mm)；ΔW 为土壤贮水消耗量(mm)。由于地下水埋深 3m 以下，降雨入渗深度不超过 1m，本书不考虑地下水补给量。

土壤贮水消耗量计算公式为

$$\Delta W = 10 \sum_{i=1}^{n} r_i H_i (\Delta \theta_i) \qquad (2.16)$$

式中，i 为土层编号；n 为总土层数；r_i 为第 i 层的土壤容重(g/cm^3)；H_i 为第 i 层的土壤深度(cm)；$\Delta \theta_i$ 为时段内第 i 层土壤含水量的变化量(cm^3/cm^3)。

水分利用效率为

$$\mathrm{WUE} = \frac{B'_a}{\mathrm{ET_a}} \qquad (2.17)$$

式中，WUE 为水分利用效率[kg/(hm^2·mm)]；B'_a 为单位面积地上生物量(kg/hm^2)。

表 2.8 为 6 种植物的全生育期内水分利用效率计算结果。3 种农作物水分利用效率均高于 3 种绿肥植物水分利用效率，其中小麦、谷子水分利用效率较大，分别为 41.81kg/(hm²·mm)、41.25kg/(hm²·mm)。毛苕子与红三叶的水分利用效率较低，分别为 10.96 kg/(hm²·mm)、13.10 kg/(hm²·mm)。

表 2.8　6 种植物全生育期内水分利用效率

植物类型	生育期耗水量/mm	最大地上生物量/(kg/hm²)	水分利用效率/[kg/(hm²·mm)]
小麦	25740	615.63	41.81
大豆	23808	664.01	35.85
谷子	26442	641.01	41.25
毛苕子	5500	501.69	10.96
小冠花	17650	883.49	19.98
红三叶	6450	492.37	13.10

2.2　植物生长过程中土壤理化性质的变化特征

土壤是生态系统最基础、最重要的组成部分，是植物和微生物的生存保障，也是动植物残体分解及微生物活动的基本场所。土壤理化性质反映土壤的基本属性和肥力状况，是决定植物生长优劣的重要条件。植物种植会引起土壤理化特性的变化，如土壤的紧实度、养分含量等。为了研究不同植物种植条件下土壤理化性质变化特性，根据黄土高原地区的气候条件和植物分布类型，选择了 3 种农作物和 3 种绿肥植物作为供试样本。农作物包括小麦、大豆、谷子，绿肥植物包括小冠花、毛苕子、红三叶。测定反映土壤理化性质的 6 个指标，包括土壤容重、土壤水动力参数、土壤有机质含量、土壤的铵态氮含量、土壤硝态氮含量和土壤速效磷含量。

2.2.1　土壤物理性质的变化特征

土壤容重反映土壤的紧实状况，是土壤重要的物理性质之一。它直接影响土壤通气状况、渗透性及作物根系的生长，是衡量土壤环境的重要指标。因此，研究植物生育期土壤物理性质变化特征，对合理的田间管理和科学调控土壤环境具有重要的指导意义。

土壤容重为干容重，是干土壤基质物质的质量与总容积之比，具体计算公式为

$$\rho_b = \frac{m_s}{V_s + V_w + V_a} = \frac{m_s}{V_t} \tag{2.18}$$

式中，ρ_b 为土壤容重(g/cm³)；m_s 为土壤固相物质的质量；V_s、V_w、V_a 分别是土壤固、液、气三相的容积；V_t 为土壤的总容积。

2.2.1.1　土壤容重变化特征

图 2.11 显示了植物在生育期不同深度土层土壤容重的变化过程。小麦、大豆和谷子种植条件下，土壤容重总体呈现增大的趋势，在幼苗期到拔节期/分枝期，土壤容重增大较为明显。这可能是土壤本身的沉降作用、降雨打击作用、水分入渗量较大，根系占有的土壤空间较小等造成的；从拔节期/分枝期到孕穗-抽穗期/

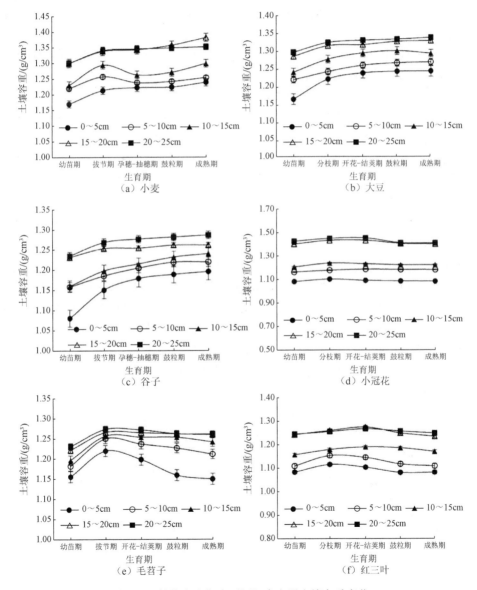

图 2.11　植物生育期内不同深度土层土壤容重变化

开花-结荚期，土壤容重的变化较小。土壤沉降作用逐渐减小，植物冠层盖度逐渐增大使得降雨打击作用逐渐减小，根系作用较强，因此土壤容重紧实状况变化不大。从鼓粒期到成熟期，3 种农作物作物根系逐渐开始衰老死亡，根系在土壤中所占的空间逐渐减小，土壤容重又开始缓慢增长，其中变化最明显的是小麦地。小冠花、毛苕子和红三叶种植条件下，土壤容重变化较小；在幼苗期到拔节期，毛苕子地 0~25cm 的土壤容重表现出明显的增长趋势，拔节期到开花-结荚期增长趋势缓慢。从开花-结荚期到成熟期，3 种绿肥植物种植条件下土壤容重总体呈现不同程度减小的趋势。

由图 2.11 可以看出，6 种植物种植条件下，土壤容重大小及其变化程度各不相同。其中 0~5cm 土层的容重变化较为剧烈，5~15cm 土层的容重变化与 0~5cm 情况较为相似，15~25cm 土层的土壤容重变化较为平缓，数值相差不大。由于不同土层土壤的孔隙度、有机质含量及承受的上部荷载各不相同，各土层土壤容重的大小也各不相同。将 0~25cm 的土壤划分为 3 层，分别为 0~5cm、5~15cm 和 15~25cm，计算各层土壤容重增长幅度，发现各土层容重的增加幅度总体呈现先减小后逐渐增加的趋势。其中，3 种农作物种植条件下，0~5cm 土层土壤容重变化幅度均表现为正增长的变化趋势；3 种绿肥植物表现为负增长的变化趋势，尤其毛苕子种植条件下土壤容重的增长幅度变化较为剧烈，变化范围为-3.13%~5.05%，小麦和小冠花种植条件下增长幅度变化较为平缓，变化范围分别为 1.86%~3.05%、-1.03%~1.87%。从 5~15cm 土壤容重的增长幅度来看，毛苕子地土壤容重变化较为剧烈，变化范围为-1.08%~5.17%；谷子地增长幅度变化最为平缓，变化范围为 0.34%~2.24%。

图 2.12 为植物种植条件下，0~25cm 土层的土壤容重随时间变化过程。由图可知，3 种农作物种植条件下土壤容重随时间呈线性变化趋势，即 $\rho_b = at + b$，且决定系数均大于 0.78，小麦、大豆、谷子的曲线拟合的决定系数依次分别为 0.80、0.78 和 0.88。系数 a 相差不大，分别为 0.007、0.005 和 0.008，系数 b 分别为 1.25、

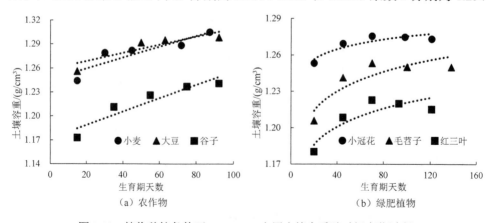

图 2.12　植物种植条件下 0~25mm 土层土壤容重随时间变化过程

1.26 和 1.17。3 种绿肥植物种植下生育期内土壤容重呈现对数型的变化趋势，即 $\rho_b = c\ln t + d$，决定系数均大于 0.79，小冠花、毛苕子、红三叶种植条件下曲线拟合的决定系数分别为 0.82、0.79 和 0.79，系数 c 分别为 0.012、0.023 和 0.220，系数 d 分别为 1.22、1.14 和 1.12。

2.2.1.2　土壤水动力参数变化特征

土壤水分运动是陆地水循环、土壤圈物质循环的重要组成部分，是热量和养分等在土壤中传输的主要载体。土壤水分运动是一个复杂的过程，其水动力参数的确定是研究田间水分运动规律及养分、污染物迁移的基础，对灌排系统设计、田间管理、土壤污染治理具有重要的指导意义。

本书利用美国盐土实验室 Simunek 等[8]开发的 HYDRUS-1D 软件来反推土壤水动力参数，再利用反推的土壤水动力参数结合 HYDRUS-1D 软件对降雨入渗过程的土壤含水量分布进行模拟，并与实测值对比，检验参数确定的准确性。

将降雨入渗过程中土壤水分运动简化为一维垂直入渗过程，假设土壤为均质的刚性多孔介质，忽略气体和温度对水流运动的影响，以土壤含水量为因变量的一维垂直入渗过程的 Richards 方程可表示为

$$\frac{\partial \theta}{\partial t} = \frac{\partial}{\partial z}\left[D(\theta)\frac{\partial \theta}{\partial z} \right] + \frac{\partial K(\theta)}{\partial z} \tag{2.19}$$

式中，θ 为土壤含水量(cm^3/cm^3)；t 为时间(min)；z 为空间坐标（向上为正）；$K(\theta)$ 为非饱和导水率；$D(\theta)$ 为非饱和水分扩散率。

在降雨入渗试验中，上边界恒定压力水头为 0；下边界为自由排水界面，因此边界条件可以表示为

$$\begin{cases} h = 0, z = 0, \ t > 0 \\ h = h_0, z = L, t \leqslant 0 \end{cases} \tag{2.20}$$

式中，h 为压力水头(cm)；h_0 为下边界初始水头(cm)；L 为土壤深度(cm)。

降雨前测得土壤初始含水量，可以认为降雨过程中表层土壤含水量迅速达到土壤饱和含水量，表面以下土壤为初始含水量，其初始边界条件可表示为

$$\begin{cases} \theta(0,0) = \theta_s \\ \theta(0,z) = \theta_i \end{cases} \tag{2.21}$$

式中，θ_s 为土壤饱和含水量(cm^3/cm^3)；θ_i 为土壤初始含水量(cm^3/cm^3)。

采用 van Genuchten 模型中描述的土壤水动力参数进行分析，表达式为

$$\begin{cases} \theta = \theta_r + \dfrac{\theta_s - \theta_r}{\left[1 + |\alpha h|^n \right]^m}, h < 0 \\ \theta = \theta_s, \qquad\qquad\quad h \geqslant 0 \end{cases} \tag{2.22}$$

$$\alpha = \frac{1}{h_d} \tag{2.23}$$

$$K(h) = K_s S_e^l \left[1 - \left(1 - S_e^{\frac{1}{m}} \right)^m \right]^2 \tag{2.24}$$

$$S_e = \frac{\theta - \theta_r}{\theta_s - \theta_r} \tag{2.25}$$

$$m = 1 - \frac{1}{n},\ n > 1 \tag{2.26}$$

式中，l 为孔隙弯曲度；θ_r 为土壤滞留含水量(cm^3/cm^3)；h_d 为进气吸力(cm)；K_s 为饱和导水率(cm/min)；n 为形状系数。

用变化幅度 f 表示土壤水动力参数的变化程度，f 越大表示参数变化程度越剧烈，f 可表示为

$$f = \frac{X_{max} - X_{min}}{X_{average}} \times 100\% \tag{2.27}$$

式中，X_{max} 为样本最大值；X_{min} 为样本最小值；$X_{average}$ 为样本平均值。

根据降雨入渗资料，结合土壤的初始含水量、降雨入渗时间、土壤容重、土壤颗粒组成，利用 HYDRUS-1D 软件推求试验土壤水动力参数，van Genuchten 模型参数如表 2.9 所示。小麦、大豆、小冠花、毛苕子、红三叶种植条件下植物生育期内土壤水动力参数的呈现波动变化趋势，而谷子种植条件下其生育期内土壤水动力参数大多呈现逐渐降低的变化趋势。

表 2.9　van Genuchten 模型参数

作物类型	生育期	滞留含水量/(cm^3/cm^3)	饱和含水量/(cm^3/cm^3)	进气吸力的倒数/cm^{-1}	形状系数	饱和导水率/(cm/min)	孔隙弯曲度 l
	幼苗期	0.046	0.398	0.0062	1.6248	0.0480	0.5
	拔节期	0.042	0.398	0.0124	1.5007	0.0384	0.5
小麦	孕穗-抽穗期	0.045	0.390	0.0066	1.6139	0.0363	0.5
	鼓粒期	0.048	0.389	0.0067	1.6112	0.0348	0.5
	成熟期	0.044	0.385	0.0069	1.6057	0.0323	0.5
	幼苗期	0.046	0.398	0.0062	1.6248	0.0423	0.5
	分枝期	0.045	0.391	0.0066	1.6142	0.0363	0.5
大豆	开花-结荚期	0.045	0.388	0.0068	1.6044	0.0347	0.5
	鼓粒期	0.046	0.387	0.0068	1.6081	0.0333	0.5
	成熟期	0.046	0.399	0.0062	1.6257	0.0429	0.5
谷子	幼苗期	0.048	0.414	0.0056	1.6429	0.0579	0.5
	拔节期	0.047	0.405	0.0059	1.6337	0.0490	0.5

续表

作物类型	生育期	滞留含水量/(cm³/cm³)	饱和含水量/(cm³/cm³)	进气吸力的倒数/cm⁻¹	形状系数	饱和导水率/(cm/min)	孔隙弯曲度 l
谷子	孕穗-抽穗期	0.046	0.402	0.0061	1.6298	0.0458	0.5
	鼓粒期	0.046	0.400	0.0062	1.6268	0.0437	0.5
	成熟期	0.046	0.399	0.0062	1.6257	0.0429	0.5
小冠花	幼苗期	0.048	0.419	0.0055	1.6474	0.0633	0.5
	分枝期	0.045	0.391	0.0066	1.6148	0.0365	0.5
	开花-结荚期	0.045	0.391	0.0065	1.6150	0.0367	0.5
	鼓粒期	0.046	0.395	0.0064	1.6202	0.0395	0.5
	成熟期	0.046	0.395	0.0064	1.6209	0.0399	0.5
毛苕子	幼苗期	0.047	0.407	0.0059	1.6351	0.0512	0.5
	拔节期	0.045	0.394	0.0064	1.6197	0.0393	0.5
	开花-结荚期	0.046	0.396	0.0063	1.6221	0.0406	0.5
	鼓粒期	0.046	0.399	0.0062	1.6256	0.0429	0.5
	成熟期	0.046	0.401	0.0061	1.6278	0.0444	0.5
红三叶	幼苗期	0.047	0.413	0.0057	1.6413	0.0561	0.5
	分枝期	0.047	0.407	0.0059	1.6352	0.0502	0.5
	开花-结荚期	0.047	0.406	0.0059	1.6342	0.0494	0.5
	鼓粒期	0.047	0.410	0.0058	1.6387	0.0535	0.5
	成熟期	0.048	0.419	0.0055	1.6474	0.0633	0.5

表 2.10 显示了 6 种植物种植条件下土壤水动力参数变化幅度。6 种植物土壤饱和导水率变化程度较为剧烈，变化幅度均大于 25%，其中小冠花地的变化幅度最大，为 62.07%，毛苕子地的变化幅度较小，为 25.52%。土壤进气吸力倒数变化幅度(α/θ_s)在 6%~18%，其中小冠花地的变化幅度最大，为 17.52%，毛苕子地的变化幅度最小，为 6.94%。土壤饱和含水量、滞留含水量的变化幅度相差不大，在 0.026~0.071cm³/cm³；其中小冠花地饱和含水量、滞留含水量的变化幅度最大，分别为 0.071cm³/cm³、0.063cm³/cm³；小麦地滞留含水量的变化幅度最小，为 0.026cm³/cm³；大豆和红三叶地饱和含水量的变化幅度最低，均为 0.031cm³/cm³。

表 2.10 土壤水动力参数变化幅度

植物类型	土壤水动力参数				
	θ_r/(cm³/cm³)	θ_s/(cm³/cm³)	α/θ_s/%	n/%	K_s/%
小麦	0.026	0.035	10.57	1.18	42.18
大豆	0.035	0.031	9.20	1.32	25.22
谷子	0.034	0.039	10.00	1.05	31.40
小冠花	0.063	0.071	17.52	2.01	62.07
红三叶	0.028	0.031	8.09	0.95	27.25
毛苕子	0.028	0.032	6.94	0.81	25.52

利用降雨后的土壤含水量对反推的土壤水动力参数准确性进行验证。图 2.13 显示了模拟的土壤剖面含水量与实测值对比分析结果。利用不同深度土壤含水量的实测值与模拟值相对误差的平均值判断模拟计算精度。

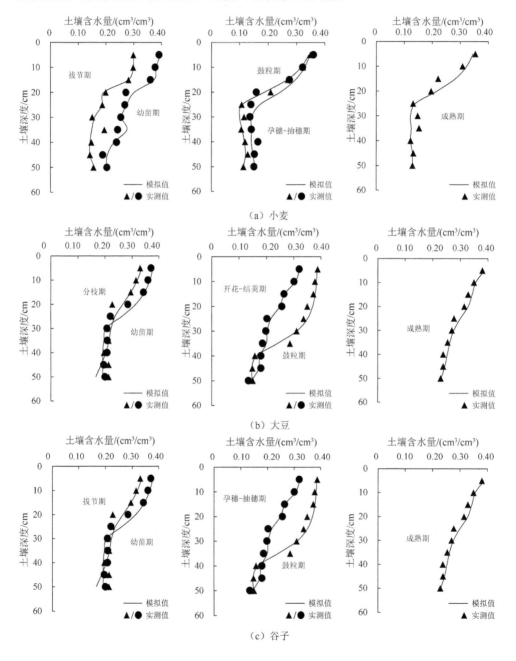

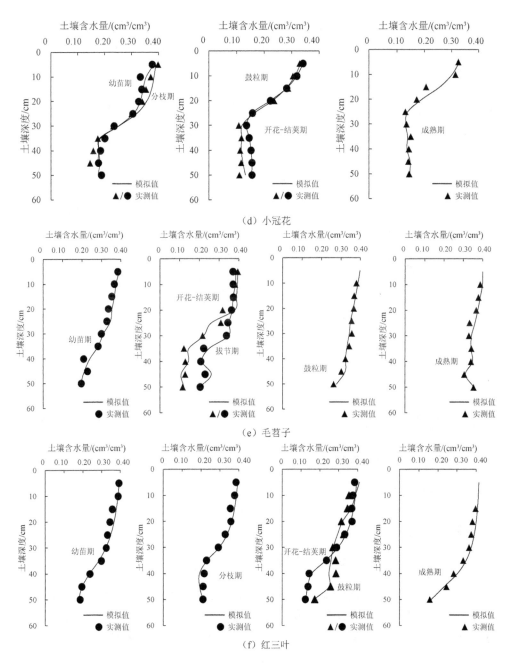

（d）小冠花

（e）毛苕子

（f）红三叶

图 2.13　土壤剖面含水量模拟值与实测值对比

表 2.11 为土壤剖面含水量模拟值与实测值的平均相对误差统计。结果表明，在植物生育期内土壤含水量模拟值和实测值的平均相对误差较小（为 2.65%～12.35%），预测精度较高。其中，谷子的孕穗-抽穗期土壤含水量模拟精度最低，

其平均相对误差为 12.35%，毛苕子鼓粒期土壤含水量的模拟精度最高，其平均相对误差为 2.65%。6 种植物种植地土壤含水量模拟精度由高到低依次为红三叶>毛苕子>大豆>小冠花>小麦>谷子。由此可知，6 种植物种植地的土壤含水量模拟精度变化规律受植物类型影响。小麦、谷子和毛苕子种植地的孕穗-抽穗期/开花-结荚期土壤含水量的模拟精度最低，平均相对误差分别为 9.48%、12.35%和 9.70%。小冠花和红三叶种植地的鼓粒期土壤含水量的模拟精度最低，平均相对误差分别为 7.68%、5.94%。大豆种植地的分枝期土壤含水量的模拟精度最低，平均相对误差为 7.84%。小麦、谷子、小冠花、红三叶种植地的幼苗期土壤含水量模拟精度最高，平均相对误差分别为 4.53%、4.88%、4.05%和 2.99%。大豆种植地开花-结荚期土壤含水量的模拟精度最高，平均相对误差为 3.20%。毛苕子种植地的鼓粒期土壤含水量的模拟精度最高，平均相对误差为 2.65%。

表 2.11　土壤剖面含水量模拟值与实测值的平均相对误差统计

生育期	平均相对误差/%					
	小麦	大豆	谷子	小冠花	毛苕子	红三叶
幼苗期	4.53	5.30	4.88	4.05	4.46	2.99
拔节期/分枝期	4.54	7.84	5.99	7.13	3.80	4.13
孕穗-抽穗期/开花-结荚期	9.48	3.20	12.35	5.25	9.70	2.97
鼓粒期	4.62	3.91	5.08	7.68	2.65	5.94
成熟期	8.99	3.47	6.33	4.75	2.78	4.28
全生育期	6.43	4.74	6.93	5.77	4.68	4.06

2.2.2　土壤养分含量的变化特征

土壤养分是指土壤中含有且植物生长发育所需的营养物质，是土壤肥力的重要指标之一。土壤养分含量受气候、土壤性质、耕作、施肥、灌溉、作物吸收等多种因素的影响。

2.2.2.1　土壤有机质含量变化特征

有机质是土壤养分的重要组成部分，对植物生长有重要的影响。土壤有机质还是一种胶结剂，对土壤结构形成、物理状况、土壤容重等有重要的影响。为了分析其变异特征，采取变异系数（CV）进行统计分析，计算公式为

$$CV = \frac{\delta}{\mu} \times 100\% \tag{2.28}$$

式中，δ 表示样本标准差；μ 表示样本均值。

　　图 2.14 显示了不同土层 6 种植物生长过程中土壤有机质含量变化。结果表明，6 种植物种植地的土壤有机质含量呈现相似的变化过程，不同深度的土壤有机质含量变化规律有所差异。0～5cm 和 5～10cm 土层的土壤有机质含量整体呈现先减小后增大的变化趋势。从鼓粒期到成熟期，植物已完成营养生长开始了生殖生长，对有机质的需求减少，同时微生物数量减少，微生物体内固定的有机质逐渐进入土壤，使得土壤中有机质含量开始增加。10～15cm、15～20cm 和 20～25cm 土层的土壤有机质含量呈现 M 形的变化趋势，即先增大后减小再增大再减小。这可能是因为作物种植时翻耕土壤，将土壤表层原有的腐殖层埋在土壤中，部分腐殖质分解后向土壤中补充了有机质。从幼苗期到拔节期/分枝期，深层土壤的温度较低、容重较大，微生物的繁殖速度较低，分解有机质能力较弱，而植物从幼苗期到拔节期所需的有机质量较少，因此从幼苗期到拔节期深层土壤的有机质呈现了增加的变化趋势。从孕穗-抽穗期/开花-结荚期到鼓粒期，微生物的繁殖速度较快，数量较多，植物需要的有机质也较多，导致土壤中有机质含量急剧减少。

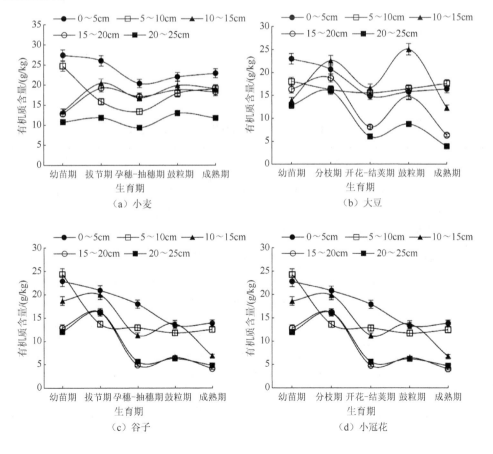

（a）小麦　　　　　　　　　　　　　（b）大豆

（c）谷子　　　　　　　　　　　　　（d）小冠花

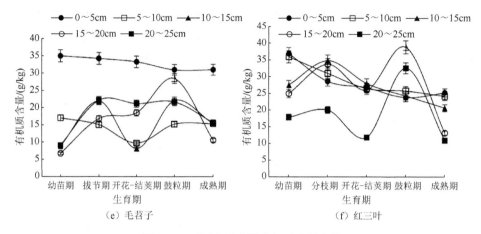

（e）毛苕子　　　　　　　　　　（f）红三叶

图 2.14　不同土层土壤有机质含量变化

为了进一步分析植物生育期内土壤有机质含量及变异特征,计算了各生育期 0~25cm 土层有机含量的变异系数,计算结果如表 2.12 所示。结果表明,6 种植物不同生育期土壤有机质含量的变异系数均大于 6%,属于中等变异。其中,全生育期内小冠花的变异系数最大, 为 65.87%,红三叶的变异系数最小, 为 29.01%。小麦鼓粒期和成熟期、谷子抽穗-孕穗期的变异系数分别为 7.82%、9.26%、6.77%,均小于 10%,属于微小变异;其他各生育期的变异系数均为 10%~100%, 属于中等变异。

表 2.12　0~25cm 土层土壤有机质含量及变异特征

生育期	小麦			大豆			谷子		
	最大值/ (g/kg)	最小值/ (g/kg)	变异系数/%	最大值/ (g/kg)	最小值/ (g/kg)	变异系数/%	最大值/ (g/kg)	最小值/ (g/kg)	变异系数/%
幼苗期	27.38	10.80	38.21	22.93	12.75	21.42	25.10	10.97	32.70
拔节期/分枝期	25.99	11.85	25.29	22.53	15.87	13.60	18.45	10.54	17.38
孕穗-抽穗期/ 开花-结荚期	20.34	13.40	13.61	16.57	5.98	35.32	14.44	12.02	6.77
鼓粒期	22.00	17.89	7.82	25.00	8.71	32.38	24.28	13.74	21.92
成熟期	22.88	17.77	9.26	17.50	3.85	47.97	20.11	8.36	27.97
全生育期	27.38	8.99	29.51	34.76	2.89	46.16	37.57	3.01	48.06

生育期	小冠花			毛苕子			红三叶		
	最大值/ (mg/kg)	最小值/ (mg/kg)	变异系数/%	最大值/ (mg/kg)	最小值/ (mg/kg)	变异系数/%	最大值/ (mg/kg)	最小值/ (mg/kg)	变异系数/%
幼苗期	24.27	12.79	21.64	35.00	6.69	68.29	36.84	17.84	24.79
拔节期/分枝期	20.77	6.10	50.27	34.24	15.00	30.55	34.72	20.00	17.74

续表

生育期	小冠花			毛苕子			红三叶		
	最大值/(mg/kg)	最小值/(mg/kg)	变异系数/%	最大值/(mg/kg)	最小值/(mg/kg)	变异系数/%	最大值/(mg/kg)	最小值/(mg/kg)	变异系数/%
孕穗-抽穗期/开花-结荚期	21.17	4.72	52.58	33.28	8.05	50.06	27.96	11.79	25.35
鼓粒期	13.66	6.14	32.22	30.97	15.19	23.54	38.74	23.71	20.05
成熟期	11.76	3.97	41.09	31.00	10.54	39.72	25.17	10.91	30.74
全生育期	37.91	2.49	65.87	39.09	5.21	49.09	40.29	11.79	29.01

2.2.2.2 土壤铵态氮变化特征

氮普遍存在于生态环境中，是植物生长必需的营养元素。土壤中的氮素以有机态和无机态两种形式存在。其中，可被植物直接吸收利用的有效氮主要包括铵态氮和硝态氮，而有机氮可以在一定的条件下转化成为有效氮。土壤氮素一方面被植物吸收利用，另一方面随降雨淋溶或挥发而损失。因此，研究植物种植下土壤硝态氮和铵态氮的动态变化特征，对于明确氮素转化特征具有重要的指导意义。

图 2.15 显示了 6 种植物种植下土壤铵态氮含量（0～25cm 土层）的变化特征。3 种农作物种植地，各土层土壤铵态氮均呈现先增大后减小的变化趋势。这可能是因为土壤肥料中的氮素在拔节期缓慢释放，植物在孕穗-抽穗期/开花-结荚期的生殖生长和营养生长需要大量的氮素，使土壤中的铵态氮含量下降。3 种绿肥植物种植地的各土层土壤铵态氮含量变化规律有所差异，其中 0～5cm、5～10cm 土层土壤铵态氮含量先增大后减小再增大再减小，呈现 M 形的变化趋势，而 10～15cm、15～20cm 土层土壤铵态氮的含量呈现先增大后减小再增大的 S 形变化趋势。

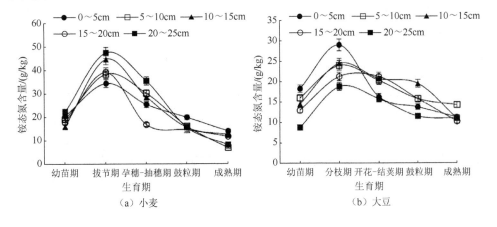

（a）小麦　　　　　　　　　　　　（b）大豆

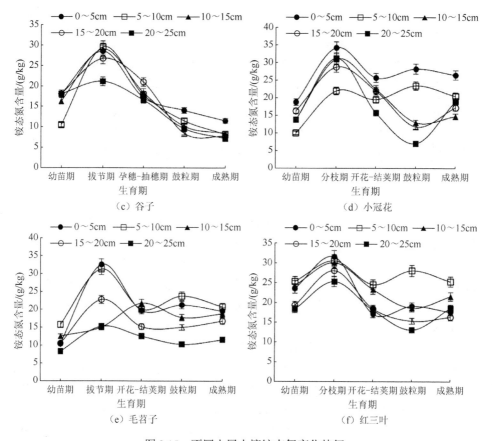

图 2.15　不同土层土壤铵态氮变化特征

表 2.13 显示了 6 种植物种植下土壤铵态氮含量（0~25cm 土层）及变异特征。结果表明，全生育期内土壤铵态氮含量的平均变异系数均为 10%~100%，属于中等变异。其中，小麦地土壤铵态氮含量变异系数最大，为 43.98%，而红三叶地分枝期的变异系数最小为 7.68%。各生育期铵态氮含量的变异系数各不相同，其中小麦、大豆、小冠花各生育期的土壤铵态氮含量的变异系数为 10%~100%，属于中等变异。谷子孕穗-抽穗期土壤铵态氮的含量在 16.25~20.63g/kg 变化，变异系数为 8.07%，属于微小变异，其他生育期内变异系数为 10%~100%，属于中等变异。红三叶分枝期 0~25cm 的土壤铵态氮的含量在 25.25~31.50g/kg 变化，变异系数为 7.68%，小于 10%，属于微小变异，其他生育期内变异系数均为 10%~100%，属于中等变异。毛苕子成熟期 0~25cm 的土壤铵态氮的含量在 16.75~22.00g/kg，变异系数为 9.26%，属于微小变异，其他生育期内变异系数均为 10%~100%，属于中等变异。

表 2.13　0～25cm 土层土壤铵态氮含量及变异特征

生育期	小麦			大豆			谷子		
	最大值/ (g/kg)	最小值/ (g/kg)	变异 系数/%	最大值/ (g/kg)	最小值/ (g/kg)	变异 系数/%	最大值/ (g/kg)	最小值/ (g/kg)	变异 系数/%
幼苗期	22.00	15.75	11.46	18.25	8.75	22.89	18.95	10.25	17.45
拔节期/分枝期	47.00	34.00	11.48	29.00	18.75	14.57	28.50	18.00	16.74
孕穗-抽穗期/ 开花-结荚期	35.00	16.50	23.04	21.25	15.75	12.55	20.63	16.25	8.07
鼓粒期	19.50	14.25	11.18	19.50	11.50	17.24	13.75	6.75	22.45
成熟期	13.75	6.50	26.17	14.25	10.25	11.84	11.25	6.15	18.35
全生育期	47.00	6.50	43.98	29.00	8.75	29.75	28.50	6.15	38.28

生育期	小冠花			毛苕子			红三叶		
	最大值/ (g/kg)	最小值/ (g/kg)	变异 系数/%	最大值/ (g/kg)	最小值/ (g/kg)	变异 系数/%	最大值/ (g/kg)	最小值/ (g/kg)	变异 系数/%
幼苗期	0.75	0.4	20.16	15.75	8.25	21.72	25.25	18.25	12.77
拔节期/分枝期	1.37	0.88	14.16	32.50	15.25	30.58	31.50	25.25	7.68
孕穗-抽穗期/ 开花-结荚期	1.03	0.63	15.87	20.00	12.50	17.13	24.50	17.00	14.92
鼓粒期	1.13	0.28	46.56	23.75	10.25	27.06	28.00	13.00	26.59
成熟期	1.06	0.59	19.83	22.00	16.75	9.26	25.25	16.25	16.09
全生育期	1.37	0.28	34.60	32.50	8.25	32.41	31.50	13.00	22.92

2.2.2.3　土壤硝态氮变化特征

图 2.16 显示了 6 种植物种植下不同深度土壤硝态氮含量（0～25cm 土层）的变化特征。结果表明，在植物生育期内，不同深度土壤硝态氮含量变化特征各不相同。6 种植物种植地 0～5cm 土层土壤硝态氮含量均呈现逐渐递减的变化趋势，其中幼苗期到孕穗-抽穗期/开花-结荚期递减程度较生育后期更明显。5～10cm、10～15cm、15～20cm 和 20～25cm 土层的土壤硝态氮含量呈现先增大后减小再增大最后逐渐趋于稳定的变化趋势。这可能是因为拔节期/分枝期土壤温度逐渐升高，施入土壤中的化肥缓慢释放，土壤中的氮素含量显著增加。孕穗-抽穗期/开花-结荚期植物营养生长与生殖生长并进，再加上微生物的繁殖代谢，使得土壤中大量的有效氮被消耗。生育期后期，农作物根系与微生物相继死亡，释放大量的氮素。

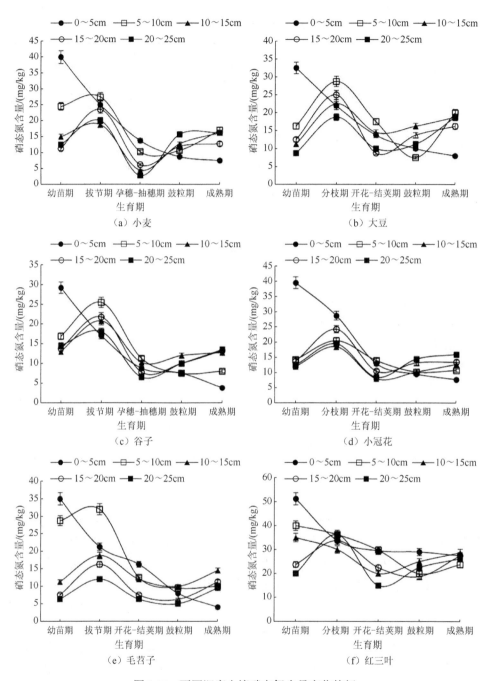

图 2.16　不同深度土壤硝态氮含量变化特征

表 2.14 为 6 种植物种植下土壤硝态氮含量（0～25cm 土层）及变异特征。结果表明，全生育期内土壤硝态氮含量的平均变异系数为 10%～100%，属于中等变异，其中红三叶种植地硝态氮含量变异系数最小，为 27.45%，属于中等变异。毛苕子种植地的硝态氮含量变异系数最大，为 60.33%，属于中等变异。6 种植物种植条件下，各生育期内的变化程度各不相同。其中红三叶种植地在分枝期土壤硝态氮含量为 30.00～36.25mg/kg，变异系数为 6.74%，属于微小变异；成熟期也属微小变异；其他生育期内变异系数为 10%～100%，属于中等变异。小麦、谷子、大豆、小冠花和毛苕子种植地各生育期硝态氮含量变异系数均为 10%～100%，属于中等变异。

表 2.14　0～25cm 土层土壤硝态氮含量及变异特征

生育期	小麦			大豆			谷子		
	最大值/ (mg/kg)	最小值/ (mg/kg)	变异 系数/%	最大值/ (mg/kg)	最小值/ (mg/kg)	变异 系数/%	最大值/ (mg/kg)	最小值/ (mg/kg)	变异 系数/%
幼苗期	40.00	11.25	51.97	32.50	8.75	52.17	29.25	13.00	34.50
拔节期/分枝期	27.50	18.75	13.99	28.75	18.75	14.25	25.50	17.00	14.58
孕穗-抽穗期/ 开花-结荚期	13.75	2.75	52.99	17.50	8.75	24.53	11.25	6.50	19.10
鼓粒期	15.75	8.75	19.27	16.25	7.50	25.78	12.00	7.50	18.24
成熟期	17.00	7.50	25.48	20.00	8.00	26.60	13.50	3.75	37.31
全生育期	40.00	2.81	51.86	32.50	7.50	39.56	29.25	3.75	45.08

生育期	小冠花			毛苕子			红三叶		
	最大值/ (mg/kg)	最小值/ (mg/kg)	变异 系数/%	最大值/ (mg/kg)	最小值/ (mg/kg)	变异 系数/%	最大值/ (mg/kg)	最小值/ (mg/kg)	变异 系数/%
幼苗期	39.75	12.00	57.70	35.00	6.25	66.57	51.25	20.00	33.16
拔节期/分枝期	28.75	18.50	16.89	32.00	12.00	33.47	36.25	30.00	6.74
孕穗-抽穗期/ 开花-结荚期	14.00	8.00	22.03	16.25	6.25	33.66	29.75	15.00	24.26
鼓粒期	14.50	9.50	16.96	11.75	5.00	29.83	29.00	18.75	15.92
成熟期	16.00	7.75	22.79	14.50	4.00	34.56	28.75	23.75	6.34
全生育期	39.63	7.75	46.72	35.00	4.00	60.33	51.25	15.00	27.45

2.2.2.4　土壤速效磷变化特征

磷是植物器官的重要组成成分，主要以有机磷化合物和无机磷酸根离子的形式存在。土壤缺磷会严重影响植物生长，植物各个生育期对磷的需求量也不相同，因此研究植物生育期内土壤速效磷含量（无机磷酸根离子中磷元素含量）的变化规律可以为农业生产管理提供理论指导。

　　图 2.17 显示了 6 种植物种植下不同深度土壤速效磷含量（0～25cm 土层）的变化特征。结果表明，土壤速效磷含量总体呈现先减小后增大的变化趋势，其中小麦、谷子、毛苕子种植地的土壤速效磷含量从幼苗期到拔节期呈现逐渐递减的

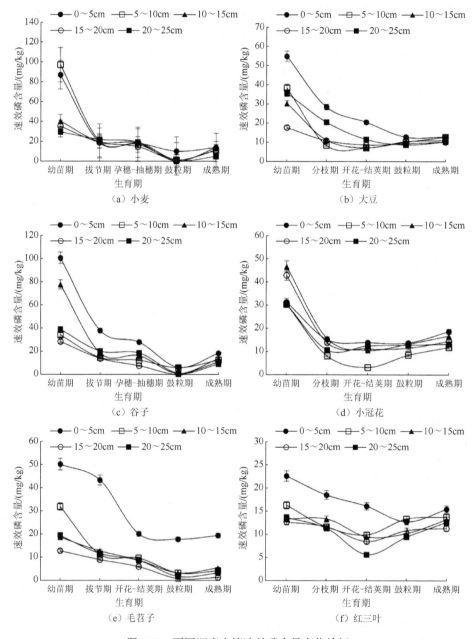

图 2.17　不同深度土壤速效磷含量变化特征

变化趋势，从拔节期到孕穗-抽穗期/开花-结荚期大多呈现增加的变化趋势，从孕穗-抽穗期/开花-结荚期到鼓粒期呈现减少的趋势，从鼓粒期到成熟期呈现微小的增加趋势且总体上呈现 W 形的变化规律。大豆、小冠花种植下的 0～25cm 土壤速效磷含量从幼苗期到开花-结荚期呈现逐渐递减的变化趋势，从开花-结荚期到成熟期呈现逐渐递增的变化趋势。红三叶种植条件下 0～5cm 土壤速效磷含量从幼苗期到鼓粒期呈现逐渐递减的变化趋势，从鼓粒期到成熟期呈现微小增加的变化趋势，5～25cm 的土壤速效磷含量从幼苗期到开花-结荚期呈现逐渐递减的变化趋势，从开花-结荚期到成熟期呈现逐渐递增的变化趋势。

表 2.15 显示了 6 种植物种植地土壤速效磷含量（0～25cm 土层）及变异特征。土壤速效磷含量在植物全生育期的变异系数各不相同，小麦、谷子种植地，土壤速效磷含量的变异系数分别为 105.66%、119.47%，均大于 100%，属于强变异。大豆、小冠花、毛苕子、红三叶种植地，土壤速效磷含量在植物全生育期的变异系数为 10%～100%，属于中等变异。其中，红三叶种植条件下 0～25cm 土层土壤速效磷含量在植物全生育期的变异系数最小，为 26.37%。

表 2.15　0～25cm 土层土壤速效磷含量及变异特征

生育期	小麦			大豆			谷子		
	最大值/(mg/kg)	最小值/(mg/kg)	变异系数/%	最大值/(mg/kg)	最小值/(mg/kg)	变异系数/%	最大值/(mg/kg)	最小值/(mg/kg)	变异系数/%
幼苗期	97.28	29.44	49.10	55.04	17.92	34.13	101.76	28.80	50.46
拔节期/分枝期	21.76	18.56	5.84	28.16	8.32	47.21	38.40	14.08	41.78
抽穗-孕穗期/开花-结荚期	19.20	14.72	9.14	20.48	7.04	45.70	28.16	7.68	41.18
鼓粒期	10.24	1.28	123.43	12.80	8.96	13.77	6.40	0.64	86.15
成熟期	13.44	4.48	30.51	12.80	10.24	10.47	18.56	8.96	24.41
全生育期	97.28	1.28	105.66	55.04	7.04	69.63	37.76	0.64	119.47

生育期	小冠花			毛苕子			红三叶		
	最大值/(mg/kg)	最小值/(mg/kg)	变异系数/%	最大值/(mg/kg)	最小值/(mg/kg)	变异系数/%	最大值/(mg/kg)	最小值/(mg/kg)	变异系数/%
幼苗期	46.72	30.08	19.38	50.56	12.80	50.27	23.04	12.80	23.31
拔节期/分枝期	15.36	7.68	23.10	43.52	8.96	73.71	19.20	11.52	20.48
抽穗-孕穗期/开花-结荚期	13.44	3.20	37.37	20.48	5.76	46.15	16.64	5.76	34.56
鼓粒期	13.44	8.32	16.33	17.92	0.64	117.60	13.44	9.60	13.21
成熟期	18.56	11.52	16.82	19.84	1.28	97.36	15.36	11.52	10.27
全生育期	46.08	3.20	61.98	50.56	0.64	92.45	23.04	5.76	26.37

小麦种植地的土壤速效磷含量在拔节期、抽穗-孕穗期变化范围分别为 18.56～21.76mg/kg、14.72～19.20mg/kg，变异系数均小于 10%，分别为 5.84%、

9.14%，属于微小变异；小麦鼓粒期变异系数为 123.43%，大于 100%，属于强变异；其他各生育期 0～25cm 的土壤速效磷含量变异系数均为 10%～100%，属于中等变异。大豆种植地的土壤速效磷含量在拔节期的变异系数最大，为 47.21%，属于中等变异；成熟期的变异系数最小，为 10.47%，属于中等变异。谷子种植地土壤速效磷含量在鼓粒期的变异系数最大，为 86.15%，属于中等变异；成熟期的变异系数最小，为 24.41%，属于中等变异。小冠花种植地土壤速效磷含量在开花-结荚期时变异系数最大，为 37.37%，属于中等变异；鼓粒期变异系数最小，为 16.33%，属于中等变异。毛苕子种植地土壤速效磷含量在其鼓粒期时变异系数最大，为 117.60%，属于强变异；开花-结荚期变异系数最小，为 46.15%，属于中等变异。红三叶种植地土壤速效磷含量在开花-结荚期时变异系数最大，为 34.56%，属于中等变异；成熟期变异系数最小，为 10.27%，属于中等变异。

2.3　土壤理化性质与植物生长的关系

2.3.1　土壤养分与植物生长的关系

作物产量受到众多因素的影响，如降雨、品种、日照、肥料和土壤等，土壤养分是决定作物产量的重要因素之一。本小节主要分析植物生长与土壤养分的关系，以期为合理肥料调控提供指导。

2.3.1.1　土壤养分与株高

1. 土壤有机质含量与株高的关系

图 2.18 显示了土壤有机质累积消耗量（0～25cm 土层）与株高的关系。由图可以看出，6 种植物种植地土壤有机质的累积消耗量与植物株高均呈线性相关，

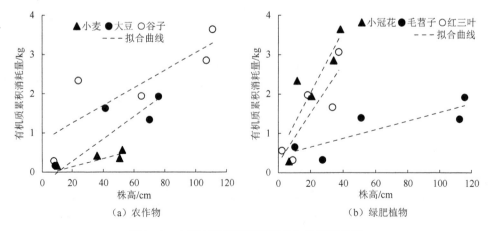

图 2.18　土壤有机质累积消耗量与株高的关系

拟合公式为

$$O_c = \alpha_1 H + \beta_1 \tag{2.29}$$

式中，O_c 为土壤有机质累积消耗量(kg)；H 为株高(cm)；α_1、β_1 为拟合参数。

　　土壤有机质累积消耗量和株高关系曲线拟合参数如表 2.16 所示，α_1 均小于 0.1，β_1 差异较大，为 $-0.9255\sim2.3506$，拟合结果的决定系数均大于等于 0.60。其中，谷子种植地决定系数最高，为 0.78；小麦种植地的最小，为 0.60。3 种农作物种植地土壤有机质累积消耗量与株高的平均决定系数为 0.70；3 种绿肥植物种植地土壤有机质累积消耗量与株高的平均决定系数为 0.73。6 种植物种植地土壤有机质累积消耗量与株高的线性拟合决定系数大小关系依次为谷子>毛苕子>红三叶>大豆>小冠花>小麦。

表 2.16　土壤有机质累积消耗量和株高关系曲线拟合参数

植物类型	α_1	β_1	R^2
小麦	0.0335	−0.2298	0.60
大豆	0.0898	−0.9255	0.72
谷子	0.0812	2.3506	0.78
毛苕子	0.0793	0.7554	0.76
小冠花	0.0110	0.7050	0.71
红三叶	0.0630	0.2551	0.73

2. 土壤硝态氮与株高的关系

　　图 2.19 显示了土壤硝态氮累积消耗量（0～25cm 土层）与株高的关系。结果表明，6 种植物种植地土壤硝态氮的累积消耗量与株高均呈现线性相关，拟合公式为

$$N_{c1} = \alpha_2 H + \beta_2 \tag{2.30}$$

式中，N_{c1} 为土壤硝态氮累积消耗量(g)；α_2、β_2 为拟合参数。

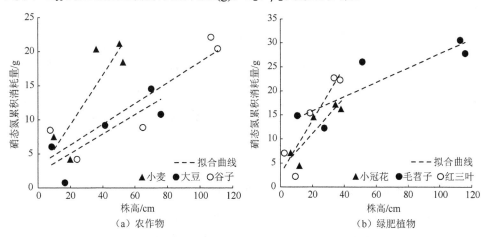

图 2.19　土壤硝态氮累积消耗量与株高的关系

土壤硝态氮累积消耗量和株高关系曲线的拟合参数如表 2.17 所示。α_2 均小于 0.6，β_2 差异较大，为 2.0475～12.8444，拟合结果的决定系数均大于等于 0.69。其中，红三叶种植地决定系数最高，为 0.85，大豆种植地的决定系数最小，为 0.69。3 种农作物地土壤硝态氮累积消耗量与株高的平均决定系数为 0.75；3 种绿肥植物种植地土壤硝态氮累积消耗量与株高的决定系数均大于等于 0.78，拟合效果与3 种农作物种植地的比较接近。6 种植物种植地土壤硝态氮累积消耗量与株高的线性拟合决定系数大小关系依次为红三叶>谷子>毛苕子>小冠花>小麦>大豆。

表 2.17　土壤硝态氮累积消耗量和株高关系曲线拟合参数

植物类型	α_2	β_2	R^2
小麦	0.3639	2.0475	0.74
大豆	0.1421	2.2484	0.69
谷子	0.1521	2.2843	0.81
毛苕子	0.3736	3.6893	0.79
小冠花	0.1493	12.8444	0.78
红三叶	0.5570	2.7748	0.85

图 2.20 显示了土壤硝态氮累积消耗量（0～25cm 土层）与株高在生育后期的关系。结果表明，在植物生育后期（拔节期/分枝期-成熟期），土壤硝态氮累积消耗量与株高均表现为幂函数关系，拟合公式为

$$N_{c1} = \alpha_3 H^{\beta_3} \tag{2.31}$$

式中，α_3、β_3 为拟合参数。

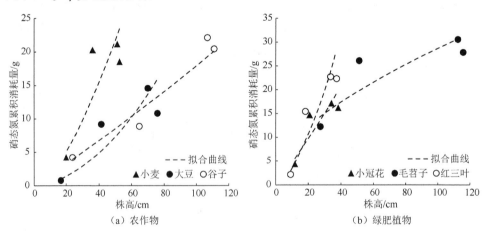

图 2.20　土壤硝态氮累积消耗量与植物株高在生育后期的关系

土壤硝态氮累积消耗量和生育后期株高关系曲线拟合参数如表 2.18 所示。α_3 为 0.0057～2.3823，β_3 为 0.5408～1.8345，决定系数均大于等于 0.80。其中，谷子

种植地的决定系数最高，为 0.95，毛苕子种植地的决定系数最小，为 0.80。3 种
农作物种植地土壤硝态氮累积消耗量与株高的平均决定系数为 0.90；3 种绿肥植
物种植地土壤硝态氮累积消耗量与株高的决定系数均大于等于 0.80，拟合效果略低
于 3 种农作物种植地。生育后期 6 种植物种植地土壤硝态氮累积消耗量与株高的幂
函数拟合决定系数大小关系依次为谷子>大豆>红三叶>小麦>毛苕子>小冠花。

表 2.18   土壤硝态氮累积消耗量和生育后期株高关系曲线拟合参数

植物类型	α_3	β_3	R^2
小麦	0.0436	1.5870	0.84
大豆	0.0057	1.8345	0.90
谷子	0.1307	1.0690	0.95
毛苕子	0.3994	1.0678	0.82
小冠花	2.3823	0.5408	0.80
红三叶	0.0799	1.6217	0.88

3. 土壤铵态氮与株高的关系

图 2.21 显示了土壤铵态氮累积消耗量（0～25cm 土层）与株高的关系。结果表
明，6 种植物种植地土壤铵态氮累积消耗量与株高均表现为线性相关，拟合公式为

$$N_{c2} = \alpha_4 H + \beta_4 \tag{2.32}$$

式中，N_{c2} 为土壤铵态氮累积消耗量(g)；α_4、β_4 为拟合参数。

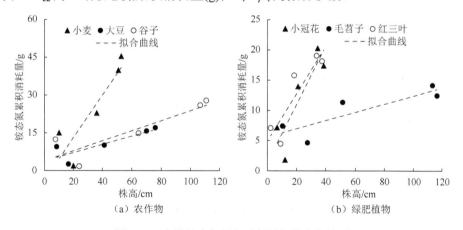

图 2.21   土壤铵态氮累积消耗量与株高的关系

土壤铵态氮累积消耗量和植物株高关系曲线拟合参数如表 2.19 所示。α_4 为
0.0688～6.3969，β_4 为-3.6295～5.6232，决定系数均大于等于 0.74。其中，毛苕子
种植地决定系数最高，为 0.81，大豆、小冠花种植地的决定系数最小，为 0.74。
3 种农作物种植地土壤铵态氮累积消耗量与株高的平均决定系数为 0.77；3 种绿肥
植物种植地土壤铵态氮累积消耗量与株高的平均决定系数为 0.77，拟合效果与 3 种

农作物种植条件下相同。6 种植物种植地土壤铵态氮累积消耗量与株高的线性拟合决定系数大小关系依次为毛苕子>小麦>红三叶=谷子>小冠花=大豆。

表 2.19　土壤铵态氮累积消耗量和株高关系曲线拟合参数

植物类型	α_4	β_4	R^2
小麦	0.8474	-3.6295	0.79
大豆	0.1635	3.9520	0.74
谷子	0.1997	3.9201	0.77
毛苕子	6.3969	4.9227	0.81
小冠花	0.0688	5.6232	0.74
红三叶	0.4877	1.3018	0.77

图 2.22 显示了生育后期土壤铵态氮累积消耗量（0～25cm 土层）与株高的关系。可以看出，在植物生育后期（拔节期/分枝期-成熟期），土壤铵态氮累积消耗量与株高均表现为幂函数关系，拟合公式为

$$N_{c2} = \alpha_5 H^{\beta_5} \tag{2.33}$$

式中，α_5、β_5 为拟合参数。

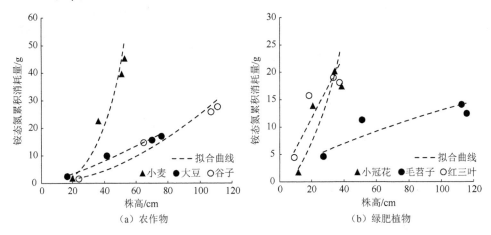

图 2.22　土壤铵态氮累积消耗量与株高在生育后期的关系

土壤铵态氮累积消耗量和生育后期株高关系曲线拟合参数如表 2.20 所示。α_5 为 0.0002～0.6111，β_5 为 0.6651～3.2139，决定系数均大于等于 0.82。其中，大豆、谷子种植地的决定系数最高，为 0.98，小冠花种植地的决定系数最小，为 0.82。3 种农作物种植地土壤铵态氮累积消耗量与株高的平均决定系数为 0.98；3 种绿肥植物种植地土壤铵态氮累积消耗量与株高的决定系数均大于等于 0.82，拟合效果明显低于 3 种农作物种植地。土壤铵态氮累积消耗量与株高在生育后期的幂函数拟合决定系数大小关系依次为大豆=谷子>小麦>红三叶>毛苕子>小冠花。

表 2.20　土壤铵态氮累积消耗量和生育后期株高关系曲线拟合参数

植物类型	α_5	β_5	R^2
小麦	0.0002	3.2139	0.97
大豆	0.0776	1.2588	0.98
谷子	0.0049	1.8547	0.98
毛苕子	0.2221	1.9234	0.84
小冠花	0.6076	0.6651	0.82
红三叶	0.6111	0.9852	0.85

4. 土壤速效磷与株高的关系

图 2.23 显示了土壤速效磷累积消耗量（0～25cm 土层）与植物株高的关系。可以看出，全生育期内 6 种植物种植地土壤速效磷累积消耗量与株高均表现为幂函数关系，拟合公式为

$$N_{c3} = \alpha_6 H^{\beta_6} \tag{2.34}$$

式中，N_{c3} 为土壤速效磷累积消耗量(g)；α_6、β_6 为拟合参数。

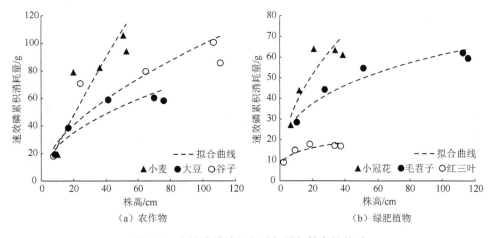

（a）农作物　　　　　　　　　　　　　（b）绿肥植物

图 2.23　土壤速效磷累积消耗量与株高的关系

土壤速效磷累积消耗量和株高关系曲线拟合参数如表 2.21 所示。α_6 为 3.3450～15.0780，β_6 为 0.2263～0.8900，决定系数均大于等于 0.81。其中，小冠花种植地的决定系数最大，为 0.94，小麦种植地的决定系数最小，为 0.81。3 种农作物种植地土壤速效磷累积消耗量与株高的平均决定系数为 0.84；3 种绿肥植物种植地土壤速效磷累积消耗量与株高的决定系数均大于等于 0.85，拟合效果高于 3 种农作物种植地。6 种植物种植地土壤速效磷累积消耗量与株高的幂函数拟合决定系数大小关系依次为小冠花>大豆>红三叶>毛苕子>谷子>小麦。

表 2.21　土壤速效磷累积消耗量和株高关系曲线拟合参数

植物类型	α_6	β_6	R^2
小麦	3.3450	0.8900	0.81
大豆	8.2760	0.4811	0.88
谷子	7.7161	0.5500	0.83
毛苕子	13.0210	0.4605	0.85
小冠花	15.0780	0.3038	0.94
红三叶	8.1717	0.2263	0.87

5．土壤养分与株高的统计分析

6 种植物种植地的土壤有机质含量、土壤硝态氮含量、土壤铵态氮含量、土壤速效磷含量和株高均呈现显著的相关性。以土壤有机质累积消耗量、土壤硝态氮累积消耗量、土壤铵态氮累积消耗量、土壤速效磷累积消耗量作为影响植物株高的影响因子进行主成分分析，现分别将其标准化后的变量记为 x_1、x_2、x_3、x_4，主成分记为 f，则表达式为

$$f = z_1 x_1 + z_2 x_2 + z_3 x_3 + z_4 x_4 \qquad (2.35)$$

式中，$z_1 \sim z_4$ 分别为土壤有机质累积消耗量、土壤硝态氮累积消耗量、土壤铵态氮累积消耗量和土壤速效磷累积消耗量的主成分系数。

6 种植物种植条件下，均提取出一个主成分，各变量（土壤有机质累积消耗量、土壤硝态氮累积消耗量、土壤铵态氮累积消耗量和土壤速效磷累积消耗量）的主成分分析结果如表 2.22 所示。结果表明，变量主成分系数的大小决定着原始变量对植物株高的影响程度，大豆和谷子的株高累积变化量影响因子主成分系数的大小关系依次为土壤铵态氮累积消耗量>土壤硝态氮累积消耗量>土壤有机质累积消耗量>土壤速效磷累积消耗量；毛苕子和红三叶的株高累积变化量影响因子主成分系数的大小依次为土壤铵态氮累积消耗量>土壤硝态氮累积消耗量>土壤有机质累积消耗量>土壤速效磷累积消耗量。6 种植物种植地的土壤有机质累积消耗量、土壤硝态氮累积消耗量、土壤铵态氮累积消耗量和土壤速效磷累积消耗量的主成分系数中，土壤铵态氮累积消耗量的主成分系数均为最大，即土壤铵态氮对株高的影响最大。

表 2.22　土壤养分与株高的主成分分析结果

植物类型	主成分系数			
	土壤有机质累积消耗量 z_1	土壤硝态氮累积消耗量 z_2	土壤铵态氮累积消耗量 z_3	土壤速效磷累积消耗量 z_4
小麦	0.245	0.399	0.399	0.315
大豆	0.322	0.351	0.372	0.248
谷子	0.314	0.365	0.394	0.257

续表

植物类型	主成分系数			
	土壤有机质累积消耗量 z_1	土壤硝态氮累积消耗量 z_2	土壤铵态氮累积消耗量 z_3	土壤速效磷累积消耗量 z_4
小冠花	0.340	0.330	0.363	0.247
毛苕子	0.350	0.354	0.358	0.132
红三叶	0.274	0.282	0.288	0.239

2.3.1.2　土壤养分与地上生物量的关系

1. 土壤有机质累积消耗量与地上生物量的关系

图 2.24 显示了土壤有机质累积消耗量（0～25cm 土层）与地上生物量的关系。结果表明，植物种植地土壤有机质累积消耗量与地上生物量均呈对数函数关系，拟合公式为

$$O_c = d_1 \ln B_a + f_1 \tag{2.36}$$

式中，O_c 为土壤有机质累积消耗量(kg)；B_a 为地上生物量(kg/株)；d_1、f_1 为拟合参数。

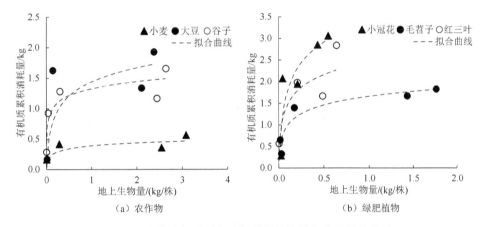

（a）农作物　　　　　　　　　　　（b）绿肥植物

图 2.24　土壤有机质累积消耗量与植物地上生物量的关系

土壤有机质累积消耗量和地上生物量关系曲线的拟合参数如表 2.23 所示。参数 d_1 为 0.0705～0.6997，参数 f_1 为 0.3873～3.4007，决定系数均大于等于 0.55。3 种农作物种植地土壤有机质累积消耗量与地上生物量的平均决定系数为 0.65；3 种绿肥植物种植地土壤有机质累积消耗量与地上生物量的平均决定系数为 0.79，拟合效果高于 3 种农作物种植地。小冠花种植地的决定系数为 0.90，明显高于其他植物种植地；谷子次之，其决定系数为 0.82；毛苕子、红三叶种植地的决定系数相差不大，分别为 0.76、0.73；大豆、小麦种植地的决定系数较小，分别为 0.58、0.55。土壤有机质累积消耗量与地上生物量的对数拟合决定系数大小关系依次为小冠花>谷子>毛苕子>红三叶>大豆>小麦。

表 2.23   土壤有机质累积消耗量和地上生物量关系曲线拟合参数

植物类型	d_1	f_1	R^2
小麦	0.0705	0.3873	0.55
大豆	0.3377	1.4354	0.58
谷子	0.1671	1.3285	0.82
毛苕子	0.6997	3.4007	0.76
小冠花	0.2886	1.6549	0.90
红三叶	0.4305	2.4583	0.73

2. 土壤硝态氮与地上生物量的关系

图 2.25 显示了土壤硝态氮累积消耗量与地上生物量（0～25cm 土层）的关系。可以看出，土壤硝态氮累积消耗量与地上生物量间均表现为对数函数关系，拟合公式为

$$N_{c1} = d_2 \ln B_a + f_2 \qquad (2.37)$$

式中，N_{c1} 为土壤硝态氮累积消耗量(g)；d_2、f_2 为拟合参数。

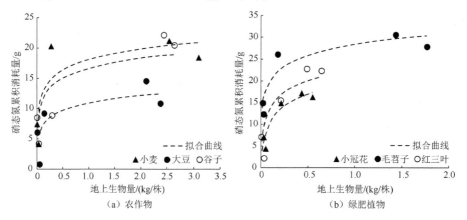

（a）农作物　　　　　　　　　　（b）绿肥植物

图 2.25　土壤硝态氮累积消耗量与地上生物量的关系

土壤硝态氮累积消耗量与地上生物量的曲线拟合参数如表 2.24 所示。d_2 为 1.7356～3.9903，f_2 为 10.945～28.309，决定系数均大于等于 0.60。3 种农作物种植地土壤硝态氮的累积消耗量与地上生物量的平均决定系数为 0.66；3 种绿肥植物种植地土壤硝态氮累积消耗量与地上生物量的平均决定系数为 0.83，拟合效果明显高于 3 种农作物种植地。其中，毛苕子种植地的决定系数为 0.89，明显高于其他植物种植地，小冠花种植地的决定系数次之，为 0.87，红三叶种植地的决定系数相对较小，为 0.74；小麦、大豆和谷子种植地的决定系数相差不大，分别为 0.67、0.70 和 0.60。土壤硝态氮累积消耗量与地上生物量的对数拟合决定系数大小关系依次为毛苕子>小冠花>红三叶>大豆>小麦>谷子。

表 2.24　土壤硝态氮累积消耗量与地上生物量关系曲线拟合参数

植物类型	d_2	f_2	R^2
小麦	2.5396	16.615	0.67
大豆	2.4677	18.068	0.70
谷子	1.7356	10.945	0.60
毛苕子	3.9903	19.761	0.89
小冠花	3.5889	28.309	0.87
红三叶	3.8441	22.738	0.74

3. 土壤铵态氮与地上生物量的关系

图 2.26 显示了土壤铵态氮累积消耗量（0～25cm 土层）与地上生物量的关系。可以看出，土壤铵态氮的累积消耗量与地上生物量的关系均表现为对数函数关系，拟合公式为

$$N_{c2} = d_3 \ln B_a + f_3 \tag{2.38}$$

式中，N_{c2} 为土壤铵态氮累积消耗量(g)；d_3、f_3 为拟合参数。

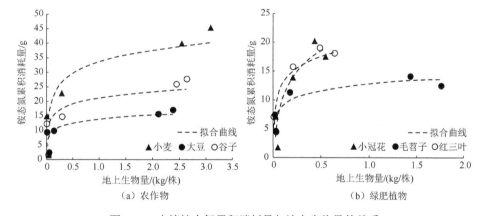

图 2.26　土壤铵态氮累积消耗量与地上生物量的关系

土壤铵态氮累积消耗量和地上生物量的曲线拟合参数如表 2.25 所示。d_3 为 1.6516～5.7299，f_3 为 12.7460～33.6480，决定系数均大于等于 0.61。3 种农作物种植地土壤铵态氮的累积消耗量与地上生物量的平均决定系数为 0.66；3 种绿肥植物种植条件下，土壤铵态氮累积消耗量与地上生物量的平均决定系数为 0.81，拟合效果明显高于 3 种农作物种植地。其中，小冠花、毛苕子种植条件下的决定系数均为 0.82，明显高于其他植物种植条件；红三叶、小麦种植地的决定系数次之，分别为 0.79、0.74；大豆、谷子种植条件的决定系数相差不大，分别为 0.62、0.61。土壤铵态氮累积消耗量与植物地上生物量间的对数拟合决定系数大小关系依次为小冠花=毛苕子>红三叶>小麦>大豆>谷子。

表 2.25　土壤铵态氮累积消耗量和地上生物量关系曲线拟合参数

植物类型	d_3	f_3	R^2
小麦	5.7299	33.6480	0.74
大豆	1.9789	13.9330	0.62
谷子	3.0225	21.3000	0.61
毛苕子	5.0565	21.9860	0.82
小冠花	1.6516	12.7460	0.82
红三叶	2.8974	19.5100	0.79

4．土壤速效磷与地上生物量的关系

图 2.27 显示了土壤速效磷累积消耗量与地上生物量间的关系。结果表明，土壤速效磷累积消耗量与地上生物量间均表现为对数函数关系，拟合公式为

$$N_{c3} = d_4 \ln B_a + f_4 \qquad (2.39)$$

式中，N_{c3} 为土壤速效磷累积消耗量(g)；d_4、f_4 为拟合参数。

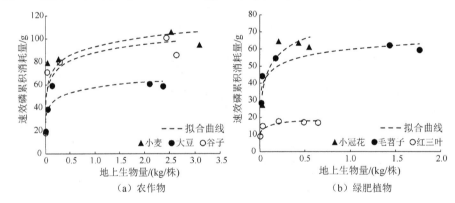

图 2.27　土壤速效磷累积消耗量与地上生物量的关系

土壤速效磷累积消耗量和地上生物量关系曲线拟合参数如表 2.26 所示。d_4 为 5.8778～11.1800，f_4 为 18.848～93.159，决定系数均大于 0.70。3 种农作物种植地土壤速效磷的累积消耗量与地上生物量的平均决定系数为 0.80；3 种绿肥植物种植地土壤速效磷累积消耗量与地上生物量的平均决定系数为 0.84，拟合效果与 3 种农作物种植地的相差不大。毛苕子种植地的决定系数最大，为 0.86；红三叶、谷子种植地的决定系数次之，为 0.84；小麦、大豆、小冠花种植地的决定系数较小，分别为 0.80、0.76、0.83。土壤速效磷累积消耗量与地上生物量的对数拟合决定系数大小关系依次为毛苕子>红三叶=谷子>小冠花>小麦>大豆。

表 2.26 土壤速效磷累积消耗量和地上生物量关系曲线拟合参数

植物类型	d_4	f_4	R^2
小麦	11.1800	93.159	0.80
大豆	6.7634	57.527	0.76
谷子	10.4880	87.896	0.84
毛苕子	11.0080	73.620	0.86
小冠花	5.8778	59.619	0.83
红三叶	1.6098	18.848	0.84

5. 土壤养分与地上生物量的统计分析

分析可知，6 种植物种植地 0~25cm 土层土壤有机质累积消耗量、土壤硝态氮累积消耗量、土壤铵态氮累积消耗量、土壤速效磷累积消耗量与地上生物量均有显著的相关性。以土壤有机质累积消耗量、土壤硝态氮累积消耗量、土壤铵态氮累积消耗量和土壤速效磷累积消耗量为植物地上生物量的影响因子进行主成分分析，现分别将其标准化的量记为 x_1、x_2、x_3、x_4，主成分记为 f，则表达式可表示为

$$f = z_1 x_1 + z_2 x_2 + z_3 x_3 + z_4 x_4 \qquad (2.40)$$

式中，$z_1 \sim z_4$ 分别为土壤有机质累积消耗量、土壤硝态氮累积消耗量、土壤铵态氮累积消耗量和土壤速效磷累积消耗量的主成分系数。

6 种植物种植地的地上生物量与各变量进行主成分分析时均提出一个主成分，变量对应的主成分系数大小决定着该变量对植物地上生物量的影响程度。不同植物类型条件下，各变量对植物地上生物量的贡献有所差异。地上生物量与土壤养分的主成分分析结果如表 2.27 所示。小麦、谷子种植地的变量主成分系数大小依次为土壤硝态氮累积消耗量>土壤铵态氮累积消耗量>土壤有机质累积消耗量>土壤速效磷累积消耗量。大豆种植地的变量主成分系数大小依次为土壤有机质累积消耗量>土壤硝态氮累积消耗量>土壤铵态氮累积消耗量>土壤速效磷累积消耗量。小冠花种植地的变量主成分系数大小依次为土壤硝态氮累积消耗量>土壤速效磷累积消耗量>土壤铵态氮累积消耗量>土壤有机质累积消耗量。毛苕子种植地的变量主成分系数大小依次为土壤硝态氮累积消耗量>土壤有机质累积消耗量>土壤铵态氮累积消耗量>土壤速效磷累积消耗量。红三叶种植地的变量主成分系数大小依次为土壤铵态氮累积消耗量>土壤硝态氮累积消耗量>土壤有机质累积消耗量>土壤速效磷累积消耗量。

表 2.27　地上生物量与土壤养分的主成分分析结果

植物类型	主成分系数			
	土壤有机质累积消耗量 z_1	土壤硝态氮累积消耗量 z_2	土壤铵态氮累积消耗量 z_3	土壤速效磷累积消耗量 z_4
小麦	0.296	0.306	0.301	0.220
大豆	0.290	0.286	0.278	0.245
谷子	0.289	0.305	0.295	0.280
小冠花	0.251	0.283	0.273	0.280
毛苕子	0.264	0.268	0.262	0.243
红三叶	0.275	0.280	0.285	0.238

2.3.1.3　土壤养分与地下生物量的关系

1. 土壤有机质与地下生物量的关系

图 2.28 显示了土壤有机质累积消耗量与地下生物量（0～25cm 土层）的关系。结果表明，全生育期内 0～25cm 的土壤有机质累积消耗量与地下生物量均为线性相关，拟合方程为

$$O_c = g_1 B_u + k_1 \tag{2.41}$$

式中，O_c 为土壤有机质累积消耗量(kg)；B_u 为地下生物量(kg/m³)；g_1、k_1 为拟合参数。

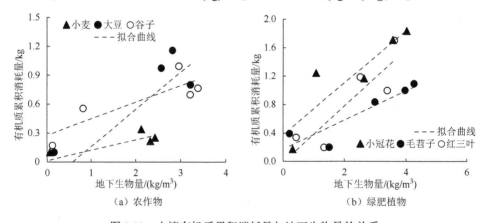

图 2.28　土壤有机质累积消耗量与地下生物量的关系

土壤有机质累积消耗量与地下生物量关系曲线拟合参数如表 2.28 所示。6 种植物种植条件下曲线拟合的 g_1 均小于 0.4000，k_1 为-0.2285～0.3699，决定系数均大于等于 0.63。3 种农作物种植条件下，0～25cm 土壤有机质累积消耗量与地下生物量的平均决定系数为 0.68。3 种绿肥植物种植条件下，0～25cm 土壤有机质累积消耗量与地下生物量的决定系数均大于等于 0.76，拟合效果明显高于 3 种农

作物种植条件。毛苕子、小冠花种植条件下拟合曲线的决定系数明显高于其他植物种植条件下的决定系数，分别为 0.79、0.81；红三叶种植条件下拟合曲线的决定系数次之，为 0.76；小麦、大豆种植条件下，拟合曲线决定系数相差不大，分别为 0.69、0.72；谷子种植条件下，拟合曲线决定系数最小，为 0.63。6 种植物种植条件下，0～25cm 土壤有机质的累积消耗量与地下生物量间的曲线拟合的决定系数大小依次为小冠花>毛苕子>红三叶>大豆>小麦>谷子。

表 2.28　土壤有机质累积消耗量与地下生物量关系曲线拟合参数

植物类型	g_1	k_1	R^2
小麦	0.1088	0.0117	0.69
大豆	0.1713	0.2767	0.72
谷子	0.3863	−0.2285	0.63
毛苕子	0.3679	0.3699	0.79
小冠花	0.2059	0.1702	0.81
红三叶	0.3999	−0.0200	0.76

2. 土壤硝态氮与地下生物量的关系

图 2.29 显示了土壤硝态氮累积消耗量（0～25cm 土层）与地下生物量的关系。结果表明，全生育期内 0～25cm 的土壤硝态氮累积消耗量与地下生物量均线性相关，拟合方程为

$$N_{c1} = g_2 B_u + k_2 \tag{2.42}$$

式中，N_{c1} 为土壤硝态氮累积消耗量(g)；g_2、k_2 为拟合参数。

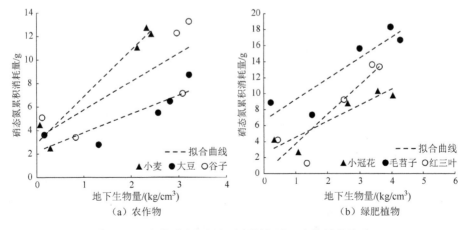

图 2.29　土壤硝态氮累积消耗量与地下生物量的关系

土壤硝态氮累积消耗量与地下生物量关系曲线拟合参数如表 2.29 所示。结果表明，6 种植物种植条件下曲线拟合的 g_2 在 1.5885～3.9448，k_2 在 0.0669～6.6299，

决定系数均大于等于 0.65。3 种农作物种植条件下，0～25cm 的土壤硝态氮累积消耗量与地下生物量的平均决定系数为 0.77；3 种绿肥植物种植条件下，0～25cm 土壤硝态氮累积消耗量与地下生物量间的决定系数均大于等于 0.82，拟合效果明显优于农作物种植条件。其中，小麦种植条件下决定系数最高，为 0.95；毛苕子、小冠花、红三叶种植条件下，拟合曲线决定系数相差不大，分别为 0.85、0.82、0.82；大豆、谷子种植条件下，决定系数偏小，分别为 0.72、0.65。6 种植物种植条件下，0～25cm 土壤硝态氮累积消耗量与地下生物量的线性拟合效果依次为小麦>毛苕子>红三叶=小冠花>大豆>谷子。

表 2.29　土壤硝态氮累积消耗量与地下生物量关系曲线拟合参数

植物类型	g_2	k_2	R^2
小麦	3.9448	2.9197	0.95
大豆	1.5885	1.2344	0.72
谷子	2.4008	3.3427	0.65
毛苕子	2.0029	2.5519	0.85
小冠花	2.6091	6.6299	0.82
红三叶	3.6712	0.0669	0.82

图 2.30 显示了在植物生育后期（拔节期/分枝期-成熟期），土壤硝态氮累积消耗量（0～25cm 土层）与地下生物量的关系。结果表明，0～25cm 土壤硝态氮累积消耗量与地下生物量均呈幂函数相关，拟合方程为

$$N_{c1} = g_3 B_u^{k_3} \tag{2.43}$$

式中，g_3、k_3 为拟合参数。

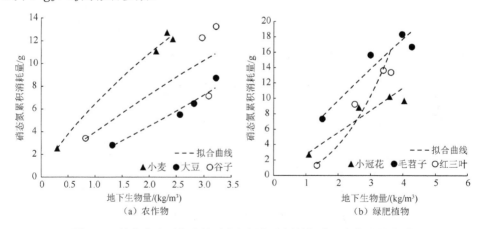

图 2.30　植物生育后期土壤硝态氮累积消耗量与地下生物量的关系

植物生育后期土壤硝态氮累积消耗量与地下生物量关系曲线拟合参数如表 2.30

所示。6 种植物种植条件下曲线拟合的 g_3 为 0.7174～6.4459，k_3 为 0.7498～2.4243，决定系数均大于等于 0.81。3 种农作物种植条件下，0～25cm 土壤硝态氮累积消耗量与地下生物量的平均决定系数为 0.92；3 种绿肥植物种植条件下，0～25cm 土壤硝态氮累积消耗量与地下生物量的决定系数均大于等于 0.94，拟合效果与 3 种农作物种植条件下的相差不大。小麦、大豆、毛苕子、小冠花、红三叶种植条件下拟合曲线的决定系数相差不大，分别为 0.99、0.97、0.95、0.94、0.96。谷子种植条件下曲线拟合的决定系数最小，为 0.81。在植物生育后期 0～25cm 的土壤硝态氮累积消耗量与地下生物量的幂函数拟合效果依次为小麦>大豆>红三叶>毛苕子>小冠花>谷子。

表 2.30　植物生育后期土壤硝态氮累积消耗量与地下生物量关系曲线拟合参数

植物类型	g_3	k_3	R^2
小麦	6.4459	0.7498	0.99
大豆	1.9703	1.1883	0.97
谷子	4.0318	0.8515	0.81
毛苕子	2.6855	1.0392	0.95
小冠花	5.3959	0.8597	0.94
红三叶	0.7174	2.4243	0.96

3. 土壤铵态氮与地下生物量的关系

图 2.31 显示了土壤铵态氮累积消耗量（0～25cm 土层）与地下生物量的关系。结果表明，植物全生育期内 0～25cm 土壤铵态氮累积消耗量与地下生物量均线性相关，拟合方程为

$$N_{c2} = g_4 B_u + k_4 \tag{2.44}$$

式中，N_{c2} 为土壤铵态氮累积消耗量(g)；g_4、k_4 为拟合参数。

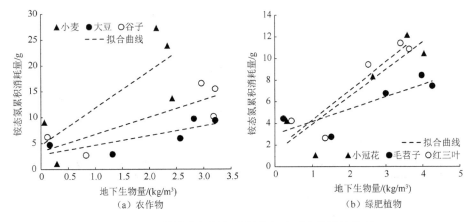

图 2.31　土壤铵态氮累积消耗量与地下生物量的关系

土壤铵态氮累积消耗量与地下生物量关系曲线拟合参数如表 2.31 所示。6 种植物种植条件下，曲线拟合 g_4 为 1.1481～7.1843，k_4 为 1.3958～4.6534，决定系数均大于等于 0.60。3 种农作物种植条件下，0～25cm 土壤铵态氮的累积消耗量与地下生物量拟合曲线的平均决定系数为 0.63；3 种绿肥植物种植条件下，0～25cm 土壤铵态氮的累积消耗量与地下生物量的决定系数均大于等于 0.70，拟合效果明显优于 3 种农作物种植条件。红三叶种植条件下，拟合曲线的决定系数为 0.84，明显高于其他植物种植条件；毛苕子种植条件下，拟合曲线决定系数次之，为 0.78；小冠花、谷子种植条件下拟合曲线的决定系数相差不大，分别为 0.70、0.67；小麦、大豆的决定系数相差不大，分别为 0.61、0.60。6 种植物种植条件下，0～25cm 土壤铵态氮累积消耗量与地下生物量的线性拟合效果依次为红三叶>毛苕子>小冠花>谷子>小麦>大豆。

表 2.31 土壤铵态氮累积消耗量与地下生物量关系曲线拟合参数

植物类型	g_4	k_4	R^2
小麦	7.1843	4.6534	0.61
大豆	1.8353	2.8415	0.60
谷子	3.3106	3.4499	0.67
毛苕子	2.5401	1.3958	0.78
小冠花	1.1481	3.0185	0.70
红三叶	2.7050	1.6038	0.84

图 2.32 显示了植物生育后期土壤铵态氮累积消耗量（0～25cm 土层）与地下生物量间的关系。结果表明，在植物生育后期（拔节期/分枝期-成熟期）0～25cm 土壤铵态氮累积消耗量与地下生物量均呈幂函数相关关系，拟合方程为

$$N_{c2} = g_5 B_u^{k_5} \tag{2.45}$$

式中，g_5、k_5 为拟合参数。

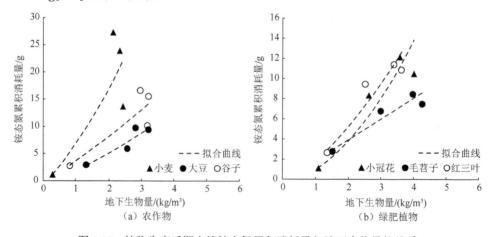

（a）农作物　　　　　　　　　　　　（b）绿肥植物

图 2.32 植物生育后期土壤铵态氮累积消耗量与地下生物量的关系

植物生育后期土壤铵态氮累积消耗量与地下生物量曲线的拟合参数如表 2.32 所示。6 种植物种植条件下，曲线拟合的 g_5 为 1.1481～7.1843，k_5 为 1.3958～4.6534，决定系数均大于等于 0.60。3 种农作物种植条件下，0～25cm 土壤铵态氮累积消耗量与地下生物量的幂函数的平均决定系数为 0.63。3 种绿肥植物种植条件下，0～25cm 土壤铵态氮累积消耗量与地下生物量幂函数的平均决定系数为 0.77，拟合效果优于与 3 种农作物种植条件。

表 2.32　植物生育后期土壤铵态氮累积消耗量与地下生物量关系曲线拟合参数

植物类型	g_5	k_5	R^2
小麦	7.1843	4.6534	0.61
大豆	1.8353	2.8415	0.60
谷子	3.3106	3.4499	0.67
毛苕子	2.5401	1.3958	0.78
小冠花	1.1481	3.0185	0.70
红三叶	2.7050	1.6138	0.84

4. 土壤速效磷与地下生物量的关系

图 2.33 显示了土壤速效磷累积消耗量（0～25cm 土层）与地下生物量的关系。结果表明，植物全生育期内 0～25cm 土壤速效磷的累积耗量与地下生物量均线性相关，拟合方程为

$$N_{c3} = g_6 B_u + k_6 \qquad (2.46)$$

式中，N_{c3} 为土壤速效磷累积消耗量(g)；g_6、k_6 为拟合参数。

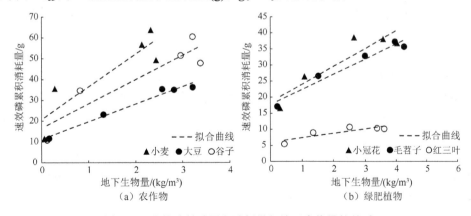

图 2.33　土壤速效磷累积消耗量与地下生物量的关系

土壤速效磷累积消耗量与植物地下生物量关系曲线拟合参数如表 2.33 所示。6 种植物种植条件下曲线拟合的 g_6 为 1.3637～15.6980，k_6 为 6.0160～20.7430，决定系数均大于等于 0.73。3 种农作物种植条件下，0～25cm 土壤速效磷累积消耗

量与植物地下生物量间的线性平均决定系数为 0.86；3 种绿肥植物种植条件下 0～
25cm 的土壤速效磷累积消耗量与植物地下生物量的平均决定系数为 0.84，拟合效
果与 3 种农作物种植条件下的相差不大。毛苕子和大豆种植条件下，线性函数决
定系数分别为 0.83 和 0.93，小冠花、谷子种植条件下，线性函数的决定系数为 0.96
和 0.85。小麦、红三叶种植条件下，线性函数决定系数较小，分别为 0.80、0.73。
6 种植物种植条件下，0～25cm 的土壤速效磷累积消耗量与地下生物量的线性拟
合效果依次为小冠花>大豆>谷子>毛苕子>小麦>红三叶。

表 2.33　土壤速效磷累积消耗量与地下生物量关系曲线拟合参数

植物类型	g_6	k_6	R^2
小麦	15.6980	20.7430	0.80
大豆	8.4638	11.2270	0.93
谷子	11.6970	16.5080	0.85
毛苕子	5.5651	17.4410	0.83
小冠花	4.7221	17.6490	0.96
红三叶	1.3637	6.0160	0.73

5. 土壤养分与地下生物量的统计分析

在 6 种植物全生育期内，土壤 0～25cm 的土壤有机质累积消耗量、土壤硝态
氮累积消耗量、土壤铵态氮累积消耗量和土壤速效磷累积消耗量和植物地下生物
量呈显著的相关性。以土壤有机质累积消耗量、土壤硝态氮累积消耗量、土壤铵
态氮累积消耗量和土壤速效磷累积消耗量为植物地下生物量的影响因子进行主成
分分析。现分别将其标准化后的变量记为 x_1、x_2、x_3、x_4，对应的主成分系数为 z_1～
z_4，主成分记为 f，则表达式为

$$f = z_1x_1 + z_2x_2 + z_3x_3 + z_4x_4 \tag{2.47}$$

6 种植物种植条件下，对植物地下生物量与各变量（土壤有机质累积消耗量、
土壤硝态氮累积消耗量、土壤铵态氮累积消耗量和土壤速效磷累积消耗量）进行
主成分分析均提出一个主成分，地下生物量与土壤养分主成分分析结果如表 2.34
所示。结果表明，各变量的主成分系数的大小决定其对植物地下生物量的影响程
度。6 种植物种植下，0～25cm 土壤有机质累积消耗量、土壤硝态氮累积消耗量、
土壤铵态氮累积消耗量、土壤速效磷累积消耗量的主成分系数的大小各不相同，
即植物类型不同，各变量对植物地下生物量的贡献也不相同。小麦种植条件下，
影响地下生物量的各变量主成分系数的大小依次为土壤硝态氮累积消耗量>土壤
铵态氮累积消耗量>土壤有机质累积消耗量>土壤速效磷累积消耗量。大豆、红三
叶种植条件下，影响地下生物量各变量主成分系数的大小依次为土壤铵态氮累积
消耗量>土壤硝态氮累积消耗量>土壤有机质累积消耗量>土壤速效磷累积消耗
量。谷子种植条件下，影响地下生物量各变量主成分系数的大小依次为土壤铵态

氮累积消耗量>土壤硝态氮累积消耗量>土壤速效磷累积消耗量>土壤有机质累积消耗量。小冠花种植条件下，影响地下生物量的各变量主成分系数的大小依次为土壤硝态氮累积消耗量>土壤速效磷累积消耗量>土壤铵态氮累积消耗量>土壤有机质累积消耗量。毛苕子种植条件下，影响地下上生物量各变化量主成分系数的大小依次为土壤速效磷累积消耗量>土壤硝态氮累积消耗量>土壤有机质累积消耗量>土壤铵态氮累积消耗量。

表 2.34　地下生物量与土壤养分的主成分分析结果

植物类型	主成分系数			
	土壤有机质累积消耗量 z_1	土壤硝态氮累积消耗量 z_2	土壤铵态氮累积消耗量 z_3	土壤速效磷累积消耗量 z_4
小麦	0.275	0.284	0.279	0.249
大豆	0.275	0.277	0.278	0.257
谷子	0.864	0.924	0.928	0.911
小冠花	0.251	0.283	0.273	0.280
毛苕子	0.264	0.268	0.262	0.430
红三叶	0.275	0.280	0.286	0.237

2.3.2　土壤物理性质与地下生物量的关系

2.3.2.1　土壤容重与地下生物量的关系

图 2.34 显示了土壤容重累积增加量（0～15cm 土层）与地下生物量的关系。结果表明，土壤容重累积增加量与地下生物量呈二次函数相关，拟合方程为

$$D_\rho = m_1 B_u^2 + n_1 B_u + s_1 \qquad (2.48)$$

式中，D_ρ 为土壤容重累积增加量(g/cm^3)；B_u 为地下生物量(kg/m^3)；m_1、n_1、s_1 为拟合参数。

土壤容重累积增加量与地下生物量关系曲线拟合参数如表 2.35 所示。m_1、n_1、s_1 的变化范围均较小，m_1 为 -0.0168～-0.0064，n_1 为 0.0418～0.1624，s_1 为 0.0819～0.1186，决定系数均大于等于 0.80。3 种农作物种植地土壤容重累积增加量与地下生物量的平均决定系数为 0.96；3 种绿肥植物种植地土壤容重累积增加量与作物地下生物量的平均决定系数为 0.90，低于 3 种农作物种植地。大豆、谷子种植地的决定系数均为 0.99，明显高于其他植物种植条件；红三叶种植地的决定系数次之，为 0.97；毛苕子种植地决定系数较低，为 0.80；小麦、小冠花种植地的决定系数较低，分别为 0.90、0.92。土壤容重累积增加量与植物地下生物量的曲线拟合决定系数大小关系依次为大豆=谷子>红三叶>小冠花>小麦>毛苕子。

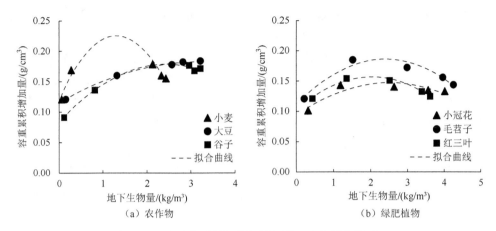

图 2.34　土壤容重累积增加量与地下生物量的关系

表 2.35　土壤容重累积增加量与地下生物量关系曲线拟合参数

植物类型	m_1	n_1	s_1	R^2
小麦	−0.0168	0.1624	0.1186	0.90
大豆	−0.0064	0.0418	0.1148	0.99
谷子	−0.0161	0.0790	0.0819	0.99
毛苕子	−0.0084	0.0425	0.0937	0.80
小冠花	−0.0130	0.0623	0.1113	0.92
红三叶	−0.0134	0.0547	0.1012	0.97

2.3.2.2　土壤水动力参数与地下生物量的关系

1. 地下生物量与土壤滞留含水量的关系

图 2.35 显示了土壤滞留含水量（0～15cm 土层）与植物地下生物量的关系。结果表明，土壤滞留含水量与地下生物量之间表现为二次函数关系，拟合方程为

$$\theta_r = m_2 B_u^2 + n_2 B_u + s_2 \tag{2.49}$$

式中，θ_r 为土壤滞留含水量(cm³/cm³)；B_u 为地下生物量(kg/m³)；m_2、n_2、s_2 为拟合参数。

土壤滞留含水量与地下生物量关系曲线拟合参数如表 2.36 所示。曲线拟合参数 m_2、n_2、s_2 变化范围均较小，m_2 为 0.0003～0.0041，n_2 为−0.0095～−0.0013，s_2 为 0.0455～0.0485，决定系数 R^2 大于 0.45。3 种农作物种植地土壤滞留含水量与地下生物量的平均决定系数为 0.69；3 种绿肥植物种植地土壤滞留含水量与地下生物量的平均决定系数为 0.86，拟合效果优于 3 种农作物。谷子种植地的决定系数最高，为 0.96；小冠花种植地的决定系数次之，为 0.93；毛苕子、红三叶种植地的决定系数相差不大，分别为 0.83、0.82；小麦、大豆种植地的决定系数较低，

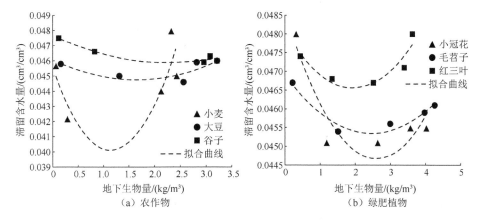

图 2.35　土壤滞留含水量与植物地下生物量的关系

分别为 0.47、0.63。6 种植物种植地土壤滞留含水量与植物地下生物量曲线拟合的决定系数大小关系依次为谷子>小冠花>毛苕子>红三叶>大豆>小麦。

表 2.36　土壤滞留含水量与地下生物量关系曲线拟合参数

植物类型	m_2	n_2	s_2	R^2
小麦	0.0041	-0.0095	0.0455	0.47
大豆	0.0005	-0.0017	0.0461	0.63
谷子	0.0003	-0.0017	0.0461	0.96
毛苕子	0.0006	-0.0030	0.0485	0.83
小冠花	0.0003	-0.0013	0.0469	0.93
红三叶	0.0004	-0.0016	0.0481	0.82

2. 土壤饱和含水量与地下生物量的关系

图 2.36 显示了土壤饱和含水量（0~15cm 土层）与地下生物量的关系。结果表明，土壤饱和含水量与地下生物量间呈二次函数关系，拟合方程为

$$\theta_s = m_3 B_u^2 + n_3 B_u + s_3 \tag{2.50}$$

式中，θ_s 为土壤饱和含水量(cm³/cm³)；m_3、n_3、s_3 为拟合参数。

土壤饱和含水量与地下生物量关系曲线拟合参数如表 2.37 所示，m_3、n_3、s_3 的变化范围均较小，m_3 为 0.0016~0.0057，n_3 为-0.0289~-0.0085，s_3 为 0.3993~0.4243，决定系数 R^2 均大于 0.80。3 种农作物种植地土壤饱和含水量与地下生物量平均决定系数为 0.92；3 种绿肥植物种植地土壤饱和含水量与地下生物量决定系数均大于等于 0.82，拟合效果劣于 3 种农作物种植地。谷子种植地的决定系数最大，为 0.96；小麦、小冠花种植地的决定系数次之，为 0.91、0.93；大豆、毛苕子、红三叶种植地决定系数较低，分别为 0.88、0.83、0.82。土壤饱和含水量与地下生物量曲线拟合的决定系数大小关系依次为谷子>小冠花>小麦>大豆>毛苕子>红三叶。

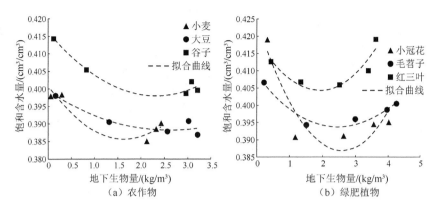

图 2.36　土壤饱和含水量与地下生物量的关系

表 2.37　土壤饱和含水量与地下生物量关系曲线拟合参数

植物类型	m_3	n_3	s_3	R^2
小麦	0.0057	−0.0187	0.4010	0.91
大豆	0.0016	−0.0085	0.3993	0.88
谷子	0.0033	−0.0155	0.4160	0.96
毛苕子	0.0056	−0.0289	0.4243	0.83
小冠花	0.0024	−0.0118	0.4084	0.93
红三叶	0.0041	−0.0155	0.4191	0.82

3．土壤形状参数与地下生物量的关系

图 2.37 显示了土壤形状参数（0～15cm 土层）与地下生物量的关系。结果表明，土壤形状参数与地下生物量之间为二次函数关系，拟合方程为

$$n = m_4 B_u^2 + n_4 B_u + s_4 \qquad (2.51)$$

式中，n 为形状参数；m_4、n_4、s_4 为拟合参数。

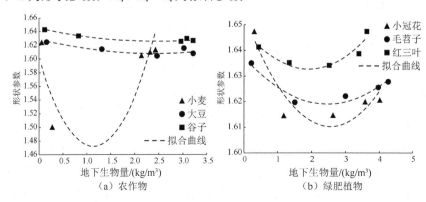

图 2.37　土壤形状参数与地下生物量的关系

形状参数与植物地下生物量关系曲线拟合参数如表 2.38 所示。m_4、n_4、s_4 变化范围均较小，m_4 为 0.0030～0.1006，n_4 为 -0.2295～-0.0148，s_4 为 1.6027～1.6536，决定系数 R^2 均大于 0.50。3 种农作物种植地的土壤形状参数与地下生物量的平均决定系数为 0.74；3 种绿肥植物种植地土壤形状参数与地下生物量的平均决定系数为 0.86，拟合效果优于 3 种农作物种植地。谷子种植条件下，拟合曲线的决定系数为 0.95，明显高于其他植物种植条件；小冠花种植地的决定系数次之，为 0.92；毛苕子、红三叶种植地的决定系数相差不大，分别为 0.83、0.84；小麦、大豆种植地的决定系数较低，分别为 0.51、0.75。土壤形状参数与地下生物量的曲线拟合的决定系数大小关系依次为谷子>小冠花>红三叶>毛苕子>大豆>小麦。

表 2.38　形状参数与地下生物量关系曲线拟合参数

植物类型	m_4	n_4	s_4	R^2
小麦	0.1006	-0.2295	1.6027	0.51
大豆	0.0034	-0.0162	1.6278	0.75
谷子	0.0034	-0.0161	1.6147	0.95
毛苕子	0.0067	-0.0340	1.6536	0.83
小冠花	0.0030	-0.0148	1.6374	0.92
红三叶	0.0041	-0.0158	1.6479	0.84

4. 土壤饱和导水率与地下生物量的关系

图 2.38 显示了土壤饱和导水率（0～15cm 土层）与地下生物量的关系。结果表明，土壤饱和导水率与地下生物量为二次函数关系，拟合方程为

$$K_s = m_5 B_u^2 + n_5 B_u + s_5 \qquad (3.52)$$

式中，K_s 为饱和导水率(cm/min)；B_u 为地下生物量(kg/m^3)；m_5、n_5、s_5 为拟合参数。

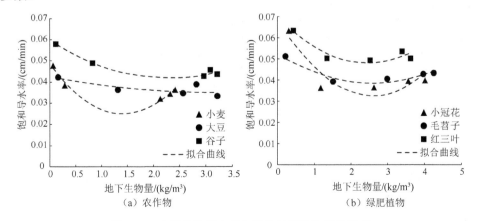

（a）农作物　　　　　　　　　　（b）绿肥植物

图 2.38　土壤饱和导水率与植物地下生物量的关系

　　饱和导水率与植物地下生物量关系曲线拟合参数如表 2.39 所示。6 种植物种植地曲线拟合的 m_5 为 0.0009～0.0119，n_5 为-0.1090～-0.0051，s_5 为 0.0426～0.0690，决定系数 R^2 均大于 0.60。3 种农作物种植地土壤饱和导水率与植物地下生物量的平均决定系数为 0.85；3 种绿肥植物种植地土壤饱和导水率与植物地下生物量决定系数均大于等于 0.83，拟合效果与 3 种农作物种植地相差不大。小麦、谷子种植地的决定系数分别为 0.96、0.97；小冠花种植地的决定系数次之，为 0.91；毛苕子、红三叶种植地的决定系数分别为 0.83、0.85；大豆种植地的较低，为 0.62。土壤饱和导水率与植物地下生物量曲线拟合的决定系数大小关系依次为谷子>小麦>小冠花>红三叶>毛苕子>大豆。

表 2.39　土壤饱和导水率与地下生物量关系曲线拟合参数

植物类型	m_5	n_5	s_5	R^2
小麦	0.0119	-0.0336	0.0487	0.96
大豆	0.0009	-0.0051	0.0426	0.62
谷子	0.0034	-0.0155	0.0596	0.97
毛苕子	0.0052	-0.0272	0.0681	0.83
小冠花	0.0021	-0.1090	0.0528	0.91
红三叶	0.0034	-0.0170	0.0690	0.85

参 考 文 献

[1] 王全九. 土壤物理与作物生长模型[M]. 北京：中国水利水电出版社，2016.

[2] 王全九，邵明安，郑纪勇. 土壤中水分运动与溶质迁移[M]. 北京：中国水利水电出版社，2007.

[3] 邵明安，王全九，黄明斌. 土壤物理学[M]. 北京：高等教育出版社，2006.

[4] 李毅，王全九，王文焰. 覆膜条件下土壤水、盐、热耦合迁移研究[M]. 西安：陕西科学技术出版社，2006.

[5] 康绍忠，蔡焕杰. 农业水管理学[M]. 北京：中国农业出版社，1996.

[6] ALLEN R G, PEREIRA L S, RAES D, et al. Crop evapotranpiration: Guildlines for computing crop water requirements[R]. Rome: Food and Agriculture Organisation of the United Nations, 1998.

[7] 王信理. 在作物干物质积累的动态模拟中如何合理运用 Logistic 方程[J]. 中国农业气象，1986，7（1）：14-19.

[8] SIMUNEK J M, SEJNA T, VAV GENUCHTEN M T H.HYDRUS-2D Simulating Water Flow, Heat, and Solute Transport in Two-Dimensional Variably Saturated Media[M]. California: International Ground Water Modeling Center, 1999.

第3章　供水特征与坡地物质传输

坡地物质传输受多种因素的影响，水分运动为坡地物质传输提供驱动力和载体，坡地水分来源和供水特征等将显著影响坡地物质传输路径和强度。降雨过程中，一方面降雨入渗过程会携带表层土壤中的化学物质向土壤深层运移；另一方面降雨会产生地表径流，在雨滴击溅和径流冲刷的共同作用下，土壤颗粒和土壤中化学物质进入地表径流，并随径流传输[1]。因此，降雨和地表径流特征严重影响坡地物质传输过程，开展相关研究有利于深入分析坡地物质传输的内在机制，进而发展有效控制方法。

3.1　雨滴动能对坡地水土养分径流流失特征的影响

雨滴动能是降雨特性的一个重要参数，反映了雨滴具有的能量。降雨过程中，降落的雨滴具有一定的能量，且对土壤表面具有击溅作用。这种击溅作用体现在不同方面，一方面击实土壤，增加土壤表面抵抗外力侵蚀的作用；另一方面分散土壤颗粒，扰动地表水流，增加径流冲刷能力。因此，雨滴动能对坡地物质传输具有多方面作用[2]。从能量角度研究与降雨特性有关的科学问题，有利于揭示雨滴对土壤表面及径流的作用。为了研究雨滴动能对坡地水土养分流失的影响，以杨凌埁土为研究对象，对天然降雨进行概化，分析雨滴动能作用效果。为了研究不同雨滴动能的影响，试验设计了三个降雨高度，分别为1m、2m和3m。通过多次重复试验，测定平均雨滴粒径为2.82mm。依据Thompson等[3]的方法，利用插值方法得到不同降雨高度条件下的雨滴末速，计算不同降雨高度条件下的雨滴动能，分别为0.104g·m²/s²、0.154g·m²/s²和0.212g·m²/s²。

图3.1显示了不同雨滴动能下单宽流量随降雨时间的变化过程。结果表明，单宽流量随雨滴动能的增大而增加，并且呈波动变化。随着雨滴动能增加，雨滴对土壤击溅作用增强，降低了土壤入渗能力；此外，雨滴对土壤颗粒分散能力也会增加，增加了径流泥沙含量。图3.2显示了不同雨滴动能下单位面积产沙率随降雨时间的变化过程。结果表明，单位面积产沙率随雨滴动能的增大而增大。雨滴动能增强了地表土壤与雨水之间的交互作用，使雨水与土壤水混合深度增加，将增加土壤养分进入径流的概率。图3.3显示了不同雨滴动能下径流钾离子浓度（质量浓度）随降雨时间的变化过程，发现随着雨滴动能增加，径流钾离子浓度也

在增加。图 3.4 显示了不同雨滴动能下径流溴离子浓度随降雨时间的变化过程，其结果与径流钾离子浓度变化过程有所差异，径流溴离子浓度与雨滴动能关系并不明显。因此，雨滴动能对化学物质随地表径流迁移的影响与离子类型有关。不同雨滴动能作用下，径流溴离子和钾离子浓度随时间的变化过程都呈现随降雨时间减少的趋势。图 3.5 和图 3.6 分别显示了雨滴动能对径流钾离子累积流失量和径流溴离子累积流失量的影响。结果表明，径流钾离子累积流失量与雨滴动能成正比；溴离子在径流初期，即雨滴动能较小时，流失量较大；在径流后期，溴离子流失程度减缓。总体来看，随着雨滴动能增加，径流离子累积流失量增加，钾离子受雨滴动能的影响更为明显。因此，在分析土壤养分流失特征时，需要考虑不同离子的特性。

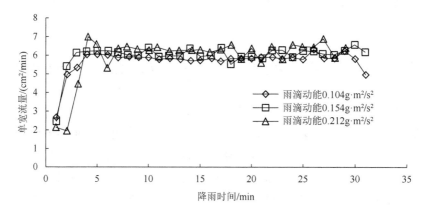

图 3.1　不同雨滴动能下单宽流量随降雨时间的变化过程

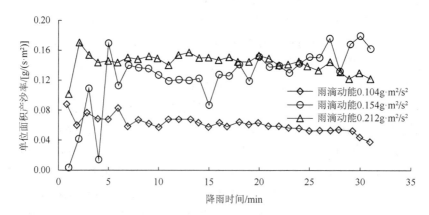

图 3.2　不同雨滴动能下单位面积产沙率随降雨时间的变化过程

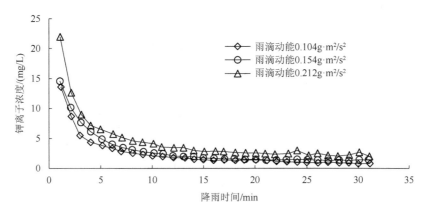

图 3.3　不同雨滴动能下径流钾离子浓度随降雨时间的变化过程

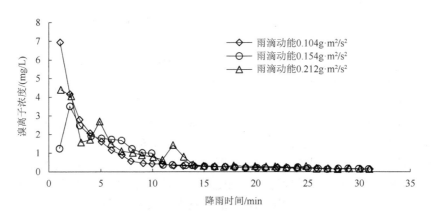

图 3.4　不同雨滴动能下径流溴离子浓度随降雨时间的变化过程

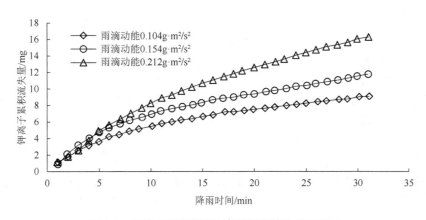

图 3.5　雨滴动能对径流钾离子累积流失量的影响

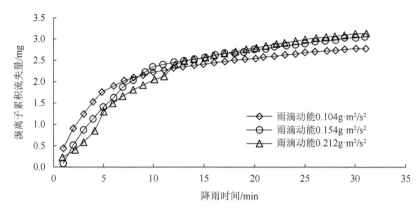

图 3.6　雨滴动能对径流溴离子累积流失量的影响

3.2　降雨强度对坡地物质传输的影响

降雨强度是影响地表径流量、产沙量及土壤养分流失量的一个重要因素[4,5]。研究表明,黄土高原地区雨季6～8月发生的高强度(5min降雨强度0.78mm/min以上)、短历时(1h左右)暴雨占总降雨量的40%～70%[6],是造成水土养分流失的主要降雨类型。李毅等[7]研究表明,降雨强度对黄土坡地降雨入渗过程有重要影响,降雨强度越大,初始及稳定入渗率越高,进而促使养分的淋失和迁移。本节以黄土高原典型沟壑区耕层土壤为研究对象,研究沟壑区坡耕地养分(氮、磷)随地表径流迁移特征及随入渗水淋失特征,并探讨降雨强度对养分迁移过程的影响机制。为了分析降雨强度对坡地水土养分流失的影响,开展了室内模拟降雨试验,设计降雨强度分别为42mm/h、72mm/h、102mm/h和114mm/h,降雨时间为60min,径流槽坡度为15°。

3.2.1　坡地产流产沙特征

人工模拟降雨条件下,雨滴溅蚀和地表径流冲刷是造成土壤流失的直接原因。图3.7显示了降雨强度对产流-产沙特征的影响。图3.7(a)结果表明,在产流开始后8min内,4个降雨强度条件下的径流流量均随时间增加,10min后逐渐趋于稳定;图3.7(d)表明,径流深随时间的变化趋势与径流流量变化趋势一致,稳定径流深存在极显著差异($p<0.01$),4个降雨强度下稳定径流深大小关系为114mm/h>102mm/h>72mm/h>42mm/h。

径流产沙率反映土壤受侵蚀的程度,图3.7(b)表明,在42mm/h和72mm/h降雨强度下,均匀产流10min后,径流产沙率逐渐趋于稳定。102mm/h降雨强度下,径流产沙率在0～8min迅速增大,随后趋于稳定;114mm/h降雨强度下,径流产沙率变化过程与其他降雨强度的趋势相反,初始径流产沙率最大(达到118.9g/min),随后10min内下降,10min以后趋于稳定。4个降雨强度条件下稳定

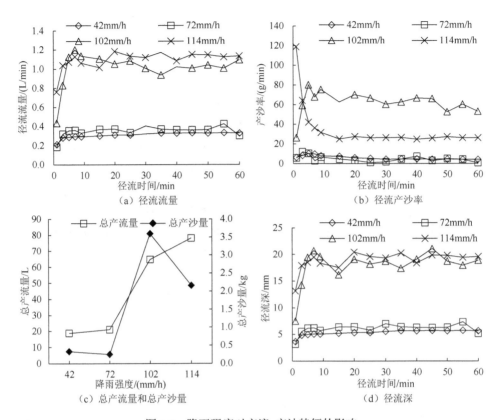

图 3.7　降雨强度对产流-产沙特征的影响

径流产沙率大小关系分别为 102mm/h>114mm/h>72mm/h≈42mm/h，其中 102mm/h、114mm/h 降雨强度下的稳定径流产沙率之间均存在显著差异（$p<0.05$）。

图 3.7（c）结果表明，随着降雨强度增加，总产流量增大。从总产沙量随降雨强度的变化趋势可以看出，降雨强度为 42mm/h 和 72mm/h 时总产沙量相近；当降雨强度为 102mm/h 时，总产沙量最大；降雨强度在 102～114mm/h，总产沙量随降雨强度增加而降低。4 个降雨强度条件下，降雨强度 42mm/h 和 72mm/h 时总产流量和总产沙量均处在较低水平且差异不显著，与降雨强度 102mm/h 和 114mm/h 相比，三者之间存在显著差异（$p<0.05$）。因此，当降雨强度小于 72mm/h 时，由于雨滴打击作用小，径流挟沙能力小，产流产沙量少。当降雨强度大于 72mm/h 时，雨滴打击能力显著增大，对坡地的冲刷作用也增大，因此降雨强度的增加显著增加了总产流量和总产沙量。

3.2.2　降雨强度对径流氮磷流失特征的影响

3.2.2.1　降雨强度对径流氮磷浓度的影响

图 3.8 显示了降雨强度对径流速效磷、硝态氮及铵态氮浓度的影响。速效磷、

硝态氮和铵态氮浓度的变化过程均可分为两大趋势：在降雨强度 42mm/h、72mm/h 和 114mm/h，3 种径流养分浓度变化趋势一致，初始养分浓度较高，产流过程中径流速效磷浓度比较稳定，且 3 种降雨强度对浓度的变化无显著影响；降雨强度 102mm/h 条件下，速效磷、硝态氮和铵态氮浓度不仅高于其他降雨强度下的养分浓度，且呈现不同变化趋势。速效磷浓度从产流开始到结束总体呈降低趋势。硝态氮和铵态氮浓度变化过程相似，在 0~10min 内径流浓度下降，随后径流浓度趋于稳定。对于 42mm/h 和 72mm/h 的较低降雨强度下，雨滴动能小，降雨作用于坡地时入渗多而产流少，径流挟沙能力也弱，因此径流中养分浓度较低。当降雨强度达到 102mm/h 时，降雨强度大于土壤入渗强度，虽总产流量最大，但径流中泥沙含量较低，从泥沙中解吸进入径流的养分含量少。因此，径流中养分浓度也较低。当降雨强度为 114mm/h 时，径流挟沙能力较强，总产沙量达到最大，且径流量也较高，从土壤颗粒中解吸而进入径流的养分含量达到最大。

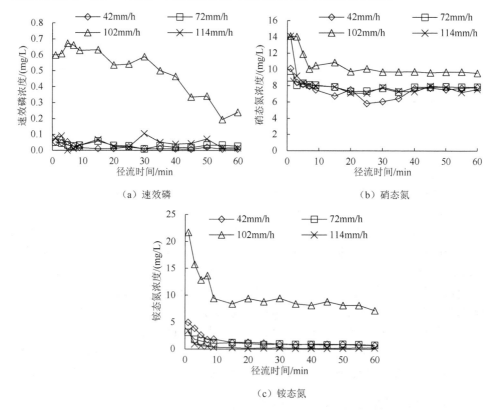

图 3.8　降雨强度对径流速效磷、硝态氮及铵态氮浓度的影响

3.2.2.2　降雨强度对氮磷流失率的影响

产流率和径流养分浓度共同决定着径流养分流失率，降雨强度则是影响径流养

分浓度的重要因素。因此，不同降雨强度下，速效磷、硝态氮和铵态氮 3 种养分流失率也不同。图 3.9 显示了降雨强度对速效磷、硝态氮和铵态氮流失率的影响。降雨强度为 114mm/h 时，速效磷流失率略高于 72mm/h 和 42mm/h 降雨强度。产流前 10min，径流中泥沙含量迅速增加，径流量也增加，因此速效磷流失率呈迅速增加趋势。在随后的产流过程中，径流挟沙能力和挟沙量达到最大且保持稳定，与土壤分离进入径流的速效磷浓度也保持在较高水平；在产流后期第 50~60min，速效磷流失率迅速降低。在两个低降雨强度下，硝态氮流失率变化趋势一致，在产流初期 0~5min 微弱增大后基本保持稳定，稳定流失率大小为 72mm/h>42mm/h，但是二者之间无显著差异。降雨强度为 102mm/h，产流开始后 0~8min 内，硝态氮流失率迅速增加并达到最大，8~15min 开始降低，随后趋于稳定流失率；降雨强度为 114mm/h，硝态氮流失率随时间的变化与 102mm/h 呈相反趋势，0~10min 流失率随时间降低，随后趋于稳定。4 个降雨强度下硝态氮稳定流失率大小为 102mm/h>114mm/h>72mm/h>42mm/h，其中，降雨强度 102mm/h 和 114mm/h 之间稳定流失率存在显

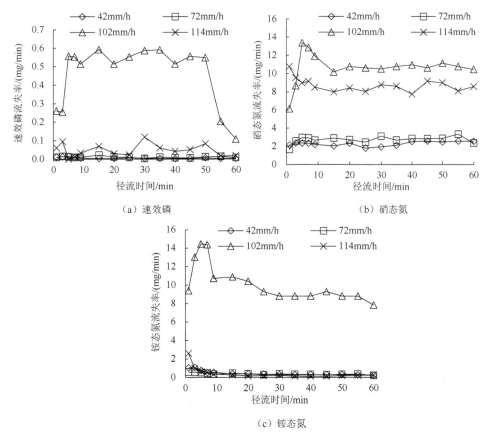

（a）速效磷　　　　　　　　　　　　　（b）硝态氮

（c）铵态氮

图 3.9　降雨强度对速效磷、硝态氮和铵态氮流失率的影响

著差异（$p<0.05$），与降雨强度 72mm/h 和 42mm/h 的稳定浓度之间存在极显著差异（$p<0.01$）。径流铵态氮流失率的变化过程与径流速效磷的变化过程类似，对于降雨强度为 42mm/h、72mm/h 和 114mm/h，铵态氮流失率较低且 3 个降雨强度之间铵态氮稳定流失率并无显著差异。当降雨强度为 102mm/h 时，径流含沙量和径流铵态氮浓度均为最大值，因此该降雨强度下铵态氮流失最为严重。

3.2.2.3　径流养分流失总量的变化特征

图 3.10 显示了降雨强度对径流速效磷、硝态氮和铵态氮流失总量的影响。当降雨强度为 42mm/h 和 72mm/h 时，3 种养分流失总量都比较少且两个降雨强度之间无显著变化；当降雨强度为 102～114mm/h 时，硝态氮和速效磷流失总量随降雨强度增大呈增加趋势。铵态氮流失总量的最大值出现在降雨强度为 102mm/h 的条件下，达到 29.2mg。当降雨强度在 102～114mm/h 时，铵态氮流失总量随降雨强度增加而降低。

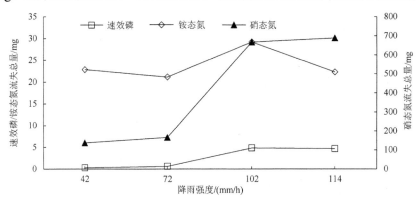

图 3.10　降雨强度对径流速效磷、硝态氮和铵态氮流失总量的影响

3.2.3　降雨强度对土壤水分和养分含量垂直分布影响

不同降雨强度条件下，降雨入渗产流过程不同，进而影响坡地的土壤水分运动。同时，水分向下运动也会挟带土壤养分向下迁移。图 3.11 显示了降雨强度对土壤水分-养分的垂直分布影响。由土壤含水量垂直分布可以看出，降雨强度为 42mm/h、72mm/h、102mm/h 和 114mm/h 条件下，湿润锋深度分别为 10cm、10cm、8cm 和 11cm，差异不显著。4 个降雨强度条件下，随深度的增加，土壤含水量均为减小趋势。在 0～4cm 深度，降雨强度为 42mm/h 和 72mm/h 时，土壤含水量相近且最小；降雨强度为 102mm/h 和 114mm/h 时，土壤含水量较大，且 102mm/h 降雨强度下的土壤含水量略大于 114mm/h 降雨强度，但不显著。4cm 以下土层，4 个降雨强度条件下土壤含水量开始出现差异，不同降雨强度下的土壤含水量大小关系表现为 114mm/h>102mm/h>42mm/h>72mm/h，但差异不显著。

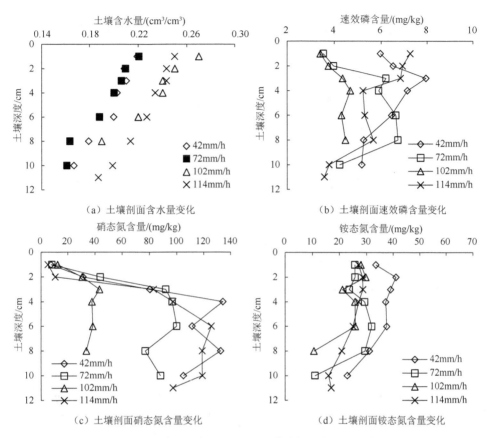

（a）土壤剖面含水量变化　　　　　（b）土壤剖面速效磷含量变化

（c）土壤剖面硝态氮含量变化　　　　（d）土壤剖面铵态氮含量变化

图 3.11　降雨强度对土壤水分-养分的垂直分布影响

在 0～3cm 土层，不同降雨强度下土壤速效磷含量差异显著；在 4～8cm 土层土壤速效磷含量垂直分布相对稳定。降雨强度为 102mm/h 时速效磷含量最低。因为该降雨强度下表层 0～3cm 土壤中的速效磷多被径流和泥沙携带而流失，所以向下迁移量较少。从硝态氮含量垂直分布可以看出，降雨条件下硝态氮发生明显的向下运移。降雨强度不同，硝态氮运移深度也不同。降雨强度为 42mm/h、72mm/h、102mm/h 和 114mm/h 下，硝态氮运移深度分别为 10cm、10cm、8cm 和 11cm，该趋势反映出随着降雨强度增加，硝态氮运移深度增大。降雨强度为 102mm/h 时，由于硝态氮随径流大量流失，土壤中硝态氮淋失深度最小，含量最少。不同降雨强度条件下，铵态氮含量分布差异不显著，随深度增加铵态氮含量有所降低。土壤中铵态氮平均含量大小关系表现为 42mm/h>72mm/h>114mm/h>102mm/h。降雨强度越小，土壤中铵态氮含量越高，但降雨强度为 102 mm/h 时，铵态氮径流流失量达到最大，因此土壤中铵态氮含量最少。

3.3 降雨雨型对坡地物质传输的影响

自然降雨情况下,降雨强度通常不是固定不变的,因此有必要研究降雨雨型对坡地养分流失的影响。本节设计了 3 个降雨强度,分别为 100mm/h、130mm/h、160mm/h,并组合成 I(均匀型:130mm/h-130mm/h-130mm/h)、II(增强型:100mm/h-130mm/h-160mm/h)、III(峰值型:100mm/h-160mm/h-130mm/h)、IV(减弱型:160mm/h-130mm/h-100mm/h)四种具有代表性的降雨类型,每种降雨强度下的降雨时间为 30min,降雨总历时为 90min,旨在研究不同降雨雨型条件下坡地产流、产沙及养分流失特征[8]。

3.3.1 降雨雨型对坡地产流、产沙和养分流失特征的影响

3.3.1.1 降雨雨型对坡地产流过程的影响

图 3.12 显示了降雨雨型对坡地产流过程的影响。结果表明,在第一阶段,产流初期单宽流量快速增大,之后趋于稳定,第二阶段及第三阶段各降雨雨型单宽流量均较为稳定。这是由于在产流初期,土壤入渗能力较大,有很大一部分降雨会入渗到土壤中,随着土壤含水量的增大,土壤入渗能力快速下降,使产流率快速增加,待入渗率稳定后,产流率趋于稳定。

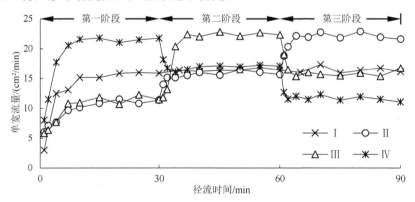

图 3.12 降雨雨型对坡地产流过程的影响

3.3.1.2 降雨雨型对坡地产沙过程的影响

图 3.13 显示了降雨雨型对坡地产沙率的影响。结果表明,第一阶段的初期产沙率快速增大,在达到峰值后又开始以较快速度衰减,直到第一阶段后期才趋于稳定。在第二及第三阶段,各降雨雨型的产沙率均较为稳定。在降雨雨滴击溅及径流冲刷的共同作用下,侵蚀速率快速增大,当产流稳定之后,随着坡地土壤结皮的出现,土壤抗侵蚀能力增强,导致产沙能力减弱。

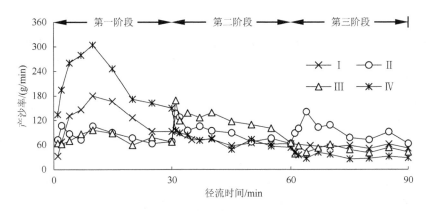

图 3.13　降雨雨型对坡地产沙率的影响

3.3.1.3　降雨雨型对坡地养分流失过程的影响

图 3.14 显示了降雨雨型对坡地养分流失过程的影响。结果表明，径流中硝态氮、铵态氮和速效磷流失率均表现为在第一阶段（0~30min）初期快速上升，达

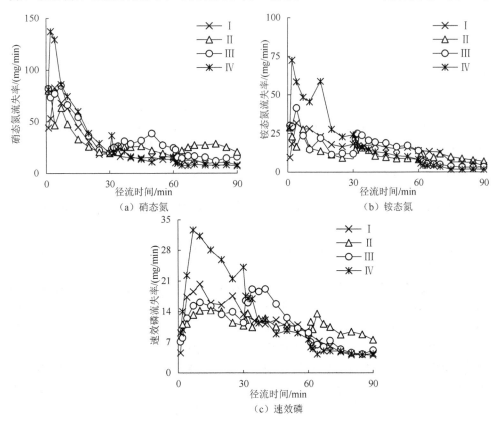

图 3.14　降雨雨型对坡地养分流失过程的影响

到峰值后开始逐渐下降。在第二阶段（30～60min）及第三阶段（60～90min），径流中硝态氮、铵态氮流失率均较为稳定，而在不同降雨雨型下速效磷流失率差异较大。这是由于土壤对速效磷的吸附能力较强，经过第一阶段的降雨，土壤中硝态氮和铵态氮流失率远大于速效磷，待降雨进行到第二阶段，土壤中氮的含量显著减小，而速效磷的含量依然较多。因此，当第二～三阶段有强降雨出现时依然可以有较多的磷进入径流。

在不同降雨雨型下，坡地总产流量、总产沙量及养分流失总量如表 3.1 所示。从表中可知，各降雨雨型下总产流量、总产沙量及三种养分流失总量均表现为 I<II<III<IV。这就说明，降雨初期的高降雨强度，加速了坡地产沙并减弱了表层土壤养分向深层土壤的运移，增加了表层土壤养分流失的概率和总量。

表 3.1　各降雨雨型下的坡地总产流量、总产沙量和养分流失总量

降雨雨型	总产流量/L	总产沙量/kg	养分流失总量/g		
			硝态氮	铵态氮	速效磷
I	141.83	6.85	0.58	0.33	0.23
II	144.14	7.44	0.83	0.35	0.29
III	145.08	7.61	0.91	0.42	0.30
IV	146.91	8.60	0.92	0.54	0.36

3.3.2　降雨强度发生时间对产流、产沙及养分流失特征的影响

从 3.3.1 小节的分析可知，降雨雨型对坡地产流、产沙和养分流失存在严重影响。为了进一步分析在不同降雨雨型条件下，降雨强度发生时间对坡地产流、产沙和养分流失特征的影响，就同一降雨强度在不同发生时间的作用进行分析。

3.3.2.1　降雨强度发生时间对产流特征的影响

图 3.15 显示了不同降雨阶段单宽流量的动态特征。结果表明，在 100mm/h 降雨强度下，第一阶段（II、III）单宽流量具有相似变化特征，均在初期逐渐增大，再逐渐趋于稳定，而第三阶段（IV）则整体保持稳定；在 130mm/h 降雨强度下，第一阶段（I）的单宽流量在初期逐渐上升，在 10min 后保持稳定，第二阶段（I、II、IV）及第三阶段（I、III）均保持稳定；在 160mm/h 降雨强度下，第一阶段（IV）的单宽流量在初期快速增长，之后保持稳定，第二阶段（III）、第三阶段（II）均保持稳定。第一阶段的产流初期土壤入渗能力较强，导致降雨有较大一部分入渗到土壤中，随着入渗率的减小，产流逐渐稳定，在第二阶段及第三阶段土壤入渗率已经稳定，故同一降雨强度下的单宽流量均稳定且无显著差异。降雨雨型在不同降雨阶段下的产流量及其对总产流量及其贡献率如表 3.2 所示。对于同一降雨强度，在第一阶段的产流贡献率较第二～三阶段小；在同一降雨阶段，不同降雨雨型对产流的贡献率有明显差异，主要受到降雨强度的影响。

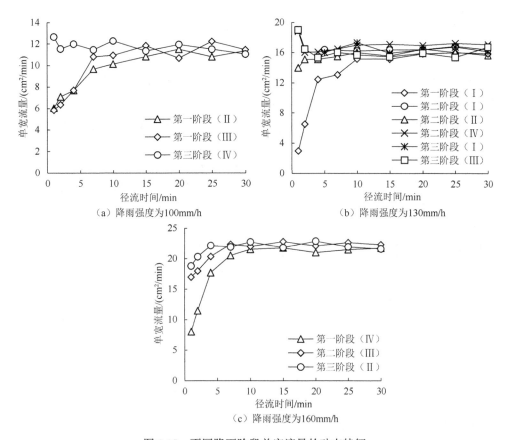

图 3.15　不同降雨阶段单宽流量的动态特征

表 3.2　不同降雨阶段下的产流量及其贡献率

降雨强度/(mm/h)	时序	降雨雨型	产流量/mm	产流贡献率/%
100	第一阶段	II	31.03	21.53
		III	32.39	22.33
	第三阶段	IV	33.59	22.86
130	第一阶段	I	43.32	30.54
	第二阶段	I	49.26	34.73
		II	47.22	32.76
		IV	50.92	34.66
	第三阶段	I	49.25	34.72
		III	47.86	32.99
160	第一阶段	IV	61.13	42.41
	第二阶段	III	64.82	44.68
	第三阶段	II	65.88	45.71

3.3.2.2　降雨强度发生时间对产沙特征的影响

图 3.16 显示了降雨强度在不同降雨阶段下产沙率的动态特征。结果表明，在 100mm/h 降雨强度下，第一阶段（Ⅱ、Ⅲ）的产沙率有逐渐减小的变化趋势，而第三阶段（Ⅳ）保持稳定，且第三阶段（Ⅳ）的产沙率明显低于第一阶段（Ⅱ、Ⅲ）；在 130mm/h 降雨强度下，第一阶段（Ⅰ）的产沙率较大，表现为先增大再减小的趋势，峰值出现在产流 10min 左右，其他条件下的产沙率均较为稳定且无显著差异；在 160mm/h 降雨强度下，第一阶段（Ⅳ）的产沙率表现为逐渐递减的趋势，显著高于第二阶段（Ⅲ）和第三阶段（Ⅱ）的产沙率。降雨强度在各降雨阶段的产沙量及其对坡地总产沙量的贡献率如表 3.3 所示，发生在第一阶段的产沙量贡献率明显高于第二～三阶段，尤其是 100mm/h、130mm/h 降雨强度下，第一阶段的产沙量贡献率接近第二阶段和第三阶段的 2 倍，在 160mm/h 降雨强度下差异不大。

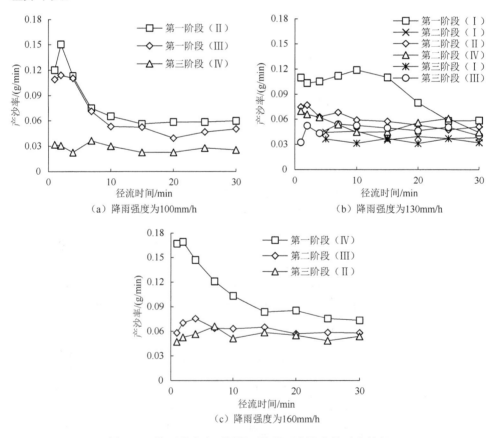

图 3.16　降雨强度在不同降雨阶段下产沙率的动态特征

表 3.3　不同降雨阶段下的产沙量及其贡献率

降雨强度/(mm/h)	时序	降雨雨型	产沙量/kg	产沙贡献率/%
100	第一阶段	II	1.56	20.63
		III	1.49	19.08
	第三阶段	IV	1.13	13.05
130	第一阶段	I	3.21	46.82
	第二阶段	I	1.97	28.73
		II	1.86	24.60
		IV	2.31	26.68
	第三阶段	I	1.68	24.50
		III	1.75	22.41
160	第一阶段	IV	5.22	60.30
	第二阶段	III	4.57	58.51
	第三阶段	II	4.14	54.75

3.3.2.3　降雨强度发生时间对养分流失特征的影响

图 3.17～图 3.19 显示了降雨强度在不同降雨阶段下径流硝态氮、铵态氮和速效磷流失率的动态特征。结果表明，在 100mm/h 降雨强度下，第一阶段（II、III）的流失率大多呈先增大后逐渐减小的趋势，第三阶段（IV）保持稳定，且第一阶段（II、III）的流失率显著高于第三阶段（IV）；在 130mm/h 降雨强度下，第一阶段（I）的流失率较大，表现为先快速增大再逐渐减小的规律，而其他条件下的流失率均较为稳定；在 160mm/h 降雨强度下，第一阶段（IV）的流失率表现为先增大后逐渐递减的趋势，且显著高于第二阶段（III）和第三阶段（II）的流失率。各降雨强度发生在第一阶段时的流失率均显著大于第二及第三阶段的流失率。在第一阶段产流初期土壤内养分含量较多，土壤内的养分一方面在入渗水的作用下进入土壤内部，另一方面在雨滴扰动和径流冲刷作用下进入径流，从而导致土壤内溶解态的养分快速流失。

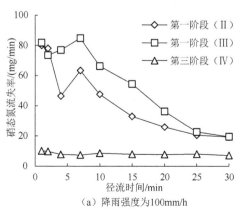

（a）降雨强度为100mm/h

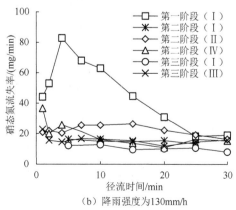

（b）降雨强度为130mm/h

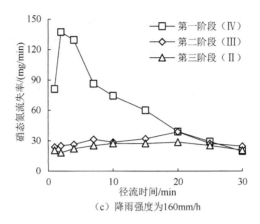

（c）降雨强度为160mm/h

图 3.17　降雨强度在不同降雨阶段下的硝态氮流失率动态特征

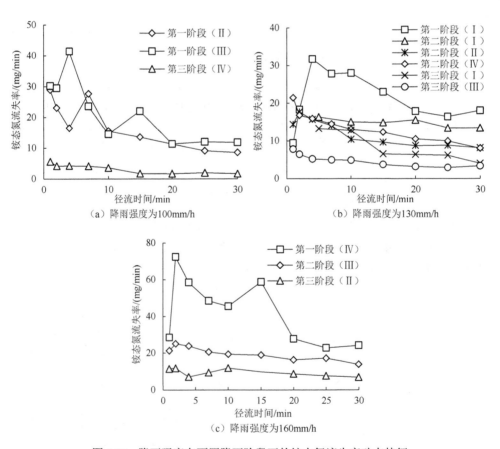

图 3.18　降雨强度在不同降雨阶段下的铵态氮流失率动态特征

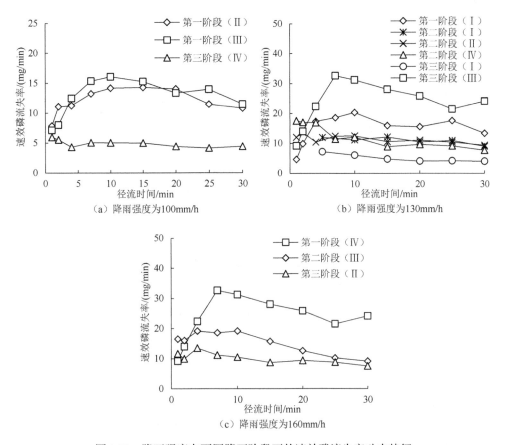

图 3.19 降雨强度在不同降雨阶段下的速效磷流失率动态特征

不同降雨强度发生阶段的养分流失量及其对养分流失总量的贡献率如表 3.4～表 3.6 所示。从表 3.4 中可知，降雨强度的发生阶段对硝态氮（NO_3^--N）流失量的影响十分显著。在 100mm/h 降雨强度条件下，第一阶段（Ⅱ、Ⅲ）的 NO_3^--N 流失量约是第三阶段（Ⅳ）的 5 倍，第一阶段（Ⅱ）和第一阶段（Ⅲ）对 NO_3^--N 流失总量的贡献率分别约是第三阶段（Ⅳ）的 8.5 倍和 6 倍；130mm/h 降雨强度同样表现为第一阶段的流失量显著大于第二、三阶段，在第二阶段中降雨雨型（Ⅰ）的 NO_3^--N 流失量约为降雨雨型Ⅱ、Ⅳ的一半，在第三阶段中降雨雨型Ⅰ约为降雨雨型Ⅲ的三分之一；160mm/h 降雨强度，第一阶段（Ⅳ）的硝态氮流失量分别为第二阶段（Ⅲ）和第三阶段（Ⅱ）的 2.3 和 2.8 倍。综上可知，在同一时序下降雨雨型Ⅰ的硝态氮流失贡献率要明显小于其他降雨雨型。

表 3.4　不同降雨阶段下的硝态氮流失量及其贡献率

降雨强度/(mm/h)	时序	降雨雨型	硝态氮流失量/g	硝态氮流失贡献率/%
100	第一阶段	II	0.38	65.96
		III	0.37	46.11
	第三阶段	IV	0.07	7.74
130	第一阶段	I	0.42	72.90
	第二阶段	I	0.09	15.62
		II	0.19	23.72
		IV	0.18	19.90
	第三阶段	I	0.06	10.41
		III	0.17	20.63
160	第一阶段	IV	0.65	71.85
	第二阶段	III	0.28	33.98
	第三阶段	II	0.23	28.71

表 3.5　不同降雨阶段下的铵态氮流失量及其贡献率

降雨强度/(mm/h)	时序	降雨雨型	铵态氮流失量/g	铵态氮流失贡献率/%
100	第一阶段	II	0.17	38.32
		III	0.15	40.44
	第三阶段	IV	0.03	5.58
130	第一阶段	I	0.19	56.59
	第二阶段	I	0.10	29.78
		II	0.13	29.31
		IV	0.12	22.30
	第三阶段	I	0.05	14.89
		III	0.08	21.57
160	第一阶段	IV	0.40	74.34
	第二阶段	III	0.15	40.44
	第三阶段	II	0.14	33.81

表 3.6　不同降雨阶段下的速效磷流失量及其贡献率

降雨强度/(mm/h)	时序	降雨雨型	速效磷流失量/g	速效磷流失贡献率/%
100	第一阶段	II	0.10	33.09
		III	0.09	32.31
	第三阶段	IV	0.04	11.02
130	第一阶段	I	0.13	56.76
	第二阶段	I	0.07	30.56

续表

降雨强度/(mm/h)	时序	降雨雨型	速效磷流失量/g	速效磷流失贡献率/%
130	第二阶段	II	0.09	29.78
		IV	0.11	30.30
	第三阶段	I	0.03	13.10
		III	0.05	17.95
160	第一阶段	IV	0.21	57.85
	第二阶段	III	0.14	50.26
	第三阶段	II	0.10	33.09

从表 3.5 可知，100mm/h 降雨强度下第一阶段（II、III）铵态氮（NH_4^+-N）流失量分别是第三阶段（IV）的 5.7 倍和 5 倍，其贡献率分别为第三阶段（IV）的 6.9 倍和 7.3 倍；130mm/h 降雨强度下，第一阶段的 NH_4^+-N 流失量同样显著高于第二、三阶段，然而同一时序下，不同降雨雨型间差异不显著；160mm/h 降雨强度下第一阶段（IV）的铵态氮流失量分别为第二、三阶段的 2.6 和 2.8 倍，其贡献率分别为第二、三阶段的 1.8 和 2.4 倍。

从表 3.6 可知，在 100mm/h 降雨强度下，第一阶段（II、III）速效磷流失量均是第三阶段（IV）的 2.5 倍，且贡献率均在 3 倍左右；130mm/h 降雨强度下，第一阶段的速效磷流失量显著高于第二、三阶段，然而同时序下不同降雨雨型间差异不显著；160mm/h 降雨强度下，第一阶段（IV）的速效磷流失量分别为第二、三阶段的 1.5 和 2.1 倍，其养分流失贡献率分别为第二、三阶段的 1.2 和 1.7 倍。

3.3.3　不同降雨雨型下单宽流量与产沙率及养分流失率的关系

3.3.3.1　单宽流量与产沙率的关系

图 3.20 显示了不同降雨雨型条件下的单宽流量与产沙率的关系（由于雨型 I 降雨过程中单宽流量无显著变化，因此本小节仅分析降雨雨型 II、III、IV）。从图中可知，随着单宽流量的增大，产沙率呈增大趋势。分别用线性函数、幂函数和指数函数描述不同降雨雨型下单宽流量与产沙率之间的关系，具体拟合表达式见表 3.7。结果显示，指数函数的决定系数最高，拟合效果最好。分析指数函数表达式，发现降雨雨型 II、III 和 IV 表达式常数项逐渐减小，指数项的系数逐渐增大。这说明，降雨雨型 II、III 和 IV 在单宽流量较小时的产沙能力逐渐减小，随着单宽流量的增大产沙率的增长速度依次加快。

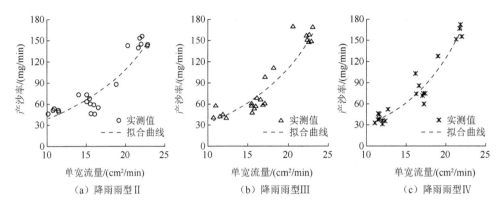

图 3.20　不同降雨雨型条件下的单宽流量与产沙率的关系

表 3.7　不同降雨雨型条件下单宽流量与产沙率的关系表达式

降雨雨型	线性函数		幂函数		指数函数	
	拟合方程	R^2	拟合方程	R^2	拟合方程	R^2
II	$S=9.32q-68.08$	0.83	$S=0.95q^{1.58}$	0.76	$S=14.132e^{0.10q}$	0.83
III	$S=11.00q-96.49$	0.84	$S=0.37q^{1.91}$	082	$S=10.28e^{0.12q}$	0.87
IV	$S=12.49q-113.22$	0.89	$S=0.13q^{2.30}$	0.91	$S=6.96e^{0.15q}$	0.93

注：S 为产沙率（mg/min）；q 为单宽流量（cm²/min）。

3.3.3.2　单宽流量与养分流失率的关系

图 3.21 为不同降雨雨型条件下单宽流量与养分流失率的关系。从图 3.21 中可知，降雨雨型 II 和 III 下，随着单宽流量的增大各种养分的流失率均表现为先减小再增大的趋势；降雨雨型 IV 条件下，随着单宽流量的增大养分流失率均表现为逐渐增大的趋势。分别采用二次函数、幂函数及指数函数来描述不同降雨雨型条件下单宽流量与养分流失率的关系，结果如表 3.8 所示。结果表明，二次函数可以较好地描述降雨雨型 II、III 条件下单宽流量与养分流失率的关系。进一步分析发现降雨雨型 II 条件下，随单宽流量的增大养分流失率变化较为平缓，降雨雨型 III 条件下随单宽流量的增大养分流失率变化范围较大，其最小值小于降雨雨型 II 的最小值，最大值大于降雨雨型 II 的最大值。此外，在降雨雨型 IV 条件下，用指数函数可以更好地描述其单宽流量与养分流失率的关系。分析显示，降雨雨型 IV 条件下随着单宽流量的增大养分流失率增长速度明显快于降雨雨型 II、III。由此可知，在降雨雨型 IV 下坡地养分流失最为严重。

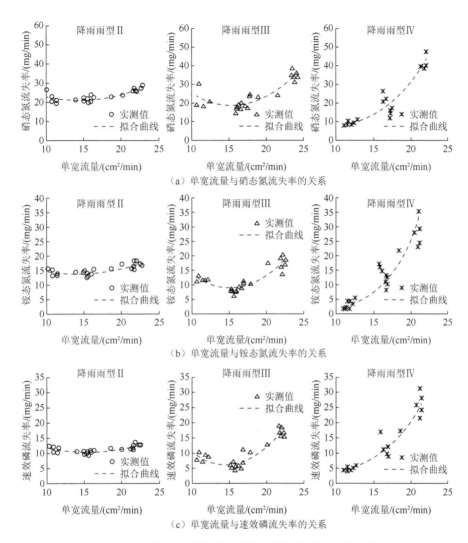

（a）单宽流量与硝态氮流失率的关系

（b）单宽流量与铵态氮流失率的关系

（c）单宽流量与速效磷流失率的关系

图 3.21 不同降雨雨型条件下单宽流量与养分流失率的关系

表 3.8 单宽流量与养分流失率的关系

养分类型	降雨雨型	二次函数		幂函数		指数函数	
		拟合方程	R^2	拟合方程	R^2	拟合方程	R^2
硝态氮	II	$NS=0.09q^2-2.71q+40.65$	0.74	$NS=10.82q^{0.27}$	0.39	$NS=16.86e^{0.02q}$	0.47
	III	$NS=0.29q^2-8.54q+82.51$	0.81	$NS=3.37q^{0.69}$	0.34	$NS=10.48e^{0.05q}$	0.43
	IV	$NS=0.34q^2-7.75q+51.94$	0.87	$NS=0.013q^{2.59}$	0.87	$NS=1.14e^{0.17q}$	0.89
铵态氮	II	$NS=0.05q^2-1.27q+22.75$	0.67	$NS=7.38q^{0.25}$	0.41	$NS=11.25e^{0.02q}$	0.48
	III	$NS=0.17q^2-5.30q+49.46$	0.81	$NS=1.82q^{0.66}$	0.25	$NS=5.27e^{0.05q}$	0.34
	IV	$NS=0.11q^2-1.21q+2.09$	0.89	$NS=0.002q^{3.82}$	0.89	$NS=0.19e^{0.24q}$	0.86

续表

养分类型	降雨雨型	二次函数		幂函数		指数函数	
		拟合方程	R^2	拟合方程	R^2	拟合方程	R^2
速效磷	II	$NS=0.05q^2-1.43q+21.44$	0.65	$NS=7.59q^{0.14}$	0.15	$NS=9.40e^{0.01q}$	0.22
	III	$NS=0.19q^2-5.50q+47.04$	0.86	$NS=0.43q^{1.09}$	0.32	$NS=2.55e^{0.08q}$	0.41
	IV	$NS=0.17q^2-3.45q+22.32$	0.88	$NS=0.007q^{2.63}$	0.88	$NS=0.68e^{0.17q}$	0.89

注：NS 为养分流失率（mg/min）；q 为单宽流量（cm²/min）。

3.3.4　降雨雨型对坡地水流动力学特性的影响

坡地水流动力学特性与土壤产沙及养分流失过程密切相关，因此对坡地水流动力学特性研究是揭示土壤侵蚀及养分机理的重要环节。本小节主要研究在不同降雨雨型条件下的坡地水流动力学特性，分析坡地产沙及养分流失的动力学机制，为建立土壤侵蚀及养分流失模型提供理论基础。

3.3.4.1　水流动力学参数计算公式

至今为止尚未建立完整的专门描述坡地薄层水流动力学参数方法，故本书借鉴明渠水流动力学原理进行分析，选取主要参数有径流深、流速、雷诺数、弗劳德数、阻力系数、水流剪切力、水流功率及单位水流功率。

模拟降雨过程中采用 K_2MnO_4 染色示踪法测定坡地表层径流流速，再乘以修正系数即可得到坡地径流的平均流速：

$$V = \alpha V_s \tag{3.1}$$

式中，V_s 为表层流速(cm/s)；V 为平均流速(cm/s)；α 为修正系数，当坡地流态为层流时取 0.67，过渡流时取 0.7，紊流时取 0.8。

坡地径流深较浅，实际测量难以实现，故采用计算的方法。假设坡地径流均匀分布，则可利用式（3.2）计算坡地的平均径流深：

$$h = \frac{q}{V} \tag{3.2}$$

式中，h 为平均径流深(cm)；q 为单宽流量(cm²/min)。

水流流态可用雷诺数(Re)来判别，对于含沙水流，雷诺数表达式为

$$Re = \frac{VR}{v_m} \tag{3.3}$$

$$v_m = \frac{v}{1 - \dfrac{s_v}{2\sqrt{d_{50}}}} \tag{3.4}$$

式中，R 为水力半径(m)；v_m 为含沙水流运动黏滞系数(m²/s)；v 为清水运动黏滞系数(m²/s)；s_v 为水流体积含沙率(%)；d_{50} 为泥沙中值粒径(mm)。

弗劳德数(Fr)同样是描述水流流态的参数，其表达式为

$$Fr = \frac{V}{\sqrt{gh}} \qquad (3.5)$$

式中，Fr 为弗劳德数；h 为（平均）径流深(cm)；g 为重力加速度(m^2/s)。

阻力系数采用具有明确物理意义的达西-韦斯巴赫阻力系数来表示，其表达式为

$$f = \frac{8gRJ}{V^2} \qquad (3.6)$$

式中，f 为阻力系数；J 为水力坡度(m/m)。

3.3.4.2　不同降雨雨型下坡地水流动力学参数

图 3.22 显示了降雨雨型对坡地水流动力学参数的影响。结果表明，在 100mm/h 降雨强度下，降雨雨型Ⅳ的流速高于降雨雨型Ⅱ、Ⅲ的流速；130mm/h 降雨强度下，降雨雨型Ⅱ、Ⅲ和Ⅳ的流速略大于降雨雨型Ⅰ的流速；160mm/h 降雨强度下，降雨雨型Ⅱ的流速大于降雨雨型Ⅲ、Ⅳ的流速。径流深随降雨强度的增大而增大，但是变化幅度并不大。在 100mm/h 降雨强度下，径流深大小顺序为降雨雨型Ⅱ<Ⅳ<Ⅲ；

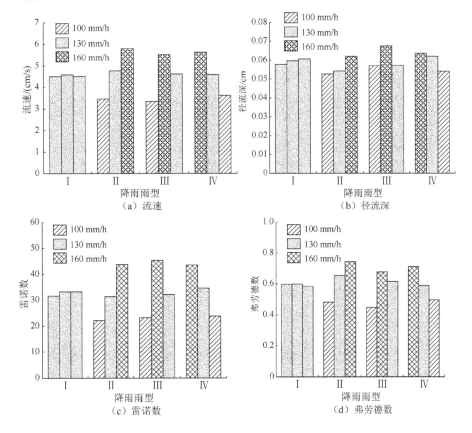

（a）流速　　　　　　　　　　　（b）径流深

（c）雷诺数　　　　　　　　　　（d）弗劳德数

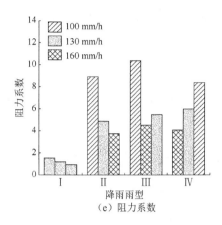

图 3.22　不同降雨强度下降雨雨型对坡地水流动力学参数的影响

在 130mm/h 降雨强度下，径流深大小顺序为降雨雨型Ⅱ<Ⅲ<Ⅰ<Ⅳ；在 160mm/h 降雨强度下，径流深大小顺序为降雨雨型Ⅱ<Ⅳ<Ⅲ。

雷诺数由径流流速乘以水力半径再除以水流运动黏滞系数计算所得。在坡地薄层水流条件下，水力半径可近似用径流深代替，径流流速乘以径流深即单宽流量，因此不同降雨雨型下雷诺数的变化规律应与单宽流量一致。在 100mm/h 降雨强度下，雷诺数大小顺序为降雨雨型Ⅱ<Ⅲ<Ⅳ；在 130mm/h 降雨强度下，雷诺数大小顺序为降雨雨型Ⅱ<Ⅲ<Ⅰ<Ⅳ。弗劳德数同样随降雨强度的增大而增大，而相同降雨强度在不同发生时序的表现又有所差异。在 100mm/h 降雨强度下，弗劳德数大小顺序为降雨雨型Ⅲ<Ⅱ<Ⅳ；在 130mm/h 降雨强度下，弗劳德数大小顺序为降雨雨型Ⅳ<Ⅰ<Ⅲ<Ⅱ；160mm/h 降雨强度下，弗劳德数大小顺序为降雨雨型Ⅲ<Ⅳ<Ⅱ。阻力系数与降雨强度的变化趋势相反，降雨强度越大阻力系数越小。在 100mm/h 降雨强度下，阻力系数变化顺序为降雨雨型Ⅳ<Ⅱ<Ⅲ；在 130mm/h 降雨强度下，阻力系数大小顺序为降雨雨型Ⅰ<Ⅱ<Ⅲ<Ⅳ；在 160mm/h 降雨强度下，阻力系数大小顺序为降雨雨型Ⅱ<Ⅳ<Ⅲ。

3.3.4.3　水流动力学参数对侵蚀及养分流失的影响

利用通径分析法分析不同降雨雨型下影响土壤侵蚀及养分流失的主要水流动力学参数。现以各水流动力学参数为自变量，坡地径流产沙率为因变量进行通径分析，分析结果如表 3.9 所示。从表 3.9 中可知，流速、雷诺数及阻力系数对产沙率的直接作用为正作用，而径流深和弗劳德数对产沙率的直接作用为负作用，其中直接作用最显著的为雷诺数，直接作用为 3.44；间接总作用中径流深及弗劳德数为正作用，而流速、雷诺数及阻力系数均为负作用，主要通过雷诺数和径流深起作用，间接作用中弗劳德数的作用最大，间接总作用为 3.67；各水流动力学参数对产沙率影响的总作用大小关系为阻力系数<径流深<弗劳德数<流速<雷诺数,故雷诺数是不同降雨雨型产沙率差异最主要的水流动力学参数,总作用为 0.93。

表 3.9　水流动力学参数对产沙率影响的通径分析

参数	直接作用	间接作用						总作用
		V	h	Re	Fr	f	间接总作用	
V	2.53	—	-1.15	3.35	-2.79	-1.05	-1.63	0.89
h	-1.63	1.78	—	2.91	-1.64	-0.62	2.42	0.79
Re	3.44	2.46	-1.38	—	-2.62	-0.98	-2.51	0.93
Fr	-2.83	2.49	-0.95	3.18	—	-1.06	3.67	0.84
f	1.09	-2.43	0.93	-3.10	2.76	—	-1.84	-0.75

若以硝态氮流失率为因变量,通径分析结果如表 3.10 所示。从表 3.10 中可知,流速、雷诺数及阻力系数对硝态氮流失率的直接作用为正作用,而径流深和弗劳德数对硝态氮流失率的直接作用为负作用,其中直接作用最显著的为雷诺数,直接作用为 2.95;间接总作用中径流深及弗劳德数为正作用,而流速、雷诺数及阻力系数均为负作用,间接作用中弗劳德数的作用最大,间接总作用为 2.50;各水流动力学参数对硝态氮流失率影响的总作用为径流深<阻力系数<弗劳德数<流速<雷诺数,故雷诺数是不同降雨雨型下硝态氮流失率差异最主要的水流动力学参数,总作用为 0.94。

表 3.10　水流动力学参数对硝态氮流失率影响的通径分析

参数	直接作用	间接作用						总作用
		V	h	Re	Fr	f	间接总作用	
V	1.66	—	-0.94	2.88	-1.60	-1.08	-0.74	0.92
h	-1.32	1.18	—	2.50	-0.96	-0.65	2.07	0.75
Re	2.95	1.62	-1.12	—	-1.51	-1.01	-2.02	0.94
Fr	-1.62	1.64	-0.78	2.74	—	-1.09	2.50	0.88
f	1.12	-1.60	0.77	-2.67	1.59	—	-1.92	-0.80

若以铵态氮流失率为因变量,通径分析结果如表 3.11 所示。从表 3.11 中可知,流速、雷诺数及阻力系数对铵态氮流失率的直接作用为正作用,而径流深和弗劳德数对铵态氮流失率的直接作用为负作用,其中直接作用最显著的为流速,直接作用为 6.73;间接总作用中径流深、雷诺数及弗劳德数为正作用,而流速及阻力系数均为负作用,主要通过流速和弗劳德数起间接作用,间接作用中弗劳德数的作用最大,间接总作用为 5.96;各水流动力学参数对铵态氮流失率影响的总作用为径流深<阻力系数<弗劳德数<雷诺数<流速,故流速是不同降雨雨型下铵态氮流失率差异的最主要水流动力学参数,总作用为 0.94。

表 3.11　水流动力学参数对铵态氮流失率影响的通径分析

参数	直接作用	间接作用						总作用
		V	h	Re	Fr	f	间接总作用	
V	6.73	—	-0.96	0.64	-4.98	-0.50	-5.79	0.94
h	-1.34	4.78	—	0.56	-2.98	-0.30	2.05	0.71
Re	0.66	6.56	-1.14	—	-4.68	-0.47	0.28	0.93
Fr	-5.05	6.65	-0.80	0.61	—	-0.50	5.96	0.91
f	0.52	-6.48	0.78	-0.59	4.93	—	-1.37	-0.85

若以速效磷流失率为因变量,通径分析结果如表 3.12 所示。从表 3.12 中可知,流速、雷诺数及阻力系数对速效磷流失率的直接作用为正作用,而径流深和弗劳德数对速效磷流失率的直接作用为负作用,其中直接作用最显著的为流速,直接作用为 5.17;在间接总作用中径流深、弗劳德数为正作用,而流速、雷诺数及阻力系数均为负作用。间接作用主要通过流速和弗劳德数起作用,其中弗劳德数的间接作用最大,间接总作用为 4.61;各水流动力学参数对速效磷流失率影响的总作用为径流深<阻力系数<雷诺数<弗劳德数<流速,流速是不同降雨雨型下速效磷流失率差异的最主要水流动力学参数,总作用为 0.78。

表 3.12　水流动力学参数对速效磷流失率影响的通径分析

参数	直接作用	间接作用						总作用
		V	h	Re	Fr	f	间接总作用	
V	5.17	—	-1.43	2.21	-3.81	-1.39	-4.41	0.78
h	-2.01	3.67	—	1.92	-2.28	-0.84	2.48	0.47
Re	2.27	5.04	-1.71	—	-3.57	-1.30	-1.54	0.73
Fr	-3.85	5.11	-1.19	2.10	—	-1.41	4.61	0.76
f	1.44	-4.98	1.17	-2.05	3.76	—	-2.10	-0.66

3.3.5　不同降雨雨型下水蚀动力参数变化特征分析

3.3.5.1　水蚀动力参数计算公式

为了分析坡地水流动力学参数与土壤侵蚀的关系,选用以下水蚀动力参数进行分析,各参数计算公式如下。水流剪切力为

$$\tau = \gamma R J \qquad (3.7)$$

式中,τ 为水流剪切力(N/m²);γ 为水的密度(kg/m³)。

水流功率为

$$W_p = \tau V \qquad (3.8)$$

式中,W_p 为水流功率[N/(m·s)]。

单位水流功率为

$$P_w = VJ \qquad (3.9)$$

式中，P_w 为单位水流功率(m/s)。

3.3.5.2　不同降雨雨型下水蚀动力参数变化特征

图 3.23 显示了降雨雨型对坡地水蚀动力参数的影响。结果表明，在 100mm/h 降雨强度下，水流剪切力表现为降雨雨型Ⅱ<Ⅳ<Ⅲ；在 130mm/h 降雨强度下表现为降雨雨型Ⅱ<Ⅲ<Ⅰ<Ⅳ；在 160mm/h 降雨强度下表现为降雨雨型Ⅳ<Ⅱ<Ⅲ。在 100mm/h 降雨强度下水流功率表现为降雨雨型Ⅱ<Ⅲ<Ⅳ；在 130mm/h 降雨强度下表现为降雨雨型Ⅱ<Ⅲ<Ⅰ<Ⅳ；在 160mm/h 降雨强度下表现为降雨雨型Ⅳ<Ⅱ<Ⅲ。在 100mm/h 降雨强度下，单位水流功率表现为降雨雨型Ⅲ<Ⅱ<Ⅳ；在 130mm/h 降雨强度下表现为降雨雨型Ⅰ<Ⅳ<Ⅲ<Ⅱ；在 160mm/h 降雨强度下表现为降雨雨型Ⅲ<Ⅱ<Ⅳ。

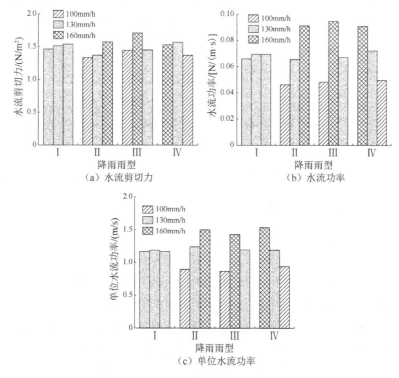

图 3.23　降雨雨型对坡地水蚀动力参数的影响

3.3.5.3　水蚀动力参数对土壤侵蚀及养分流失的影响

利用通径分析法分析不同降雨雨型下主要水蚀动力参数对侵蚀及养分流失的

影响，现以三种水蚀动力参数（水流剪切力、水流功率、单位水流功率）为自变量，坡地产沙率为因变量进行通径分析，分析结果如表 3.13 所示。从表 3.13 中可知，直接作用中水流剪切力和单位水流功率均为正作用，而水流功率为负作用，其中单位水流功率的直接作用较大，为 0.64；间接总作用中三者均为正作用，主要通过水流功率发挥作用，即间接作用最大的是水流功率，间接总作用为 0.91；各水蚀动力参数对产沙率总作用表现为水流剪切力<单位水流功率<水流功率。可见，水流功率是不同降雨雨型下影响产沙率最主要的水蚀动力参数，总作用为 0.90。

表 3.13　水蚀动力参数对产沙率影响的通径分析

参数	直接作用	间接作用				总作用
		τ	W_p	P_w	间接总作用	
τ	0.34	—	−0.01	0.45	0.44	0.78
W_p	−0.01	0.29	—	0.62	0.91	0.90
P_w	0.64	0.24	−0.01	—	0.23	0.87

以硝态氮流失率为因变量，通径分析结果如表 3.14 所示。从表 3.14 中可知，直接作用中水流剪切力和单位水流功率均为正作用，而水流功率为负作用，其中直接作用最大的为单位水流功率，为 0.62；间接总作用中各参数均为正作用，主要通过水流功率起作用，即间接作用最大的为水流功率，间接总作用为 0.89；各水蚀动力参数对硝态氮流失率的总作用表现为水流剪切力<单位水流功率<水流功率。可见水流功率是不同降雨雨型下影响硝态氮流失率最主要的水蚀动力参数，总作用为 0.88。

表 3.14　水蚀动力参数对硝态氮流失率影响的通径分析

参数	直接作用	间接作用				总作用
		τ	W_p	P_w	间接总作用	
τ	0.34	—	−0.01	0.44	0.76	0.77
W_p	−0.01	0.29	—	0.60	0.89	0.88
P_w	0.62	0.24	−0.01	—	0.23	0.85

以铵态氮流失率为因变量，通径分析结果如表 3.15 所示。从表 3.15 中可知，直接作用中水流剪切力和单位水流功率均为正作用，而水流功率为负作用，其中水流剪切力的直接作用最大，为 0.47；间接总作用中各参数均为正作用，主要通过水流功率起作用，即间接作用最大的为水流功率，间接总作用为 0.85；各水蚀动力参数对铵态氮流失率的总作用表现为单位水流功率<水流剪切力<水流功率，可见水流功率是不同降雨雨型下影响铵态氮流失率最主要的水蚀动力参数，总作用为 0.84。

表 3.15　水蚀动力参数对铵态氮流失率影响的通径分析

参数	直接作用	间接作用				总作用
		τ	W_p	P_w	间接总作用	
τ	0.47	—	-0.01	0.33	0.32	0.79
W_p	-0.01	0.40	—	0.45	0.85	0.84
P_w	0.46	0.33	-0.01	—	0.32	0.78

以速效磷流失率为因变量，通径分析结果如表 3.16 所示。从表 3.16 中可知，直接作用中水流剪切力和单位水流功率均为正作用，而水流功率为负作用，其中单位水流功率的直接作用最大，为 0.48；间接总作用中各参数均为正作用，主要通过水流功率起作用，即间接作用最大的为水流功率，间接总作用为 0.72；各水蚀动力参数对速效磷流失率的总作用表现为水流剪切力<单位水流功率<水流功率，可见水流功率是不同降雨雨型下影响速效磷流失率最主要的水蚀动力参数，总作用为 0.71。

表 3.16　水蚀动力参数对速效磷流失率影响的通径分析

参数	直接作用	间接作用				总作用
		τ	W_p	P_w	间接总作用	
τ	0.30	—	-0.01	0.34	0.33	0.63
W_p	-0.01	0.25	—	0.47	0.72	0.71
P_w	0.48	0.21	-0.01	—	0.20	0.68

3.4　间歇性降雨对坡地径流-土壤侵蚀-养分流失的影响

为了分析间歇性降雨对坡地水土养分流失的影响，开展了相关试验研究。试验前向坡地喷洒养分（硝态氮、铵态氮和速效磷），施肥量为 10g/m^2，试验设计降雨强度为 100mm/h，降雨间隔时间为 1h，每次降雨的持续时间为 1h。

3.4.1　间歇性降雨时坡地径流、侵蚀及养分流失的特征

3.4.1.1　间歇性降雨的产流特征

图 3.24 显示了间歇性降雨对单宽流量的影响。第一～三次降雨初始产流时间分别为 83s、27s 和 21s，每次降雨坡地单宽流量都有先快速增大再逐渐趋于稳定的变化规律。当径流时间达到 20min 以后，各次降雨的单宽流量均基本稳定，各次降

雨稳定期的单宽流量平均值分别为 12.58cm²/min、13.12cm²/min 和 13.34cm²/min。可见，平均单宽流量随降雨次数有逐渐增大的趋势。随着降雨次数的增加，降雨对地表的击溅作用和土壤含水量发生变化，使土壤入渗能力降低，导致产流增加。图 3.25 显示了间歇性降雨对累积产流量的影响。由图可知累积产流量与时间呈线性增加趋势，其斜率随降雨次数的增加逐渐增大。每次降雨结束时的总产流量分别为 72.38L、77.44L 和 79.01L，进一步说明在间歇性降雨条件下坡地产流能力随降雨次数逐渐增加。

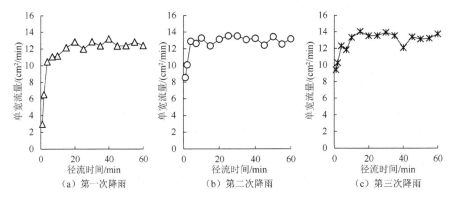

图 3.24　间歇性降雨对单宽流量的影响

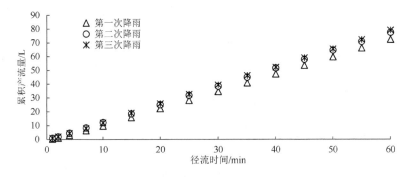

图 3.25　间歇性降雨对累积产流量的影响

3.4.1.2　间歇性降雨的产沙特征

图 3.26 显示了间歇性降雨对径流含沙率的影响。结果表明，第一次降雨过程中，含沙率有突然增大再逐渐减小的变化趋势，在 3min 时达到峰值 0.120g/cm³，随后逐渐减小到 0.082g/cm³；在第二次降雨过程中，径流含沙率较为稳定，无明显变化趋势，其平均径流含沙率为 0.085g/cm³；第三次降雨过程中，径流含沙率略有降低，其平均径流含沙率为 0.072g/cm³。

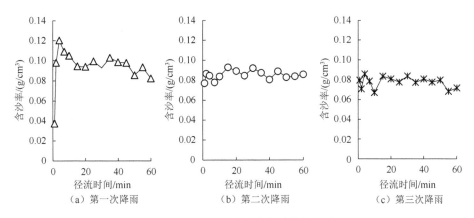

图 3.26　间歇性降雨对径流含沙率的影响

　　图 3.27 显示了间歇性降雨对坡地产沙率的影响。结果表明，产沙率随时间的变化过程与产流过程十分相似，第一次降雨时，产沙率快速上升，然后趋于稳定；第二次降雨时，降雨产流初期产沙率较第一次降雨产流初期的产沙率显著增大；第三次降雨时，其初期产沙率较第二次降雨略有增加，随后的变化规律与第二次降雨过程类似。产流 20min 后各次降雨产沙率均进入稳定阶段，各次降雨过程中产沙稳定期的平均产沙率分别为 118.29g/min、112.95g/min 和 103.34g/min，稳定期的平均产沙率呈逐渐减小的变化趋势。这是由于在降雨的持续打击下，坡地土壤结皮逐渐加剧，抗侵蚀能力略有上升。

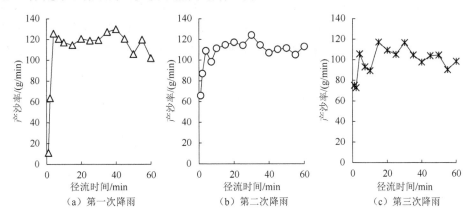

图 3.27　间歇性降雨对坡地产沙率的影响

　　图 3.28 显示了间歇性降雨对累积产沙量的影响。结果表明，各次降雨的累积产沙量随时间呈线性增加关系，随降雨次数的增加其斜率逐渐减小，在各次降雨结束时的总产沙量分别为 6.94kg、6.65kg 和 6.14kg。这表明随降雨次数增加坡地的产沙能力有逐渐减小的变化趋势。

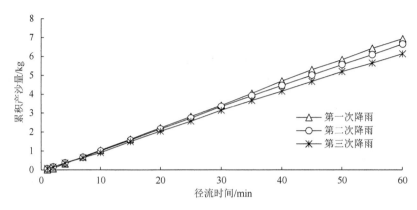

图 3.28　间歇性降雨对坡地累积产沙量的影响

3.4.1.3　间歇性降雨的养分流失特征

图 3.29 显示了间歇性降雨对径流养分浓度的影响。从图 3.29（a）可知，各次降雨过程中，径流硝态氮浓度均为逐渐减小的变化趋势。在第一次降雨初期径流硝态氮浓度很高，之后快速下降，在第二次及第三次降雨初期均有小幅度突增现象。各次降雨的稳定期径流硝态氮浓度平均值依次为 30.28mg/L、20.83mg/L 和 6.11mg/L。从图 3.29（b）可知，第一次降雨过程中，初期径流铵态氮浓度较大，之后随降雨时间逐渐减小，第二次及第三次降雨过程中，在降雨初期略有升高，之后快速减小再趋于稳定；各次降雨稳定期的径流铵态氮浓度平均值依次为 13.22mg/L、9.9mg/L 和 7.44mg/L。从图 3.29（c）可知，径流速效磷浓度随时间的变化关系，在第一次降雨过程中，降雨初期径流速效磷有逐渐增大的趋势，增大到 20.60mg/L 之后开始逐渐降低，在第二次及第三次降雨过程中，降雨初期径流速效磷浓度均略有上升，之后又减小并趋于稳定。

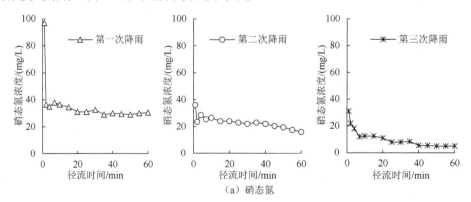

（a）硝态氮

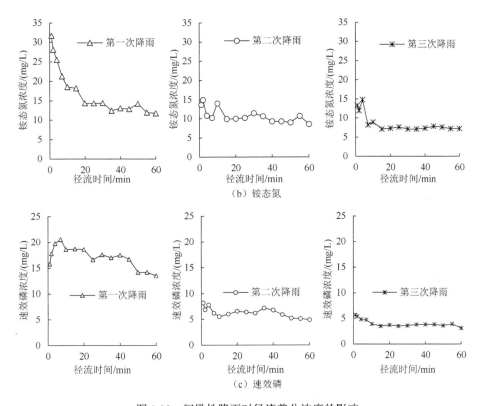

（b）铵态氮

（c）速效磷

图 3.29　间歇性降雨对径流养分浓度的影响

图 3.30 显示了间歇性降雨对径流养分流失率的影响。从图 3.30（a）可知径流硝态氮流失率随时间变化关系，在第一次降雨过程中，径流硝态氮流失率从产流初期开始快速增大，之后逐渐稳定，第二次及第三次降雨过程中径流硝态氮流失率整体呈现出逐渐减小的变化趋势。从图 3.31（b）可知径流铵态氮流失率随时间的变化关系，在第一次降雨过程中径流铵态氮流失率开始快速增加，随后逐渐减小趋于稳定，第二次及第三次降雨过程中径流铵态氮流失率基本维持稳定。

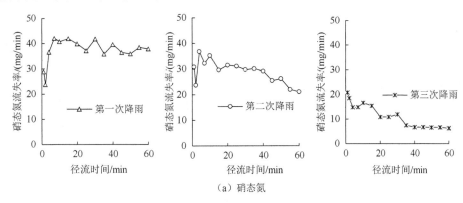

（a）硝态氮

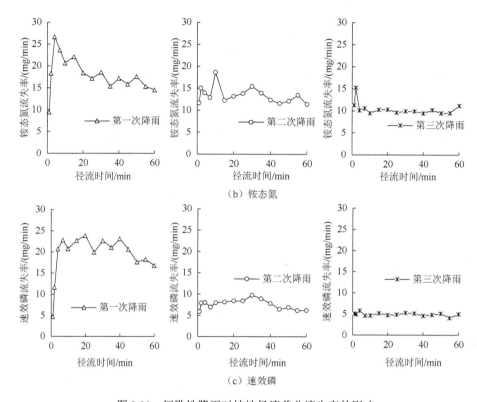

图 3.30 间歇性降雨对坡地径流养分流失率的影响

从图 3.31（c）可知径流速效磷流失率随时间的变化关系，发现其变化规律与铵态氮类似，在第一次降雨过程中径流速效磷流失率有一个快速增长的过程，之后逐渐减小，第二次及第三次降雨过程中径流速效磷流失率均维持稳定。

图 3.31 显示了间歇性降雨对坡地径流养分累积流失量的影响。结果表明，三种养分的累积流失量均随时间逐渐增大，其中，第一次降雨的累积流失量增长最快，

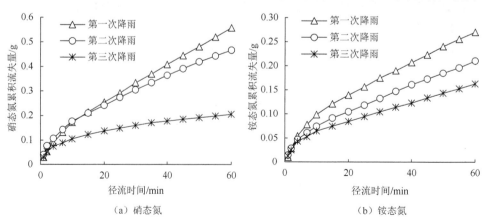

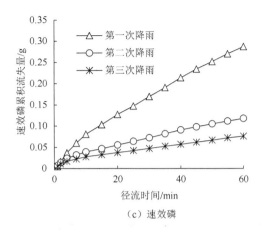

（c）速效磷

图 3.31　间歇性降雨对坡地径流养分累积流失量的影响

第二次次之，第三次最小。三次降雨下，径流硝态氮流失总量分别为 0.56g、0.47g 和 0.20g，径流铵态氮的流失总量分别为 0.27g、0.21g 和 0.16g，径流速效磷流失总量分别为 0.29g、0.12g 和 0.08g。

3.4.2　降雨次数对坡地径流、土壤侵蚀及养分流失总量的影响

不同降雨场次的坡地径流侵蚀及养分流失总量如表 3.17 所示。结果表明，总产流量随着降雨场次的增加而增大，而总产沙量、硝态氮流失总量、铵态氮流失总量、

表 3.17　不同降雨场次下坡地径流侵蚀及养分流失总量

降雨场次	总产流量/L	总产沙量/kg	硝态氮流失总量/g	铵态氮流失总量/g	速效磷流失总量/g
第一次	72.38	6.94	0.56	0.27	0.29
第二次	77.44	6.65	0.47	0.21	0.12
第三次	79.01	6.14	0.20	0.16	0.08

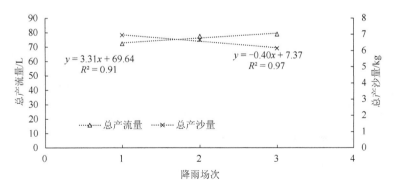

（a）降雨场次与总产流量及总产沙量之间的关系

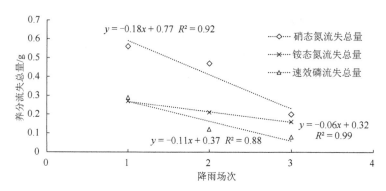

（b）降雨场次与坡地养分流失总量之间的关系

图 3.32　降雨场次与坡地径流侵蚀及养分流失总量的关系

速效磷流失总量则随之减小。降雨场次对总产流量和总产沙量的影响程度较小，对养分流失总量的影响程度较大，其中，第三次降雨的硝态氮、铵态氮和速效磷流失总量分别是第一次降雨的 36%、59% 和 28%。这表明表层土壤中存储的养分随着降雨次数的增加不断减少。降雨场次与总产流量、总产沙量、硝态氮流失总量、铵态氮流失总量及速效磷流失总量的关系均可用线性函数来描述，拟合关系见图 3.32。

3.5　上方来水流量与坡地物质传输

对于坡长较长的坡地，坡地径流不仅包含当地降雨产流，还包括上方来水形成的径流。为了分析上方来水对坡地物质传输的影响，在中国科学院水利部水土保持研究所长武黄土高原农业生态试验站内进行模拟降雨试验。试验小区为多年撂荒地，主要植物类型以长芒草和白羊草为主。试验区土壤类型为黑垆土，上层（50cm 以上）土壤容重在 $1.28\sim1.39\text{g/cm}^3$，平均容重为 1.35g/cm^3。试验小区土壤颗粒组成如表 3.18 所示。

表 3.18　试验小区土壤颗粒组成

土壤性状	各粒级所占比例/%					
	0.250～1.000mm	0.050～0.250mm	0.010～0.050mm	0.005～0.010mm	0.001～0.005mm	<0.001mm
黑垆土	1.1	2.4	57.0	8.6	17.7	13.2

3.5.1　产流、产沙和养分流失的特征

3.5.1.1　产流特征

图 3.33 显示了上方来水流量对径流流量的影响。结果表明，径流流量随放水

时间的增加递增，不同上方来水流量下，径流流量大小、径流流量递增的速率及径流变化幅度均有差异。在上方来水流量为 9L/min、27L/min 时，径流过程线较为平缓，而当上方来水流量为 18L/min、36L/min 时，产流过程线较为陡急，同时变化波动的幅度也较大。图 3.34 显示了上方来水流量对累积径流量的影响。结果表明，累积径流量与时间表现为线性增长关系，对于相同的放水时间，上方来水流量越大，对应的累积径流量也越大。

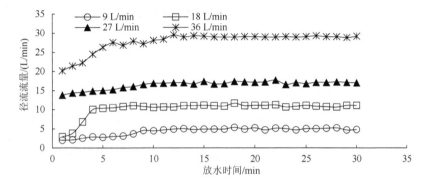

图 3.33　上方来水流量对径流流量的影响

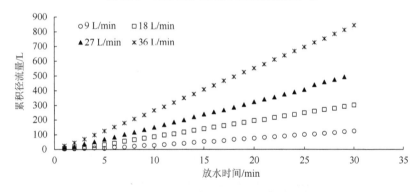

图 3.34　上方来水流量对累积径流量的影响

3.5.1.2　产沙特征

一些研究结果表明，上方来水汇入会导致坡地下方含沙水流侵蚀和搬运能力增强，上方来水流量越大，径流造成的土壤侵蚀程度也越大[9]。图 3.35 显示了上方来水流量对产沙率的影响。结果表明，不同上方来水流量下产沙率随时间呈现波动变化，当上方来水流量为 9L/min 和 18L/min 时，产沙率随放水时间的变化比较平缓；当上方来水流量为 27L/min、36L/min 时，产沙率随放水时间的波动比较强烈。总体来看，上方来水流量越大，产沙率也越大，相应产沙率随时间的波动也越剧烈。

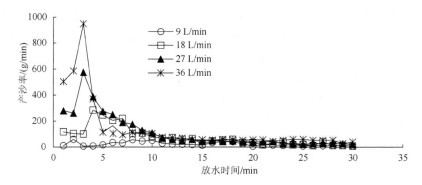

图 3.35　上方来水流量对产沙率的影响

　　上方来水流量不仅影响坡地下方的入渗和产流，还会影响坡地的侵蚀产沙量。上方来水流量越大则单位径流量造成的土壤侵蚀量也越大。图 3.36 显示了上方来水流量对累积产沙量的影响。结果表明，累积产沙量随放水时间的增大逐渐增大，同时上方来水流量越大其对应的累积产沙量也越大，这一变化规律和累积径流量的变化规律相似。

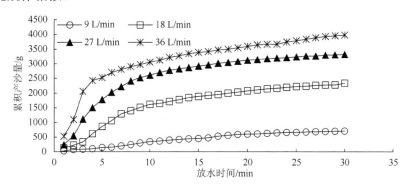

图 3.36　上方来水流量对累积产沙量的影响

3.5.1.3　径流溴离子流失特征

　　图 3.37 显示了上方来水流量对径流溴离子浓度的影响。结果表明，在放水初期径流溴离子浓度较高，随着放水时间的持续，径流溴离子浓度表现为迅速衰减的趋势，之后逐渐趋于稳定。随着上方来水流量的增大，径流溴离子浓度衰减的趋势也相应增强。对不同处理下径流溴离子浓度随放水时间变化曲线进行拟合，拟合结果见表 3.19。径流溴离子浓度动态过程采用幂函数拟合的效果较好。幂函数可以很好地反映其衰减过程，结果与王全九等[10]和王辉等[11]的研究结果一致。图 3.38 显示了上方来水流量对径流溴离子累积流失量的影响。结果表明，随着上方来水流量的增加，相同放水时间内径流溴离子的累积流失量越大。

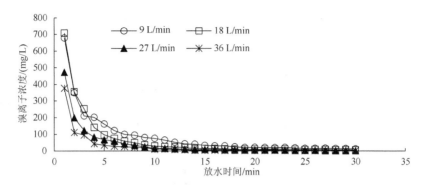

图 3.37　上方来水流量对径流溴离子浓度的影响

表 3.19　不同上方来水流量下径流溴离子的浓度变化曲线拟合关系

上方来水流量/(L/min)	拟合方程	决定系数
9	$C(t)=1047t^{-1.287}$	$R^2=0.72$
18	$C(t)=1202t^{-1.618}$	$R^2=0.58$
27	$C(t)=509.9t^{-1.277}$	$R^2=0.99$
36	$C(t)=285.3t^{-1.260}$	$R^2=0.99$

注：$C(t)$为溴离子浓度；t为放水时间。

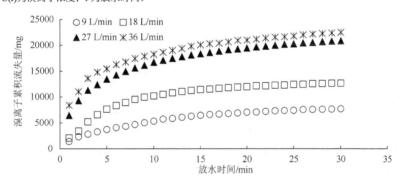

图 3.38　上方来水流量对径流溴离子累积流失量的影响

3.5.2　上方来水的水流动力学特征

上方来水流量影响着坡地水流的水流动力学特征，而水流动力学特征与坡地土壤侵蚀和养分流失过程密切相关。表 3.20 为不同上方来水流量下坡地水流动力学参数，包括初始产流时间、平均流速、平均径流深、水力半径、雷诺数、弗劳德数、平均水流剪切力、阻力系数及曼宁糙率系数。图 3.39 显示了上方来水流量与平均流速和平均径流深的关系。由图可知，平均流速和平均径流深均随上方来水流量的增大而增大。

表 3.20　不同上方来水流量下坡地水流动力学参数

上方来水流量/(L/min)	初始产流时间/s	平均流速/(m/s)	平均径流深/cm	水力半径/mm	雷诺数	弗劳德数	平均水流剪切力/Pa	阻力系数	曼宁糙率系数/(s/m$^{1/3}$)
9	150	0.1136	0.718	0.717	81	1.340	1.290	0.800	0.0299
18	105	0.1355	1.340	1.337	182	1.181	2.406	1.030	0.0377
27	64	0.1523	1.796	1.789	284	1.190	3.221	1.013	0.0392
36	35	0.1914	2.603	2.589	480	1.154	4.661	1.076	0.0430

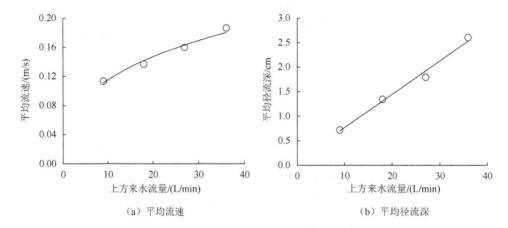

（a）平均流速　　　　　　　　（b）平均径流深

图 3.39　上方来水流量与平均流速和平均径流深的关系

分析可知，平均流速和上方来水流量的关系可用幂函数拟合，拟合公式为

$$V = 0.0518Q^{0.3476}\ (R^2=0.97) \tag{3.10}$$

式中，V 为径流平均流速(m/s)，Q 为上方来水流量(L/min)。

平均径流深和上方来水流量的关系可用线性函数拟合，拟合公式为

$$h = 0.0679Q + 0.0866\ (R^2=0.99) \tag{3.11}$$

式中，h 为平均径流深(cm)。

图 3.40 显示了上方来水流量与坡地水流的雷诺数和弗劳德数之间的关系曲线。结果表明，随着上方来水流量的增加，坡地水流的雷诺数 Re 逐渐增大。流量为 36L/min 时，雷诺数达到 480，接近明渠水流下临界雷诺数 500。不同上方来水流量下坡地水流的弗劳德数 Fr 均大于 1，说明各组试验的坡地水流均为急流。图 3.41 显示了弗劳德数与雷诺数间的关系曲线，发现雷诺数与弗劳德数之间显著负相关。

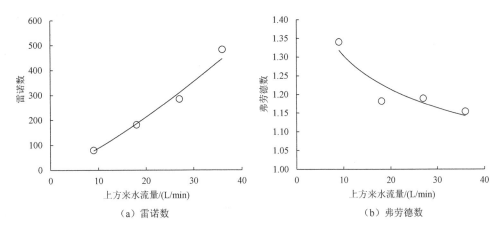

图 3.40　上方来水流量与雷诺数和弗劳德数的关系曲线

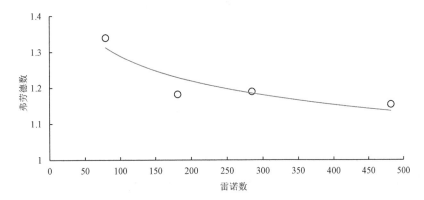

图 3.41　弗劳德数与雷诺数的关系曲线

　　阻力系数 f 反映了下垫面对水流的水力阻力，在坡度等条件相同的情况下，阻力系数越大，水流克服阻力消耗的能量越多，发生的土壤侵蚀就越强，反之则表明土壤侵蚀较弱。阻力系数与上方来水流量的关系曲线如图 3.42 所示；阻力系数与雷诺数的关系曲线见图 3.43。坡地水流在运动过程中，除了受到重力和垂直于坡地向上的支持力以外，还会受到沿坡地水流与土壤接触面相切方向的水流剪切力作用，水流剪切力是分离土壤的主要外力，它会冲击水土接触面上的土壤颗粒，破坏其土壤结构。实际坡地水流受到的径流剪切作用往往十分复杂，为了简化复杂的实际问题，通常在实际应用中将其视为均匀流动处理。图 3.44 显示了平均水流剪切力与上方来水流量的关系，发现随着上方来水流量的增大，平均水流剪切力也增大。图 3.45 显示了平均水流剪切力与雷诺数 Re 的关系，可以看出平均水流剪切力随雷诺数增大而增大，对曲线进行拟合，发现平均水流剪切力与雷诺数呈线性相关。图 3.46 显示了各处理下平均水流剪切力与阻力系数的关系，发现坡地的平均水流剪切力随着阻力系数 f 的增大而增大，说明坡地径流在流动的过程中，径流的平均水流剪切力越大，相应的阻力也越大。

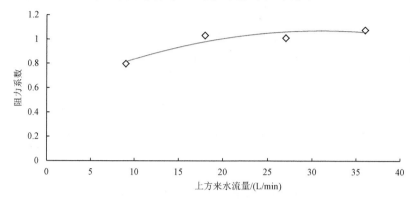

图 3.42　阻力系数与上方来水流量的关系曲线

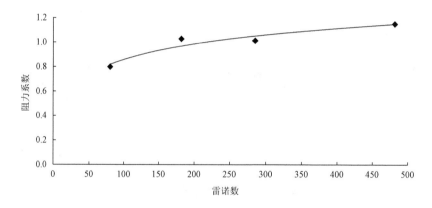

图 3.43　阻力系数与雷诺数的关系

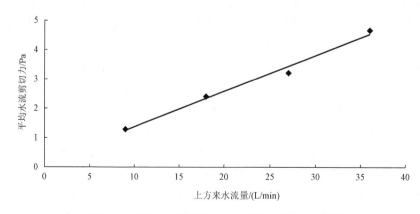

图 3.44　平均水流剪切力与上方来水流量的关系

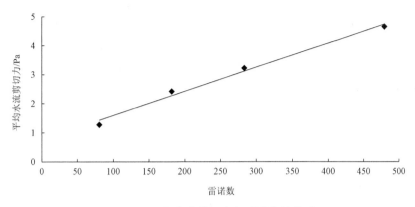

图 3.45 平均水流剪切力与雷诺数的关系

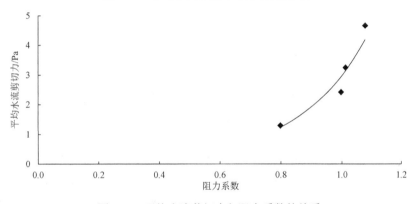

图 3.46 平均水流剪切力与阻力系数的关系

3.5.3 水流动力学参数与径流泥沙和养分流失的关系

雷诺数 Re 是判别水流流态的重要参数，它表征惯性力与黏滞力的比值，雷诺数越大表明水流越不稳定。图 3.47 显示了总径流量与雷诺数及阻力系数的关系。

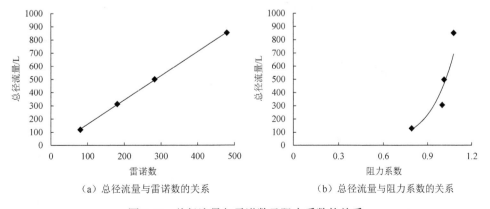

（a）总径流量与雷诺数的关系 （b）总径流量与阻力系数的关系

图 3.47 总径流量与雷诺数及阻力系数的关系

结果表明，总径流量与雷诺数表现出正相关的线性关系，如图 3.47（a）所示。阻力系数 f 反映了下垫面对水流的水力阻力，总径流量与阻力系数表现出幂函数关系，如图 3.47（b）所示。图 3.48 为总径流量与平均水流剪切力的关系，两者同样存在正相关关系。

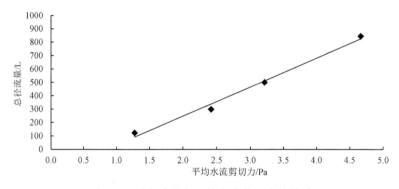

图 3.48　总径流量与平均水流剪切力的关系

　　图 3.49 显示了总产沙量与雷诺数和阻力系数的关系。结果表明，雷诺数和阻力系数的增加均会导致总产沙量增加，均表现出显著的正相关关系。图 3.50 显示了总产沙量与平均水流剪切力的关系，两者表现出显著的正相关关系。图 3.51 显示了溴离子流失总量与雷诺数及阻力系数的关系。径流溴离子流失总量与雷诺数表现出正相关线性关系，如图 3.51（a）所示。阻力系数 f 反映了下垫面对水流的水力阻力大小，径流溴离子流失总量与阻力系数表现出良好的正相关关系，如图 3.51（b）所示。图 3.52 为平均水流剪切力与溴离子流失总量的关系，两者呈现明显的正相关关系。

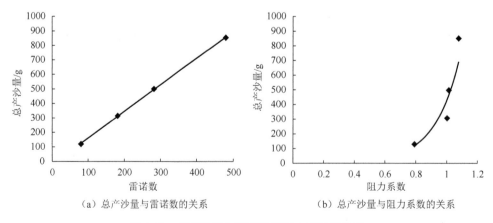

（a）总产沙量与雷诺数的关系　　　　　　　（b）总产沙量与阻力系数的关系

图 3.49　总产沙量与雷诺数和阻力系数的关系

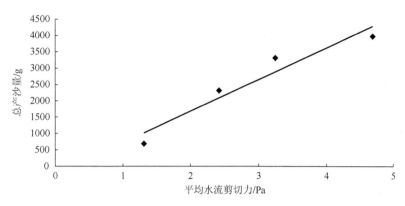

图 3.50　总产沙量与平均水流剪切力的关系

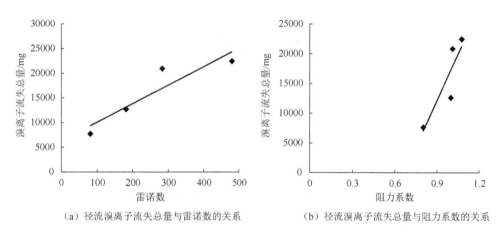

（a）径流溴离子流失总量与雷诺数的关系　　　　（b）径流溴离子流失总量与阻力系数的关系

图 3.51　溴离子流失总量与雷诺数及阻力系数的关系

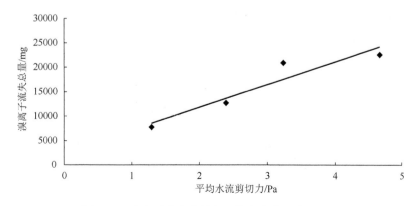

图 3.52　溴离子流失总量与平均水流剪切力的关系

3.6　上方来水条件下的坡地物质传输

3.6.1　植被盖度对坡地物质传输的影响

植被盖度是反映植被对坡地水土养分流失影响的一个重要指标。植被改变了坡地原有的地表土壤环境，植物的根部与土壤相互作用改变了土壤抗蚀性及土壤水分的渗透性等。植被同时增加了坡地糙率，对坡地径流有阻碍作用，改变了坡地的水流动力学特性。

图 3.53 显示了植被盖度对径流流量的影响。结果表明，在不同植被盖度下，径流流量、增长速率及变化幅度有明显差异。总体表现为，植被盖度越大，径流流量越小，增长速率越慢，变化幅度越小。

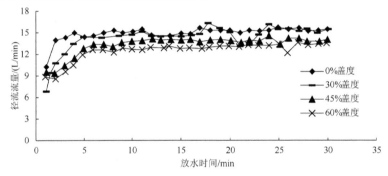

图 3.53　植被盖度对径流流量的影响

图 3.54 显示了植被盖度对累积径流量的影响。结果表明，植被覆盖对总径流量具有显著的作用，随着盖度的增加，总径流量呈减小趋势。裸坡（0%盖度）总径流量为 446L，30%、45% 及 60% 植被盖度下总径流量与裸坡相比依次减小 3.9%、10% 和 16.1%。说明植被覆盖能够增加土壤入渗，减少总径流量，且植被盖度越高，减流作用越明显。

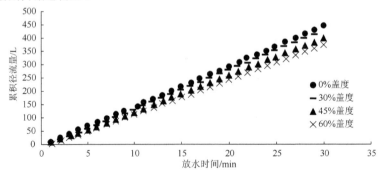

图 3.54　植被盖度对累积径流量的影响

植被生长过程中，其根系伸入土壤，对土壤产生挤压，并对土壤颗粒有固结作用，提高了土壤的抗侵蚀性能。植被盖度的不同抗侵蚀能力也有差异，图 3.55 显示了植被盖度对产沙率的影响。结果表明，植被盖度为 45% 和 60% 时，产沙率随时间的波动较小，尤其在盖度为 60% 时最为平缓；而裸坡及盖度为 30% 时，产沙率随放水时间的波动比较强烈。除了盖度为 60%，其他处理的产沙率在前 7min 均出现峰值。

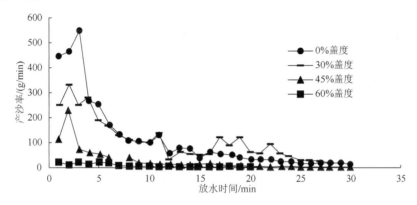

图 3.55 植被盖度对产沙率的影响

图 3.56 显示了植被盖度对累积产沙量的影响。结果表明，黄土坡地侵蚀产沙过程中，累积产沙量随着植被盖度的增大而减小，说明植被覆盖有助于减少侵蚀泥沙。不同植被盖度下累积产沙量大小顺序为裸坡>30%盖度>45%盖度>60%盖度。裸坡总产沙量为 3446g，30%盖度的总产沙量为 3087g，相对于裸坡减少了 10.4%；45%盖度的总产沙量为 575g，相对于裸坡的总产沙量减少了 83.3%；60% 植被盖度的总产沙量为 130.5g，相对于裸坡减少了 96.2%。

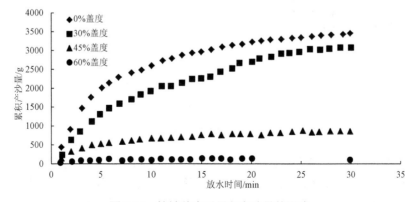

图 3.56 植被盖度对累积产沙量的影响

图 3.57 显示了植被盖度对径流溴离子浓度的影响。结果表明，无论是裸坡还

是有植被覆盖，径流溴离子浓度总体表现出随时间逐渐递减的趋势。图 3.58 显示了植被盖度对径流溴离子累积流失量的影响。结果表明，随着植被盖度的增加，径流溴离子累积流失量也逐渐减少。植被覆盖条件下的径流溴离子累积流失量明显小于裸坡，说明植被覆盖能够有效减少养分流失。不同植被盖度条件下径流溴离子累积流失量大小顺序为裸坡>30%盖度>45%盖度>60%盖度。裸坡的溴离子流失总量为 21912mg；30%盖度径流溴离子流失总量为 21693mg，相对于裸坡的径流溴离子累积流失量减少 1.0%；45%盖度径流溴离子流失总量为 21489mg，相对于裸坡的径流溴离子流失总量减少 2%；60%盖度的径流溴离子流失总量为 17030mg，相对于裸坡的径流溴离子累积流失量减少 22.3%。

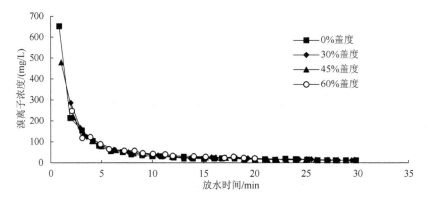

图 3.57　植被盖度对径流溴离子浓度的影响

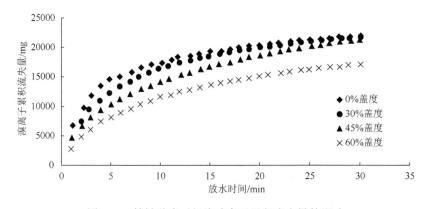

图 3.58　植被盖度对径流溴离子累积流失量的影响

　　表 3.21 显示了不同植被盖度下的水流动力学参数，如初始产流时间、平均流速、平均径流深、水力半径、雷诺数、弗劳德数、曼宁糙率系数、阻力系数和平均水流剪切力。图 3.59 显示了植被盖度与平均流速和平均径流深的关系。结果表明，平均流速随植被盖度的增大而减小，呈负相关关系；平均径流深随植被盖度增大而增大，呈正相关关系。图 3.60 显示了植被盖度与雷诺数和弗劳德数的关系。结

果表明,随着植被盖度的增加,坡地水流的雷诺数逐渐减小,取值分布在 215～251,水流流态均为层流。裸坡时弗劳德数大于 1,为急流;植被覆盖条件下弗劳德数 Fr 均小于 1,为缓流。

表 3.21 不同植被盖度下的水流动力学参数

盖度 /%	初始产流 时间/s	平均流速 /(m/s)	平均径流 深/mm	水力半径 /mm	雷诺数	弗劳 德数	曼宁糙率 系数/ (s/m$^{1/3}$)	阻力 系数	平均水流 剪切力 /Pa
0	46	0.146	1.733	1.727	251	1.106	0.0419	1.17	3.11
30	63	0.106	2.334	2.324	246	0.696	0.0700	2.96	4.18
45	79	0.085	2.752	2.737	231	0.511	0.0979	5.48	4.93
60	98	0.068	3.180	3.160	215	0.383	0.1336	9.73	5.69

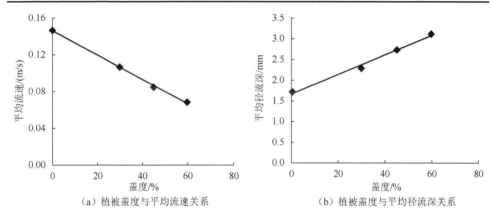

（a）植被盖度与平均流速关系 （b）植被盖度与平均径流深关系

图 3.59 植被盖度与平均流速和平均径流深的关系

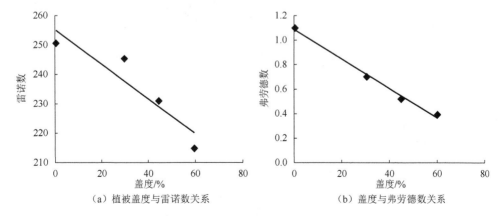

（a）植被盖度与雷诺数关系 （b）盖度与弗劳德数关系

图 3.60 植被盖度与雷诺数和弗劳德数的关系

图 3.61～图 3.63 分别显示了植被盖度与阻力系数、平均水流剪切力和曼宁糙率系数的关系,阻力系数反映了下垫面对水流的阻力大小。在流量、坡度等条件

相同的情况下，阻力系数越大，水流克服阻力消耗的能量越多。根据平均水流剪切力与植被盖度的关系可以看出，随着植被盖度的增大，平均水流剪切力也增大。曼宁糙率系数随植被盖度的增大而增大，这与王升等[12]的研究结论相符。

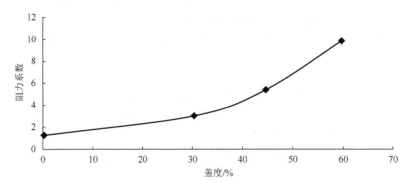

图 3.61　植被盖度与阻力系数的关系

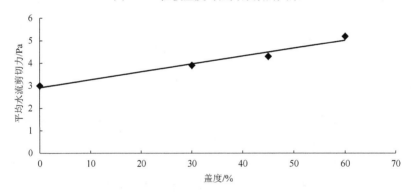

图 3.62　植被盖度与平均水流剪切力的关系

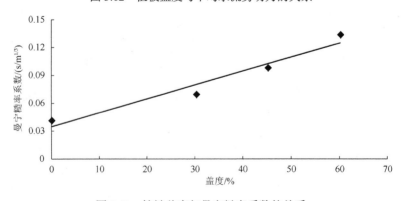

图 3.63　植被盖度与曼宁糙率系数的关系

图3.64显示了植被盖度与总产沙量及径流溴离子流失总量的关系。结果表明，随着植被盖度增加，总产沙量及溴离子流失总量显著降低。

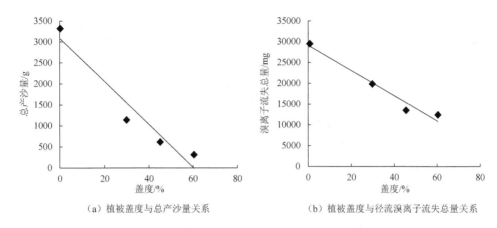

(a) 植被盖度与总产沙量关系   (b) 植被盖度与径流溴离子流失总量关系

图 3.64 植被盖度与总产沙量及径流溴离子流失总量的关系

3.6.2 碎石覆盖对坡地物质传输的影响

图 3.65 显示了碎石覆盖比例对径流流量的影响。结果表明，碎石覆盖可以减小坡地径流流量。碎石覆盖可增加坡地糙率，改变土壤入渗特征，增加入渗量，减小径流量。

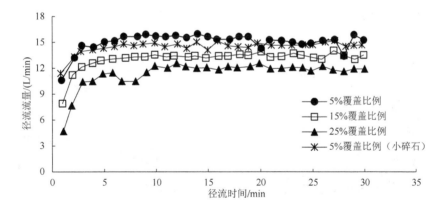

图 3.65 碎石覆盖比例对径流流量的影响

图 3.66 显示了碎石覆盖比例对累积径流量的影响。结果表明，碎石覆盖比例每增加 10%，总径流量平均减少 12%；不同覆盖比例下荒草地试验小区的总径流量大小排列顺序为 5%覆盖比例>5%覆盖比例（小碎石）>15%覆盖比例>25%覆盖比例。可见，总径流量随着碎石覆盖比例的增加而减小。

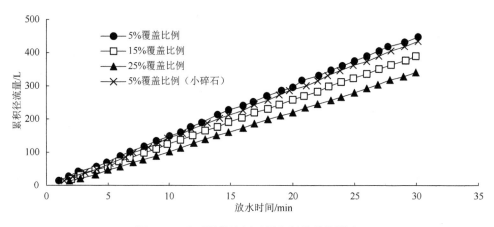

图 3.66　碎石覆盖比例对累积径流量的影响

图 3.67 显示了碎石覆盖比例对径流产沙率及累积产沙量的影响。结果表明，碎石覆盖会对坡地侵蚀产生显著影响，不同碎石覆盖下试验小区的累积产沙量大小为 5%覆盖比例>5%覆盖比例（小碎石）>15%覆盖比例>25%覆盖比例。放水30min 后，5%覆盖比例的总产沙量为 3910g，5%覆盖比例（小碎石）的总产沙量为 2589g，15%覆盖比例的总产沙量为 1828g，25%覆盖比例的总产沙量为 931.6g。由此可见，覆盖碎石个体尺寸（本书中为底面积）也会对土壤侵蚀产生较大影响。在相同的覆盖比例下，小碎石单元减小泥沙的作用较明显。

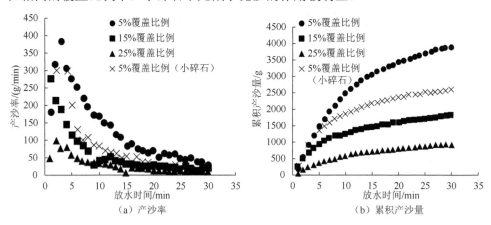

（a）产沙率　　　　　　　　　　　　（b）累积产沙量

图 3.67　碎石覆盖比例对产沙率及累积产沙量的影响

图 3.68 显示了碎石覆盖比例对径流溴离子浓度的影响。结果表明，各处理径流溴离子浓度随时间的增加均呈逐渐减小趋势。碎石覆盖并没有减小径流溴离子浓度。这是由于径流养分浓度的大小主要取决于径流对土壤表层养分的稀释作用和径流在坡地传递过程中与土壤养分的相互作用。当径流与土壤的相互作用大于养分稀释作用时，径流养分浓度增加。随着碎石覆盖比例的增大，在增加径流入

渗和延迟产流的同时，加剧了径流与表层土壤的相互作用，其相互作用的结果加速了土壤中溴离子向径流释放；在碎石覆盖比例较小时，虽然碎石对径流消能作用较小，但径流的冲刷作用较强，碎石对径流截留小，则坡地径流流速较慢，与土壤养分作用程度减小。因此，稀释作用大于径流与土壤的相互作用，径流养分浓度低；反之，覆盖比例越大，径流量相应越小，径流养分浓度越大。

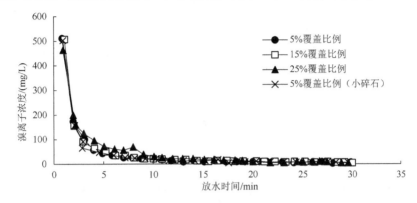

图 3.68　碎石覆盖比例对径流溴离子浓度的影响

　　碎石覆盖在影响坡地径流的同时也影响着径流养分流失量。图 3.69 显示了碎石覆盖比例对径流溴离子累积流失量的影响。分析发现，不同碎石覆盖撂荒地试验小区的径流中溴离子累积流失量大小顺序为 5%覆盖比例>5%覆盖比例（小碎石）>15%覆盖比例>25%覆盖比例。可见，土壤侵蚀过程中的径流溴离子累积流失量随着碎石覆盖比例的增大而减小；相同的覆盖面积下，碎石单元底面积小的碎石要比单元底面积大的碎石覆盖下径流溴离子累积流失量多。相同放水时间，5%覆盖比例地径流溴离子的流失总量为 14778mg，5%覆盖比例（小碎石）地径流养分溴离子的流失总量为 13311mg，15%碎石覆盖地径流养分溴离子的流失总量为 12863mg，25%碎石覆盖地随径流迁移溴离子的流失总量为 11983mg。

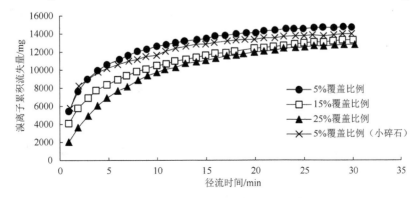

图 3.69　碎石覆盖比例对径流中溴离子累积流失量的影响

碎石覆盖对坡地土壤侵蚀和养分流失的影响可从水流动力学角度分析研究。表 3.22 显示了不同碎石覆盖比例下的水流动力学参数，如初始产流时间、平均流速、平均径流深、水力半径、雷诺数、弗劳德数、平均水流剪切力、阻力系数及曼宁糙率系数等。

表 3.22　不同碎石覆盖比例下的水流动力学参数

覆盖比例/%	初始产流时间/s	平均流速/(m/s)	平均径流深/mm	水力半径/mm	雷诺数	弗劳德数	曼宁糙率系数/(s/m$^{1/3}$)	平均水流剪切力/Pa	阻力系数
5	47	0.143	1.785	1.779	253	1.067	0.0437	3.20	1.26
15	58	0.114	1.977	1.970	224	0.808	0.0587	3.55	2.20
25	69	0.096	2.111	2.102	201	0.659	0.0727	3.78	3.30
5（小碎石）	53	0.126	1.942	1.934	244	0.907	0.0521	3.48	1.74

图 3.70 为碎石覆盖比例与平均流速和平均径流深的关系。从图 3.70 中可知，平均流速随覆盖比例的增大而减小，平均径流深均随覆盖比例的增大而增大。图 3.71 为碎石覆盖比例与雷诺数和弗劳德数的关系。从图 3.71 中可知，随着碎石覆盖比例的增加，坡地水流的雷诺数 Re 逐渐减小，变化范围为 201～253，均为层流。5%覆盖比例时坡地水流的弗劳德数大于 1，为急流；其余处理随着覆盖比例增大，弗劳德数变小，均小于 1，为缓流。图 3.72 为碎石覆盖比例与阻力系数的关系。从图 3.72 中可知，随着覆盖比例增大，阻力系数增大。图 3.73 为碎石覆盖比例与平均水流剪切力的关系。从图 3.73 中可知，随着覆盖比例的增大，平均水流剪切力增大。图 3.74 为碎石覆盖比例与曼宁糙率系数的关系。从图 3.74 中可知，随着碎石覆盖比例的增大，曼宁糙率系数也增大。

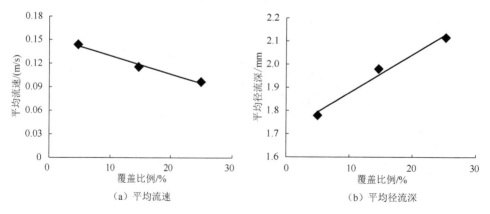

（a）平均流速　　　　　　　　　　　（b）平均径流深

图 3.70　碎石覆盖比例与平均流速和平均径流深的关系

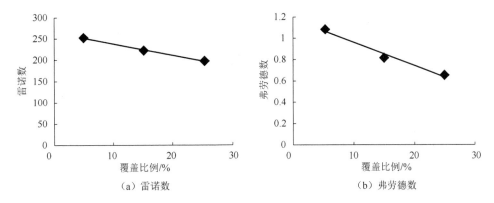

（a）雷诺数　　　　　　　　　　　（b）弗劳德数

图 3.71　碎石覆盖比例与雷诺数和弗劳德数的关系

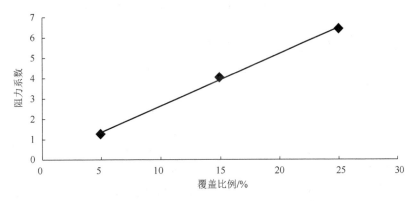

图 3.72　碎石覆盖比例与阻力系数的关系

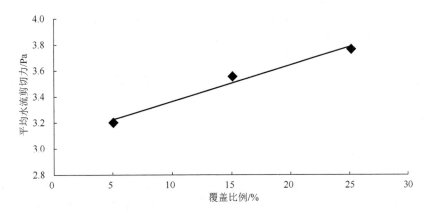

图 3.73　碎石覆盖比例与平均水流剪切力的关系

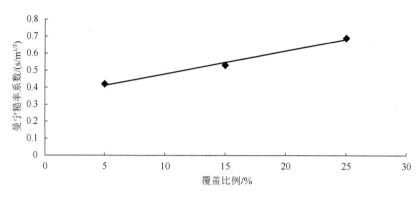

图 3.74　碎石覆盖比例与曼宁糙率系数的关系

3.7　自然降雨下的坡地物质传输

　　3.6 节分析了上方来水试验下坡地物质传输特征，为了分析自然降雨条件下的坡地物质传输特征，在中国科学院水利部水土保持研究所神木侵蚀与环境试验站（110°21′E～110°23′E，38°46′N～48°51′N）开展了自然降雨条件下，坡地水土养分流失特征的试验研究工作。该站位于陕西省神木市西沟乡六道沟村，海拔 1094.0～1273.9m，地处毛乌素沙漠边缘地带，属于半湿润半干旱大陆性季风气候。冬春季干旱少雨，夏秋季多雨，年平均气温为 8.4℃，多年平均降雨量为 408.5mm，其中 6～9 月的降雨量占全年降雨量的 81%，且多以暴雨形式出现，年际变化较大，是典型的水蚀风蚀交错区。当地主要土壤类型有黄绵土、沙黄土、红黏土、风沙土及坝地淤土。

　　2002 年，在已经耕种 30 年以上的坡耕地建设径流观测试验小区，试验小区坡长为 15m，坡宽为 4m，坡度为 15°。在每年 5 月中下旬种植农作物大豆，于 10 月初收获，种植间距为 45cm×45cm，最大盖度为 65%。2014 年，新建 3 个裸地试验小区，其中一个试验小区长为 16m，宽为 5m；另外两个试验小区长为 15m，宽为 4m，坡度皆为 15°。每年春季翻耕一次，定期除草。农地常规施肥量为尿素 262kg/hm² 和过磷酸钙 500kg/ hm²。径流小区降雨量取自试验小区空旷地安装的雨量计，其他气象资料从当地设置的气象站获得。2013～2016 年的 7～9 月发生侵蚀降雨之后，测定次降雨径流体积、产沙量和养分含量。

3.7.1　降雨量与径流深的关系

　　2013～2016 年，试验区年降雨量分别为 669.4mm、439.2mm、371.1mm 和 704.3mm。图 3.75 显示了 2013～2016 年雨季降雨量和径流深的分布，发现雨季 7～9 月的产生侵蚀性降雨的降雨量分别为 165.8mm、73.4mm、149.5mm 和 339.8mm，分别占年降雨量的 24.7%、16.7%、40.3%和 48.2%。2013～2016 年，雨季的降雨次数共 24 场，各年份分别为 7 场、4 场、6 场和 7 场。根据我国气象部门规定的降雨强度标准（以 24h 计），小雨降雨量为小于 10mm，中雨降雨量为 10～24.9mm，大雨降雨量为 25～49.9mm，暴雨降雨量为 50～99.9mm，大暴雨降雨量为 100～250mm。连续四年的监测中，试验区发生 1 场小雨、14 场中雨、6 场大雨、2 场暴雨和 1 场大暴雨。

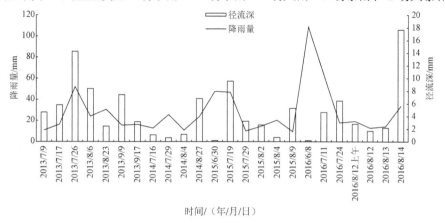

图 3.75　2013～2016 年雨季降雨量和径流深的分布

由图 3.75 可以看出，降雨量与径流深变化趋势基本一致。2013 年 7 月 26 日降雨量为该年最大降雨，达 52.2mm，对应的径流深最大，达 14.3mm；2014 年 7 月 29 日降雨量为该年最大降雨量，为 23.6mm，2014 年 8 月 27 日径流深为 6.8mm，为最大径流深；2015 年 6 月 30 日降雨量为该年最大，其次为 7 月 19 日，分别为 47.9mm 和 47.0mm，最大径流深出现在 7 月 19 日，为 9.6mm。2015 年 6 月 30 日的径流深只有 0.2mm，主要由于 6 月 30 日出现的降雨是该年的第一场侵蚀性降雨，前期土壤含水量低，入渗量大，径流深比较小。2016 年最大降雨量是该年第一场侵蚀性降雨，为 109.6mm，相应的径流深也只有 0.2mm。因此，径流深总体与降雨量成正比，但也取决于前期土壤含水量。如果前期土壤含水量比较低，土壤入渗能力比较高，相应的径流深也比较小。图 3.76 显示了 2015～2016 年 7～9 月侵蚀性降雨的径流深与

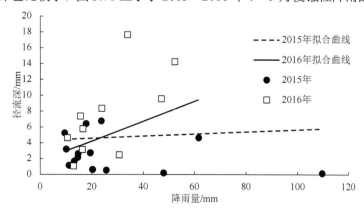

图 3.76　2015～2016 年降雨量与径流深的关系

降雨量关系。总体来看，径流深随着降雨量的增大呈增大趋势，但是相关性不显著。说明前期土壤含水量通过影响土壤入渗能力，进而影响产流过程和径流深。

3.7.2　降雨量与侵蚀量的关系

图 3.77 显示了 2013～2016 年雨季降雨量和侵蚀量的分布状况。从图 3.77 中可知，降雨量与侵蚀量变化趋势基本一致，2013 年的降雨量最大值对应侵蚀量的最大值；2015 年的降雨量和侵蚀量最大值与径流深变化情况类似，在 2015 年 6 月 30 日的降雨量最大，侵蚀量为 16.0kg/hm²。2015 年 7 月 19 日发生的第二场降雨，产生了最大侵蚀量。2016 年的第一场降雨降雨量最大，侵蚀量却很小。图 3.78 显示了 2013～2016 年降雨量与侵蚀量的关系。从图 3.78 中可知，降雨量和侵蚀量相关性不显著，主要由于降雨量和侵蚀量的关系受坡地状况及降雨特征（如降雨强度、降雨时间等）和植被状况等影响，并不是简单的单一变量函数关系。

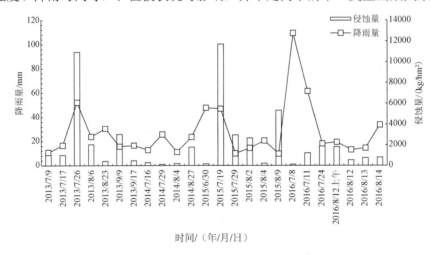

图 3.77　2013～2016 年雨季降雨量及侵蚀量的分布状况

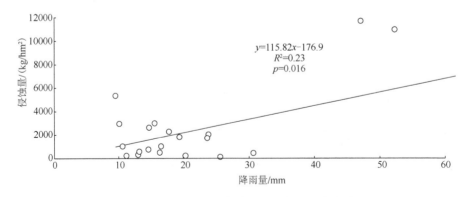

$y=115.82x-176.9$
$R^2=0.23$
$p=0.016$

图 3.78　2013～2016 年降雨量与侵蚀量的关系

3.7.3　降雨强度与径流深和侵蚀量的关系

有研究表明，黄土高原次降雨径流深与最大 30min 降雨强度（I_{30}）的相关性最好。对 2013～2016 年降雨的径流深与 I_{30} 进行相关分析，结果如图 3.79 所示。结果表明，径流深与 I_{30} 有极显著的相关关系（$p<0.01$）。图 3.80 为侵蚀量和 I_{30} 的关系，相关分析结果显示二者的相关性未达显著水平。

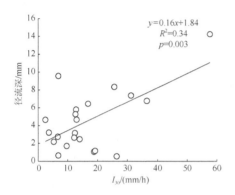
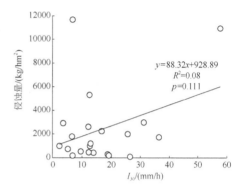

图 3.79　2013～2016 年 I_{30} 和径流深的关系　　图 3.80　2013～2016 年 I_{30} 和侵蚀量的关系

3.7.4　径流泥沙和养分流失的变化特征

表 3.23 和表 3.24 分别为 2013～2016 年农地和 2014～2016 年裸地的径流泥沙及养分流失情况。可以看出，年际养分流失量有较大的变异。对于农地，2013～2016 年径流硝态氮和铵态氮流失量大小均表现为 2016 年>2013 年>2014 年>2015 年，这与年降雨量的变化趋势基本一致。降雨是引起黄土高原水蚀风蚀交错区养分流失的主要动力，径流是土壤养分流失的主要驱动力，降雨量越大，坡地水土流失量越大，使得养分流失量增大。速效磷随径流流失量表现为 2013 年>2015 年>2016 年>2014 年。由于磷在土壤中的吸附性较强，随径流流失量相对较小，与年降雨量的变化趋势有差异。裸地径流硝态氮流失量年际变化表现为 2014 年>2016 年>2015 年，与降雨量的年际变化趋势有差异。这可能是因为 2014 年为该试验小区建立的第一年，土壤翻耕整理后的径流硝态氮流失量较少；径流铵态氮和速效磷流失量表现为 2016 年>2014 年>2015 年。农地泥沙中全氮和全磷（总磷）流失量年际变化表现为 2015 年>2016 年>2013 年>2014 年；裸地泥沙中全氮和全磷流失量表现为 2014 年>2015 年>2016 年。裸地的径流量较大，因此径流和泥沙中的养分流失量较农地高。

表 3.23　2013～2016 年农地径流泥沙及养分流失情况

日期 /(年/月/日)	降雨量/ mm	侵蚀量 /(kg/hm²)	径流量 /mm	泥沙养分流失量		径流养分流失量		
				全氮 /(kg/hm²)	全磷 /(kg/hm²)	硝态氮 /(g/hm²)	铵态氮 /(g/hm²)	速效磷 /(g/hm²)
2013/7/9	10.6	1002.6	4.6	—	—	—	—	—
2013/7/17	16.6	999.3	5.8	—	—	—	—	—
2013/7/26	52.2	10939.6	14.3	—	—	—	—	—
2013/8/6	23.8	1996.5	8.3	0.92	1.19	46.49	27.27	3.44
2013/8/23	30.6	431.7	2.5	0.21	0.26	14.81	14.41	0.23
2013/9/9	15.6	2986.8	7.4	1.32	1.90	34.92	24.49	2.54
2013/9/17	16.4	463.3	3.2	0.34	0.31	12.34	8.24	0.23
2013 年总计	165.8	18819.8	46.1	2.79	3.66	108.56	74.41	6.44
2014/7/16	13.0	290.8	1.1	*	*	12.92	7.41	0.07
2014/7/29	25.6	92.8	0.6	*	*	13.04	3.99	0.22
2014/8/4	11.2	200.6	1.2	*	*	8.19	4.91	0.16
2014/8/27	23.6	1733.3	6.8	0.88	1.17	62.14	35.56	0.24
2014 年总计	73.4	2317.4	9.7	0.88	1.17	96.29	51.87	0.69
2015/6/30	47.9	166.0	0.2	0.13	0.11	5.70	1.51	0.02
2015/7/19	47.0	11687.4	9.6	5.23	7.57	36.96	19.76	1.09
2015/7/29	10.1	2923.7	3.2	1.29	1.77	14.03	6.65	0.29
2015/8/2	14.7	2619.0	2.6	1.45	1.66	7.15	5.25	3.11
2015/8/4	20.3	194.1	0.6	0.10	0.13	0.14	0.57	0.06
2015/8/9	9.5	5319.2	5.3	2.61	3.20	4.04	13.14	0.47
2015 年总计	149.5	22909.4	21.5	10.81	14.44	68.02	46.88	5.04
2016/7/8	109.6	100.3	0.2	0.10	0.07	2.57	5.08	0.03
2016/7/11	61.6	1199.9	4.7	0.75	0.73	23.55	31.24	0.48
2016/7/24	17.8	2252.7	6.4	1.57	1.41	24.87	15.69	0.48
2016/8/12 上午	19.4	1803.4	2.7	1.32	1.16	2.73	21.65	1.51
2016/8/12	13.2	541.6	1.7	—	—	—	—	—
2016/8/13	14.6	742.0	2.2	0.47	0.48	6.83	3.56	0.04
2016/8/14	33.8	803.9	17.7	0.50	0.52	57.99	30.21	0.36
2016 年总计	270.0	7443.8	35.6	4.71	4.37	118.54	107.43	2.90

注：—表示缺测，*表示产沙量少。

表 3.24　2014～2016 年裸地径流泥沙及养分流失情况

日期 /(年/月/日)	降雨量/ mm	侵蚀量 /(kg/hm²)	径流量 /mm	泥沙养分流失量		径流养分流失量		
				全氮 /(kg/hm²)	全磷 /(kg/hm²)	硝态氮 /(g/hm²)	铵态氮 /(g/hm²)	速效磷 /(g/hm²)
2014/7/16	13.0	4248.21	9.89	—	—	66.55	127.31	0.53
2014/7/29	25.6	8189.86	5.73	4.13	3.89	86.10	48.90	1.08

续表

日期 /(年/月/日)	降雨量/ mm	侵蚀量 /(kg/hm²)	径流量 /mm	泥沙养分流失量		径流养分流失量		
				全氮 /(kg/hm²)	全磷 /(kg/hm²)	硝态氮 /(g/hm²)	铵态氮 /(g/hm²)	速效磷 /(g/hm²)
2014/8/4	11.2	4378.39	4.18	1.33	2.27	31.19	18.49	0.27
2014/8/27	23.6	25364.81	11.51	8.32	13.23	176.63	93.59	3.36
2014 年总计	73.4	42181.27	31.31	13.78	19.39	360.47	288.29	5.24
2015/6/30	47.9	631.12	0.66	0.28	0.28	63.48	5.91	0.11
2015/7/19	47.0	7957.49	4.57	3.44	3.41	37.83	11.67	2.43
2015/7/29	10.1	4031.29	3.60	1.85	1.59	20.68	9.57	0.27
2015/8/2	14.7	7137.60	8.45	2.57	2.85	36.84	12.77	0.31
2015/8/4	20.3	606.29	1.86	0.21	0.24	0.44	2.55	0.12
2015/8/9	9.5	4843.50	1.99	2.14	2.12	2.70	2.88	0.16
2015 年总计	149.5	25207.29	21.13	10.49	10.49	161.97	45.35	3.40
2016/7/8	109.6	3271.05	8.67	2.51	1.60	55.31	53.23	0.90
2016/7/11	61.6	8354.22	20.80	4.04	4.21	81.68	182.30	2.57
2016/7/24	17.8	5643.21	15.75	2.38	2.56	48.22	122.89	2.02
2016/8/12 上午	19.4	1197.04	1.57	0.71	0.68	5.62	8.16	0.14
2016/8/12	13.2	—	—	—	—	—	—	—
2016/8/13	14.6	—	—	—	—	—	—	—
2016/8/14	33.8	8174.10	20.45	0.31	0.33	49.52	100.61	2.28
2016 年总计	270	26639.62	67.24	9.95	9.38	240.35	467.19	7.91

注：—表示缺测。

3.7.5 径流中硝态氮与铵态氮的浓度和流失量

图 3.81 显示了 2013～2016 年农地径流硝态氮、铵态氮的浓度和流失量。结果

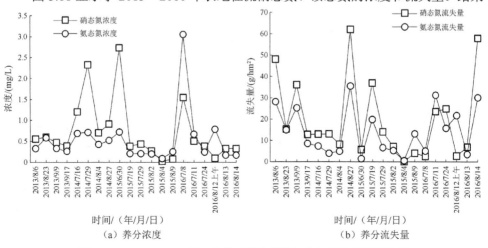

（a）养分浓度 （b）养分流失量

图 3.81 2013～2016 年农地径流硝态氮和铵态氮的浓度及流失量

表明，径流硝态氮浓度与流失量均显著高于铵态氮。径流养分浓度和流失量也受到土壤养分含量的影响，坡地径流硝态氮浓度变幅在 0.022～2.326mg/L，径流铵态氮浓度变幅在 0.089～3.054mg/L，农地径流硝态氮流失量变幅在 0.14～62.14g/hm²，铵态氮流失量变幅在 0.57～35.56g/hm²。

图 3.82 显示了降雨量与径流硝态氮浓度和铵态氮浓度的关系。结果表明，两者间存在一定正相关关系，但径流硝态氮浓度与降雨量相关性不显著（$p>0.05$），径流铵态氮浓度与降雨量存在极显著的相关关系（$p<0.01$）。表明径流铵态氮浓度受降雨量的影响，随着降雨量的增大，铵态氮浓度显著增加。

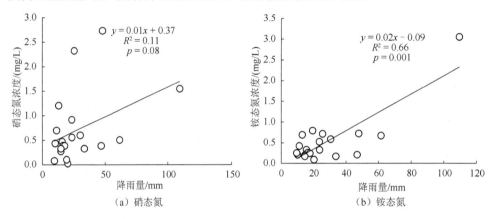

图 3.82 降雨量与径流硝态氮浓度和铵态氮浓度的关系

图 3.83 为径流中速效磷浓度及流失量变化情况，速效磷浓度波动范围在 0.004～0.118mg/L，流失量波动范围在 0.02～3.56g/hm²。图 3.84 为径流速效磷浓度和降雨量的关系，由图可知，速效磷浓度和降雨量无显著的相关性。

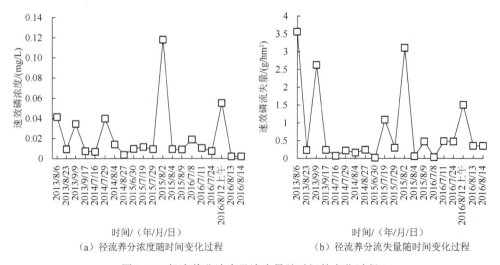

图 3.83 径流养分浓度及流失量随时间的变化过程

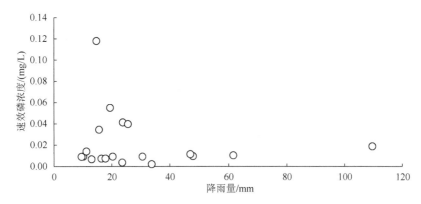

图 3.84　径流速效磷浓度与降雨量的关系

3.7.6　泥沙中氮磷含量和流失量

图 3.85 显示了泥沙中全氮、全磷含量和养分流失量。结果表明，历次降雨农地泥沙的全氮和全磷流失量趋势基本一致，而全磷的含量和流失量大多高于全氮。泥沙全磷含量随时间变化不大，全氮含量随时间有所波动，泥沙中全磷和全氮含量平均值为 0.06%。

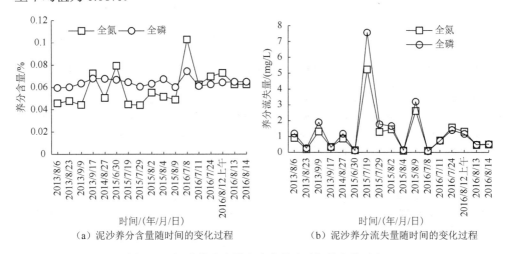

（a）泥沙养分含量随时间的变化过程　　　　　（b）泥沙养分流失量随时间的变化过程

图 3.85　泥沙养分含量和流失量随时间的变化过程

图 3.86 显示了泥沙中全氮含量、全磷含量与降雨量的关系。从图 3.86 中可知，全氮含量与降雨量达到了极显著的相关关系（$p<0.01$）。随着降雨量的增加，泥沙全氮含量也呈增大趋势，全磷含量与降雨量的相关性也达到了显著水平（$p<0.05$），泥沙中全磷含量随着降雨量的增加而增加。

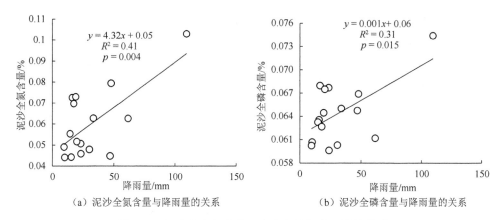

图 3.86　泥沙中全氮含量和全磷含量与降雨量的关系

参 考 文 献

[1] 王全九，王辉，郭太龙. 黄土坡面土壤溶质随地表径流迁移特征与数学模型[M]. 北京：科学出版社，2010.

[2] WANG Q J, HORTON R, SHAO M A. Effective kinetic energy influence on soil potassium transport into runoff[J]. Soil science, 2002, 167(6): 369-376.

[3] THOMPSON A L, JAMES L G. Water droplet impact and its effect on infiltration[J]. Transactions of the ASAE, 1985, 28 (5): 1506-1510.

[4] 王全九，沈晋，王文焰，等. 降雨条件下黄土坡面溶质随地表径流迁移实验研究[J]. 水土保持学报，1993，7（1）：11-17，52.

[5] 林超文，罗春燕，庞良玉，等. 不同耕作和覆盖方式对紫色丘陵区坡耕地水土及养分流失的影响[J]. 生态学报，2010，30（22）：6091-6101.

[6] 王万忠，焦菊英. 黄土高原坡面降雨产流产沙过程变化的统计分析[J]. 水土保持通报，1996，16（5）：21-28.

[7] 李毅，邵明安. 降雨强度对黄土坡面土壤水分入渗及再分布的影响[J]. 应用生态学报，2006，17（12）：2271-2276.

[8] TAO W H, WU J H, WANG Q J. Mathematical model of sediment and solute transport along slope land in different rainfall pattern conditions[J]. Scientific reports, 2017.

[9] 郑粉莉，江忠善，高学田. 水蚀过程与预报模型[M]. 北京：科学出版社，2008.

[10] 王全九，邵明安，李占斌，等. 黄土区农田溶质径流过程模拟方法分析[J]. 水土保持研究，1999，6（2）：67-71，104.

[11] 王辉，王全九，邵明安. 人工降雨条件下黄土坡面养分径流迁移试验[J]. 农业工程学报，2006，22（6）：39-44.

[12] 王升，王全九，董文财，等. 黄土坡面不同植被覆盖度下产流产沙与养分流失规律[J]. 水土保持学报，2012，26（4）：23-27.

第 4 章 土壤和地形特征与坡地物质传输

土壤是植物生长的基础，也是降雨与物质相互作用的场所，因此土壤特征直接影响坡地物质传输特征。同时，降雨和径流与土壤的相互作用又受到地形影响，坡度影响雨滴与土壤作用角度和程度，坡长影响径流能量和数量，坡形同样影响降雨和水流作用过程，进而影响坡地水土养分流失特征[1]。

4.1 土壤质地与坡地物质传输

为了研究土壤质地对坡地物质传输的影响，在黄土高原土壤侵蚀与旱地农业国家重点实验室人工模拟降雨大厅开展室内模拟降雨试验。人工降雨采用喷头式模拟降雨系统，喷头置于 15m 的高空模拟自然条件下的雨滴降落，设计降雨强度为 40~120mm/h。试验土槽长、宽、高分别为 1m、0.4m、0.5m，坡度可调节（0°~30°）。土壤质地选用黄土高原典型的粉黏土（杨凌塿土）、粉壤土（安塞黄绵土）、粉砂土（神木风沙土）为研究对象。试验土壤的物理化学特性如表 4.1 所示。

表 4.1　试验土壤的物理化学特性

土壤类型	土壤颗粒组成/%			土壤质地	有机质含量/(g/kg)	总氮含量/(g/kg)	总磷含量/(g/kg)	总钾含量/(g/kg)	pH
	黏粒<0.002mm	粉粒0.002~0.05mm	砂粒0.05~2mm						
杨凌塿土	33	57	10	粉黏土	21.93	0.12	0.09	2.197	6.5
安塞黄绵土	12	60	28	粉壤土	11.53	0.15	0.43	10.22	6.5
神木风沙土	6	30	64	粉砂土	5.64	0.24	0.95	21.4	6.0

不同土壤质地下坡地单宽流量、单位面积产沙率、土壤含水量的变化过程如图 4.1~图 4.3 所示。图 4.1 显示了不同土壤质地下单宽流量随降雨时间的变化过程。结果表明，三种土壤质地下单宽流量大小依次为粉黏土（杨凌塿土）>粉壤土（安塞黄绵土）>粉砂土（神木风沙土），由此可知，随着土壤砂粒含量增加，土壤入渗能力增强，单宽流量相应减少。图 4.2 显示了不同土壤质地条件下单位面积产沙率随降雨时间的变化过程。结果表明，三种土壤质地下径流初期（10min 左右）的单位面积产沙率大小依次为粉黏土>粉壤土>粉砂土；径流中期（10~30min）为粉砂土>粉黏土>粉壤土；径流后期（30~60min）为粉黏土>粉砂土>粉壤土。降雨过程中，粉壤土的抗蚀能力大于粉黏土、粉砂土的抗蚀能力。图 4.3 显示了

不同土壤质地降雨后土壤含水量随土壤深度的变化过程。结果表明，不同土质土壤含水量随土壤深度分布规律相似，土壤含水量均随土壤深度的增加呈逐渐减小趋势。雨后表层土壤含水量大小变化依次为粉黏土（杨凌塿土）<粉砂土（神木风沙土）<粉壤土（安塞黄绵土）。这种变化符合常规变化过程，但不同土壤容重和土壤初始含水量条件下，这种变化规律也会发生改变。

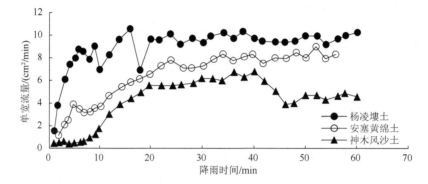

图 4.1　不同土壤质地下单宽流量随降雨时间的变化过程

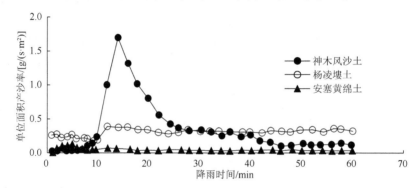

图 4.2　不同土壤质地下单位面积产沙率随降雨时间的变化过程

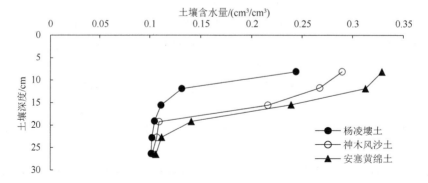

图 4.3　土壤含水量随土壤深度的变化过程

图 4.4 显示了不同土壤质地下径流钾离子浓度随降雨时间的变化过程。结果表明，径流钾离子浓度随时间呈减小趋势，粉黏土（杨凌壤土）的径流钾离子浓度较高，粉壤土（安塞黄绵土）、粉砂土（神木风沙土）的径流钾离子浓度较低，这与径流变化过程一致。由于土壤入渗能力小，降雨产流早，混合层土壤养分向深层土壤迁移得少，即随径流迁移概率大，导致相应的径流钾离子浓度和流失量大。图 4.5 显示了不同土壤质地下泥沙吸附态钾离子浓度随降雨时间的变化过程。结果表明，泥沙中钾离子浓度明显高于径流中钾离子浓度，粉黏土中的钾离子浓度随时间呈衰减变化，而粉壤土、粉砂土中的钾离子浓度随时间波动，变化过程相似。这种变化过程与土壤侵蚀和径流变化过程相关。图 4.6 显示了不同土质的土壤中钾离子浓度随土壤深度的变化过程。结果表明，不同土壤质地下土壤表层（0～5cm）钾离子浓度分布大小依次为粉砂土（神木风沙土）<粉黏土（杨凌壤土）<粉壤土（安塞黄绵土），主要由于神木风沙土、杨凌壤土的表层大部分养分伴随入渗水进入深层土壤，而安塞黄绵土入渗能力较小，大部分高浓度养分滞留在土壤表层，伴随径流流失。图 4.7 显示了不同土壤质地下径流钾离子累积流失量随降雨时间的变化过程。结果表明，钾离子累积流失量表现为杨凌壤土>安塞黄绵土>神木风沙土，主要由于安塞黄绵土、神木风沙土的大部分表层养分入渗到深层土壤，径流只能带走小部分的养分。图 4.8 为不同土壤质地下吸附态钾离子累积流失量随降雨时间的变化过程，其中粉黏土（杨凌壤土）>粉砂土（神木风沙土）>粉壤土（安塞黄绵土）。原因有两个方面：第一，壤土黏粒含量高，钾离子具有吸附性，吸附在黏粒颗粒表面的钾离子远远大于吸附在砂粒颗粒表面的钾离子；第二，神木风沙土、安塞黄绵土的入渗能力大于杨凌壤土的入渗能力，安塞黄绵土入渗量大于神木风沙土，因此泥沙中的钾离子流失量大小顺序为杨凌壤土>神木风沙土>安塞黄绵土。

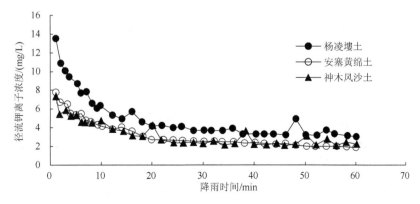

图 4.4 不同土壤质地下径流钾离子浓度随降雨时间变化过程

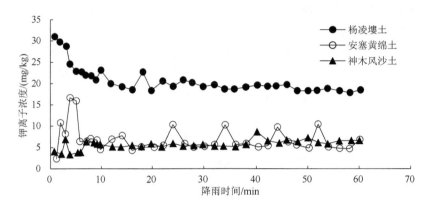

图 4.5　不同土壤质地下泥沙吸附态钾离子浓度随降雨时间的变化过程

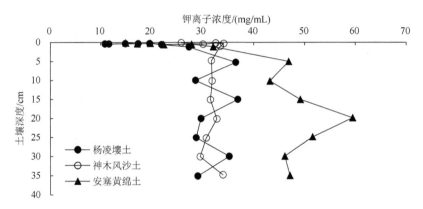

图 4.6　不同土壤质地下土壤钾离子浓度随土壤深度的变化过程

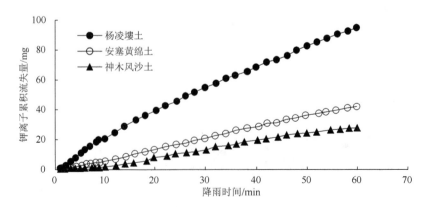

图 4.7　不同土壤质地下径流钾离子累积流失量随降雨时间的变化过程

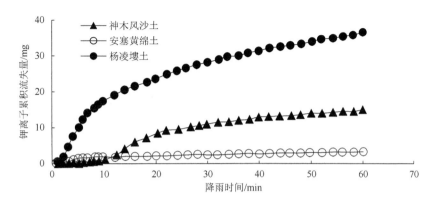

图 4.8　不同土壤质地下泥沙钾离子累积流失量随降雨时间变化过程

4.2　土壤初始含水量与坡地物质传输

在降雨入渗条件下，土壤初始含水量差异导致土壤颗粒间黏结力不同，土壤团聚体稳定性也不同，进而影响土壤剪切强度[2]。同时，雨滴对表土的打击夯实使土壤物理结构发生不同程度变化，土壤物理性质与土壤初始含水量的关系更为复杂。McDowell 等[3]研究结果表明，土壤初始含水量差异会显著影响土壤侵蚀和磷素流失潜力。Castillo 等[4]研究认为土壤初始含水量是半干旱环境下径流产生的重要控制因素。王全九等[5]认为土壤初始含水量影响土壤入渗能力，因此影响着土壤养分随径流迁移的全过程。王辉等[6,7]通过研究不同土壤初始含水量对氮、磷流失的影响，发现在土壤初始含水量高于 0.20cm³/cm³ 时，会发生硝态氮大量流失。孔刚等[8]通过研究土壤初始含水量对土壤化学物质流失的影响，认为随着土壤初始含水量的增加，有效磷向土壤中迁移的总量增加。因此，土壤初始含水量是影响坡地水土养分流失的主要因素之一。为了分析土壤初始含水量对坡地水土养分流失的影响，对长武旱塬坡耕地土壤养分流失特征进行室内模拟试验，降雨强度为 102mm/h，降雨时间为 60min，土壤初始含水量设计为五个水平，分别为 0.05cm³/cm³、0.09cm³/cm³、0.13cm³/cm³、0.17cm³/cm³ 和 0.20cm³/cm³。

4.2.1　土壤初始含水量对平均入渗率及平均径流深的影响

土壤初始含水量对坡地降雨、入渗和产流过程有着重要的影响，裸地土壤产流开始时间对土壤初始含水量变化的响应最为明显。随着土壤含水量的增加，坡地达到稳定入渗阶段的时间缩短，开始均匀产流的时间也随之缩短。图 4.9 显示了土壤初始含水量对平均入渗率和平均径流深的影响。土壤平均入渗率在产流开始 0～5min 迅速减小，随后波动减弱，30min 后坡地的入渗率达到相对稳定。不同土壤初始含水量下总体入渗率大小关系为 0.05cm³/cm³ 条件下大于 0.09cm³/cm³

条件下；土壤初始含水量为 0.13cm³/cm³、0.17cm³/cm³ 和 0.20cm³/cm³ 三个水平下，土壤平均入渗率变化较小。不同土壤初始含水量条件下平均径流深与平均入渗率呈负相关的变化趋势，土壤初始含水量为 0.05cm³/cm³ 时稳定径流深为 1.2mm；土壤初始含水量为 0.09cm³/cm³ 时平均径流深为 1.4mm；土壤初始含水量为 0.13cm³/cm³、0.17cm³/cm³ 和 0.20cm³/cm³ 时三个坡地的平均径流深没有明显差异，在 1.7mm 附近上下波动。土壤初始含水量较小时（0.05cm³/cm³ 和 0.09cm³/cm³）对入渗率影响较大。土壤初始含水量与稳定平均入渗率呈显著负相关关系，决定系数为 0.883（$p<0.05$）；此外，平均稳定径流深与平均稳定入渗率也呈显著线性负相关关系，决定系数为 0.97（$p<0.01$）。

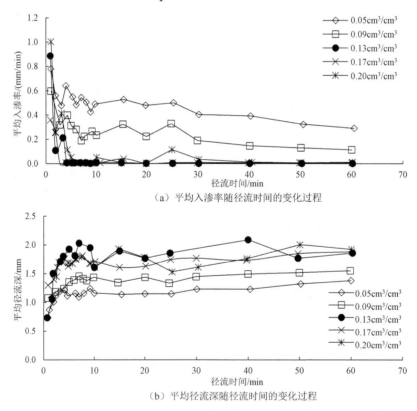

（a）平均入渗率随径流时间的变化过程

（b）平均径流深随径流时间的变化过程

图 4.9　土壤初始含水量对平均入渗率和平均径流深的影响

4.2.2　土壤初始含水量对总产沙量的影响

图 4.10 显示了土壤初始含水量对总产沙量的影响。结果表明，土壤初始含水量在 0.05～0.17cm³/cm³ 时总产沙量随土壤初始含水量的增加而增加，土壤初始含水量为 0.17～0.20cm³/cm³ 时总产沙量为递减的变化趋势，故土壤初始含水量为 0.17cm³/cm³ 时总产沙量最大。主要原因是当土壤初始含水量大于 0.17cm³/cm³ 时，

土壤产生结皮，减缓降雨入渗、增大地表径流，起到了抑制产沙的作用。总产沙量随土壤初始含水量的变化趋势可用多项式拟合，决定系数 R^2 在 0.85 以上，能够较好地反映总产沙量随土壤初始含水量的变化。因此，土壤初始含水量不同，使土壤初始物理性状存在较大差异，再加上雨滴打击夯实作用及径流的冲刷作用，黑垆土的产沙量并非单纯随土壤初始含水量递增或递减变化，存在一个阈值，对应初始含水量大致范围为 $0.13\sim0.17\text{cm}^3/\text{cm}^3$。

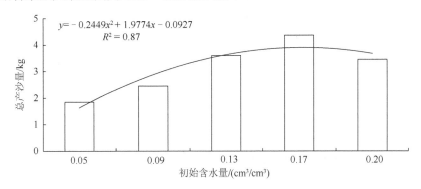

图 4.10　土壤初始含水量对总产沙量的影响

4.2.3　土壤初始含水量对径流氮磷浓度的影响

图 4.11 显示了土壤初始含水量对径流中速效磷、硝态氮和铵态氮浓度随径流时间变化的影响。从图中可知，径流速效磷、硝态氮及铵态氮的浓度均表现为随径流时间迅速减小并趋于相对稳定。不同土壤初始含水量条件下，径流养分浓度在 $0\sim$ 10min 内明显降低并存在较大的波动。由于土壤对磷的吸附作用较强，磷在土壤中移动速度较慢，保留在混合深度的速效磷较多，增加了随侵蚀泥沙和径流流失的概率。在其他条件一致时，土壤初始含水量变化对速效磷扩散系数有较大影响，磷扩散系数随土壤初始含水量增大而增大，而扩散系数增大幅度也因土壤初始含水量不同而异，一般呈水分含量较低时增幅慢，水分含量高时增幅快。因此，土壤初始含水量决定了土壤中磷的存在形态，在同一降雨强度和坡度条件下，土壤初始含水量越高，土壤中溶解态磷所占的比例越大，土壤中磷以溶解态形式释放到径流中的概率越大，因此速效磷浓度在土壤含水量为 $0.05\sim0.17\text{cm}^3/\text{cm}^3$ 时呈增加趋势。此外，土壤初始含水量影响降雨入渗—产流—产沙的过程，土壤物理结构也因此发生改变。对于土壤养分而言，土壤表层一定深度的养分可随地表径流迁移，而深层土壤的养分不随地表径流迁移。随着土壤初始含水量增加，土壤易板结，参与径流水分运移的土壤养分减少，因此当土壤初始含水量在 $0.17\sim0.20\text{cm}^3/\text{cm}^3$ 时，速效磷浓度呈减小趋势。土壤含水量为 $0.17\text{cm}^3/\text{cm}^3$ 时，径流中速效磷浓度最大。径流中硝态氮浓度、铵态氮浓度在不同土壤初始含水量条件下的大小关系为

$0.05cm^3/cm^3 < 0.09cm^3/cm^3 < 0.13cm^3/cm^3 < 0.20cm^3/cm^3 < 0.17cm^3/cm^3$。其中，硝态氮浓度稳定时，随土壤初始含水量的变化幅度为 $9.4\% \sim 35.9\%$；土壤初始含水量为 $0.17cm^3/cm^3$ 时硝态氮随径流流失稳定阶段的浓度是 $0.05cm^3/cm^3$ 时的 1.36 倍；铵态氮平均浓度随土壤初始含水量变化幅度较大，土壤含水量为 $0.17cm^3/cm^3$ 时其平均浓度为 $0.05cm^3/cm^3$ 时的 2.36 倍，该变化趋势与产流量—产沙量变化趋势一致，为近似抛物线的趋势。当土壤初始含水量为 $0.17cm^3/cm^3$ 时，产沙量达到最大，导致径流中硝态氮、铵态氮的浓度也达到最大。因此，可认为土壤含水量在 $0.17cm^3/cm^3$ 左右是影响径流中养分浓度变化的一个转折点。

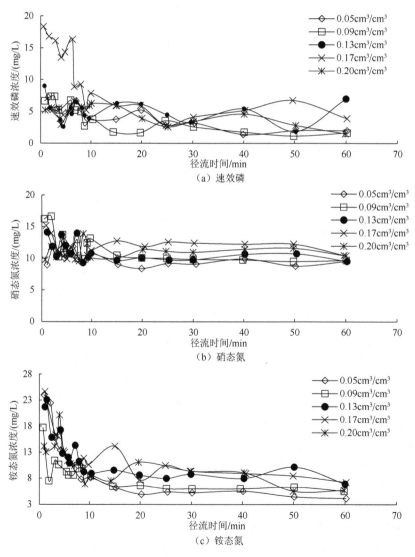

图 4.11　土壤初始含水量对速效磷、硝态氮和铵态氮浓度随径流时间变化的影响

4.2.4　土壤初始含水量对土壤氮磷垂直分布的影响

土壤初始含水量直接影响土壤入渗能力及入渗深度，导致土壤中养分淋溶状况不同。图 4.12 显示了土壤初始含水量对速效磷、硝态氮和铵态氮土壤湿润层分布的影响。在湿润层内速效磷含量随土壤深度变化并不明显，这是因为磷容易被土壤固定，其不易溶于水向土壤深层迁移，所以速效磷很少向土壤深层迁移，湿润锋深度内速效磷含量垂直分布变化不大。在 6cm 深度，土壤初始含水量为 0.05cm^3/cm^3、0.13cm^3/cm^3、0.17cm^3/cm^3 三个条件下，土壤速效磷出现积累现象，说明这三种土壤含水量条件下速效磷随水分向下作用深度为 6cm；土壤含水量为 0.09cm^3/cm^3 时，由于其入渗深度最大，速效磷向下淋失至 7cm 处达到较高浓度，7cm 以上深度内速效磷含量变化较稳定；土壤初始含水量为 0.20cm^3/cm^3 时，速效磷随水分入渗而淋失的深度最小，在 5cm 处发生积累，而 5cm 以上释放出来的速效磷随土壤入渗水分的递减而逐渐减少。

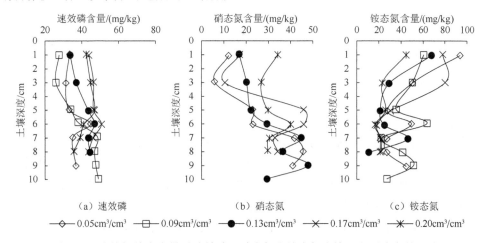

图 4.12　土壤初始含水量对速效磷、硝态氮和铵态氮土壤湿润层分布的影响

硝态氮作为土壤非吸附性离子，与土壤颗粒的相互作用力较弱，在降雨径流溶解和浸提作用下极易流失，并随水分入渗发生迁移。土壤初始含水量对土壤入渗能力有显著影响，这使得硝态氮在土壤湿润锋深度淋溶状况差异较大。在表层 0～3cm 厚度，硝态氮主要随径流流失，其含量有减小的趋势。3cm 以下深度硝态氮随水分运动向下淋溶，含量随深度逐渐增加。随着土壤初始含水量的增加，硝态氮向下淋溶的深度及发生积累的深度减小。土壤含水量为 0.05cm^3/cm^3 时，硝态氮在 8～9cm 深度层发生积累，含量达到最大值；土壤含水量为 0.13cm^3/cm^3、0.17cm^3/cm^3 和 0.20cm^3/cm^3 时，硝态氮含量最大值出现在 5～9cm 深度层。

铵态氮含量在 0～5cm 深度内呈减小趋势，在 5cm 以上深度铵态氮含量存在波动，但总体变化范围相对稳定。一方面，由于土壤中的铵态氮可被土壤胶体吸附，能直接被植物吸收利用；另一方面，铵态氮在常温下易损耗。本书试验在裸露坡地上进行，没有植被利用。因此，铵态氮在 $0\sim5cm$ 深度除了随水分入渗向下迁移外，主要是以气态形式损耗，5cm 以下铵态氮向下淋溶，因此含量逐渐增加。土壤初始含水量为 $0.05cm^3/cm^3$ 和 $0.09cm^3/cm^3$ 的坡地铵态氮，在 6cm 深度层发生积累，含量达到最大；土壤初始含水量为 $0.13cm^3/cm^3$ 和 $0.17cm^3/cm^3$ 的坡地铵态氮发生积累的深度层在 7cm 处；土壤含水量为 $0.20cm^3/cm^3$ 的坡地铵态氮含量一直保持很低，没有发生明显的积累。综合三种养分在湿润层内的积累深度变化趋势发现，三种养分含量发生积累的深度均呈现随土壤初始含水量增加而减小的趋势。

4.2.5　土壤初始含水量对氮磷径流流失率的影响

径流养分流失量的大小主要由两个因素决定，即某一时刻养分浓度和其对应的径流量。土壤初始含水量对这两个因素都有很大的影响。图 4.13 为土壤初始含水量对养分流失率的影响。从图中可知，不同土壤初始含水量下三种养分流失率的大小关系为 $0.05cm^3/cm^3<0.09cm^3/cm^3<0.13cm^3/cm^3<0.20cm^3/cm^3<0.17cm^3/cm^3$。土壤初始含水量为 $0.17cm^3/cm^3$ 时，速效磷、硝态氮和铵态氮平均流失率最大，分别为土壤初始含水量为 $0.05cm^3/cm^3$ 条件下的 2.05、1.84 和 2.53 倍，这与三种养分随径流时间变化过程及养分流失率的变化趋势一致。孔刚等[8]研究指出，当土壤初始含水量在 $0.05\sim0.17cm^3/cm^3$ 时，土壤养分流失率随土壤初始含水量的增加而增加。当土壤初始含水量为 $0.17\sim0.20cm^3/cm^3$ 时，养分流失率呈减小趋势。由于供试土壤类型及坡地处理方式不同，两个研究结论存在此差异。养分流失率取决于径流流量和径流中的养分浓度，由于 $0\sim10min$ 径流中养分浓度呈减小的变化趋势，而径流流量则处于增加状态，养分流失率变化存在较大波动。10min 以后的径流时间内，径流流量和径流中养分浓度变化逐渐趋于稳定，因此养分流失率也随径流时间的增加趋于稳定。

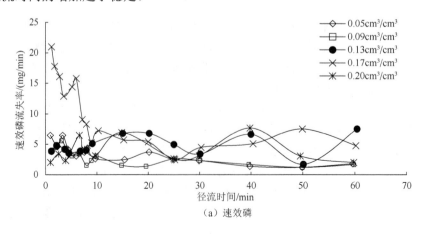

（a）速效磷

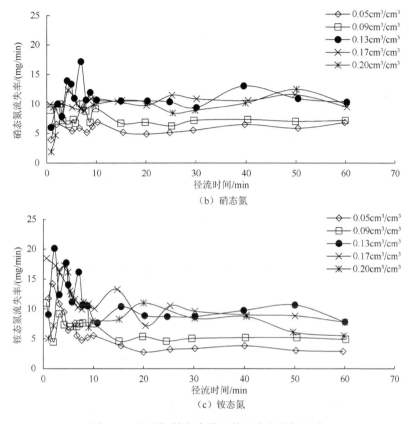

图 4.13　土壤初始含水量对养分流失率的影响

　　图 4.14 显示了土壤初始含水量对养分流失总量的影响。结果表明，在土壤初始含水量为 0.05～0.09cm³/cm³ 时，三种养分流失总量基本保持不变；随着土壤含水量的增加，在 0.09～0.17cm³/cm³ 时，养分流失总量随土壤初始含水量的增加呈明显增加趋势，土壤初始含水量为 0.17cm³/cm³ 时速效磷流失总量为 0.09cm³/cm³ 条件

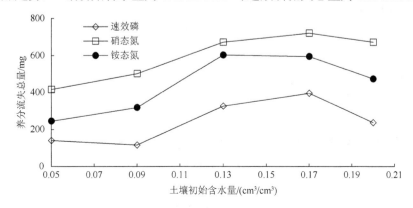

图 4.14　土壤初始含水量对养分流失总量的影响

下的 3.38 倍,硝态氮和铵态氮流失总量的增加幅度分别为 40.8%和 84.2%;当土壤初始含水量为 $0.17\sim0.20cm^3/cm^3$ 时,养分流失总量随土壤初始含水量增加而减小,减小幅度分别为速效磷 59.6%、硝态氮 6.7%、铵态氮 24.2%。由此可知,土壤初始含水量为 $0.17cm^3/cm^3$ 时可能是影响养分流失总量的临界初始含水量,当土壤初始含水量 $0.05\sim0.09cm^3/cm^3$,养分流失总量最低。五种土壤初始含水量下三种养分流失总量表现为硝态氮>铵态氮>速效磷,其中硝态氮平均流失总量为 593.63mg,分别是铵态氮和速效磷的 1.32 和 2.46 倍。

4.3　坡长与坡地物质传输

坡长是影响坡地物质传输特征的主要地形因素之一,坡长的增加会导致坡中和坡下径流流量增加,将改变雨滴与土壤的相互作用,以及径流对土壤的作用和挟沙能力,进而影响坡地水土养分流失特征[9]。同时,这种作用也受到土壤结构的影响。为了深入分析坡长对物质传输的影响机制,在室内和野外开展了相关研究工作。

4.3.1　小尺度坡长对坡地物质传输的影响

为了分析小尺度坡长对坡地物质传输特征的影响,进行了四种坡长(2m、3m、4m、5m)下的室内人工模拟降雨试验。图 4.15 显示了坡长对坡地物质传输过程的影响。图 4.15(a)为坡长对单宽流量随降雨时间的变化过程的影响,不同坡长条件下单宽流量变化规律相似,均在产流初期迅速增加,后趋于平缓,且单宽流量随坡长的增加而增加。图 4.15(b)为坡长对径流钾离子浓度随降雨时间的变化过程,径流钾离子浓度随坡长的增加而增加,说明随着坡长增加,径流量增加,径流对土壤作用增强,导致土壤养分流失量增加。图 4.15(c)为坡长对径流速效磷浓度随降雨时间变化过程的影响,发现坡长增加导致径流速效磷浓度增大。图 4.15(d)和(e)分别为径流钾离子流失量、速效磷流失量的变化规律,发现上者均随时间呈逐渐递增,并与坡长成正比。

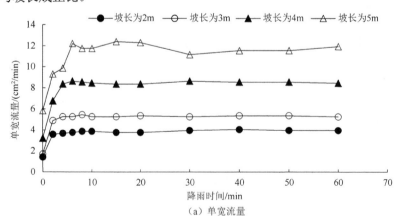

（a）单宽流量

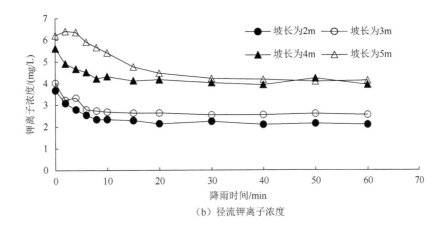

（b）径流钾离子浓度

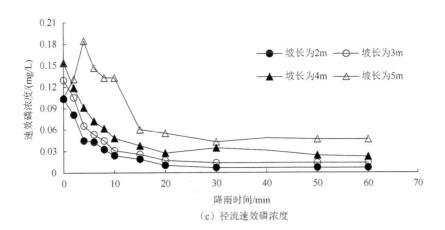

（c）径流速效磷浓度

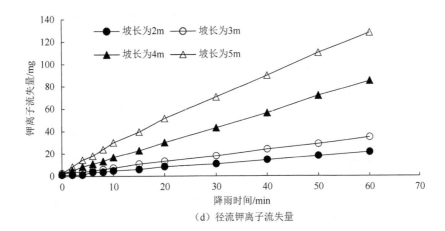

（d）径流钾离子流失量

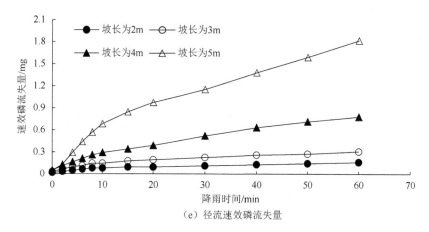

（e）径流速效磷流失量

图 4.15　坡长对坡地物质传输过程的影响

4.3.2　中尺度坡长对坡地物质传输的影响

4.3.1 小节分析了小尺度坡长对坡地物质传输的影响，结果显示坡长对坡地物质传输具有显著影响。为进一步分析坡长对坡地物质传输的影响，在内蒙古自治区水利科学研究院野外试验站开展中尺度坡长对坡地物质传输的影响。试验土壤为壤砂土，土壤容重约为 $1.55g/cm^3$，表层土壤颗粒组成和养分状况分别见表 4.2 和表 4.3。

表 4.2　供试土壤颗粒组成

土壤	土壤颗粒组成/%						
分类	0.5～1.0mm	0.25～0.5mm	0.05～0.25mm	0.01～0.05mm	0.005～0.01mm	0.001～0.005mm	<0.0001mm
壤砂土	1.61	4.84	78.75	5.50	2.50	2.00	4.8

表 4.3　供试土壤养分状况

pH	有机质含量/(g/kg)	全氮含量/(g/kg)	全磷含量/(g/kg)	全钾含量/(g/kg)	速效磷含量/(mg/kg)	有效氮含量/(mg/kg)	有效钾含量/(mg/kg)
8.5	2.85	0.38	0.35	18.10	2.98	29.10	48.20

试验在野外进行，设计坡长分别为 20m、15m、10m、5m、1m，设计降雨强度分别为 75mm/h、50mm/h 及 25mm/h。采用侧喷式模拟降雨，喷头型号为 hunter-15A，每隔 5m 设置 3 个喷头，通过调节喷头个数及水压力调整降雨强度及降雨均匀度。

4.3.2.1　坡长对产流过程的影响

图 4.16 显示了坡长对产流过程的影响。结果表明，产流开始后，径流流量迅速增大，然后逐渐趋于稳定。总体表现为，相同降雨强度下，径流流量随坡长增大而增大。但降雨强度 50mm/h 条件下的坡长 20m 的径流流量小于坡长 15m。

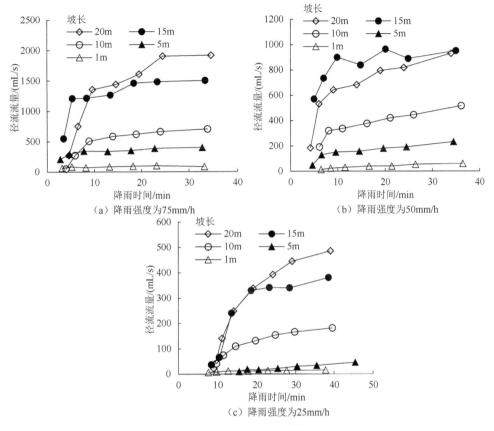

图 4.16 坡长对产流过程的影响

4.3.2.2 坡长对产沙过程的影响

图 4.17 显示了坡长对径流含沙率变化过程的影响。结果表明，坡长为 5m 及 1m 时，整个产沙过程径流含沙率变化不大，侵蚀类型主要为面蚀。初始时刻径流与坡地表层易剥离的土壤接触，携带的泥沙较多，且初始时刻径流量较小，因此径流含沙率会在初始产流 0～3min 较大；随着径流量逐渐增大，坡地产生结皮抑制泥沙随径流流失，坡地含沙率逐渐降低并趋于稳定。降雨强度为 75mm/h，坡长为 20m、15m 和 10m 情况下，坡地产生明显细沟侵蚀。图 4.18 显示了坡长对侵蚀总产沙量的影响。结果表明，降雨强度为 75mm/h 时，10m 长坡地总产沙量为 5m 长的 15.5 倍；降雨强度为 50mm/h 时，10m 长坡地总产沙量为 5m 长的 43.6 倍；降雨强度为 50mm/h 时，25m 长坡地总产沙量为 10m 长的 15.2 倍。由此可知，坡长越长，相同降雨强度下坡地产沙量越大。相对于产生细沟侵蚀的降雨事件，只产生面蚀的降雨侵蚀产沙量相对较小。

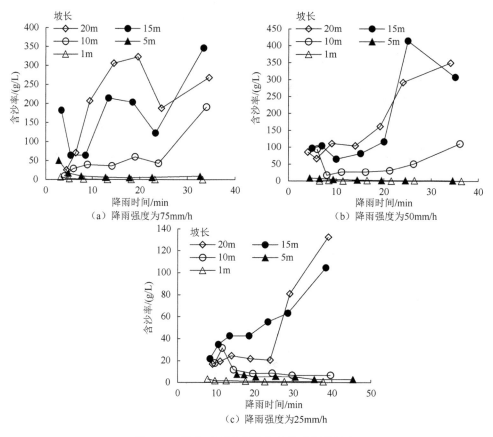

图 4.17　坡长对径流含沙率变化过程的影响

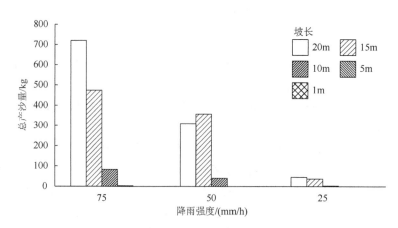

图 4.18　坡长对总产沙量的影响

4.3.2.3　坡长对养分流失过程的影响

图 4.19 显示了坡长对径流全氮浓度变化过程的影响。由于土壤养分含量较低，因此随径流流失量较少。不施肥条件下，大部分径流全氮浓度在产流初期较大，之后逐渐降低并趋于零。这主要是由于坡地初始产流时，坡地产流量较少，且径流与坡地表层土壤接触较充分，径流中全氮浓度较大，随着产流量增大，全氮随径流的流失量开始减少。

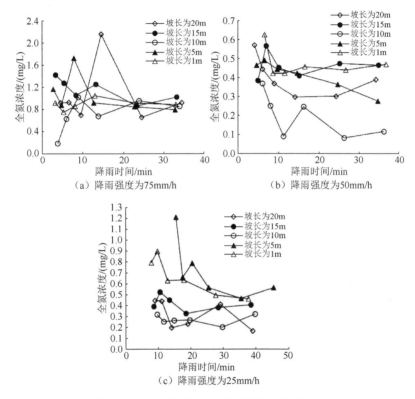

图 4.19　坡长对径流全氮浓度变化过程的影响

图 4.20 显示了坡长对泥沙全氮含量变化过程的影响。结果表明，各处理下除坡长 15m 外泥沙全氮含量在产流初始时刻均达到最大值，随径流时间的推移逐渐趋于 0.2g/kg。这可能是初始产流时刻，坡地表层土壤中的细颗粒所占比例较大，全氮在细颗粒泥沙中产生富集效应，因此初始产流时刻泥沙全氮含量较大。随着径流时间的延续，大量土壤颗粒随径流流失，而且径流会溶解泥沙中可溶性氮并随径流流失和入渗水迁移。降雨强度为 25mm/h 时，泥沙中全氮含量降低相对缓慢，这是由于降雨强度较小，泥沙中可溶性氮溶解及淋溶过程较慢。

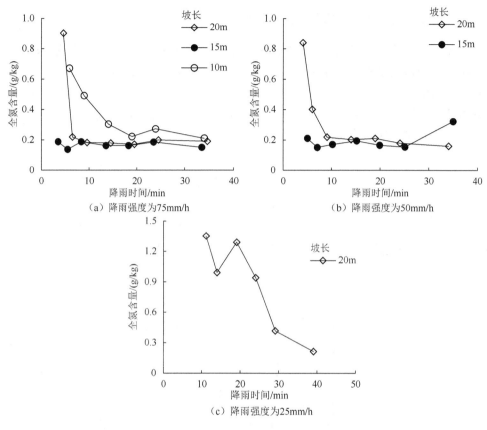

（a）降雨强度为75mm/h　　　（b）降雨强度为50mm/h

（c）降雨强度为25mm/h

图 4.20　坡长对泥沙全氮含量变化过程的影响

图 4.21 显示了坡长对泥沙全氮流失率变化过程的影响。通过对比发现，径流全氮流失率约为泥沙全氮流失率的 0~6.6%。除坡长 15m 和降雨强度 50mm/h 的

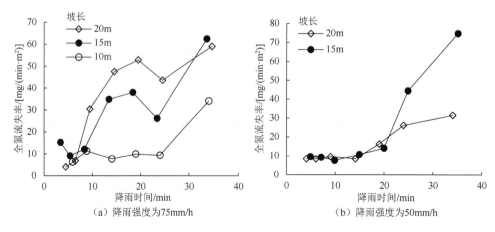

（a）降雨强度为75mm/h　　　（b）降雨强度为50mm/h

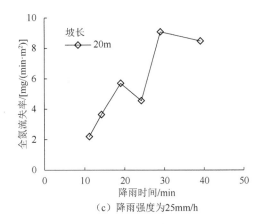

（c）降雨强度为25mm/h

图 4.21　坡长对泥沙全氮流失率变化过程的影响

情形，其他降雨场次的径流全氮流失率均小于泥沙全氮流失率。其中，坡长为15m，降雨强度为 50mm/h 情形下全氮流失量为 0.21g，随径流流失养分较少。图 4.22 显示了径流含沙率与泥沙全氮及碱解氮流失率的关系。从图 4.22 中可知，单位面积单位时间泥沙全氮及碱解氮流失率与坡地含沙率均呈线性关系，决定系数 R^2 分别为 0.78 和 0.71，拟合度较好。这说明坡地氮素流失过程中，径流含沙率占主导因素。

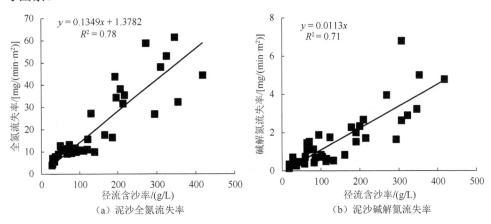

（a）泥沙全氮流失率　　　　　　　　　　（b）泥沙碱解氮流失率

图 4.22　径流含沙率与泥沙全氮及碱解氮流失率的关系

图 4.23 显示了坡长对泥沙全磷含量变化过程的影响。结果表明，坡长对泥沙全磷含量随时间变化的影响规律不明显，坡长 20m、降雨强度 75mm/h 情形下，泥沙全磷含量最大。在产流初期，泥沙中全磷含量出现较大值，后逐渐降低趋于稳定。这主要是由于产流初期径流搬运表层土中细颗粒所占比例越大；此外，产流初期速效磷没有充分溶解，细颗粒泥沙对养分存在一定的富集作用。

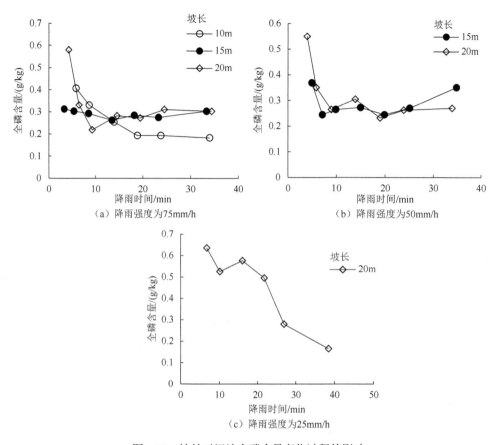

图 4.23　坡长对泥沙全磷含量变化过程的影响

图 4.24 显示了坡长对泥沙速效磷含量变化过程的影响。对于坡长 15m、降雨强度 75mm/h 的情形，降雨后期，速效磷含量先迅速增大后迅速降低。其余场次降雨均为从较大值开始逐渐降低。由于产流后期径流量较大，坡地细沟侵蚀加剧，更多深层土壤参与坡地养分流失，深层土壤中速效磷没有充分溶解就随径流流失，因此速效磷含量会出现突然增大过程。泥沙中全磷和速效磷单位面积流失率均可与径流含沙率建立线性关系，如图 4.25 所示，决定系数 R^2 分别为 0.77 和 0.48。说明坡地侵蚀产沙是影响坡地磷素流失的主要因素。

图 4.26 为不同坡长径流钾离子浓度随时间的变化过程。产流初期，钾离子浓度会产生较大值或极大值，在随后 2~3min 可能会有小幅度的增大，之后又逐渐降低至稳定浓度。由于产流初期，径流量较小，流速较小，与坡地土壤接触较充分，溶解的钾离子较多。随着径流逐渐增大，产生土壤结皮，溶解的钾离子较少，径流对钾离子的稀释作用大于坡地土壤中解吸出的钾离子对径流中钾离子浓度的影响。不同坡长相同降雨强度条件下的钾离子浓度大多随坡长增大而减小。

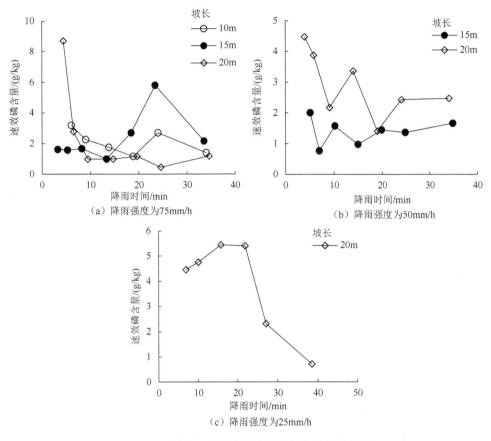

（a）降雨强度为75mm/h

（b）降雨强度为50mm/h

（c）降雨强度为25mm/h

图 4.24　坡长对泥沙速效磷含量变化过程的影响

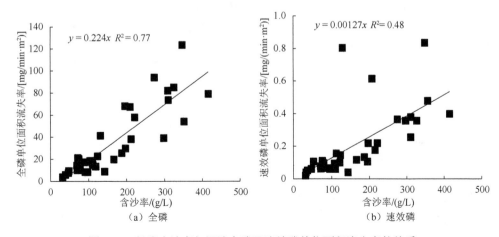

（a）全磷

（b）速效磷

图 4.25　径流含沙率与泥沙全磷及速效磷单位面积流失率的关系

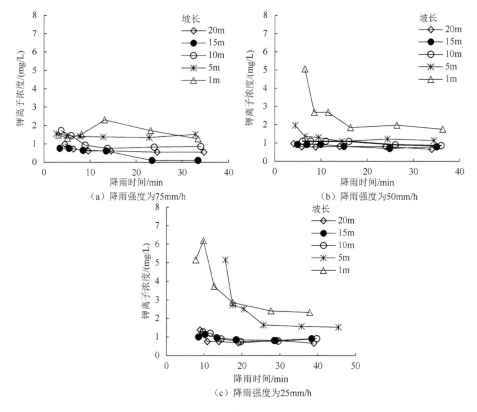

图 4.26　坡长对径流钾离子浓度变化过程的影响

　　图 4.27 显示了坡长对泥沙全钾含量变化过程的影响。结果表明，降雨强度为 25mm/h 时，泥沙全钾含量在径流过程中变化幅度较小；坡长为 20m、降雨强度为 25mm/h 时，径流量较小，泥沙中钾与雨水作用较充分，全钾含量随时间的变化平缓，其中随径流流失的全钾显著小于泥沙中流失的全钾，故随径流流失的全钾可忽略不计。

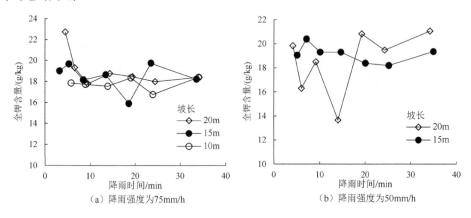

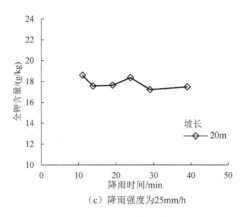

（c）降雨强度为25mm/h

图 4.27　坡长对泥沙全钾含量变化过程的影响

图 4.28 显示了坡长对泥沙有效钾含量变化过程的影响。结果表明，泥沙中有效钾含量随径流时间的变化与全氮流失过程较为相似，有效钾含量随径流时间的延续逐渐趋于 30mg/kg。图 4.29 显示了径流含沙率与泥沙全钾及有效钾流失率的

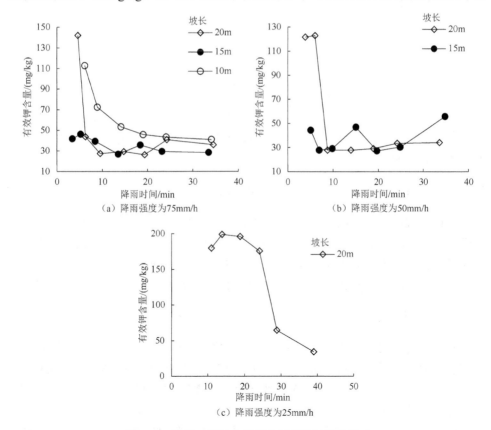

（a）降雨强度为75mm/h　　　　　　　（b）降雨强度为50mm/h

（c）降雨强度为25mm/h

图 4.28　坡长对泥沙有效钾含量变化过程的影响

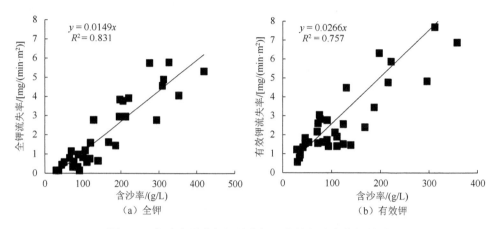

图 4.29　径流含沙率与泥沙全钾及有效钾流失率的关系

关系，发现径流含沙率和坡地单位面积单位时间泥沙全钾及有效钾流失率呈线性关系，拟合决定系数 R^2 分别为 0.831 和 0.757。这表明坡地钾元素流失与坡地侵蚀产沙存在正相关关系。

4.4　坡度与水土养分流失

坡度在影响坡地土壤侵蚀的同时也影响着养分流失[10]，黄土高原沟壑区的主要地理特征是千沟万壑，梁峁起伏，农田以坡耕地为主。本节以粉壤土和砂壤土为研究对象，分析在不同土壤类型下坡度对坡地水土养分流失特征的影响，并开展坡地物质传输试验研究工作。

4.4.1　坡度对粉壤土坡地水土养分流失的影响

供试土壤选自黄土高原沟壑区典型区——长武县，通过控制不同坡度进行人工模拟降雨试验，研究坡地养分（氮、磷）随地表径流的迁移特征及入渗规律，并探讨养分在降雨、入渗、径流相互作用下的迁移过程。设计降雨强度为 90mm/h，降雨时间为 70min，坡度分别为 5°、10°、15°、20° 和 25°，土壤类型为粉壤土。

4.4.1.1　坡度对产流和产沙过程的影响

降雨作用于表层土壤时，会引起土壤侵蚀，雨滴击溅和地表径流冲刷是造成土壤侵蚀的直接原因。图 4.30 显示了坡度对产流和产沙特征的影响。图 4.30（a）表明，在产流开始后 10min 内，5 个坡度的径流流量均随时间迅速递增，随后缓慢增加并逐渐趋于稳定。在 5～10min，存在径流流量趋于稳定的转折点，且 5°、10° 和 20° 三个坡度与 15° 和 25° 相比，转折点出现的时间相对较迟。对比不同坡

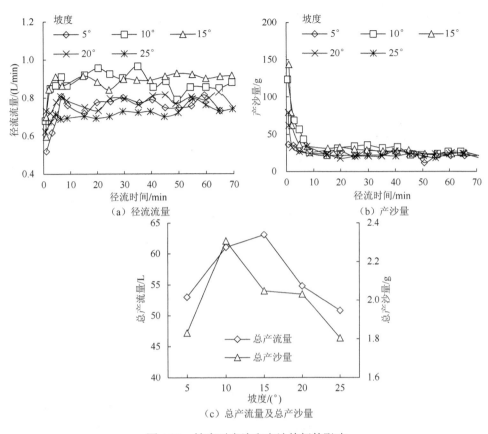

图 4.30 坡度对产流和产沙特征的影响

度初始产流时间，发现坡度为 5° 时的坡地初始产流时间最长；10° 和 20° 坡度下初始产流时间较为接近；15° 的坡地初始产流时间略小于 25° 坡地；在前 4min，5°～25° 坡地均可以发生产流。产沙量可以衡量土壤侵蚀量的大小，图 4.30（b）表明，在产流前 10min，产沙量随时间迅速递减，随后逐渐趋于稳定，稳定时间出现在产流开始后 7～8min。降雨初期的坡地侵蚀程度较大，随后侵蚀程度较稳定，因此防止降雨初期的土壤流失，能有效减小土壤侵蚀。不同坡度下，降雨初期（即产流前 10min）的产沙量大小关系为 15°>10°>25°>20°>5°，变化幅度为 17.77%（±2.8%）～268.13%（±1.7%）；15° 的坡地初期产沙量达到 145.78g（±0.03g），5 个坡度初期产沙量存在显著差异（$p<0.05$）。5° 的坡地产沙量随径流时间变化相对稳定，15° 的坡地产沙量在前 10min 内变化梯度最大。由图 4.30（c）表明，不同坡度条件下总产流量大小关系为 15°>10°>20°>5°>25°，且不同坡度之间的坡地总产流量存在显著差异（$p<0.05$）。15° 的坡地总产流量比 25° 坡地多 11.91L，总产流量最大增加幅度为 23.49%。10° 的坡地总产沙量最大，其次为 15° 和 20° 坡，最后为 5° 和 25° 坡，总产流量与总产沙量间呈显著正相关（$p<0.05$），决定系

数为 0.90。15°的坡地总产流量最大，初期产沙量也最大，总产沙量却较低。已有研究表明，不同坡度下坡地径流量与土壤侵蚀量均存在临界坡度，且临界坡度是一个变量，与土壤类型、容重和坡地覆盖情况等因素密切相关。从本部分研究结果可知，影响坡地总产流产量和总沙量的临界坡度为 10°～15°。

4.4.1.2　坡度对径流养分浓度的影响

图 4.31 为径流速效磷、硝态氮和铵态氮浓度随降雨时间的变化。径流速效磷和硝态氮浓度随时间总体变化趋势相似，在 0～10min 养分浓度迅速减小，随后虽存在波动，但总体趋于稳定。5°的坡地速效磷浓度在产流初期最大，5～10min 迅速减小；10°、15°、20°和 25°四个坡度的坡地速效磷浓度在 0～5min 存在一个小的峰值，这是因为 5°坡地实际承雨面积最大，降雨开始时能够在坡地形成积水，土壤中速效磷能充分解吸进入径流，随着土壤中速效磷的减少，径流中速效磷浓度也减小。坡度的增大使得有效承雨面积减小，导致坡地积水减少。降雨初期，

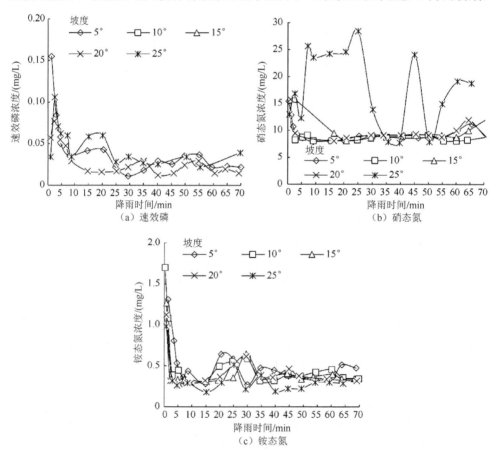

图 4.31　径流速效磷、硝态氮和铵态氮浓度随降雨时间的变化

雨水到达地表后主要入渗到土壤中，此时土壤中的速效磷还未完全解吸；随着降雨时间的增加，在产流 3min 左右，径流达到一定的流量，提高了土壤速效磷进入径流的概率，径流速效磷浓度也随之增加，达到峰值浓度。不同坡度条件下，径流硝态氮浓度随时间的变化差异较大，5°、10° 和 15° 的径流硝态氮浓度在 0～5min 逐渐减小，随后保持稳定；25° 的径流硝态氮浓度存在较大波动，在 0～10min 增加并在 25min 左右保持较高浓度，随后浓度迅速减小并在 45min 左右和 55min 左右存在两个波峰。在产流开始后的 30min，20° 和 25° 的坡地承受的雨滴动能、打击角度、积水深度较大，径流带走大量表层土壤，因此硝态氮浓度一直保持最高。随着降雨时间增加，在 45min 左右和 55min 左右坡地出现浅沟侵蚀时，径流中硝态氮浓度再次增加。此外，5 个坡度下铵态氮浓度变化规律均呈上下波动，相互交错，没有明显的差异。

4.4.1.3　土壤养分含量的分布特征

图 4.32 显示了坡度对入渗过程的影响，发现 5°、10° 和 15° 三个坡度的入渗率变化总体趋势为先急剧下降，然后存在小的波动但总体趋于稳定。20° 和 25° 条件下，在 0～3min 存在一个波峰，3min 后入渗率减小，10min 后趋于稳定。5° 坡度条件下，坡地有效承雨面积最大，入渗横截面面积也最大。15° 坡度条件下，坡地平均入渗率最小。不同坡度下，总体入渗率大小关系为 5°>25°>20°>10°>15°。其中，5° 坡地的平均入渗率是 15° 坡地的 22.7（±1.07）倍，10° 和 20° 坡地平均入渗率无显著差异，但与其他坡度平均入渗率差异显著。

图 4.33 显示了坡度对土壤含水量分布的影响，发现 5° 和 25° 的坡地湿润锋深度为 11cm，10° 和 20° 的坡地湿润锋为 10cm，4 个坡度的湿润锋深度无明显差异。土壤含水量均随湿润锋深度增加而减小，且减小趋势相似。25° 坡地和 5° 坡地的入渗率较大。

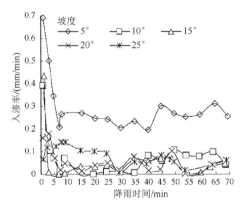

图 4.32　坡度对入渗过程的影响

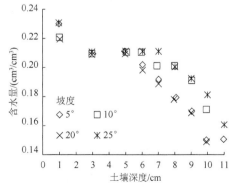

图 4.33　坡度对土壤含水量分布的影响

图 4.34 为坡度对土壤速效磷、硝态氮及铵态氮含量分布的影响。在湿润深度内，土壤速效磷含量随湿润深度变化并不明显。在湿润深度大于 9cm 的土层，速效磷浓度随深度减小，说明速效磷随入渗水迁移的深度为 9cm，9cm 以下的土层中速效磷含量为本底浓度。5 个坡度的土壤硝态氮含量随土壤深度变化趋势比较一致，0～4cm 缓慢增加，4～7cm 快速增加，7cm 以下变化比较稳定。说明硝态氮随入渗水迁移深度为 7cm，发生迁移的硝态氮主要集中在 0～4cm 土层内。不同坡度条件下，土壤铵态氮含量随土壤深度的变化趋势也比较相似，在 0～5cm 含量基本不变，5～9cm 含量上下波动，并存在一个波峰，6～8cm 土层铵态氮含量最高，9cm 以下土壤铵态氮含量随土壤深度增加而减小。整个湿润层内，土壤铵态氮含量随土壤深度的变化幅度并不明显。说明铵态氮含量随入渗水迁移深度为 9cm，且在湿润土层中随土壤深度变异较小。15°坡地条件下，湿润层中速效磷和铵态氮含量总体较低，而硝态氮总体含量在 15°时呈较高水平。

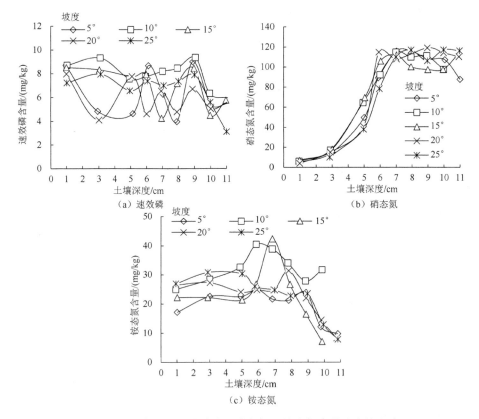

图 4.34 坡度对土壤速效磷、硝态氮及铵态氮含量分布的影响

4.4.1.4 径流养分流失率的变化特征

径流流量和径流中的养分浓度决定着径流养分流失量。图 4.35 显示了坡度对径

流速效磷、硝态氮及铵态氮流失率变化过程的影响。发现在 0～5min，三种径流养分的流失率均迅速减小，在 5～10min 缓慢减小，10min 后趋于稳定。这种变化趋势是径流流量和径流养分浓度共同影响的结果。5 个坡度水平下，速效磷稳定流失率均为 0.02mg/min；不同坡度的硝态氮稳定流失率大小关系为 15°>10°>20°>5°>25°，其中，15° 为 25° 坡地的 1.41 倍，增幅达到 40.89%（±9.63%）；不同坡度的径流铵态氮稳定流失率差距较小，变化幅度范围为 50%～66.75%，25° 坡地的稳定流失率最小，10° 坡地的最大，是 25° 坡地的 1.67（±0.09）倍。

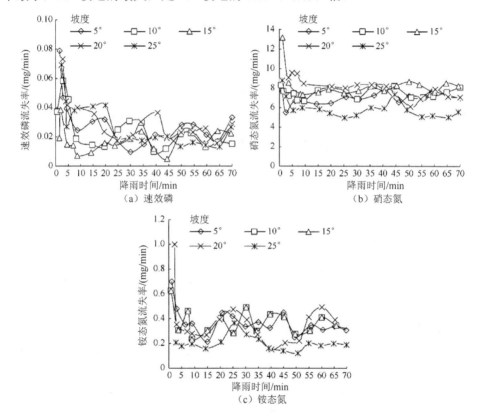

图 4.35　坡度对径流速效磷、硝态氮及铵态氮流失率变化过程的影响

图 4.36 显示了坡度对径流硝态氮和铵态氮流失总量的影响。结果表明，15° 坡地的硝态氮流失总量最大，硝态氮、铵态氮流失总量均在 20°～25° 减小。在 20°～25°，坡度增加对养分流失总量影响最为明显，流失总量迅速减小。在 0°～20°，硝态氮和铵态氮变化幅度相对较小。唐克丽等[11]研究发现，发生浅沟侵蚀的临界坡度为 15°～20°，故在 20°～25° 可能发生浅沟侵蚀，使径流中硝态氮含量随坡度的变化十分明显。硝态氮流失总量与总产流量呈显著正相关（$p<0.01$）。

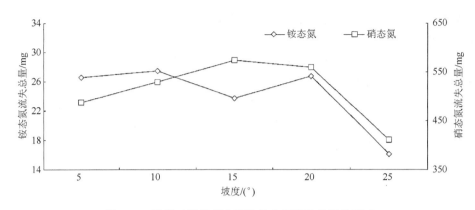

图 4.36　坡度对径流硝态氮和铵态氮流失总量的影响

　　通过以上分析可知，不同坡度的模拟降雨条件下，初始产流时间、总产沙量和总产流量随坡度的变化并不是单一的递增或递减关系。当降雨强度、坡长和下垫面等条件均一致，且只改变坡度时，不同坡度的产流产沙随坡度的变化趋势可从以下两点分析：一个是土壤入渗能力。降雨开始时，降雨强度小于入渗强度，坡地入渗能力大，即到达地表的降雨大部分入渗到土壤中，小部分产生径流，随着降雨时间的推移，坡地土壤含水量逐渐增加并达到饱和，入渗能力随之减小，产流产沙量也随着降雨的持续先增加后趋于稳定；另一个是实际承雨面积。坡度越大，实际承雨面积越小，坡地积水量和入渗量也发生变化。因此不同坡度的入渗、产流和产沙量会存在差异。从承雨面积的角度，5°坡的有效承雨面积最大，首先产生积水，发生了积水入渗。从积水势能的角度来看，25°积水势能最大，可能先产流，但其实际承雨面积小，坡地接受的雨量少，未能最早发生产流。因此，不同坡度下，坡地产流开始时间由坡地有效承雨面积和坡地积水势能共同作用。实际试验结果发现，10°坡地的初始产流时间最小。5°到 10°初始产流时间主要由积水势能决定，坡度越大，积水势能越大，初始产流时间越短。15°到 25°产流时间主要由有效承雨面积决定，坡度越小，有效承雨面积越大，坡地承接雨量多，产流开始时间越早，并且在坡度为 10°左右存在一个使主导因子改变的临界坡度。王辉等[12]的研究发现，在坡度 15°左右，主导因素发生变化，与本部分试验结果存在差异。因此，临界坡度存在的范围大致是 10°～15°，具体临界坡度还有待进一步确定。不同坡度初始产流时间对比发现 20°坡地初始产流时间小于25°坡地，这与李裕元[13]的研究结论一致。

　　对比 5 个坡度的入渗能力发现，15°是影响坡地水分入渗的临界坡度。由于供试径流槽中土壤处理不同，本部分试验与野外试验的结果存在差异。15°时水分入渗少，因此湿润层中速效磷、铵态氮随水分入渗迁移能力差，迁移量少，总体浓度较低；但是，硝态氮总体浓度却呈较高水平。通过对产流量、产沙量、水分入渗及硝态氮在土壤中随水分的迁移程度等因素综合分析得出降雨作用于 20°～25° 坡地的侵蚀力较大，因此硝态氮流失比 15° 严重，5°～10° 坡地在产流过程中有效承雨面积较大，水分入渗多，导致硝态氮多随水分运移至土壤深层，因此在 15° 时土壤总体硝态氮浓度较高。

4.4.2　坡度对砂壤土坡地水土养分流失的影响

在内蒙古砂壤土坡地开展了相关试验研究工作。试验设置 4 个坡度，分别为 5°、10°、15° 和 20°，3 个降雨强度（75mm/h、50mm/h 及 25mm/h）。

4.4.2.1　坡度对坡地产流的影响

图 4.37 显示了坡度对坡地径流速率变化过程的影响。结果表明，不同坡度条件下的坡地径流随时间均表现为初始产流后，径流速率迅速增大，后逐渐趋于稳定值。对相同降雨强度不同坡长径流过程分析可知，坡度为 5° 时，坡地径流速率最大，坡度 10° 及 15° 产流过程较为相近，20° 坡产流最少。

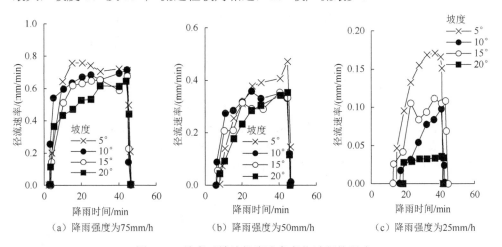

（a）降雨强度为75mm/h　　　（b）降雨强度为50mm/h　　　（c）降雨强度为25mm/h

图 4.37　坡度对坡地径流速率变化过程的影响

4.4.2.2　坡度对坡地产沙的影响

图 4.38 显示了坡度对坡地单位面积产沙率变化过程的影响。结果表明，在三种降雨强度条件下，坡度小于 15° 时，坡地单位面积产沙率随坡度的增大而增大，但 20° 坡地单位面积产沙率小于 15° 坡。由此可知，本次试验条件下的坡地侵蚀临界坡度为 15°。

坡地侵蚀的研究中，临界坡度是普遍存在的。坡地承雨面积不变的条件下，坡度越大，坡地土壤颗粒稳定性越差，坡地径流流速增大，径流能量变大，但径流对坡地的垂直作用力降低。因此，当坡度大于临界坡度时，坡地径流用于搬运泥沙的能量降低，土壤侵蚀量减小。坡地临界坡度是多种因素作用的结果。

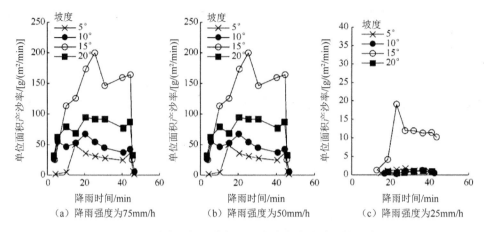

图 4.38　坡度对坡地单位面积产沙率变化过程的影响

4.4.2.3　坡度对坡地径流总氮及总磷流失的影响

图 4.39 显示了坡度对坡地单位面积总氮流失率变化过程的影响。结果表明，降雨强度为 75mm/h 时，坡地径流单位面积总氮流失率大多为初期逐渐增大后趋于稳定，其中坡度 5°、10° 及 15°坡地径流单位面积总氮流失过程较为相似，坡度 20°时径流单位面积总氮流失率最小；径流中单位面积总氮流失率随坡度变化表现为 5°>10°>15°>20°。降雨强度为 50mm/h 时，坡度对坡地径流单位面积总氮流失率的影响规律不明显；坡度对坡地径流中单位面积总氮流失系数影响不明显。由于黄土坡地土壤中可溶性氮含量较少，雨水中养分本底值、坡地土壤养分分布的细微变化均会对径流中总氮浓度产生影响。

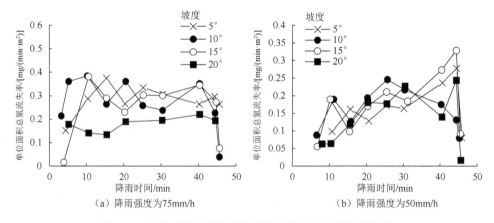

图 4.39　坡度对坡地单位面积总氮流失率变化过程的影响

4.4.2.4　坡地产流与径流总氮流失率的关系

坡地径流系数与单位面积总氮流失率存在线性关系（图 4.40 及表 4.4）。径流系数与养分流失率的线性拟合曲线的直线斜率均大于 0，这表明坡地径流中总氮流失随坡地产流率的增大而增大。径流中养分流失率与径流养分携带容量及土水相互作用程度相关。试验研究结果表明，径流养分携带容量对径流养分流失率的影响为主要因素。两种降雨强度下，在产流稳定期，径流中溶解的养分浓度只在小范围内波动。

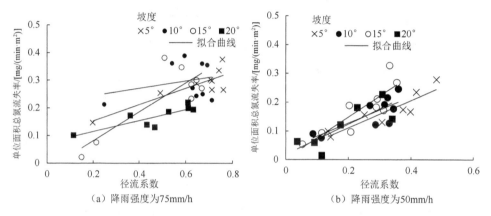

图 4.40　不同坡度条件下径流系数与径流中总氮流失系数的线性关系

表 4.4　不同坡度条件下径流系数与径流中总氮流失系数的线性关系及决定系数

养分	降雨强度/(mm/h)	坡度/(°)	拟合模型 $Y=aX+b$		
			a	b	R^2
总氮	75	5	0.287	0.101	0.705
		10	0.365	0.067	0.472
		15	0.517	-0.023	0.711
		20	0.190	0.079	0.696
	50	5	0.487	0.013	0.808
		10	0.453	0.037	0.606
		15	0.727	0.004	0.721
		20	0.587	0.010	0.735

4.5　坡形与坡地物质传输

自然界中的坡地并非都为直形坡地，有相当一部分坡地为曲面。坡形是坡度和坡长的组合形态，决定着径流的汇集方式和过程，进而影响坡地土壤侵蚀过程及程度。杨丽娜等[14]的研究结果表明,凹形坡产流量和含沙量最大,其次为凸形坡,直形坡最小。Young 等[15]的研究结发现不同坡形下坡地产沙量大小表现为凸形坡>直形坡>凹形坡,其主要原因是凹形坡泥沙沉积于坡地下部 1/3 处,导致产沙较少。于晓杰等[16]的研究结果表明凹形坡的径流含沙量最大,其次为凸形坡,直形坡最小,且随着降雨时间的延长和降雨强度、坡度的增大,坡形对侵蚀产沙的影响还会越来越大。为了分析坡形对坡地水土养分流失的影响,设计 9 个坡形,包括 4 个凹形坡,4 个凸形坡,1 个直形坡(平坡),平均坡度为 15°,坡宽 0.8m,坡长 10m。凹凸等级划分坡地中心点向下塌陷为凹形坡,分别记塌陷 10cm、20cm、30cm、40cm 的凹形坡为 A1、A2、A3、A4,向上凸起为凸形坡,记凸起 10cm、20cm、30cm、40cm 的凸形坡为 T1、T2、T3、T4,直形坡(平坡)记为 P。

4.5.1　坡形对坡地产流的影响

图 4.41 显示了不同降雨强度下坡形对径流流量变化过程的影响。结果表明,各坡形条件下的坡地径流流量随时间变化均表现为产流初期迅速增大,后期逐渐趋于稳定。相同降雨强度条件下,不同坡形坡地产流流量相差不大。图 4.42 为不同降雨强度下坡形对总径流量的影响。结果表明,降雨强度为 75mm/h 时,坡形 T1、坡形 T2、坡形 T3、坡形 T4 的总径流量较直形坡分别增大了−1.31%、3.08%、2.31%和 5.92%,坡形 A1、坡形 A2、坡形 A3、坡形 A4 的总径流量较平坡分别增大了 1.29%、2.33%、4.91%和 5.69%。降雨强度为 25mm/h 和 50mm/h 时,平坡产流量几乎最小,且总径流量随凹凸程度增大而增大。这可能是由于凹形坡及凸形坡承雨面积均大于平坡,在坡地土壤含水量状况相似情况下,平坡总径流量最小。

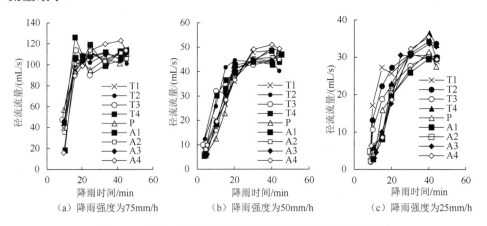

（a）降雨强度为75mm/h　　　（b）降雨强度为50mm/h　　　（c）降雨强度为25mm/h

图 4.41　不同降雨强度下坡形对径流流量变化过程的影响

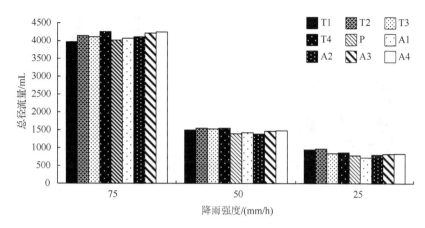

图 4.42　不同降雨强度下坡形对总径流量的影响

4.5.2　坡形对坡地产沙的影响

图 4.43 显示了不同降雨强度下坡形对径流含沙率的影响。发现降雨强度为 75mm/h 时，凸形坡径流中含沙率表现为初始含沙率较大，后逐渐降低至稳定值，凹形坡及平坡径流含沙率先增大后减小，并在 20min 后逐渐趋于稳定；降雨强度为 50mm/h 及 25mm/h 时，径流含沙率均先增大后减小，并在降雨 20min 后逐渐趋于稳定。图 4.44 显示了不同降雨强度下坡形对总产沙量的影响。发现降雨强度为 75mm/h 时，坡形 T1、坡形 T2、坡形 T3、坡形 T4 的总产沙量较平坡分别增大了 22.4%、27.7%、37.5%、69.2%，坡形 A1、坡形 A2、坡形 A3、坡形 A4 的总产沙量较平坡分别增大了 8.8%、9.1%、18.0%、15.5%。坡地总产沙量随凹凸程度而增大，且均大于平坡产沙量。相同降雨强度条件下，总产沙量为凸形坡>凹形坡>平坡。在不同降雨强度和坡形条件下，径流具有不同的挟沙能力，因此径流含沙率随降雨强度和坡形的变化不断变化。降雨进行到一定时间，坡地就会有细沟产生，最终导致坡地径流与泥沙大量汇集于细沟之中，大大增强了水流侵蚀能力，径流量与径流总产沙量均急剧增加。凸形

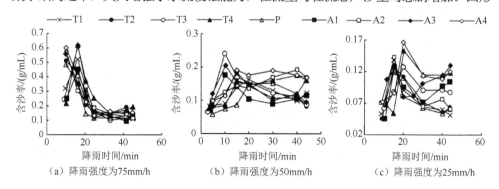

（a）降雨强度为75mm/h　　　（b）降雨强度为50mm/h　　　（c）降雨强度为25mm/h

图 4.43　不同降雨强度下坡形对径流含沙率的影响

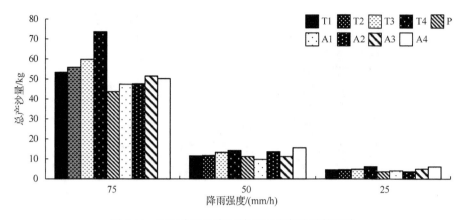

图 4.44　不同降雨强度下坡形对总产沙量的影响

坡下半段较陡，产流后径流流速较大，侵蚀细沟出现时间较早，后随时间延长径流侵蚀产沙与泥沙沉降达到动态平衡，径流含沙率逐渐趋于稳定。凹形坡的临界段和凹段汇集水流时间短，坡地上半段流速大，面侵蚀动力也就加大，侵蚀产沙量增大，但下半段坡度较缓，侵蚀产沙会在下半段沉积，因此侵蚀沟出现时间较凸形坡长。

4.5.3　坡形对坡地养分流失的影响

图 4.45 显示了不同降雨强度下坡形对径流速效磷浓度的影响。发现径流速效磷浓度含量呈递减趋势。降雨强度为 75mm/h 时，凸形坡径流中速效磷初始浓度大于凹形坡初始浓度，且速效磷浓度衰减较凹形坡快。这可能是由于凸形坡初始产流量较大，表层土壤速效磷溶解量较大，随时间延续产流逐渐稳定，径流中速效磷浓度逐渐趋于稳定。由于凹形坡与凸形坡产流量较为相似，稳定期速效磷浓度差异较小。降雨强度为 50mm/h 及 25mm/h 时，径流中速效磷浓度随时间均呈逐渐下降的趋势，其衰减速度均较降雨强度为 75mm/h 时缓慢。这主要是由于产流初期吸附于表层颗粒和存在于土壤溶液中的速效磷含量相对较高，表层土壤的速效磷随径流大量流失，坡地径流中稀释溶解作用较强，径流中的速效磷浓度较大，

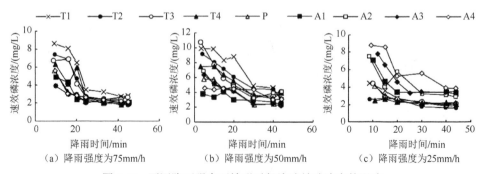

图 4.45　不同降雨强度下坡形对径流速效磷浓度的影响

径流量随时间不断增大，速效磷浓度表现出快速衰减的趋势。降雨强度越大，坡地产流量越大，径流稀释速效磷作用越明显。

　　分别采用幂函数和指数函数对不同坡形下径流速效磷浓度随时间的变化过程进行拟合，拟合参数及决定系数如表 4.5 所示。降雨强度为 50mm/h 时，指数函数拟合决定系数多数大于幂函数拟合的决定系数。降雨强度为 75mm/h 及 25mm/h 时，凸形坡大多采用指数函数拟合效果较好，而凹形坡及平坡大多采用幂函数拟合效果较好。这主要是由于凸形坡坡地初始产流中速效磷浓度较大，且衰减较凹形坡快。

表 4.5　不同坡形下径流速效磷浓度幂函数及指数函数模拟参数及决定系数

降雨强度 /(mm/h)	处理	拟合模型 $Y=ae^{bt}$			拟合模型 $Y=ct^d$		
		a	b	R^2	c	d	R^2
75	T1	9.597	−0.047	0.88	20.619	−0.657	0.77
	T2	6.683	−0.045	0.74	17.791	−0.716	0.76
	T3	6.121	−0.045	0.76	12.914	−0.641	0.73
	T4	6.534	−0.059	0.85	23.671	−0.928	0.77
	P	3.251	−0.045	0.79	10.201	−0.771	0.97
	A1	3.545	−0.050	0.79	14.097	−0.888	0.87
	A2	2.750	−0.045	0.82	7.212	−0.704	0.77
	A3	4.811	−0.060	0.90	17.148	−0.939	0.91
	A4	3.379	−0.039	0.85	8.965	−0.660	0.99
50	T1	12.664	−0.029	0.91	22.598	−0.452	0.70
	T2	10.072	−0.024	0.95	18.579	−0.407	0.86
	T3	9.416	−0.025	0.82	18.204	−0.431	0.93
	T4	8.413	−0.022	0.85	13.514	−0.340	0.75
	P	6.682	−0.024	0.95	13.662	−0.438	0.89
	A1	4.048	−0.011	0.78	5.232	−0.174	0.64
	A2	5.963	−0.012	0.50	9.433	−0.252	0.78
	A3	6.905	−0.028	0.94	15.888	−0.508	0.90
	A4	5.199	−0.011	0.75	6.757	−0.176	0.54
25	T1	5.568	−0.061	0.96	80.003	−1.367	0.95
	T2	3.262	−0.066	0.92	47.203	−1.407	0.81
	T3	3.616	−0.041	0.84	31.161	−1.032	0.94
	T4	1.442	−0.016	0.84	3.279	−0.398	0.83
	P	2.950	−0.035	0.62	22.909	−0.944	0.77
	A1	5.713	−0.026	0.61	25.326	−0.690	0.77
	A2	7.646	−0.036	0.78	39.374	−0.832	0.81
	A3	8.103	−0.034	0.65	64.062	−0.931	0.79
	A4	11.520	−0.033	0.88	52.243	−0.762	0.87

　　图 4.46 显示了不同降雨强度下坡形对径流铵态氮浓度的影响。结果表明，降雨强度为 75mm/h 时，A2 坡形铵态氮浓度先增大后逐渐降低，其余坡形铵态氮浓度均随时间增大而减小，最终趋于稳定。坡形 T1、坡形 T2、坡形 T3、坡形 T4、坡形 P、坡形 A1、坡形 A2、坡形 A3、坡形 A4 的径流初始铵态氮浓度分别为 5.65mg/L、5.21mg/L、5.07mg/L、4.59mg/L、5.59mg/L、2.90mg/L、4.20mg/L、6.42mg/L、4.06mg/L。相同凹凸程度下，除 T3 径流中铵态氮浓度小于 A3 中铵态氮浓度，其余均为凸形坡大于凹形坡。降雨强度 25mm/h 时，相同凹凸程度下，凸形坡初始铵态氮浓度均小于凹形坡铵态氮浓度。这主要是由于产流初期吸附于表层颗粒和存在于土壤溶液中的铵态氮含量相对较高，降雨强度较大时，凸形坡产流量大于凹形坡，溶解表层土壤的铵态氮量较大，因此径流中铵态氮浓度表现为凸形坡大于凹形坡。降雨强度较小时，凹形坡下半段较缓，径流与坡地接触时间较长，径流中铵态氮浓度表现为凸形坡小于凹形坡。

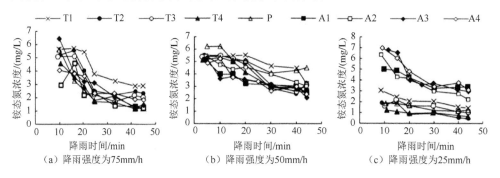

图 4.46　不同降雨强度下坡形对径流铵态氮浓度的影响

　　采用幂函数和指数函数模型对不同坡形下径流铵态氮浓度随降雨时间的变化过程进行拟合，拟合参数及决定系数如表 4.6 所示。75mm/h 及 50mm/h 降雨强度条件下，凹形坡径流铵态氮指数函数拟合决定系数多大于幂函数。这主要是由于凹形坡径流铵态氮浓度随时间衰减较慢。指数函数模拟铵态氮浓度随时间变化的效果较好。

表 4.6　不同坡形径流中铵态氮浓度幂函数及指数函数模拟参数及决定系数

降雨强度 /(mm/h)	处理	拟合模型 $Y=ae^{bt}$			拟合模型 $Y=ct^d$		
		a	b	R^2	c	d	R^2
75	T1	6.314	-0.019	0.90	8.325	-0.258	0.70
	T2	5.370	-0.022	0.73	8.468	-0.342	0.72
	T3	5.045	-0.025	0.72	7.655	-0.355	0.70
	T4	4.511	-0.033	0.91	9.991	-0.545	0.91
	P	4.775	-0.034	0.89	9.971	-0.535	0.92

续表

降雨强度 /(mm/h)	处理	拟合模型 $Y=ae^{bt}$			拟合模型 $Y=ct^d$		
		a	b	R^2	c	d	R^2
75	A1	3.868	−0.028	0.78	6.692	−0.415	0.62
	A2	3.776	−0.028	0.78	7.108	−0.449	0.78
	A3	6.064	−0.036	0.96	12.271	−0.541	0.91
	A4	4.382	−0.021	0.90	6.477	−0.310	0.78
50	T1	6.181	−0.011	0.72	7.415	−0.152	0.46
	T2	6.432	−0.020	0.80	10.473	−0.333	0.67
	T3	6.388	−0.020	0.83	8.927	−0.275	0.62
	T4	5.886	−0.017	0.91	8.318	−0.262	0.73
	P	6.281	−0.010	0.75	8.808	−0.195	0.82
	A1	4.869	−0.015	0.87	7.744	−0.281	0.93
	A2	5.626	−0.013	0.95	8.169	−0.235	0.86
	A3	5.004	−0.017	0.83	8.506	−0.319	0.83
	A4	5.394	−0.019	0.85	9.633	−0.348	0.84
25	T1	3.369	−0.020	0.94	8.104	−0.445	0.94
	T2	2.815	−0.043	0.89	17.973	−0.952	0.86
	T3	2.374	−0.018	0.75	4.898	−0.381	0.60
	T4	1.435	−0.017	0.89	3.229	−0.397	0.85
	P	2.153	−0.015	0.83	4.753	−0.380	0.87
	A1	5.590	−0.013	0.82	10.949	−0.324	0.88
	A2	6.959	−0.026	0.94	22.269	−0.591	0.97
	A3	8.089	−0.025	0.82	34.147	−0.663	0.91
	A4	7.928	−0.022	0.87	22.761	−0.520	0.93

4.5.4 坡形、施加 PAM 与坡地物质传输

为了进一步分析在改良剂调控下，坡形对坡地水土养分流失的影响，开展了不同坡形下施加 $1g/m^2$ 聚丙烯酰胺（polyacrylamide，PAM）的试验研究工作。

4.5.4.1 坡形和施加 PAM 对产流过程的耦合影响

不同坡形施加与未施加 PAM 处理下的初始产流时间如表 4.7 所示。结果表明，施加 PAM 可以推迟坡地的初始产流时间。表明在该地区施加 PAM 可以增加土壤入渗。不施加 PAM 时，凸形坡地的初始产流时刻较直形坡和凹形坡更早，但施加 PAM 处理后凸形坡地的降雨产流初始时间均晚于直形坡和凹形坡。表明 PAM 的施加和坡形对初始产流时间存在相互作用，在凸形坡地施加 PAM 增加入渗的效果会更好。

表 4.7　不同坡形施加与未施加 PAM 的初始产流时间

PAM 施量 /(g/m²)	初始产流时间/min								
	T1	T2	T3	T4	P	A1	A2	A3	A4
0	3.58	3.91	3.06	3.25	4.80	4.15	4.55	4.68	5.08
1	11.00	9.35	10.46	10.16	6.48	6.04	5.21	5.35	7.01

　　图 4.47 显示了不同坡形施加与未施加 PAM 条件下径流流量随降雨时间的变化过程。不同处理的径流速率在降雨开始后随降雨时间的推移逐渐增大，最后趋于稳定的变化趋势。直形坡的径流速率略低于凹形坡和凸形坡，而施加 PAM 处理的径流速率低于未施加 PAM 处理，并且凸形坡减少径流的效果更为突出。在施加 PAM 处理中，凸形坡的径流速率低于直形坡和凹形坡，且凹形坡的径流速率大于直形坡。在坡地施加 PAM 可以增加土壤团聚体含量，减少封闭作用并抑制土壤结皮的形成，从而减少径流。但在不同坡形条件下施用 PAM 减少径流的效果有明显差异，在凸形坡上施用 PAM 减少径流更为明显，这也表明 PAM 处理和不同坡形之间存在相互作用。

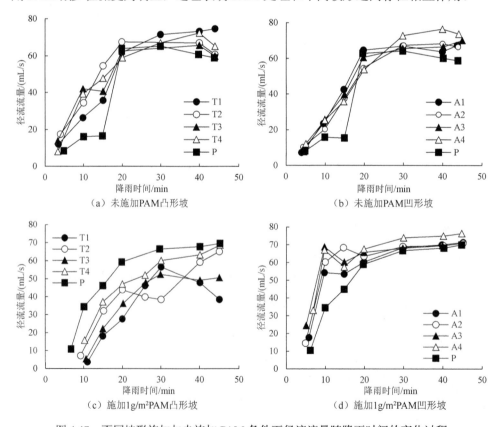

（a）未施加PAM凸形坡　　　　　　　　　　（b）未施加PAM凹形坡

（c）施加1g/m²PAM凸形坡　　　　　　　　　（d）施加1g/m²PAM凹形坡

图 4.47　不同坡形施加与未施加 PAM 条件下径流流量随降雨时间的变化过程

4.5.4.2　坡形和施加 PAM 对产沙过程的耦合影响

图 4.48 显示了不同坡形施加与未施加 PAM 条件下径流含沙率随降雨时间的变化过程。结果表明，不同坡形的径流含沙率基本呈逐渐增大，最后趋于稳定的规律。对于未施加 PAM 的处理，降雨前期含沙率大小基本表现为凸形坡>凹形坡>直形坡，且 T3 和 A3 处理的含沙率最大。施加 PAM 后，径流中含沙率显著降低，含沙率相对未施加 PAM 的处理约降低了 10 倍。土壤施加 PAM 后，在雨水的溶解作用下，PAM 的黏结作用会维护土壤表层的团粒结构，同时形成新的团聚体，使得土壤的团聚体增多，或者增大团聚体的体积。另外，PAM 会增大土壤颗粒间的黏结力，使土壤团聚体能有机地连接在一起，在土壤表面形成一层保护膜，有效地抑制土壤产沙。在施加 PAM 处理中径流中含沙率呈先减小后增大的趋势。这主要是由于降雨初期土壤表面松散的土粒和降雨击溅产生的细颗粒容易被径流带走，随着松散颗粒被带走和雨滴击溅使得土壤表层结实，侵蚀强度就会迅速下降，但随着径流量的增大，径流的挟沙能力进一步加强，超过土壤表层的抗蚀能力，

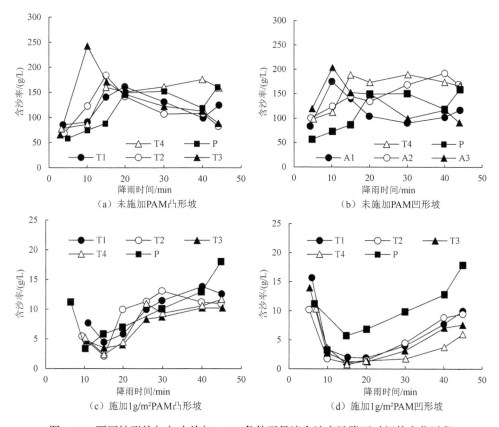

图 4.48　不同坡形施加与未施加 PAM 条件下径流含沙率随降雨时间的变化过程

土壤表层的颗粒会被进一步剥离,使侵蚀产沙量增大。施加 PAM 后,凸形坡的径流含沙率与直形坡差异不大,但凹形坡的含沙率低于直形坡,且凹陷程度越大,径流中的含沙率越低。这主要是因为 PAM 增强了土壤的抗蚀性,抑制了细沟的产生,有效减少了凹形坡、凸形坡的产沙量,而凹形坡在坡地下端坡度较缓,径流流速相对较慢,径流中的泥沙在坡地下端有一定的沉积,凹陷程度越大在坡地下端的沉积作用越强。因此,在施加 PAM 后,凹形坡地的径流含沙率低于直形坡。

4.5.4.3 坡形和施加 PAM 对坡地养分流失过程的耦合影响

图 4.49 显示了不同坡形施加与未施加 PAM 条件下径流铵态氮浓度随降雨时间变化过程。结果表明,各处理下的径流铵态氮浓度随时间的变化规律相似,大多呈产流初期快速减少,之后缓慢递减的规律。在未施加 PAM 的凸形坡处理下,径流铵态氮浓度高于直形坡,凹形坡和直形坡的径流铵态氮浓度差异不显著,但总体上凹形坡的径流铵态氮浓度大多低于直形坡。这主要是因为凸形坡的大坡度段在坡地的下半段,在此位置处的径流累积了一定的能量,比较容易产生细沟,增加侵蚀作用带入径流中的养分。坡地施加 PAM 后,不同坡形处理之间的径流铵态氮

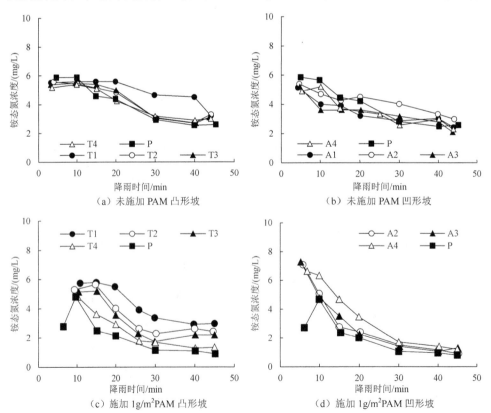

图 4.49 不同坡形施加与未施加 PAM 条件下径流铵态氮浓度随降雨时间的变化过程

浓度差异明显，且凸形坡和凹形坡的径流铵态氮浓度均大于直形坡。总体而言，施加 PAM 后不同坡地形态处理的径流铵态氮浓度均小于未施加 PAM 处理。

同时采用完全混合层深度模型（简化为指数函数），以及基于混合层的质量传递模型（简化为幂函数）的简化模型对试验结果进行拟合，拟合结果如表 4.8 所示。两个模型都能较好地拟合试验结果，但对凹形坡和直形坡的拟合效果整体强于凸形坡。由于降雨和土壤特征参数均相同，参数 b 仅与混合层深度有关，参数 b 越大混合层深度越大，从数值上看，未施加 PAM 处理时，直形坡的混合层深度小于凸形坡和凹形坡，施加 PAM 处理后，凹形坡的混合层深度小于凸形坡和直形坡，且在凸形坡地随着凸起程度的增加，坡地混合层深度逐渐减小。整体上施加 PAM 处理的 b 比未施加 PAM 处理小，这表明施加 PAM 能减小坡地混合层深度。从拟合的决定系数可以看出，混合层深度模型更适合模拟在未施加 PAM 条件下不同坡形坡地土壤中铵态氮向径流中迁移的规律，而质量传递模型比完全混合层深度模型更适合于施加 PAM 时黄土地区径流中铵态氮浓度的模拟。

表 4.8　径流中铵态氮浓度幂函数及指数函数模拟参数及决定系数

PAM 施量 /(g/m²)	坡形	拟合模型 $Y=ae^{bt}$			拟合模型 $Y=ct^d$		
		a	b	R^2	c	d	R^2
0	T1	6.881	−0.011	0.72	7.415	−0.152	0.46
	T2	6.432	−0.020	0.80	10.473	−0.333	0.67
	T3	6.388	−0.020	0.83	8.927	−0.275	0.69
	T4	5.886	−0.017	0.91	8.318	−0.262	0.73
	P	6.682	−0.024	0.95	13.662	−0.438	0.89
	A1	4.869	−0.015	0.87	7.744	−0.281	0.93
	A2	5.626	−0.013	0.95	8.169	−0.235	0.86
	A3	5.004	−0.017	0.83	8.56	−0.319	0.83
	A4	5.394	−0.019	0.85	9.633	−0.380	0.84
1	T1	7.663	−0.024	0.90	26.096	−0.587	0.89
	T2	6.504	−0.027	0.73	24.653	−0.645	0.80
	T3	6.368	−0.030	0.70	33.783	−0.780	0.80
	T4	6.080	−0.040	0.92	47.07	−0.981	0.97
	P	4.606	−0.040	0.87	18.930	−0.800	0.80
	A1	7.212	−0.047	0.93	42.829	−0.979	0.99
	A2	5.680	−0.047	0.87	30.820	−0.951	0.96
	A3	7.175	−0.047	0.88	38.7072	−0.947	0.95
	A4	9.338	−0.048	0.98	58.444	−1.001	0.95

图 4.50 显示了不同坡形施加与未施加 PAM 条件下径流速效磷浓度随降雨时间的变化过程。未施用 PAM 处理时，径流中速效磷浓度表现为凸形坡>直形坡>凹形坡。施加 PAM 处理时，径流中速效磷浓度基本低于无 PAM 处理，这表明施

用 PAM 可以减少坡地速效磷随径流的流失;同样,凸形坡径流中速效磷浓度高于直形坡和凹形坡,但是直形坡和凹形坡径流中速效磷浓度差异不明显。凸形坡地径流中速效磷浓度高的原因主要是在凸形坡下半段急陡坡度段容易产生细沟,引起侵蚀加剧,从而导致径流中速效磷浓度较大。

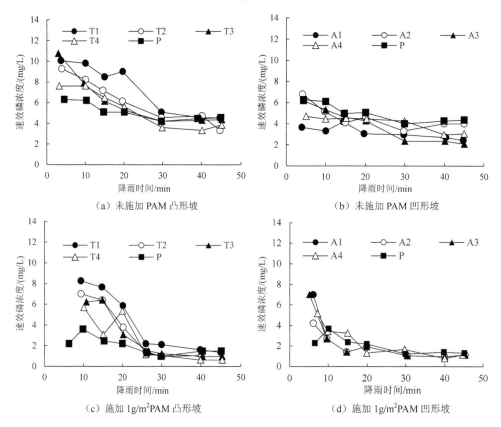

图 4.50　不同坡形施加与未施加 PAM 条件下径流速效磷浓度随降雨时间的变化过程

同时采用完全混合层深度模型(指数函数),以及基于混合层的质量传递模型(幂函数)的简化模型对不同处理径流中速效磷浓度进行拟合推求参数,具体参数拟合结果和决定系数见表 4.9。从 b 的拟合结果看,施加 PAM 可有效减小混合层深度。对于速效磷养分的混合层深度,凹形坡的混合层深度大多较凸形坡大。未施加 PAM 时,径流中速效磷浓度采用混合层深度模型拟合相对较好。施加 PAM 时,采用质量传递模型模拟径流中速效磷的浓度较为合适。因此,在预测径流养分流失时,应根据不同坡地形态、水保措施选择及养分类型选择合适的模拟模型。

表 4.9 径流中速效磷浓度幂函数及指数函数模拟参数及决定系数

PAM 施量 /(g/m^2)	坡形	拟合模型 $Y=ae^{bt}$			拟合模型 $Y=ct^d$		
		a	b	R^2	c	d	R^2
0	T1	12.664	−0.029	0.91	22.598	−0.452	0.70
	T2	10.072	−0.024	0.95	18.579	−0.407	0.86
	T3	9.416	−0.025	0.82	18.204	−0.431	0.93
	T4	8.413	−0.022	0.85	13.514	−0.340	0.75
	P	6.682	−0.024	0.95	13.662	−0.438	0.89
	A1	4.048	−0.011	0.78	5.232	−0.174	0.64
	A2	5.963	−0.012	0.56	9.433	−0.252	0.78
	A3	6.905	−0.028	0.94	15.888	−0.508	0.90
	A4	5.199	−0.011	0.75	6.757	−0.176	0.54
1	T1	15.395	−0.058	0.89	334.58	−1.457	0.89
	T2	9.887	−0.054	0.74	157.97	1.334	0.82
	T3	9.448	−0.055	0.75	195.67	−1.420	0.84
	T4	10.88	−0.071	0.84	349.97	−1.688	0.84
	P	3.397	−0.025	0.78	8.219	−0.502	0.71
	A1	4.569	−0.039	0.71	23.887	−0.875	0.86
	A2	3.985	−0.038	0.86	14.454	−0.742	0.88
	A3	5.170	−0.039	0.77	23.261	−0.821	0.91
	A4	5.067	−0.037	0.82	23.937	−0.814	0.91

参 考 文 献

[1] 王全九，王辉，郭太龙. 黄土坡面土壤溶质随地表径流迁移特征与数学模型[M]. 北京：科学出版社. 2010.

[2] POESENAB J, LUNAA E D, FRANCAA A, et al. Concentrated flow erosion rates as affected by rock fragment cover and initial soil moisture content[J]. Catena, 1999, 36(4): 315-329.

[3] MCDOWELL R W, SHARPLEY A N. The effect of antecedent moisture conditions on sediment and phosphorus loss during over-land flow: Mahantango Creek catchment, Pennsylvanian, USA[J]. Hydrological processes, 2002, 16(15): 3037-3050.

[4] CASTILLO V M, GOMEZ-PLAZA A, MARTINEZ-MENA M. The role of antecedent soil water content in the runoff response of semiarid catchments：a simulation approach[J]. Journal of hydrology, 2003, 284(1-4): 114-130.

[5] 王全九，张江辉，丁新利，等. 黄土区土壤溶质径流迁移过程影响因素浅析[J]. 西北水资源与水工程, 1999, 10（1）：9-13.

[6] 王辉，王全九，邵明安. 前期土壤含水量对坡面产流产沙特性影响的模拟试验[J]. 农业工程学报, 2008, 24（5）：65-68.

[7] 王辉，王全九，邵明安. 前期土壤含水量对黄土坡面氮磷流失的影响及最优含水量的确定[J]. 环境科学学报, 2008, 28（8）：1571-1578.

[8] 孔刚，王全九，樊军，等. 前期含水量对坡面降雨产流和土壤化学物质流失影响研究[J]. 土壤通报, 2008, 39（6）：1395-1399.

[9] 王全九，王力，李世清. 坡地土壤养分迁移与流失影响因素研究进展[J]. 西北农林科技大学学报, 2007, 35（12）：109-119.

[10] 王全九, 穆天亮, 王辉. 坡度对黄土坡面径流溶质迁移特征的影响[J]. 干旱地区农业研究, 2009, 27 (4): 176-179.

[11] 唐克丽, 张科利, 雷阿林. 黄土丘陵区退耕上限坡度的研究论证[J]. 科学通报, 1998, 43 (2): 200-203.

[12] 王辉, 王全九, 邵明安. 人工降雨条件下黄土坡面养分随径流迁移试验[J]. 农业工程学报, 2006, 22 (6): 39-44.

[13] 李裕元. 坡地土壤磷素与水分迁移试验研究[D]. 杨凌: 西北农林科技大学, 2002.

[14] 杨丽娜, 范昊明, 郭成久, 等. 不同坡形坡面侵蚀规律试验研究[J]. 水土保持研究, 2007, 14 (4): 237-239.

[15] YOUNG R A, MUTCHLER C K. Effect of slope shape on erosion and runoff[J]. Transaction the ASAE, 1969, 12(2): 231-233.

[16] 于晓杰, 魏勇明. 不同坡形坡面侵蚀产沙过程的影响研究[J]. 水土保持研究, 2010, 17 (1): 97-100.

第5章　土壤结构改良与坡地物质传输

我国是水土流失比较严重的国家之一，2021年水利部提供的数据显示，全国水土流失面积为267.42万km²，西部地区水土流失面积为224.73万km²。在黄土高原地区，坡耕地面积占总耕地面积的71.3%，1999年黄土高原实施退耕还林（草）工程以来，开展大面积植树种草，虽然有很多地区如洛川、长武等已经将原坡耕地改造为人工经济林（如苹果林）或水土保持林（如刺槐林），但在大降雨强度下，现存坡地仍会出现严重的水土流失和氮、磷流失。氮、磷流失是造成农业面源污染的主要因素，而农业面源污染已经成为水体污染的主要原因。因此，减少水土流失、提高坡地保水保肥效能是增加农业生产量和减少面源污染的关键环节。

5.1　施加 PAM 与坡地物质传输

PAM 是一种新型高效的土壤结构改良剂，属线型高分子化合物，可溶于水且具有很强的黏聚作用，在全世界范围内得到广泛的研究与应用。尤其在水土流失严重的黄土高原地区，PAM 的作用显得更加重要。作为土壤结构改良剂，其增加土壤颗粒间凝聚力，提高土壤结构稳定性，增强土壤抗蚀能力，减少水土流失等作用已被诸多研究证实[1-4]。PAM 能够维护土壤团聚体的结构并形成新的团聚体，与水相互作用产生的黏聚作用能有效缓解雨滴对土壤表面打击作用并抑制结皮的形成，从而增加土壤的入渗能力，减少地表径流，防止水土流失。然而，对于不同坡度、土壤类型、不同 PAM 施量及施用方法，PAM 的作用效应差异较大，PAM 的保水、保土、保肥和增产效益也并未达成共识。也有研究认为，PAM 对土壤入渗率有着截然相反的效果，比如对于黄绵土而言，PAM 不但没有提高其入渗速度，反而降低了其入渗率[5]。张长保等[6]研究显示，砂黄土在不同 PAM 用量下均较对照表现出降低入渗率、增加径流，并有效减少土壤侵蚀等特征，其侵蚀量随 PAM 用量增加而减少。Lentz[7]指出 PAM 具有降低入渗或提高入渗作用，取决于 PAM 的类型、使用剂量、土壤类型及操作方法等。

虽有众多学者研究了 PAM 改良土壤结构，减缓水土流失的功效，但大多集中于 PAM 在入渗、产流、产沙等方面的影响效应。对于黄土高原沟壑区坡地，养分流失与水土流失并存，不同坡度的坡地水土流失与养分流失过程也存在差异，因此探求 PAM 对养分迁移与流失的影响尤为重要。通过室内人工降雨，探究 PAM 对不同坡度坡地的产流、产沙及氮磷流失的影响，为 PAM 在黄土高原地区坡地的应用及推广提供科学依据。

5.1.1　坡度对 PAM 调控坡地物质传输的影响

为了研究坡度对 PAM 调控坡地物质传输效果的影响,开展了室内人工模拟降雨试验。人工模拟降雨试验在黄土高原土壤侵蚀与旱地农业国家重点实验室模拟降雨大厅进行。试验土壤取自陕西省长武县耕地表层 0～20cm 的耕层土。土壤类型为黑垆土,颗粒组成中砂粒(粒径为 0.05～2mm)占 23.18%、粉粒(粒径为 0.002～0.05mm)占 43.17%、黏粒(粒径<0.002mm)占 33.65%。供试土壤有机质含量(质量分数)为 1.52%,硝态氮含量为 10.4mg/kg,铵态氮含量为 0.5mg/kg,速效磷含量为 5.2mg/kg。试验土槽长、宽、高分别为 2.00m、0.30m、0.550m。在试验过程中,土壤初始含水量控制在 0.10cm³/cm³ 左右,土壤容重为 1.3g/cm³。按 PAM 施量为 1.2g/m²,将 PAM 与土壤混合,均匀撒施于供试坡地土壤上。降雨强度设定为 114mm/h,降雨时间为 70min。坡度设计为 5°、15° 和 25°。

5.1.1.1　PAM 对产流和产沙过程的影响

降雨过程中,雨滴打击和径流冲刷造成坡耕地土壤侵蚀,土壤改良剂不仅能够改善土壤结构、促进团粒形成,而且能够蓄水保墒。施加土壤改良剂 PAM 后,坡地产流和产沙情况有所不同。图 5.1 为施加 PAM 条件下不同坡度的坡地产流和产沙过程。结果表明,不同坡度下坡地径流流量随径流时间的变化均先呈增加趋势,在 8～10min 径流流量趋于稳定。施加 PAM 时,5°、15° 坡地单位时间产流量均有明显增加,与不施加 PAM 时差异性显著($p<0.05$),稳定径流流量分别为 1.15L/min 和 1.17L/min,分别为不施加 PAM 的 1.13 和 1.03 倍;25° 坡地施加 PAM 后稳定径流流量为 0.80L/min,略低于不施加坡地的 0.90L/min,差异不显著。不同坡度施加 PAM 后总产流量增加程度为 5°>15°,这是因为坡地实际承雨面积随坡度的增加而减小,坡地贮水量也随之减少,PAM 以固体颗粒施于坡地,需吸水溶解后形成分子链之间的交错网络,其黏聚作用才能发挥功效,而 25° 坡地承接雨量最少,PAM 的凝聚作用较为缓慢。因此,25° 坡地稳定径流流量最低,总产流量也低于不施加 PAM 的坡地。

在产流开始 0～10min 内,初始产沙率较大,随后产沙率迅速减少并趋于稳定。因为降雨初期 PAM 与水作用不充分,PAM 尚未完全溶解,对坡地还没有形成保护,所以施加 PAM 的初始产沙率也较大。8min 以后,施加 PAM 与对照组产沙率出现差异,表明 PAM 发挥作用的时间为 8～10min。施加 PAM 与对照组中,在 15° 坡地下产沙率均达到最大,在 0～2min 内产沙率分别达到 118.9g/min(对照)和 149.1g/min(PAM)。施加 PAM 组,三个坡度坡地的稳定产沙率均在 24g/min 左右,低于对照组 15°(26.3g/min)和 25°(36.4g/min)坡地的稳定产沙率,但差异不显著,在 $p<0.05$ 水平上显著高于 5° 坡地的稳定产沙率(9.9g/min)。施加

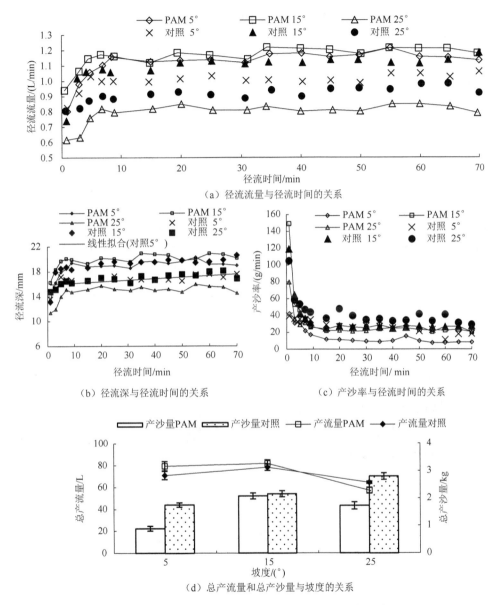

图 5.1　施加 PAM 条件下不同坡度的坡地产流和产沙过程

PAM 的 3 个坡度下，15°坡地的总产沙量最大，25°坡地的反而减小。与对照组相比，施加 PAM 的 5°和 25°坡地总产沙量均显著小于对照组（$p<0.05$），减沙率分别为 38.2%和 53.9%；而 15°坡地减沙率为 3.7%，差异不显著。

15°和 5°坡地施加 PAM 后稳定径流深为 19.2mm 和 18.6mm，比对照组略大，但无显著差异。由于在降雨过程中，土壤表面的 PAM 吸水膨胀后堵塞土壤孔隙，阻碍水分向下运移，且 PAM 具有黏聚作用，遇水后与表层土壤结合，形成了一层由 PAM、水和土壤组成的结构稳定的饱和层，使土壤入渗能力大大降低。对于 25°坡地，由于实际承雨面积最小，总产流量最少，PAM 发挥作用所需时间最长，因此稳定径流深仅为 14.3mm。

5.1.1.2　PAM 对径流中氮磷流失过程的影响

施加 PAM 后，坡地土壤物理状况发生改变，且 PAM 对不同坡度产流和产沙的影响程度不同，进而对土壤养分流失过程产生影响。此外，不同土壤养分的化学性质不同，流失情况也不尽相同。

图 5.2 显示了施加 PAM 时不同坡度的径流速效磷、硝态氮及铵态氮浓度随降雨时间的变化过程。结果表明，三种养分浓度变化均表现为初期径流中养分浓度较高，在产流 10min 内浓度迅速下降，10min 后基本达到稳定。从速效磷浓度变化趋势可以明显看出，施加 PAM 后径流中的速效磷浓度显著低于对照组的速效磷浓度（$p<0.05$），且 3 个坡度下的速效磷浓度稳定值非常接近，平均稳定速效磷浓度为 0.18mg/L。说明 PAM 对径流中速效磷浓度有削弱作用，但不受坡度变化的影响，

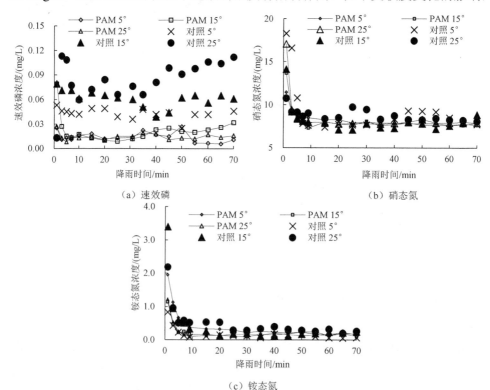

（a）速效磷　　　　　　　　　　　　　　（b）硝态氮

（c）铵态氮

图 5.2　施加 PAM 时不同坡度的径流速效磷、硝态氮及铵态氮浓度随降雨时间的变化过程

而对照组三个坡度的稳定径流速效磷浓度为 25°>15°>5°。由于 PAM 发挥了保土功效，抑制了细沟侵蚀的发生，避免表层土壤大量流失，表层以下的土壤养分很难向径流迁移[8]，径流速效磷浓度比对照组低。对照组无 PAM 保护，表层土壤易形成细沟，在雨滴不断打击和径流冲刷下，表层土壤团聚体被分解并逐渐被剥蚀，泥沙随径流大量流失，泥沙中的速效磷会向径流中不断释放，导致径流中的速效磷浓度较高。

径流中的硝态氮和铵态氮浓度随降雨时间的变化趋势表现为在 0～10min 先大幅度降低然后趋于稳定。由于硝态氮不易被土壤吸附，施加 PAM 后径流中的硝态氮稳定浓度与对照组稳定浓度差异不显著（$p>0.05$），说明 PAM 对硝态氮流失影响不明显。施加 PAM 的 3 个坡地铵态氮稳定浓度比较集中，介于 0.17～0.18mg/L，对照组 5°、15° 和 25° 坡地稳定浓度为 0.16mg/L、0.18mg/L 和 0.32mg/L，说明 PAM 对 5° 和 15° 坡地径流铵态氮浓度影响不明显。但 25° 坡地径流铵态氮浓度明显减小，减小幅度为 43.8%（$p<0.05$）。对照组 15° 和 25° 坡地径流铵态氮初始浓度均显著大于 PAM 组（$p<0.05$），说明 PAM 的施用能降低铵态氮初始流失浓度。

5.1.1.3　径流中氮、磷流失率及流失总量

径流中养分流失率取决于径流速率和养分浓度，施加土壤 PAM 不仅影响坡地径流速率，而且影响土壤养分的入渗和流失情况。图 5.3 显示了不同坡度施加 PAM 条件下径流中速效磷、硝态氮及铵态氮流失率随降雨时间的变化过程。速效磷流失率随着降雨时间的变化趋势与其浓度变化趋势一致，对照组 3 个坡度速效磷平均流失率大小为 25°>15°>5°，且存在显著差异（$p<0.05$），随坡度增加，速效磷平均流失率的递增幅度为 75% 和 14.3%，并且在整个径流过程中，速效磷流失率相对稳定，波动不大。施加 PAM 后，3 个坡度速效磷流失率显著低于对照组，15° 坡地在 0～5min 内，速效磷流失率迅速下降，降幅达到 71.4%，与该坡地径流中速效磷浓度迅速降低的趋势一致。硝态氮流失率随降雨时间的变化趋势与径流速率随降雨时间的变化相一致，表明硝态氮流失率主要受径流速率的影响，与径流中浓度的变化过程关系不明显。两组处理中，15° 坡地硝态氮稳定流失率均为最大，分别为 9.1mg/min（PAM）和 8.7mg/min（对照）。施加 PAM 后，25° 坡地硝态氮流失率显著低于对照组（$p<0.05$），其稳定流失率为 6.6mg/min。5° 和 15° 坡地硝态氮稳定流失率均高于对照组。因此，当坡地产流稳定后，施加 PAM 能有效降低 25° 坡地硝态氮流失率，但会增加 5° 和 15° 的硝态氮流失率，这与 PAM 对 3 个坡度下径流流量的影响一致。硝态氮易溶于水，不为土壤胶体吸附，随径流量的增大其流失量也增大。不同处理在 3 个坡度下铵态氮流失率随降雨时间的变化趋势一致，在 0～10min 内流失率减小，10min 后达到稳定。通过比较两组处理铵态氮稳定流失率的大小显示，对照组 25° 坡地的铵态氮流失率最大，5° 坡地最小；

施加 PAM 时，5°坡地的铵态氮流失率最大，25°坡地最小。PAM 对 15°坡地的铵态氮流失无显著影响，表明施加 PAM 对陡坡 25°坡地的铵态氮流失有显著减小作用（$p<0.05$），减小幅度为 60.05%。施加 PAM 时，5°坡地的铵态氮稳定流失率为对照组 5°坡地的 2.6 倍，与 5°坡地的总产沙量变化一致。

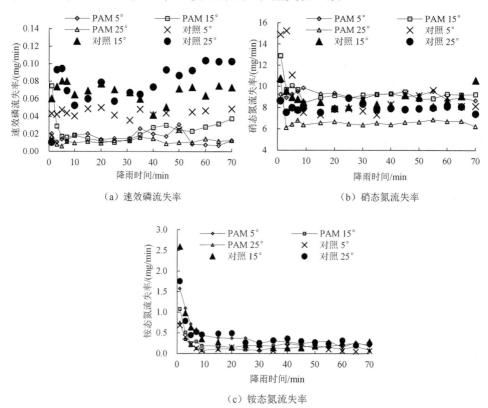

（a）速效磷流失率　　　　　　　　　　（b）硝态氮流失率

（c）铵态氮流失率

图 5.3　不同坡度施加 PAM 条件下径流速效磷、硝态氮及铵态氮流失率随降雨时间的变化

图 5.4 显示了不同坡度施加 PAM 条件下径流速效磷、硝态氮及铵态氮流失总量的变化特征。结果表明，施加 PAM 的 3 组坡地速效磷流失总量最大的为 15°坡地，达到 1.7mg；对照组 25°坡地流失总量最大达到 5.6mg。施加 PAM 的 3 组坡地产沙量小于对照组，径流中随泥沙解吸进入液体的溶解态磷也随着径流挟沙量的减少而减少，施加 PAM 后速效磷流失总量均极显著小于对照组（$p<0.01$），减小幅度分别为 5°坡地减少了 77.6%，15°坡地减少了 64.5%，25°坡地减少了 85.1%。对于 5°和 15°坡地，施加 PAM 后，随径流的硝态氮流失总量大于对照组，增加量为 37.8mg 和 42.2mg，分别占对照坡地流失总量的 5.5%和 6.1%。施加 PAM 的 15°坡地和 25°坡地相比，随着坡度的增加，硝态氮流失总量明显下降。PAM 处理后的硝态氮流失总量与径流量随坡度增大均显著下降（$p<0.05$）。此外，在 15°

坡地和 25°坡地，不同处理下的硝态氮流失量曲线发生交叉，交叉点出现在 20°之前，说明施加 PAM 后径流硝态氮流失总量随着坡度的增大呈先增加后减少趋势，并在 15°～20°存在 PAM 对硝态氮影响作用的转折坡度值。施加 PAM 后的 25°坡地硝态氮流失总量显著少于对照组（$p<0.05$），减少幅度为 17.9%，说明 PAM 有助于减少陡坡硝态氮的流失。产流开始时施加 PAM 的 5°坡地径流铵态氮流失总量远远高于对照组（$p<0.01$），达到对照组的 2.8 倍。对于 15°和 25°坡地，PAM 组铵态氮随径流流失总量小于对照组，其中，25°坡地的减少作用最大，减少幅度达到 60.8%，与对照组存在极显著差异（$p<0.01$）。因此，在 15°坡地和 25°坡地，PAM 能够明显减少铵态氮随径流的流失量，且减少幅度随坡度的增加而增大。

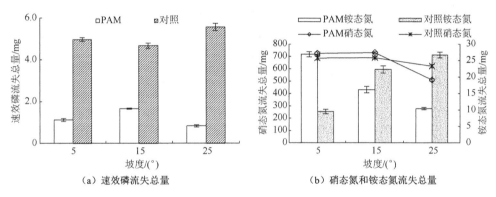

（a）速效磷流失总量　　　　　（b）硝态氮和铵态氮流失总量

图 5.4　不同坡度施加 PAM 条件下径流速效磷、硝态氮及铵态氮流失总量的变化

5.1.1.4　土壤水分和养分垂直分布特征

图 5.5 显示了施加 PAM 对土壤水分和养分垂直分布的影响。结果表明，表层土壤施加 PAM 后土壤入渗状况发生了变化。在 0～6cm 土层深度，施加 PAM 的坡地土壤含水量随土层深度增加而减小的幅度不大，并小于对照坡地的减小趋势。随着土层深度的增加，两种处理的土壤含水量急剧减少，但在 10～12cm 土层中，施加 PAM 的 3 个坡地土壤含水量高于对照坡地，因此施加 PAM 会影响土壤水分的再分布过程。由于 PAM 具有较强的持水性，可以降低土壤水分的深层渗漏，进而也会影响土壤养分的淋溶迁移。不同处理方式下湿润层内土壤速效磷含量随土层深度变化并无明显差异，整体呈现随土层深度增加速效磷含量减少的趋势，但减小幅度并不大。这是因为磷容易被土壤固定，很少向土壤深层迁移，其淋溶流失率比氮流失率小，湿润锋深度内速效磷含量的垂直分布差异不显著。施加 PAM 后的 5°和 25°坡地，在 0～7cm 土层内，速效磷含量稳定在 7～8mg/kg，其含量高于对照组，且减小幅度小于对照组。对于 15°坡地，速效磷含量随土层深度变化趋势与对照组相比，没有明显不同。因此，对于缓坡和陡坡，施加 PAM

能明显增加土壤对速效磷的固持能力，减少 0～7cm 土层速效磷随水下移，起到抗淋溶作用。对于硝态氮，施加 PAM 与对照组坡地都发生向下淋溶，但淋溶程度随土层深度变化过程不同。从图中可以看出，在 0～6cm 土层深度，两种处理下的硝态氮均发生明显的向下淋溶，除了在 0～4cm 土层 PAM 组硝态氮含量高于对照组外，2cm 土层深度以下的淋溶趋势一致，无明显差异，但在 6cm 土层深度内 PAM 组硝态氮总含量高于对照组。在 6～10cm 土层深度，土壤硝态氮含量增加，硝态氮发生积累，且对照组硝态氮含量大于 PAM 组。由此说明，对照组硝态氮向下淋溶量大于 PAM 组，施加 PAM 后减少了 3 个坡度，坡地 0～6cm 土层硝态氮向下淋失。在整个湿润层内，铵态氮含量随土层深度的增加而减少，对照组 3 个坡地与 PAM 组 3 个坡地铵态氮含量变化趋势无明显差异。但是，PAM 组 5° 和 25° 两个坡地铵态氮含量大多高于对照组，而 15° 坡地铵态氮含量则小于对照组，PAM 能够减少缓坡和陡坡铵态氮的挥发损失和淋失。

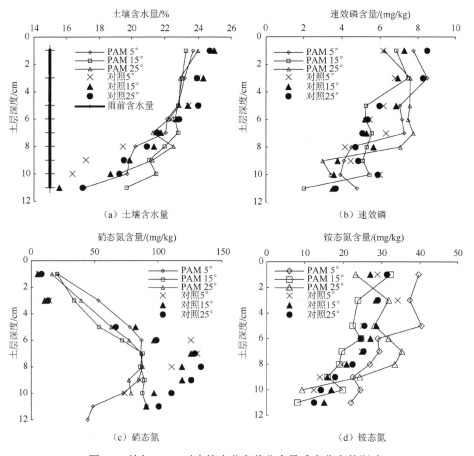

图 5.5　施加 PAM 对土壤水分和养分含量垂直分布的影响

5.1.2　PAM 施量对坡地物质传输的影响

为了研究 PAM 施量对坡地物质传输的影响,开展了田间人工降雨试验研究工作。试验在内蒙古自治区呼和浩特市和林格尔县野外径流小区进行。土壤容重为 $1.55g/cm^3$,表层土壤测定颗粒组成和养分状况,具体如表 5.1 和表 5.2 所示。

表 5.1　供试土壤颗粒组成

土壤颗粒组成/%							土壤质地
0.5~1.0mm	0.25~0.5mm	0.05~0.25mm	0.01~0.05mm	0.005~0.01mm	0.001~0.005mm	<0.001mm	
1.61	4.84	78.75	5.5	2.5	2	4.8	砂壤土

表 5.2　供试土壤养分状况

pH	有机质含量/(g/kg)	全氮含量/(g/kg)	全磷含量/(g/kg)	全钾含量/(g/kg)	速效磷含量/(mg/kg)	有效氮含量/(mg/kg)	有效钾含量/(mg/kg)
8.5	2.85	0.38	0.35	18.1	2.98	29.1	48.2

试验设计 5 个 PAM 施量,分别为 0、$0.5g/m^2$、$1g/m^2$、$2g/m^2$、$4g/m^2$,标记为 PAM0、PAM0.5、PAM1、PAM2、PAM4。试验小区坡度设计为 5°,宽度为 0.8m,坡长为 5m。在试验前将 PAM 粉末按设计水平的用量(与适量细土均匀拌合)均匀干撒于试验坡地表面。人工模拟降雨采用喷灌系统模拟降雨系统,降雨高度为 3m,设计 3 个降雨强度(30mm/h、60mm/h、90mm/h)。

5.1.2.1　PAM 施量对入渗产流过程的影响

入渗是影响降雨产流最重要的过程之一,也是实施水土保持规划需要认真考虑的重要因素。但是雨滴的冲击作用会导致土壤团聚体的分散,形成细小的土壤颗粒,使土壤变得更加密实,从而减小土壤的入渗能力。通常大于土壤入渗率的降雨都会形成径流,径流中悬浮颗粒的沉积堵塞了土壤表面的孔隙。使土壤表面形成一层 2~3mm 的薄层,即土壤结皮层,它具有更大的密度,更细的孔隙,更低的导水性。它能显著地减小土壤的入渗率,增大地表的径流量。在土壤表面施入土壤改良剂和补充一定量的电解质可防止土壤形成结皮。

坡地降雨入渗过程可分为三个阶段:①初渗阶段,此时的土壤入渗能力大于降雨强度,全部降雨就地入渗,地表无径流产生,入渗率等于降雨强度;②入渗减退阶段,当表土已经饱和,地表开始积水,此时的土壤入渗率衰退,并随土壤含水量的增加而减少;③稳渗阶段,此时入渗已经达到稳渗,基本保持稳定状态。

1. PAM 施量对初始产流时间的影响

表 5.3 显示了 PAM 施量对初始产流时间的影响。从表中可知,在降雨强度相同的情况下,施用 PAM 处理后,绝大部分坡地的初始产流时间均滞后于对照处理。

当 PAM 施量为 $1g/m^2$ 且降雨强度为 30mm/h 和 60mm/h 时，初始产流时间分别较对照处理滞后 9.02min 和 2.49min；当 PAM 施量为 $2g/m^2$ 且降雨强度为 90mm/h 时，初始产流时间较对照处理滞后 1.98min。

表 5.3　PAM 施量对初始产流时间的影响　　　　　（单位：min）

降雨强度/	PAM 施量				
(mm/h)	0	$0.5g/m^2$	$1g/m^2$	$2g/m^2$	$4g/m^2$
30	17.07	20.05	26.09	14.72	13.02
60	4.33	5.20	6.82	5.20	6.78
90	3.33	4.15	4.93	5.31	6.40

初始产流时间 t_p 与平均降雨强度和坡度存在如下关系：

$$t_p = c_1 r_p^{c_2} e^{c_3(1-\sin\alpha)} \tag{5.1}$$

式中，c_1、c_2、c_3 为随土壤类型、植被条件和坡度等变化的参数；r_p 为平均降雨强度(mm/h)；α 为坡度。

采用式（5.1）对本小节试验的降雨资料进行分析，本小节试验未设坡度变量，因此不考虑式中的 α，c_1 和 $e^{c_3(1-\sin\alpha)}$ 可以合并成一个参数 c_4，则式（5.1）简化为 $t_p = c_4 r_p^{c_2}$，t_p 与 I 呈幂函数关系，具体拟合参数见表 5.4。不论施加 PAM 与否，降雨初始产流时间与降雨强度呈幂函数关系。对不同施量的 PAM 处理来说，$2g/m^2$ 和 $4g/m^2$ 处理的 c_2 值明显大于其他处理。可见在该浓度范围内，初始产流时间在降雨强度 60mm/h 和 90mm/h 内变化不大。

表 5.4　降雨强度与初始产流时间的函数关系参数

PAM 施量/	$t_p = c_4 r_p^{c_2}$		
(g/m^2)	c_4	c_2	R^2
0	3045	−1.54	0.95
0.5	2913	−1.48	0.94
1	4932	−1.59	0.96
2	387.6	−0.99	0.85
4	124.4	−0.67	0.91

2. PAM 施量对总径流量的影响

图 5.6 显示了 PAM 施量对总径流量的影响。结果表明，相同降雨强度下，随 PAM 施量的增加总径流量呈先减小后增大的规律。在 60mm/h、90mm/h 降雨强度下，PAM 施量为 $2g/m^2$ 时的总径流量最小，分别较对照处理减小了 7.3%、16.3%；在 30mm/h 降雨强度下，PAM 施量为 $1g/m^2$ 时的总径流量最小，较对照处理减少了 17.2%。在 30mm/h 和 60mm/h 降雨强度下，PAM 施量为 $4g/m^2$ 时的总径流量

都高于对照处理，而在 90mm/h 降雨强度下的总径流量则低于对照处理，但其大于相同降雨强度下 PAM 施量为 2g/m² 时的总径流量。在 PAM 施量较高时，PAM 虽然能改善土壤结构，减少结皮的产生，但未与土壤颗粒相互吸附的 PAM 长分子链会堵塞土壤空隙，从而导致土壤入渗量减小，总径流量增大。

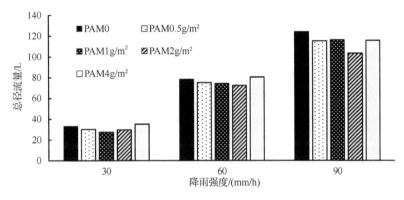

图 5.6 PAM 施量对总径流量的影响

将不同降雨强度下的 PAM 施量和总径流量进行拟合，发现二次函数拟合效果较好，然后对拟合函数求导，求出极值点。表 5.5 显示了 PAM 施量与总径流量的函数关系。发现随降雨强度的增大，其极值点也增大，即降雨强度越大，减小总径流量的 PAM 合理施量也随之增大。降雨强度较小时，PAM 溶解时间较长，溶解得较充分，从而与土壤混合充分，且降雨强度较小时 PAM 流失量也较小，因此在小降雨强度下减小径流量的 PAM 最佳施量小于大降雨强度。黄土高原地区水蚀主要是大暴雨引起的，在该区施用 PAM 时应适当提高 PAM 施量。

表 5.5 PAM 施量(W_{PAM})与总径流量(R_s)的函数关系

降雨强度/(mm/h)	关系式	决定系数 R^2	极值点
30	$W_{PAM} = 1.308R_s^2 - 4.501R_s + 32.16$	0.84	1.72
60	$W_{PAM} = 1.649R_s^2 - 5.985R_s + 78.03$	0.98	1.82
90	$W_{PAM} = 3.433R_s^2 - 15.96R_s + 124.4$	0.86	2.32

3. PAM 施量对坡地降雨径流过程的影响

图 5.7 显示了不同降雨强度下 PAM 施量对径流速率的影响。结果表明，随着降雨时间的延长，径流速率逐渐增大，并趋向一个稳定值。在 30mm/h 降雨强度下且 PAM 施量为 0.5g/m²、1g/m² 时，径流速率都低于对照处理，而 PAM 施量为 2g/m² 处理的径流速率与对照处理非常接近，PAM 施量为 4g/m² 处理的径流速率高于对照处理。当降雨强度为 60mm/h 和 90mm/h 时，PAM 处理组的径流速率大都低于对照处理。表 5.6 为不同 PAM 施量下径流量差异显著性的 t 检验结果，从

表 5.6 中可知，在降雨强度为 30mm/h 时，不施 PAM 与 PAM 施量为 0.5g/m² 处理的径流量有显著差异；PAM 施量为 0.5g/m² 与 4g/m²、PAM 施量为 1g/m² 与 2g/m² 处理的径流量有显著差异；1g/m² 处理的径流量与不施 PAM 和施用量为 0.5g/m²、4g/m² 处理的径流量都有极显著差异。在降雨强度为 60mm/h 时，不施 PAM 处理与施用 2g/m² 处理的径流量有显著差异；施用浓度为 4g/m² 处理的径流量与施用量为 0.5g/m²、1g/m² 和 2g/m² 处理的径流量有极显著差异。在降雨强度为 90mm/h 时，不施 PAM 处理与施用量为 0.5g/m² 和 2g/m²PAM 处理的径流量有极显著差异；不施 PAM 处理与施用量为 1g/m² 和施用量为 1g/m² 与施用量为 2g/m² 处理的径流量有显著差异。

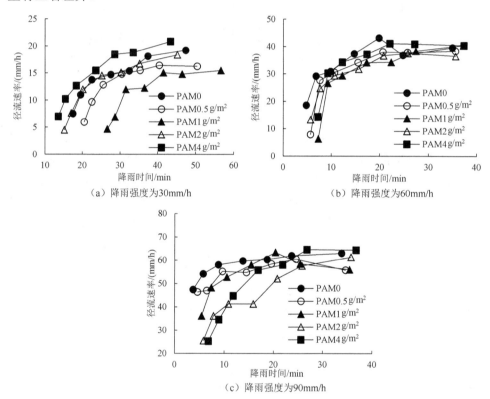

图 5.7　不同降雨强度下 PAM 施量对径流速率的影响

表 5.6　不同 PAM 施量下径流量差异显著性的 *t* 检验结果（$\alpha=0.05$）

PAM 施量/(g/m²)	降雨强度/(mm/h)		
	30	60	90
0-0.5	*	N	**
0-1	**	N	*

PAM 施量/(g/m^2)	降雨强度/(mm/h)		
	30	60	90
0-2	N	*	**
0-4	N	N	N
0.5-1	**	N	N
0.5-2	N	N	N
0.5-4	*	**	N
1-2	*	N	*
1-4	**	**	N
2-4	**	**	N

注：N 表示不显著，*表示显著，**表示极显著。

用指数函数 $f = y_0 + a\mathrm{e}^{-bt}$（$f$ 为入渗率，t 为时间）对入渗数据进行拟合，入渗公式参数拟合结果如表 5.7 所示，其决定系数 R^2 均大于 0.8，表明拟合效果较好。

表 5.7　入渗公式参数拟合结果

降雨强度/(mm/h)	PAM 施量/(g/m^2)	y_0	a	b	R^2
	0	10.80	64.49	0.10	0.95
	0.5	13.79	773.15	0.21	0.99
30	1	14.51	951.87	0.17	0.97
	2	11.89	93.45	0.13	0.98
	4	8.57	52.17	0.10	0.99
	0	19.28	53.87	0.22	0.91
	0.5	21.84	306.30	0.44	0.96
60	1	22.11	500.53	0.40	0.94
	2	21.87	68.81	0.22	0.97
	4	19.03	357.07	0.38	0.97
	0	28.15	37.66	0.25	0.97
	0.5	31.89	31.47	0.19	0.85
90	1	31.02	122.04	0.31	0.93
	2	21.78	55.88	0.06	0.95
	4	24.19	102.40	0.13	0.99

图 5.8 显示了不同降雨强度下 PAM 施量对稳定入渗率的影响。结果表明，随降雨强度的增大稳定入渗率呈增大趋势，随 PAM 施量的增大稳定入渗率呈先增大后减小的规律。不同降雨强度下，PAM 施量为 1g/m^2 处理的稳定入渗率最大。将三种降雨强度的稳定入渗率用二次函数进行拟合，其拟合效果较好，决定系数 R^2 均大于 0.8。用数学方法求出极值点对应的 PAM 施量为 1.73g/m^2。

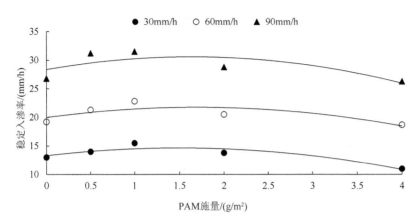

图 5.8　不同降雨强度下 PAM 施量对稳定入渗率的影响

5.1.2.2　PAM 施量对产沙特征的影响

对于特定的土壤，用适量 PAM 作为土壤结构改良剂或稳定剂，可以增加表层土壤颗粒之间的凝聚力，维护良好的地表土壤结构，防止土壤结皮，增加土壤入渗率，减少地表径流，从而防止或显著减少土壤侵蚀。

1. PAM 施量对产沙过程的影响

图 5.9 显示了不同降雨强度下 PAM 施量对径流含沙率的影响。结果表明，各处理的含沙率呈先减小后增大的趋势。这主要是因为原始坡地较干燥，表土松散，相互黏结力小，降雨击溅及径流冲刷很容易剥蚀土壤表层颗粒，产流初期含沙率较大。随着降雨历时的推移，由于雨滴击溅、土壤含水量变化等因素使土粒之间发生变化，土壤黏结力加强，径流含沙率减小。后期伴随着坡地径流和流速的不断增大，坡地径流侵蚀力逐渐超过土壤表土的抗蚀力，土壤表面颗粒就会被均匀剥离，使含沙率不断增加。降雨强度越大，产流后出现含沙率增加过程的时间越提前。这是由于降雨强度越大，产流开始后径流量越大，对表土的侵蚀能力越大。PAM 施量为 $2g/m^2$ 处理的含沙率基本都低于对照处理。

表 5.8 为不同 PAM 施量下径流含沙率差异显著性的 t 检验。发现不施加 PAM 与 PAM 施量为 $0.5g/m^2$ 和 $1g/m^2$ 的含沙率差异不显著；在降雨强度为 30mm/h，不施 PAM 与 PAM 施量为 $4g/m^2$ 时的坡地径流含沙率在三种降雨强度下均达到极显著差异；在降雨强度为 60mm/h 和 90mm/h 时，不施 PAM 与施量为 $2g/m^2$ 和 $4g/m^2$ 处理时的坡地径流含沙率与对照下都达到显著或极显著差异。

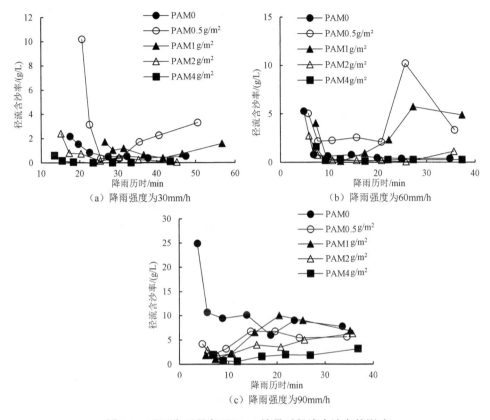

图 5.9　不同降雨强度下 PAM 施量对径流含沙率的影响

表 5.8　不同 PAM 施量下径流含沙率差异显著性的 t 检验（$\alpha = 0.05$）

PAM 施量/(g/m^2)	降雨强度/(mm/h)		
	30	60	90
0-0.5	N	N	N
0-1	N	N	N
0-2	N	**	*
0-4	**	**	**
0.5-1	N	N	N

注：N 表示不显著，*表示显著，**表示极显著。

2. PAM 施量对总产沙量的影响

总产沙量是反映坡地侵蚀程度的一个重要指标，尤其对坡地养分流失量有重要影响。图 5.10 为三种降雨强度下 PAM 施量对总产沙量的影响。可以看出，PAM施量为 2g/m^2、4g/m^2 时，总产沙量明显低于对照处理，在较小降雨强度时总产沙量高于对照处理。对于 90mm/h 降雨强度，施用 PAM 后总产沙量低于对照处理。

由此可见，对于干旱地区坡地施用 PAM 后，当 PAM 施量为 0.5～1g/m² 时，能够减少坡地降雨产流，增加土壤入渗，但却增加了表土流失；当 PAM 施量较大时（如 4g/m²），能够有效地减少总产沙量，但其径流量有所增加；当 PAM 施量为 2g/m² 时，既能够减少坡地降雨产流、增加土壤入渗，又减少了表土流失。

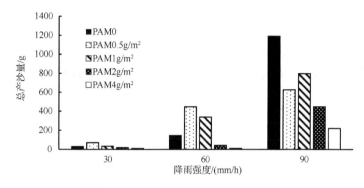

图 5.10　PAM 施量对总产沙量的影响

5.1.2.3　PAM 施量对坡地养分流失的影响

农业面源污染中流失的氮、磷是水体富营养化的主要来源，坡地养分流失不仅造成坡耕地肥力下降，同时造成水体污染，引起农业面源污染。因此，如何防止黄土坡地土壤侵蚀，保持土壤潜在生产力，促进农业持续发展，成为人们日益关注的问题。PAM 作为一种土壤改良剂能有效地减少地表径流和土壤侵蚀，从而间接控制坡地养分的流失。

1. PAM 施量对径流氮流失的影响

图 5.11 显示了不同降雨强度下 PAM 施量对径流总氮浓度的影响。结果表明，各处理的径流总氮浓度随时间的推移呈递减趋势直至稳定，同时 PAM 处理下的初始径流总氮浓度都高于对照处理。在降雨强度为 30mm/h 条件下，产流初期 0～5min，径流总氮浓度为 0.75～2.80mg/L；4g/m² 的 PAM 施量下，径流中总氮浓度在整个径流过程都大于对照处理。降雨强度为 60mm/h 时，4g/m² 的 PAM 施量下产流初期的径流总氮浓度高于其他处理；其他 PAM 施量下，径流总氮浓度在产流开始时均大于对照处理；降雨后期 PAM 施量为 0.5g/m²、1g/m² 的径流总氮浓度均高于其他处理 1～3 倍；PAM 施量为 2g/m² 处理下径流总氮浓度在产流第 5min 以后一直低于对照处理；PAM 施量为 4g/m² 的处理在降雨后期径流总氮浓度也处于较低水平，其浓度与对照处理非常接近。降雨强度为 90mm/h 时，在降雨初期各个 PAM 处理的径流总氮浓度均高于对照处理，尤其是施量为 0.5g/m²、1g/m² 和 4g/m² 处理下，均高于对照处理的 2 倍以上；PAM 施量为 2g/m² 处理下径流中总氮浓度在 20～30min 的稳定时段大约为对照处理总氮浓度的 60%。

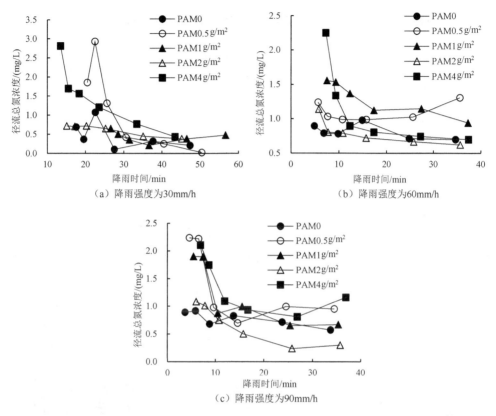

图 5.11　不同降雨强度下 PAM 施量对径流总氮浓度的影响

表 5.9 为不同 PAM 施量下径流总氮浓度差异显著性的 t 检验结果。结果表明，不施 PAM 与 PAM 施量为 0.5g/m² 和 1g/m² 的径流总氮浓度差异均不显著；在降雨强度为 30mm/h 和 90mm/h 时，施量为 4g/m² 处理与其他处理的径流总氮浓度都达到显著或极显著差异；在降雨强度为 60mm/h 时，施量为 2g/m² 和 4g/m² 处理的径流总氮浓度与其他处理的径流总氮浓度都有显著或极显著差异。

图 5.12 显示了 PAM 施量对径流总氮浓度和总氮流失总量的影响。结果表明，径流总氮浓度随 PAM 施量的变化呈先增大后减小再增大的规律。径流总氮流失总量为径流总氮浓度和总径流量的乘积，从图 5.12 可以看出，径流总氮流失总量规律与径流总氮浓度规律一致。30mm/h 降雨强度下，PAM 施量为 1g/m² 处理的径流总氮流失总量最小，较对照处理减小了 16.0%；而在 60mm/h 和 90mm/h 降雨强度下，PAM 施量为 2g/m² 处理的径流总氮流失总量最小，分别较对照处理减少了 15.4% 和 42.2%。

表 5.9　不同 PAM 施量下径流总氮浓度差异显著性的 *t* 检验结果（ $\alpha = 0.05$ ）

PAM 施量/(g/m²)	降雨强度/(mm/h)		
	30	60	90
0-0.5	N	N	N
0-1	N	N	N
0-2	N	**	*
0-4	**	**	**
0.5-1	N	N	N
0.5-2	N	*	N
0.5-4	*	**	**
1-2	N	*	N
1-4	**	**	*
2-4	*	N	**

注：N 表示不显著，*表示显著，**表示极显著。

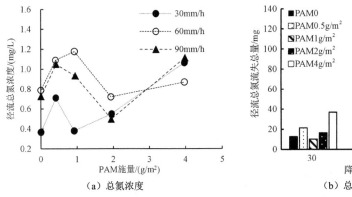

（a）总氮浓度　　　　　（b）总氮流失总量

图 5.12　PAM 施量对径流总氮浓度和总氮流失总量的影响

图 5.13 为 PAM 施量对泥沙总氮浓度和总氮流失总量的影响。从图 5.13（a）可知，在降雨强度为 90mm/h 时泥沙总氮浓度变化较小，在 0.32g/kg 左右。降雨强度为 60mm/h 时，对照处理的泥沙总氮浓度高于 PAM 处理组，其浓度为 0.64g/kg，PAM 处理组的泥沙总氮浓度在 0.3～0.4g/kg 波动变化，对照处理的泥沙总氮浓度约为施加 PAM 组泥沙总氮浓度的 2 倍。泥沙总氮流失总量的大小取决于泥沙总氮浓度和泥沙流失总量。从图 5.13（b）可知，在不同降雨强度下，施加 PAM 的泥沙总氮流失总量存在差异，与泥沙流失总量规律一致。降雨强度为 90mm/h 时，PAM 施量为 2g/m²、4g/m² 处理的泥沙总氮流失总量分别为对照处理的 50.2%和 18.4%；在降雨强度为 60mm/h 时，0.5g/m²、1g/m² 处理的泥沙总氮流失总量高于对照处理；而 PAM 施量为 2g/m²、4g/m² 处理的泥沙总氮流失总量显著低于对照处理，分别为对照处理的 14.3%和 2%。

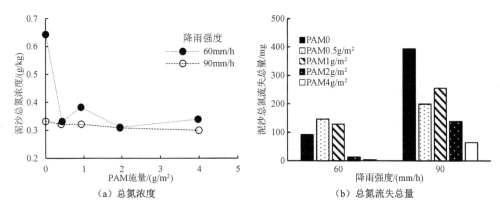

图 5.13　PAM 施量对泥沙总氮浓度和总氮流失总量的影响

图 5.14 为 PAM 施量对泥沙有效氮浓度和有效氮流失总量的影响。从图 5.14（a）可知，泥沙有效氮浓度随 PAM 施量的增大呈先减小后增大再减小的趋势。在降雨强度为 60mm/h 时，施加 PAM 的泥沙有效氮浓度都低于对照处理；降雨强度为 90mm/h 时，泥沙有效氮浓度波动范围大于降雨强度为 60mm/h 时。从图 5.14（b）可知，不同 PAM 施量的泥沙有效氮流失总量在降雨强度为 90mm/h 时，各个施加 PAM 组都低于对照处理，其中 0.5g/m² 和 4g/m² 的 PAM 处理明显低于对照处理，分别为对照处理的 44.3%和 23.2%；降雨强度为 60mm/h 时，PAM 施量为 0.5g/m² 和 1g/m² 都高于对照处理，分别较对照处理的泥沙有效氮流失总量增加了 28.7% 和 15.8%；PAM 施量为 2g/m² 和 4g/m² 处理的泥沙有效氮流失总量明显低于对照处理，尤其是 PAM 施量为 4g/m² 的泥沙有效氮流失总量不足对照处理的 2%。

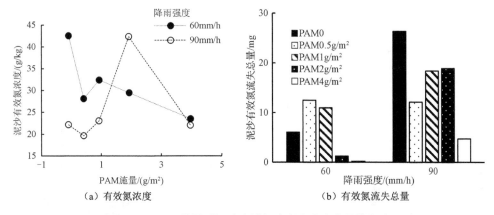

图 5.14　PAM 施量对泥沙有效氮浓度和流失总量的影响

2. PAM 施量对径流磷流失的影响

图 5.15 显示了不同 PAM 施量时径流总磷浓度随降雨历时的变化。结果表明，

相同降雨强度下施加 PAM 对径流总磷浓度的影响不大。图 5.16 显示了 PAM 施量对径流总磷浓度和总磷流失总量的影响。结果表明，不同降雨强度下，径流总磷浓度随 PAM 施量的增大呈先减小后增大再减小的趋势，降雨强度越大总磷浓度越大。由于降雨强度越大产沙量越大，径流与土壤混合越多，径流中水溶性磷越多，径流中总磷浓度越大。

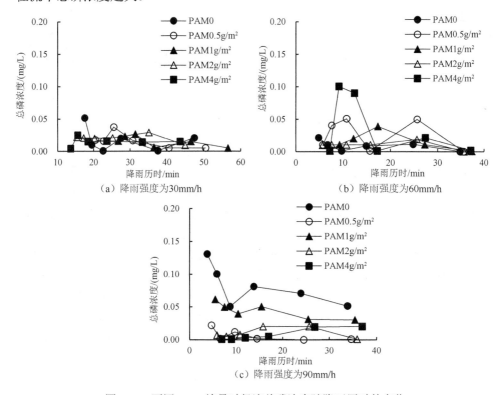

图 5.15　不同 PAM 施量时径流总磷浓度随降雨历时的变化

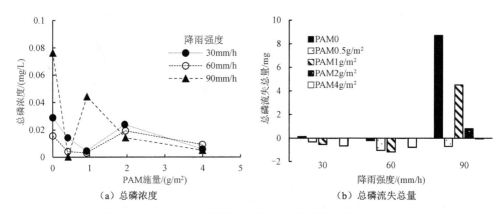

图 5.16　PAM 施量对径流总磷浓度和总磷流失总量的影响

图 5.17 显示了 PAM 施量对泥沙总磷浓度及总磷流失总量的影响。结果表明，各处理下的泥沙总磷浓度差异不大，均在 0.25～0.35g/kg。PAM 对泥沙总磷流失总量的影响取决于 PAM 对泥沙流失总量的影响。

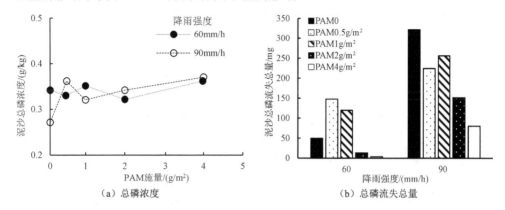

图 5.17　PAM 施量对泥沙总磷浓度及流失总量的影响

图 5.18 显示了 PAM 施量对泥沙速效磷浓度及速效磷流失总量的影响。从图 5.18（a）可知，PAM 处理组泥沙中速效磷浓度都低于对照处理中泥沙速效磷浓度，表明 PAM 能够有效减小泥沙中速效磷的流失。降雨强度为 60mm/h、PAM 施量为 2g/m² 时，泥沙速效磷浓度为对照处理的 15.6%；降雨强度为 90mm/h、PAM 施量为 1g/m² 时，泥沙速效磷浓度为对照处理的 24.9%。从图 5.18（b）可知，降雨强度为 90mm/h 时，各个 PAM 处理组的泥沙速效磷流失总量都低于对照处理；降雨强度为 60mm/h 时，0.5g/m²、1g/m²PAM 处理的泥沙速效磷流失总量大于对照处理，其他 PAM 处理都小于对照处理；在 PAM 施量≥2g/m² 时，泥沙速效磷流失总量都远低于对照处理。

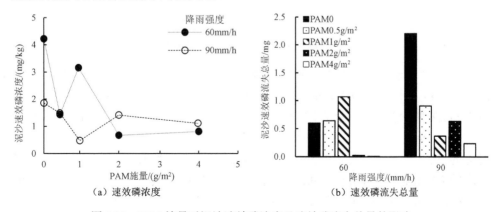

图 5.18　PAM 施量对泥沙速效磷浓度及速效磷流失总量的影响

3．PAM 施量对径流钾离子流失的影响

图 5.19 显示了 PAM 施量对径流钾离子浓度的影响。结果表明，在降雨强度为 30mm/h 条件下，PAM 施量为 4g/m² 时的径流钾离子浓度在整个降雨过程都低于对照处理；降雨强度为 60mm/h 和 90mm/h 时，径流钾离子浓度随降雨时间变化规律不明显。

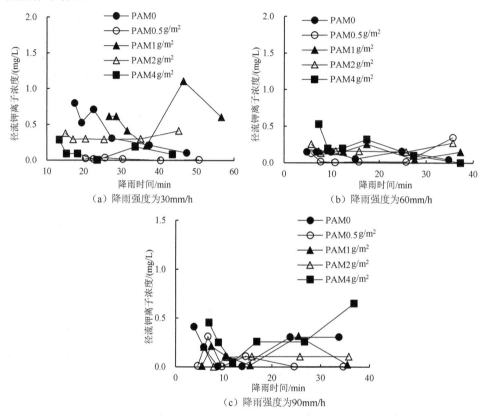

（a）降雨强度为30mm/h　　　　　　　（b）降雨强度为60mm/h

（c）降雨强度为90mm/h

图 5.19　PAM 施量对径流钾离子浓度的影响

图 5.20 显示了 PAM 施量对径流钾离子浓度及钾离子流失总量的影响。从图 5.20（a）可知，不同降雨强度下径流钾离子浓度随 PAM 施量变化规律不一致。在 30mm/h 降雨强度下，除了 PAM 施量为 1g/m² 处理的钾离子浓度高于对照处理外，其他 PAM 处理都低于对照处理。不同降雨强度下，径流钾离子浓度最小值对应的 PAM 施量不一样，30mm/h 和 60mm/h 降雨强度时径流钾离子浓度最小值对应的 PAM 施量为 4g/m²，90mm/h 对应 PAM 施量为 1g/m²。从 5.20（b）可知，在 60mm/h 和 90mm/h 降雨强度下，径流钾离子流失总量的最小值分别对应的 PAM 施量为 0.5g/m² 和 1g/m²。

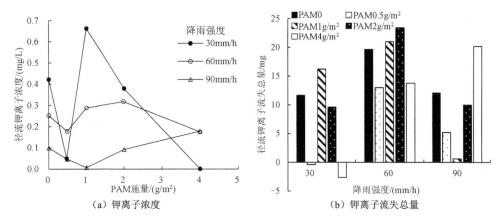

图 5.20　PAM 施量对径流钾离子浓度及钾离子流失总量的影响

图 5.21 显示了 PAM 对泥沙全钾浓度及全钾流失总量的影响。结果表明，泥沙中全钾浓度随 PAM 施量变化较大，大致在 20.5～72.7g/kg。在 60mm/h 降雨强度下，泥沙中全钾浓度随 PAM 施量呈先增大后减小的趋势，其中 PAM 施量为 0.5g/m²、1g/m² 和 2g/m² 处理的泥沙全钾浓度大于对照处理，其他 PAM 施量处理反之；在 90mm/h 降雨强度下，PAM 施量为 1g/m² 处理的泥沙全钾浓度大于对照处理，其他 PAM 施量处理反之。泥沙全钾流失总量与总产沙量（图 5.10）规律一致，当 PAM 浓度大于 2g/m² 时，泥沙全钾流失总量明显低于对照处理，较对照处理减少 76.0%～90.0%。

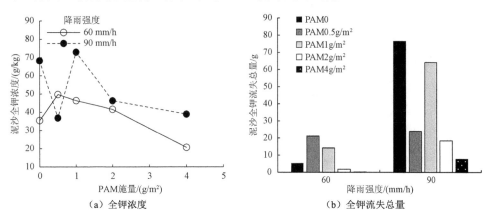

图 5.21　PAM 施量对泥沙全钾浓度及流失总量的影响

图 5.22 显示了 PAM 施量对泥沙速效钾浓度及速效钾流失总量的影响。结果表明，泥沙中速效钾浓度随 PAM 施量变化较小，大致在 18.7～22.5g/kg。在 60mm/h 降雨强度下，泥沙中速效钾浓度随 PAM 施量呈先增大后减小的趋势，PAM 施量处理的泥沙速效钾浓度均大于对照处理；在 90mm/h 降雨强度下，PAM 施量为 2g/m² 和 4g/m² 处理的泥沙速效钾浓度大于对照处理，其他 PAM 施量处理反之。

泥沙全钾流失总量与总产沙量（图 5.10）规律一致，当 PAM 浓度大于 $2g/m^2$ 时，泥沙速效钾流失总量明显低于对照处理，较对照处理减少 59.3%～81.1%。

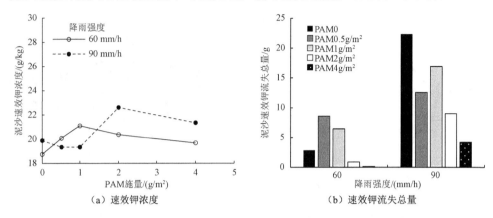

图 5.22　PAM 施量对泥沙速效钾浓度及速效钾流失总量的影响

4. 泥沙养分流失量与含沙率的关系

图 5.23 为施加 PAM 条件下养分流失总量与径流含沙率的关系，通过对数据进

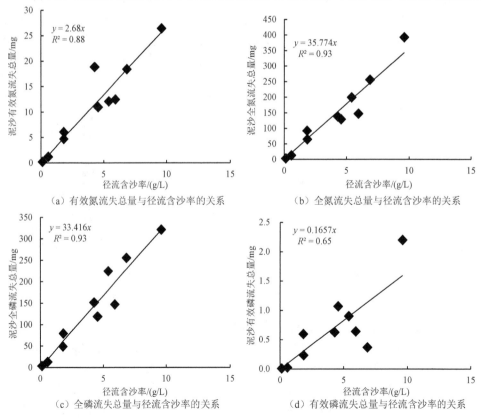

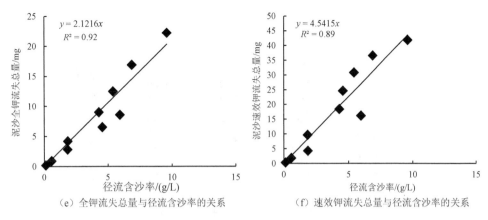

（e）全钾流失总量与径流含沙率的关系　　　　　（f）速效钾流失总量与径流含沙率的关系

图 5.23　施加 PAM 条件下泥沙养分流失总量与径流含沙率的关系

行线性拟合，发现其相关关系较好。从而可以得出泥沙中养分浓度对泥沙养分流失总量的影响比含沙率对其的影响小很多，因此泥沙含量在坡地养分流失过程中占主导地位。在黄土坡地施加适宜 PAM 后通过坡地表土结构的改善，能够有效地减少径流中的泥沙含量，从而减少养分的流失。

5.1.3　PAM 施用位置对坡地水土养分流失的影响

本节分析不同 PAM 施用位置对黄土坡地水土养分流失的影响，从而获得最适宜的 PAM 施用位置，为正确合理地利用 PAM 控制黄土坡地水土养分流失提供依据。

5.1.3.1　PAM 施用位置对坡地水文过程的影响

1. PAM 施用位置对坡地降雨入渗径流的影响

表 5.10 为不同 PAM 施量对初始产流时间的影响。从表中可知，在同 PAM 施量下，施用在坡中比施用在坡上和坡下位置对初始产流时间的推迟效果更为明显；施用在坡下位置的产流较对照提前，而其他处理都推迟了初始产流时间。

表 5.10　不同 PAM 施量对初始产流时间的影响

PAM 施用位置	不施（对照）	坡上	坡中	坡下	全坡
初始产流时间/min	4.33	4.47	4.77	3.33	6.82

图 5.24 显示了不同 PAM 施用位置总径流量的变化情况。结果表明，在产流初期不施用 PAM 处理下的总径流量大于施用 PAM 的总径流量。整个降雨过程中坡上施用 PAM 处理的总径流量低于不施 PAM 处理。坡上施用 1g/m² 的 PAM 处理下在稳定产流阶段的总径流量最小，全坡施加 PAM 处理次之。表 5.11 为不同 PAM 施量下总径流量差异显著性的 t 检验结果。发现 PAM 施用位置对坡地总径流量的影响不显著。

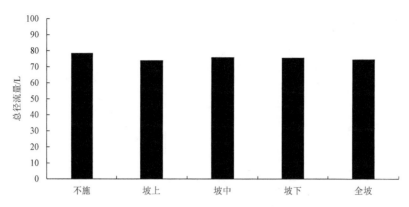

图 5.24　不同 PAM 施用位置下总径流量的变化情况

表 5.11　不同 **PAM** 施用位置下总径流量差异显著性的 *t* 检验结果（ $\alpha = 0.05$ ）

PAM 施用位置	检验结果
坡上-坡中	N
坡上-坡下	N
坡上-全坡	N
坡中-坡下	N
坡中-全坡	N
坡下-全坡	N

注：N 表示差异不显著。

2. PAM 施用位置对产流过程的影响

图 5.25 显示了 PAM 施用位置对产流过程的影响。结果表明，在产流初期不施用 PAM 处理的径流流量大于施用 PAM 处理的径流流量。整个降雨过程中坡上处理的径流流量均低于不施 PAM 处理。在径流达到稳定的时候，PAM 施量为 $1g/m^2$ 时施用在坡上位置处理的径流流量最低，其次为全坡处理。

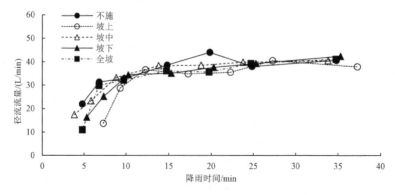

图 5.25　PAM 施用位置对产流过程的影响

5.1.3.2 PAM 施用位置对产沙过程的影响

1. PAM 施用位置对径流含沙率的影响

图 5.26 显示了 PAM 施用位置对径流含沙率的影响。结果表明，各处理的径流含沙率随降雨时间基本呈先减小后增大的趋势。在降雨的前 20min，坡中施加 PAM 的径流含沙率较小，坡上和坡下施加 PAM 的径流含沙率均较大。在降雨时间大于 20min 时，全坡施加 PAM 的径流含沙率较大，坡中施加 PAM 的径流含沙率相对较小。

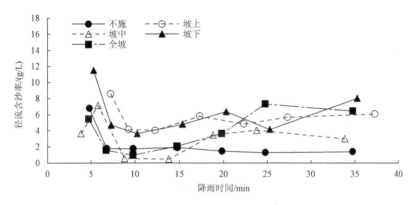

图 5.26 PAM 施用位置对径流含沙率的影响

2. PAM 施用位置对泥沙累积流失量的影响

图 5.27 显示了 PAM 施用位置对泥沙累积流失量的影响。结果表明，施加 PAM 后各处理的累积流失量均大于对照组，其中坡下位置施加 PAM 处理的累积流失量最大，总体大小顺序为坡下>坡上>全坡>坡中>不施。

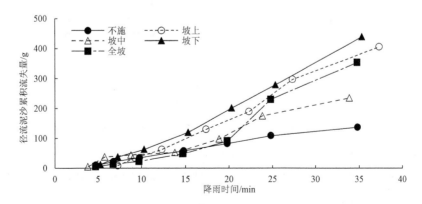

图 5.27 PAM 施用位置对泥沙累积流失量的影响

　　表 5.12 为不同 PAM 施用位置下泥沙累积流失量差异显著性的 t 检验结果。结果表明，坡上和坡下处理的泥沙累积流失量差异不显著，坡中和全坡处理的泥沙累积流失量差异不显著，但其余处理的泥沙累积流失量差异显著或极显著。

表 5.12　不同 PAM 施用位置下泥沙累积流失量差异显著性的 t 检验结果（$\alpha = 0.05$）

不同位置	检验
坡上-坡中	*
坡上-坡下	N
坡上-全坡	**
坡中-坡下	*
坡中-全坡	N
坡下-全坡	**

注：N 表示差异不显著。

5.1.3.3　PAM 施用位置对坡地养分流失的影响

1．PAM 施用位置对径流总氮浓度的影响

　　图 5.28 显示了 PAM 施用位置对径流总氮浓度随降雨时间变化的影响。结果表明，各处理的径流总氮浓度变化趋势基本一致；均表现为产流初期较高，之后随时间的推移总氮浓度不断降低，到降雨后期各处理径流总氮浓度达到稳定值。PAM 施用在坡下位置处理的径流浓度和对照处理在整个降雨过程大致相等，而施用在坡上和坡中位置的径流总氮浓度都大于对照处理。

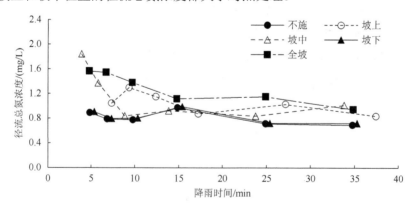

图 5.28　PAM 施用位置对径流总氮浓度随降雨时间变化的影响

2．径流总磷和钾离子浓度的变化过程

　　图 5.29 为不同 PAM 施用位置径流总磷和钾离子浓度随降雨时间的变化。从图中可知，不同处理的径流中总磷和钾离子随降雨时间呈波动变化。

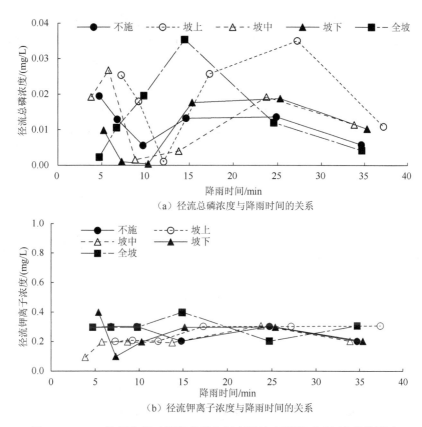

图 5.29 PAM 施用位置对径流总磷和钾离子浓度随降雨时间变化的影响

3. PAM 施用位置对泥沙养分流失的影响

表 5.13 显示了 PAM 施用位置对泥沙养分浓度的影响。结果表明,不同处理的泥沙全氮、全磷和全钾浓度变化不大,基本都在一定范围内变动。除个别处理外,施加 PAM 的速效磷、有效氮和有效钾浓度多低于对照处理,可见施加 PAM 能有效减少泥沙中速效磷、有效氮、有效钾浓度。在 PAM 用量相同的情况下,施用在坡上位置的径流泥沙中速效磷和有效氮浓度最低,且有效钾浓度也较低。

表 5.13 PAM 施用位置对泥沙养分浓度的影响

PAM 施用位置	全氮浓度/ (g/kg)	全磷浓度/ (g/kg)	全钾浓度/ (g/kg)	速效磷浓度/ (mg/kg)	有效氮浓度/ (mg/kg)	有效钾浓度/ (mg/kg)
对照	0.64	0.34	19.8	4.17	42.3	67.9
坡上	0.32	0.37	19.6	2.00	22.2	53.1
坡中	0.33	0.34	18.2	2.43	29.4	56.1
坡下	0.29	0.35	18.4	2.11	25.1	51.3
全坡	0.38	0.35	19.3	3.15	32.3	72.8

表 5.14 显示了 PAM 施用位置对泥沙养分流失总量的影响。结果表明，坡中施加 PAM 可减少全氮流失总量，施加 PAM 增加了全磷、全钾、速效磷、有效氮和有效钾的流失总量。尤其，坡下施加 PAM 时，养分流失总量的增加最显著。

表 5.14　PAM 施用位置对泥沙养分流失总量的影响

PAM 施用位置	全氮流失总量/mg	全磷流失总量/mg	全钾流失总量/mg	速效磷流失总量/mg	有效氮流失总量/mg	有效钾流失总量/mg
对照	97.2	51.6	3006.7	0.63	6.42	10.31
坡上	137.2	158.7	8406.2	0.86	9.52	22.77
坡中	91.8	94.6	5064.5	0.68	8.18	15.61
坡下	149.2	180.1	9465.9	1.09	12.91	26.39
全坡	135.9	125.2	6902.0	1.13	11.55	26.03

5.2　施加羧甲基纤维素钠对坡地土壤侵蚀及养分流失的影响

羧甲基纤维素钠（sodium carboxymethyl cellulose，CMC-Na）是葡萄糖聚合度为 100～2000 的纤维素衍生物，分子量大于 17000。呈现白色纤维状或颗粒状粉末。无臭，无味，吸湿性强，溶于水后具有很强黏结性。为了研究其对土壤结构和坡地水土养分流失的控制功效，在中科院长武黄土高原农业生态试验站进行试验，试验土壤为黑垆土。降雨强度为 100mm/h，持续时间为 1h。试验小区均设置为 1m×1m 的方形，坡度设置为 15°。分别向坡地土壤表层施加不同质量的 CMC-Na（0g/m²、10g/m²、20g/m²、30g/m²、40g/m²、50g/m²）。将 NH_4Cl、KNO_3、K_2PO_4 按照设定的施量（10g/m²）混合，再用纯水配置成溶液均匀喷洒到坡地。

5.2.1　CMC-Na 对土壤团粒结构的影响

通常认为粒径大于 0.25mm 的团聚体具有抵抗水力破坏土壤结构的能力，即在水中浸泡、冲洗不易崩解，并对土壤肥力具有重要影响，因此将粒径大于 0.25mm 的团聚体称为水稳性团聚体。图 5.30 显示了 CMC-Na 对土壤水稳性团聚体的影响。结果表明，水稳性团聚体含量随 CMC-Na 施量的增大，最高增加了 15.05%，总体表现为二次函数关系。由此可知，CMC-Na 可能具有提高土壤肥力及增加土壤抗侵蚀能力的作用。

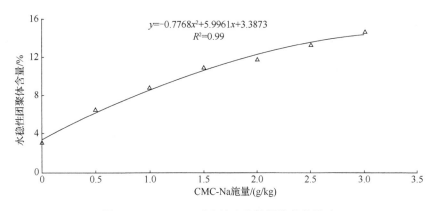

图 5.30　CMC-Na 对土壤水稳性团聚体的影响

5.2.2　CMC-Na 施量对产流过程的影响

图 5.31 显示了 CMC-Na 施量对单宽流量的影响。结果表明，在产流初期单宽流量快速增大，前 5min 内各处理下的单宽流量几乎重合，5min 之后各 CMC-Na 施量处理下的单宽流量开始逐渐产生差别，15min 以后各处理的单宽流量均趋于稳定。在稳定产流阶段，6 组不同 CMC-Na 施量下的坡地平均单宽流量分别为 15.40cm^2/min、14.81cm^2/min、14.59cm^2/min、15.19cm^2/min、15.60cm^2/min、16.19cm^2/min。平均单宽流量在稳定期出现先减小再增大的变化规律，即当 CMC-Na 施量在 20g/m^2 时坡地产流能力最小。适量的 CMC-Na 添加具有增加土壤入渗能力的效果，但随 CMC-Na 施量的增大，土壤入渗能力又逐渐减小。

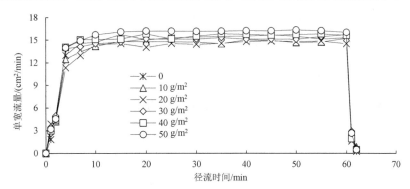

图 5.31　CMC-Na 施量对单宽流量的影响

图 5.32 显示了 CMC-Na 施量对坡地产流量的影响。从图 5.32（a）可知，坡地累积产流量随时间线性增长，CMC-Na 的施加主要是对其斜率产生了影响，在 CMC-Na 施量为 20g/m^2 时其斜率最小。从图 5.31（b）可知，在降雨结束时各处理的总产流量分别为 89.21L、85.90L、84.45L、88.41L、90.84L 和 94.04L，表现为先减小后增大趋势，这与单宽流量的分析结果一致，说明在 CMC-Na 施量为

20g/m² 时增加了坡地入渗能力, 而 CMC-Na 施量超过 30g/m² 时会减弱土壤的入渗能力。进一步分析可知, 坡地总产流量与 CMC-Na 施量之间的关系可用二次函数关系来描述, 拟合关系式见图 5.32 (b)。

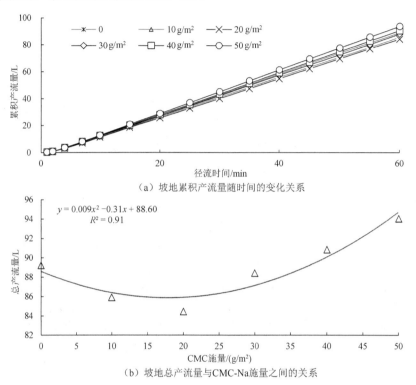

（a）坡地累积产流量随时间的变化关系

（b）坡地总产流量与CMC-Na施量之间的关系

图 5.32　CMC-Na 施量对坡地产流量的影响

5.2.3　CMC-Na 施量对产沙过程的影响

图 5.33 显示了 CMC-Na 施量对径流含沙率的影响。结果表明, 施加 CMC-Na

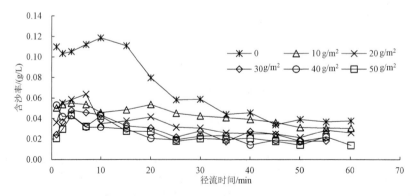

图 5.33　CMC-Na 施量对径流含沙率的影响

处理的含沙率明显低于对照组，对照组在产流初期含沙率有上升的趋势，在产流 10min 时达到最大值 0.12g/L，之后又开始逐渐降低再稳定在 0.043g/L。施加 CMC-Na 的处理组，在整个降雨过程中都处于较低水平，各处理组含沙率平均值依次为 0.041g/L、0.030g/L、0.028g/L、0.023g/L、0.022g/L，随着 CMC-Na 施量的增加，径流含沙率趋于减小。

图 5.34 显示了 CMC-Na 施量对径流产沙率的影响。结果表明，对照组产沙率在产流初期快速增大，并在 10min 左右时达到峰值 174.54g/min，10min 之后开始大幅下降，最后稳定在 65.67g/min 左右。施加 CMC-Na 的处理组在 7min 左右时便已达到峰值，且较对照组显著减小，此后逐渐减小并分别稳定在 54.24g/min、24.84g/min、21.79g/min、20.22g/min、19.38g/min。可见，随着 CMC-Na 施量的增加，坡地径流产沙率呈减小趋势。

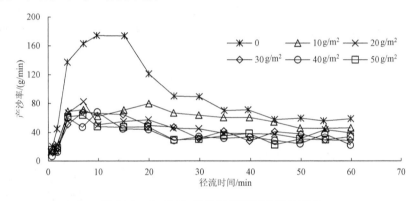

图 5.34　CMC-Na 施量对径流产沙率的影响

图 5.35 显示了 CMC-Na 施量对径流产沙量的影响。从图 5.35（a）可知，

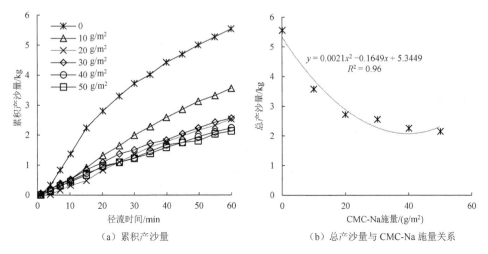

（a）累积产沙量　　　　　　　　　　　（b）总产沙量与 CMC-Na 施量关系

图 5.35　CMC-Na 施量对径流产沙量的影响

坡地径流累积产沙量随时间逐渐增大，对照组累积产沙量增长速度明显快于施加 CMC-Na 的处理组。从图 5.35（b）可知，不同 CMC-Na 施量下的总产沙量依次为 5.56kg、3.59kg、2.73kg、2.55kg、2.24kg 和 2.15kg，最小值较对照组减少了 3.41kg，减少率为 61.33%。可见，CMC-Na 对减少土壤侵蚀的效果十分明显。可用二次函数来描述 CMC-Na 施量与坡地径流总产沙量之间的关系，拟合关系式见图 5.35（b）。

5.2.4　CMC-Na 对坡地养分流失过程的影响

在地表施加 CMC-Na 后，改变了土壤表层的物理特性，进而对土壤养分向径流的传递产生一定的影响。图 5.36 显示了 CMC-Na 施量对坡地径流养分浓度的影响。从图 5.36（a）和（b）可知，硝态氮和铵态氮浓度均在产流初期最大，而后减小，再逐渐趋于稳定；CMC-Na 施量越大，铵态氮浓度曲线越陡，即浓度下降速度越快，最终在稳定期的浓度也越小。从图 5.36（c）可知，速效磷浓度随径流时间推移出现先增大后逐渐减小的变化趋势。这可能是由于土壤对速效磷的吸附

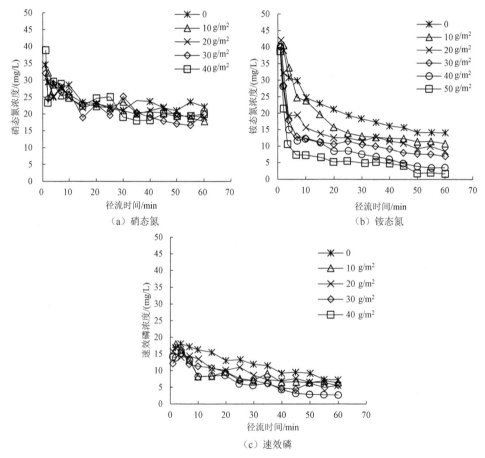

图 5.36　CMC-Na 施量对坡地径流养分浓度的影响

能力较强，在产流初期土壤中仍然有较多的速效磷向径流中释放，而后随着径流速率的增大，速效磷浓度开始逐渐减小。

图 5.37 显示了 CMC-Na 施量对坡地径流养分流失率的影响。结果表明，在降雨前期各养分的流失率均有快速增大的趋势，在达到峰值之后又开始逐渐下降，最终趋于稳定，径流中铵态氮流失率显著减小，径流中速效磷流失率也有一定程度的减小。

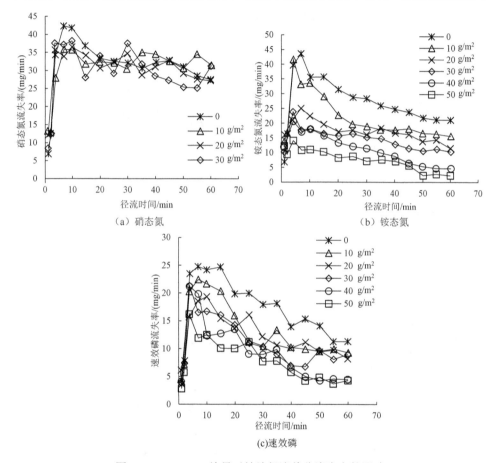

（a）硝态氮　　　　　　　　　　　（b）铵态氮

(c)速效磷

图 5.37　CMC-Na 施量对坡地径流养分流失率的影响

图 5.38 显示了 CMC-Na 施量对坡地径流养分累积流失量的影响。从图 5.38（a）、（b）和（c）可知，各种养分的累积流失量均随径流时间的推移而增大，其中硝态氮累积流失量的增长速率最快，且表现为近似线性的增长趋势，而铵态氮和速效磷累积流失量的增长速率逐渐减小。图 5.37（d）显示了径流养分流失总量与 CMC-Na 施量之间的关系，其中径流硝态氮流失总量分别为 1.33g、1.33g、1.32g、1.26g、1.30g、1.25g，径流中铵态氮流失总量分别为 1.16g、0.96g、0.78g、0.63g、0.47g、0.33g，径流中速效磷流失总量为 0.70g、0.58g、0.54g、0.46g、0.37g、0.30g。可见，

CMC-Na 施量对径流中硝态氮流失总量无显著影响，而径流中铵态氮、速效磷流失总量均有明显减小趋势，尤其对径流中铵态氮流失总量影响十分显著。可用线性函数来描述养分流失总量与 CMC-Na 施量之间的关系，拟合关系式见图 5.38（d）。

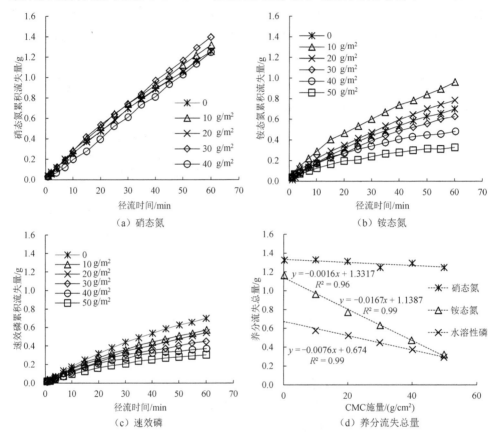

图 5.38　CMC-Na 施量对坡地径流养分累积流失量的影响

5.3　条施纳米碳与坡地物质传输

为了分析纳米碳施加方式对坡地物质传输的影响，在中国科学院水土保持研究所神木侵蚀与环境试验站开展了野外降雨试验，试验小区土壤理化性质见表 5.15[9]。野外降雨试验选取坡地试验小区尺寸为 100cm×100cm，试验小区中分别种植紫花苜蓿、柠条、大豆及玉米四种植被，播种日期为 2015 年 5 月。柠条和紫花苜蓿采用每行均匀撒种，大豆和玉米每行 2 株，行间距为 30cm。降雨前用定量的纯净水将 KNO_3、KH_2PO_4、KBr 配成溶液，然后均匀地喷施在试验小区坡地上。降雨强度设定为 60mm/h、90mm/h 和 120mm/h，每个试验小区大小为 1m×1m，将纳米碳按质量分数为 0、0.1%、0.5%、0.7% 和 1% 施入作物行间地表以下 5cm，宽度为 10cm，厚度为 5cm。

表 5.15　试验小区土壤理化性质

土壤	土壤颗粒组成/%			pH	CaCO₃含量/%	有机质含量/(g/kg)	全氮含量/(g/kg)	全磷含量/(g/kg)
	黏粒(<0.001mm)	粉粒(0.05～0.001mm)	砂粒(>0.05mm)					
砂质新成土	15.70	37.47	46.83	8.0	4.31	11.32	0.82	0.61

5.3.1　条施纳米碳对产流过程的影响

初始产流时间与坡地水土流失过程密切相关，是坡地系统中下垫面对降雨的再分配过程。本小节重点分析 60mm/h 降雨强度下，坡地水土流失随纳米碳含量及植物类型的变化过程。

5.3.1.1　纳米碳含量对初始产流时间的影响

图 5.39 显示了纳米碳含量对初始产流时间的影响。结果表明，纳米碳含量的增加导致了初始产流时间的增加。纳米碳的施用，对紫花苜蓿地初始产流时间影响较明显，对大豆地、空地、玉米地、柠条地的影响依次减小。当纳米碳含量（质量分数）为 1.0% 时，对降雨产流影响最大，此时降雨初始产流时间最长，对产流过程的延缓作用最强。

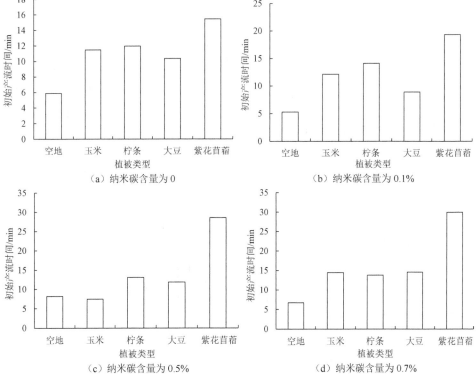

（a）纳米碳含量为 0　　　　　　　（b）纳米碳含量为 0.1%

（c）纳米碳含量为 0.5%　　　　　　（d）纳米碳含量为 0.7%

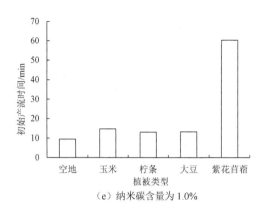

（e）纳米碳含量为1.0%

图 5.39　纳米碳含量对初始产流时间的影响

5.3.1.2　纳米碳含量对总径流量的影响

图 5.40 显示了纳米碳含量对总径流量的影响。结果表明，随着纳米碳含量的提高，总径流量整体呈减小的趋势。各植物类型种植情况下，单宽流量均呈现降雨初期迅速升高，至 30min 左右时开始逐渐趋于平缓。对于同一纳米碳含量水平，均表现为空地处理中总径流量最大，玉米地、柠条地、大豆地依次减小，最小的是紫花苜蓿地。

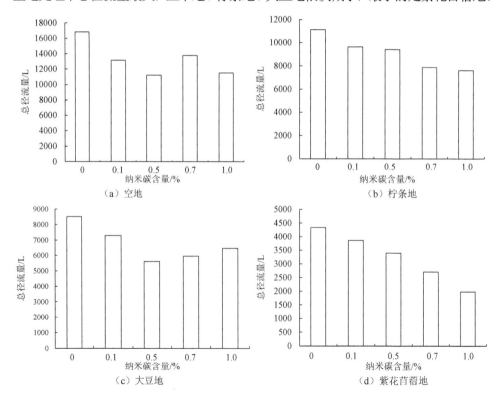

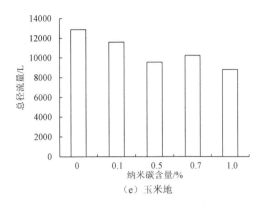

（e）玉米地

图 5.40　纳米碳含量对总径流量的影响

5.3.1.3　纳米碳含量对累积径流量的影响

图 5.41 显示了纳米碳含量对累积径流量的影响。结果表明，累积径流量均随降雨时间快速增加，而纳米碳含量的增加导致累积径流量逐渐减小。各植物类型中，空地处理条件下累积径流量最大，玉米地、柠条地、大豆地依次减小，最小的是紫花苜蓿地。

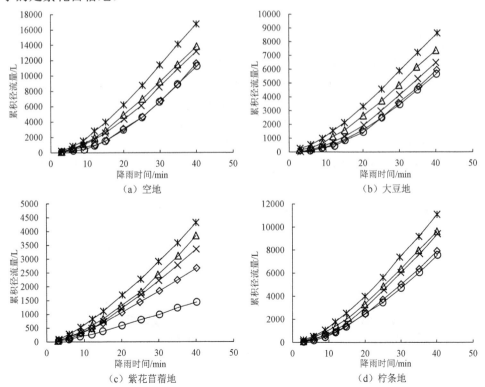

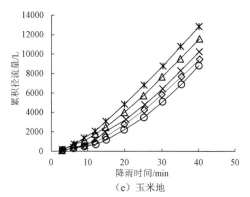

（e）玉米地

—✳— 纳米碳含量为0 —△— 纳米碳含量为0.1% —✕— 纳米碳含量为0.5% —◇— 纳米碳含量为0.7% —○— 纳米碳含量为1.0%

图 5.41 纳米碳含量对累积径流量的影响

5.3.2 条施纳米碳对产沙过程的影响

5.3.2.1 纳米碳含量对累积产沙量的影响

图 5.42 显示了纳米碳含量对累积产沙量的影响。结果表明，各植物类型处理下，累积产沙量随着纳米碳含量的增加总体呈减小的趋势。当纳米碳含量为 0 和 0.1%时，累积产沙量的变化并不明显；当纳米碳含量增加到 0.5%和 0.7%时，累积产沙量有较明显的下降趋势；纳米碳含量为 0.5%，0.7%及 1.0%时，累积产沙量有较明显的减小作用。不同植物类型下的累积产沙量大小顺序为：空地>柠条地>玉米地>紫花苜蓿地。空地处理中总产沙量为 241~356g；柠条覆盖下总产沙量为 206~360g，相对于空地处理中累积总产沙量减少 9.73%；玉米覆盖下总产沙量约为 150~260g，相对于空地处理中总产沙量减少 34.14%；紫花苜蓿覆盖下的总产沙量为 32~93g，相对于空地处理中总产沙量减少 78.14%。植物种植地累积产沙量较空地处理下有较明显的减小作用，且紫花苜蓿对黄土坡地降雨过程中减小侵蚀累积产沙量的效果最为显著。

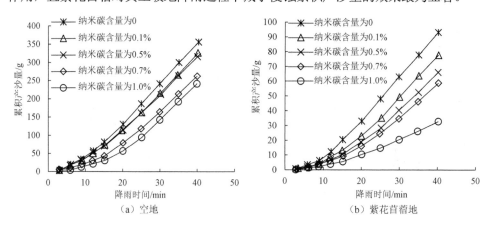

（a）空地　　　　　　　　　　　　　　（b）紫花苜蓿地

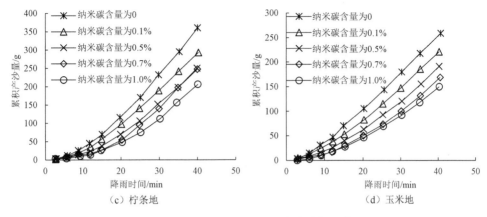

（c）柠条地　　　　　　　　　　　　　（d）玉米地

图 5.42　纳米碳含量对累积产沙量的影响

5.3.2.2　纳米碳含量对单位面积产沙率的影响

图 5.43 显示了纳米碳含量对单位面积产沙率的影响。结果表明，空地、柠条、紫花苜蓿、大豆及玉米种植下，随着纳米碳含量的增加，单位面积产沙率均呈逐渐减小的变化趋势。

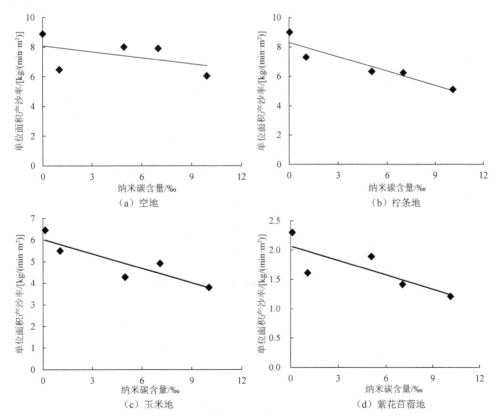

（a）空地　　　　　　　　　　　　　　（b）柠条地

（c）玉米地　　　　　　　　　　　　　（d）紫花苜蓿地

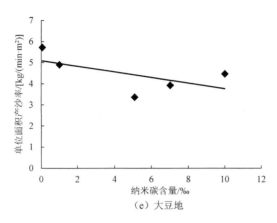

（e）大豆地

图 5.43　纳米碳含量对单位面积产沙率的影响

5.3.2.3　条施纳米碳对黄土坡地水土流失调控效果评价

为了进一步分析纳米碳含量及植物类型对坡地降雨过程中水土流失调控效果的影响，引入了水土保持评价值指标，土壤水分及养分的水土保持评价值可以使用 Ambasht[10]给出的公式进行计算：

$$C_{ws} = 100 - \left(\frac{S_P}{S_o} \times 100 \right) \tag{5.2}$$

式中，C_{ws} 为水土保持评价值；S_P 为不同处理中径流或泥沙流失量(g)；S_o 为空地径流或泥沙流失量(g)。

表 5.16 为不同纳米碳含量对水土流失调控效果评价。结果表明，在各植物种植下，随着纳米碳含量的升高，水分及泥沙保持评价值均总体呈增加趋势。空地和各植物种植下的水分保持评价值变化范围为 18.084～91.450，泥沙保持评价值变化范围为 6.720～90.755；在纳米碳含量为 0.5%、0.7%及 1.0%时，水分及泥沙保持评价值变化不大。当纳米碳含量增加到 0.5%时，水土流失调控效果已经比较明显，之后随着纳米碳含量的增加，水土流失调控效果增加不明显。因此，水土流失调控效果较合适的含量为 0.5%。水分保持评价值变化规律为空地<玉米地<柠条地<大豆地<紫花苜蓿地；各纳米碳含量中泥沙保持评价值变化规律为空地<柠条地<玉米地<大豆地<紫花苜蓿地。

表 5.16　不同纳米碳含量对水土流失调控效果评价

植物类型	纳米碳含量/%	水分保持评价值	泥沙保持评价值
空地	0	0	0
	0.1	21.538	6.720
	0.5	32.660	8.909
	0.7	18.084	10.876
	1.0	31.142	31.746

植物类型	纳米碳含量/%	水分保持评价值	泥沙保持评价值
玉米	0	23.727	27.251
	0.1	31.402	38.200
	0.5	43.435	52.322
	0.7	39.109	45.344
	1.0	47.819	57.633
柠条	0	34.122	7.433
	0.1	42.912	29.880
	0.5	43.845	30.245
	0.7	52.835	30.764
	1.0	54.693	42.538
大豆	0	49.071	35.660
	0.1	56.369	44.639
	0.5	66.179	61.811
	0.7	64.752	55.947
	1.0	61.678	49.606
紫花苜蓿	0	74.505	74.129
	0.1	77.310	81.733
	0.5	80.094	78.366
	0.7	84.317	83.785
	1.0	91.450	90.755

5.3.3　条施纳米碳对径流养分流失过程的影响

5.3.3.1　纳米碳含量对径流中养分浓度的影响

纳米碳含量对黄土坡地降雨过程中累积径流量、累积产沙量都有显著的影响，而坡地径流中养分主要随径流迁移，因此纳米碳含量对坡地土壤养分运移也有较明显的影响。图 5.44～图 5.46 分别显示了纳米碳含量对径流中硝态氮、速效磷及钾离子浓度随降雨时间变化过程的影响。结果表明，各植被覆盖中，径流中硝态氮、速效磷及钾离子浓度均随降雨时间的推移逐渐减少。各植被覆盖处理中，坡地降雨过程中径流各离子浓度大多随着纳米碳含量增加呈逐渐降低的趋势。纳米碳含量为 0.5%和 0.7%对累积径流量及径流中各离子浓度的减少程度较大。对照处理的径流养分浓度均大于其他作物覆盖下坡地径流养分浓度。玉米、柠条及大豆三种作物坡地径流中各离子浓度变化不大。

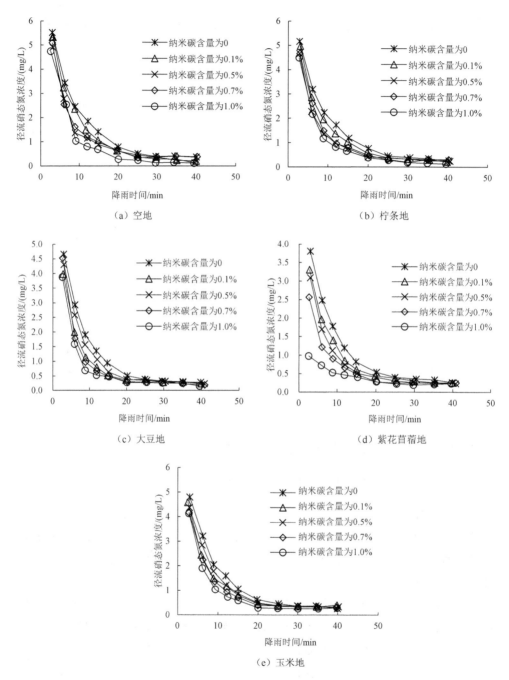

图 5.44 纳米碳含量对径流中硝态氮浓度的影响

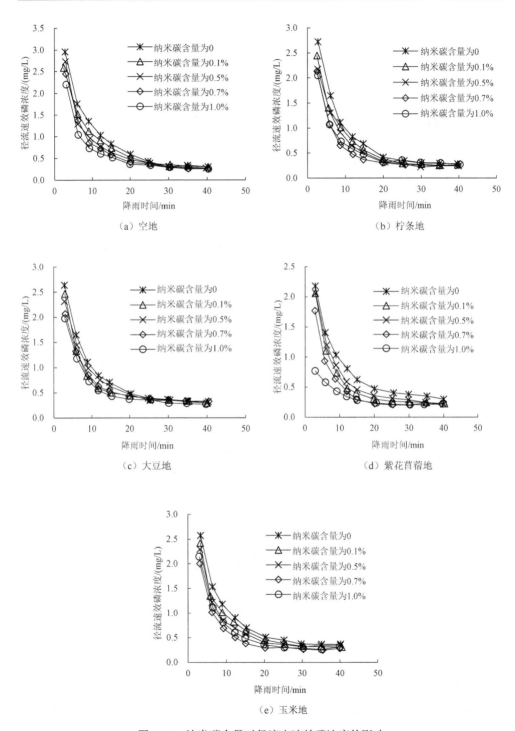

图 5.45　纳米碳含量对径流中速效磷浓度的影响

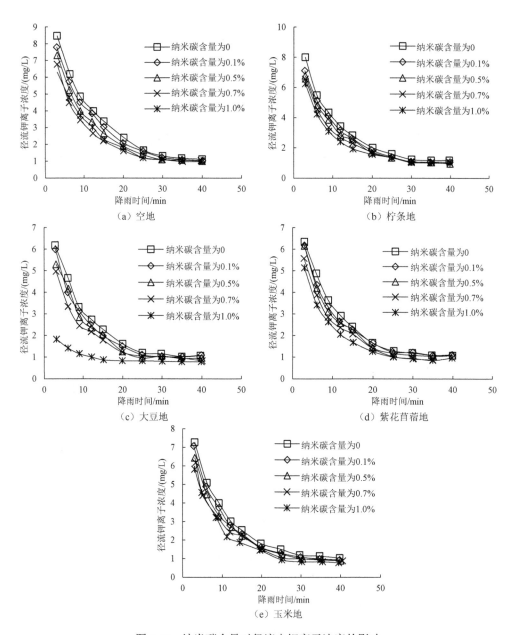

图 5.46　纳米碳含量对径流中钾离子浓度的影响

5.3.3.2　纳米碳含量对坡地径流养分流失率的影响

　　坡地降雨径流中各离子的流失率为该时段内径流量乘以该降雨时段内径流中各离子的浓度。图 5.47～图 5.49 分别显示了各植被种植下径流硝态氮、速效磷及钾离子的流失率。结果表明，各植被覆盖处理下，坡地径流中硝态氮、速效磷及钾离子流失率随时间变化幅度较大，图中纳米碳含量为 0 及 0.1%下径流中硝态氮、速效磷及钾离子流失率曲线变化幅度较大，大多呈先增大后减小趋势。在降雨至 10min 左右时，径流中硝态氮、速效磷及钾离子流失率逐渐升至最大值；此后径流中硝态氮、速效磷及钾离子流失率随时间的推移逐渐下降，最终在降雨产流后 30min 左右趋于稳定。在纳米碳含量为 0.5%、0.7%及 1.0%时，径流中硝态氮、速效磷及钾离子流失率随时间变化幅度不大，在降雨产流后 10min 左右有一小幅度上升趋势，而后基本趋于稳定。坡地径流中各离子流失率均表现为空地>玉米地>柠条地>紫花苜蓿地>大豆地。

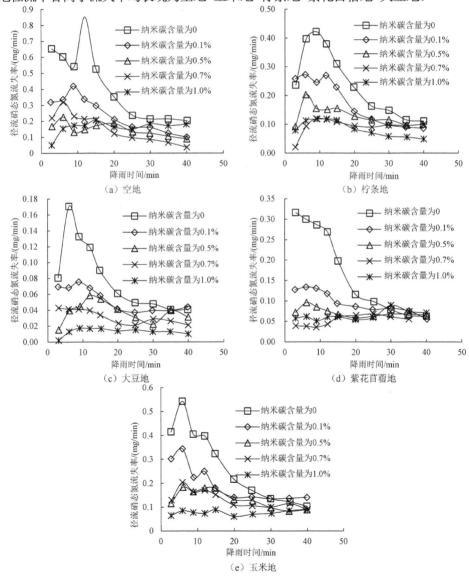

图 5.47　纳米碳含量对径流中硝态氮流失率的影响

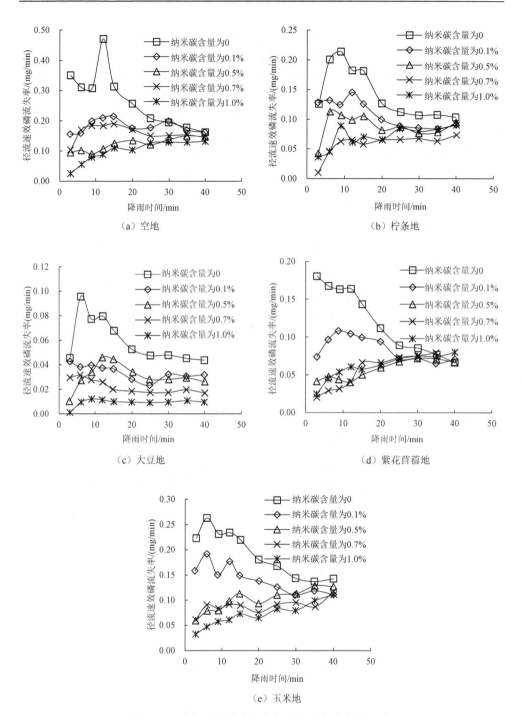

图 5.48　纳米碳含量对径流中速效磷流失率的影响

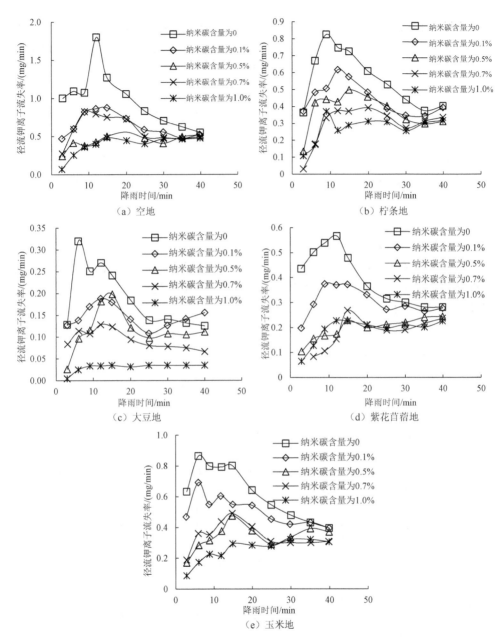

图 5.49　纳米碳含量对径流中钾离子流失率的影响

5.3.3.3　纳米碳含量对黄土坡地养分流失调控效果的评价

为了进一步探究纳米碳含量对各植被覆盖处理下径流中硝态氮、速效磷及钾离子浓度的影响，本部分主要分析径流硝态氮、速效磷及钾离子的平均浓度、平均流失率及相对流失量。径流养分的平均浓度是指在降雨过程中径流养分的流失总量与降雨过程结束时总径流量的比值，它反映了降雨全过程中养分的总损失浓度，径流养分的平均浓度可用公式表示为

$$\overline{C} = M_{总} / W_{总} \tag{5.3}$$

式中，$\overline{C}$ 为径流养分的平均浓度（mg/L）；$M_{总}$ 为径流养分的流失总量（mg）；$W_{总}$ 为总径流量（L）。

径流养分的平均流失率是指降雨过程中单位时间内随径流流失的养分质量，它反映了养分随径流迁移速率的平均效果，径流养分的平均流失率可用公式表示为

$$m = \frac{\overline{C} \cdot W_{总}}{t_0} \tag{5.4}$$

式中，m 为径流养分的平均流失率（mg/min）；t_0 为降雨时间（min）。

径流养分的相对流失量是指总的径流流失量与土体养分施入总量之比。不同坡地地表状况下径流各离子的平均浓度、径流养分的平均流失率及径流养分的相对流失量见表 5.17～表 5.19。

表 5.17　径流硝态氮的平均浓度、平均流失率及相对流失量

植物类型	纳米碳含量/%	硝态氮的平均浓度/(mg/L)	总径流量/L	降雨时间/min	硝态氮平均流失率/(mg/min)	硝态氮相对流失量/(mg/g)
空地	0	1.125	3911.1	40	109.971	4.479
	0.1	0.823	2989.0	40	61.511	2.505
	0.5	0.610	2484.5	40	37.914	1.544
	0.7	0.511	3158.6	40	40.347	1.643
	1.0	0.638	2537.5	40	40.505	1.649
柠条	0	0.985	2555.0	40	62.945	2.563
	0.1	0.822	2199.9	40	45.206	1.841
	0.5	0.628	2120.3	40	33.286	1.356
	0.7	0.529	1768.4	40	23.385	0.952
	1.0	0.543	1703.4	40	23.131	0.942
紫花苜蓿	0	0.826	1007.9	40	20.822	0.848
	0.1	0.616	875.6	40	13.495	0.550
	0.5	0.502	768.5	40	9.643	0.393
	0.7	0.516	617.6	40	7.974	0.325
	1.0	0.383	338.0	40	3.241	0.132
大豆	0	0.894	2005.0	40	44.788	1.824
	0.1	0.583	1677.8	40	24.473	0.997
	0.5	0.589	1251.8	40	18.429	0.751
	0.7	0.396	1294.4	40	12.817	0.522
	1.0	0.445	1439.9	40	16.027	0.653

续表

植物类型	纳米碳含量/%	硝态氮的平均浓度/(mg/L)	总径流量/L	降雨时间/min	硝态氮平均流失率/(mg/min)	硝态氮相对流失量/(mg/g)
	0	0.950	2984.5	40	70.905	2.888
	0.1	0.753	2637.9	40	49.662	2.023
玉米	0.5	0.650	2119.8	40	34.465	1.404
	0.7	0.579	2311.8	40	33.463	1.363
	1.0	0.406	1918.1	40	19.460	0.793

表 5.18　径流速效磷的平均浓度、平均流失率及相对流失量

植物类型	纳米碳含量/%	速效磷的平均浓度/(mg/L)	总径流量/L	降雨时间/min	速效磷平均流失率/(mg/min)	速效磷相对流失量/(mg/g)
	0	0.702	3911.1	40	68.653	2.457
	0.1	0.606	2989.0	40	45.315	1.622
空地	0.5	0.494	2484.5	40	30.696	1.097
	0.7	0.508	3158.5	40	40.092	1.435
	1.0	0.385	2537.5	40	24.416	0.874
	0	0.572	2555.0	40	36.552	1.308
	0.1	0.501	2199.9	40	27.535	0.986
柠条	0.5	0.420	2120.3	40	22.258	0.797
	0.7	0.327	1768.4	40	14.472	0.518
	1.0	0.415	1703.4	40	17.690	0.633
	0	0.598	1007.9	40	15.073	0.539
	0.1	0.389	875.5	40	8.514	0.305
紫花苜蓿	0.5	0.410	768.4	40	7.883	0.282
	0.7	0.365	617.6	40	5.641	0.202
	1.0	0.282	338.0	40	14.118	0.505
	0	0.621	2004.9	40	26.062	0.933
	0.1	0.507	1677.8	40	15.865	0.568
大豆	0.5	0.455	1251.7	40	14.727	0.527
	0.7	0.441	1294.4	40	15.867	0.568
	1.0	0.421	1439.9	40	31.420	1.125
	0	0.653	2984.5	40	48.745	1.745
	0.1	0.541	2637.8	40	35.696	1.278
玉米	0.5	0.481	2119.7	40	25.475	0.912
	0.7	0.381	2311.8	40	22.048	0.789
	1.0	0.374	1918.0	40	17.922	0.641

表 5.19　径流钾离子的平均浓度、平均流失率及相对流失量

植物类型	纳米碳含量/%	钾离子的平均浓度/(mg/L)	总径流流量/L	降雨时间/min	钾离子的平均流失率/(mg/min)	钾离子相对流失量/(mg/g)
空地	0	2.565	3911.1	40	250.804	16.720
	0.1	2.169	2989.0	40	162.111	10.807
	0.5	1.799	2484.5	40	111.793	7.452
	0.7	1.879	3158.5	40	148.376	9.891
	1.0	1.522	2537.5	40	96.607	6.4404
柠条	0	2.227	2555.0	40	142.281	9.485
	0.1	2.048	2199.9	40	112.649	7.509
	0.5	1.765	2120.3	40	93.596	6.239
	0.7	1.675	1768.4	40	74.080	4.938
	1.0	1.584	1703.4	40	67.471	4.498
紫花苜蓿	0	1.919	1007.9	40	48.378	3.225
	0.1	1.681	875.5	40	36.801	2.453
	0.5	1.524	768.4	40	29.280	1.952
	0.7	1.539	617.6	40	23.763	1.584
	1.0	0.893	338.0	40	37.476	2.498
大豆	0	2.027	2004.9	40	63.461	4.230
	0.1	1.806	1677.8	40	58.467	3.897
	0.5	1.567	1251.7	40	56.412	3.760
	0.7	1.320	1294.4	40	98.492	6.566
	1.0	1.314	1439.9	40	98.090	6.539
玉米	0	2.145	2984.5	40	160.084	10.672
	0.1	1.928	2637.8	40	127.175	8.478
	0.5	1.614	2119.7	40	85.534	5.702
	0.7	1.500	2311.8	40	86.719	5.781
	1.0	1.313	1918.0	40	62.964	4.197

由表可以看出，纳米碳含量（0、0.1%、0.5%、0.7%、1.0%）对于径流养分平均浓度、径流养分平均流失率及径流养分相对流失量均有着显著的影响。纳米碳含量对径流养分平均浓度影响程度大多表现为 0>0.1%>0.5%>0.7%>1.0%。植物类型对径流养分平均浓度影响程度大多表现为空地>柠条>玉米>大豆>紫花苜蓿，对径流养分平均流失率及径流相对流失量的影响程度大多表现为空地>玉米>柠条>大豆>紫花苜蓿。

5.3.4　降雨强度对纳米碳施用地水土养分流失的影响

为了研究降雨强度对纳米碳调控坡地径流、泥沙及养分流失效果的影响，以空地作为分析对象，开展了相关研究。

5.3.4.1 降雨强度对降雨产流特征的影响

图 5.50 显示了降雨强度对纳米碳施用地总径流量的影响。结果表明,各降雨强度下,纳米碳施用地总径流量大小表现为 60mm/h<90mm/h<120mm/h,并且各纳米碳含量下变化趋势基本一致。

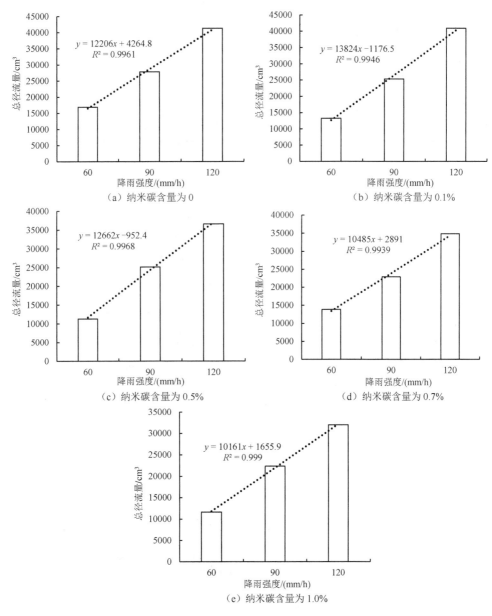

图 5.50　降雨强度对纳米碳施用地总径流量的影响

图 5.51 显示了降雨强度对纳米碳施用地累积径流量的影响。结果表明，随着降雨时间的推移，各处理中累积径流量逐渐上升。综合分析不同降雨强度下降雨时间及累积径流量变化趋势可以看出，随着降雨强度的增加，降雨产流时间逐渐减小，并且减小幅度较大；累积径流量随着降雨强度的增加也增大。

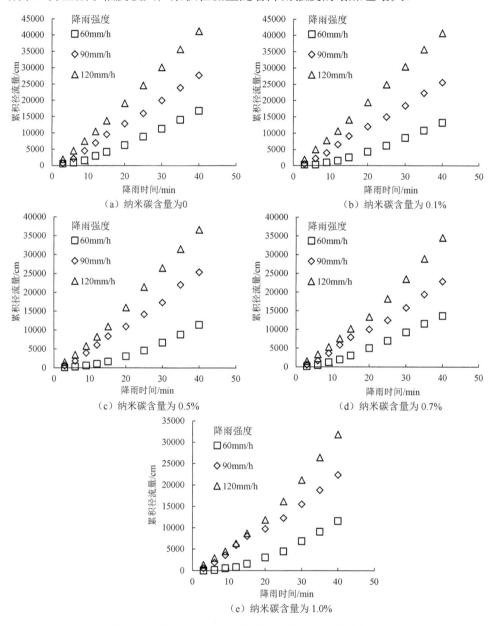

图 5.51　降雨强度对纳米碳施用地累积径流量的影响

5.3.4.2　降雨强度对黄土坡地产沙量的影响

降雨强度通过影响单位时间供给土壤表面的水量和单位时间作用在土壤表面的能量来影响径流泥沙含量。降雨强度越大则供给土壤表面的水量越大，水流的挟沙能力越强，水流剪切力越大，单位时间传输给土壤表面的能量越大，对土壤表面的破坏和夯实作用也越强。对于裸露的土壤表面，输入的能量将转化为冲击力分散土壤颗粒并击实土壤表面。细小的土壤颗粒会随入渗水的迁移而堵塞表面土壤孔隙，减小土壤入渗能力，这种击实作用也将因为降低土壤的入渗能力而增加径流。

表 5.20 显示了不同降雨强度下纳米碳施用地的单位面积产沙率。结果表明，降雨强度的增大，单位面积产沙率也随之增大。在不同纳米碳含量条件下，120mm/h 降雨强度的单位面积产沙率约为 60mm/h 的 5.4～7.8 倍，随着降雨强度的增加，单位面积产沙率变化幅度较大。图 5.52 显示了降雨强度对纳米碳施用地累积产沙量的影响。结果表明，各处理中累积产沙量随降雨时间增加而逐渐增大，累积产沙量随着降雨强度的增大而增大，呈 60mm/h<90mm/h<120mm/h。

表 5.20　不同降雨强度下纳米碳施用地的单位面积产沙率

纳米碳含量/%	降雨强度/(mm/h)	单位面积产沙率/[g/(min·cm^2)]
	60	8.91
0	90	31.99
	120	51.66
	60	6.56
0.1	90	29.99
	120	48.53
	60	8.12
0.5	90	28.42
	120	44.23
	60	7.94
0.7	90	27.23
	120	49.91
	60	6.08
1.0	90	23.92
	120	44.02

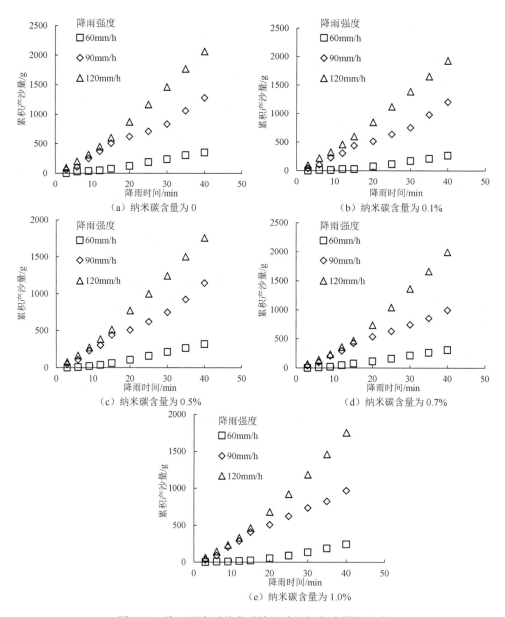

图 5.52　降雨强度对纳米碳施用地累积产沙量的影响

5.3.4.3　降雨强度对径流养分流失过程的影响

图 5.53～图 5.55 分别为降雨强度对纳米碳施用地径流钾离子、硝态氮、速效磷浓度的影响。结果表明，三种养分的浓度均随降雨时间推移逐渐减小，总体趋势为降雨开始前 20min 径流中各离子浓度急剧下降，降雨开始 20min 后，径流中

各离子浓度基本降至最低，且趋于稳定。各离子随径流流失变化曲线中，离子浓度表现为 120mm/h 降雨强度<90mm/h 降雨强度<60mm/h 降雨强度，且 60mm/h 降雨强度下的径流中离子浓度大幅度超过 120mm/h 及 90mm/h 降雨强度下的离子浓度，120mm/h 虽小于 90mm/h 降雨强度条件下的径流中离子浓度，但变化幅度不大。

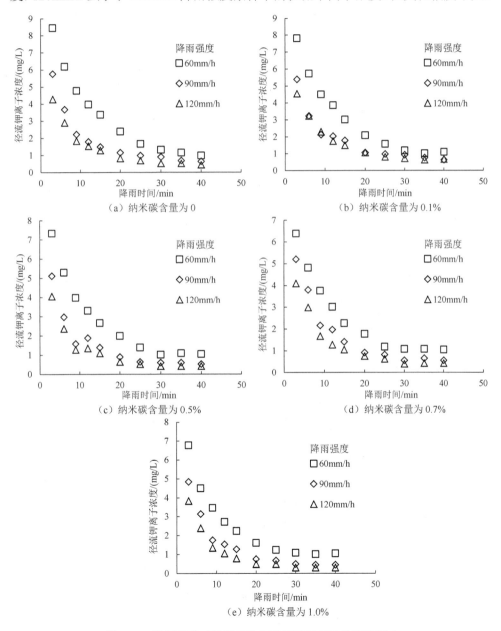

图 5.53　降雨强度对纳米碳施用地径流钾离子浓度的影响

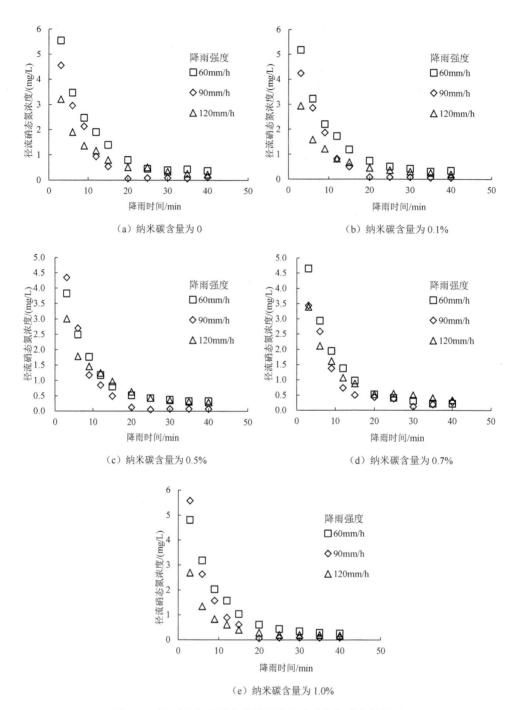

图 5.54　降雨强度对纳米碳施用地径流硝态氮浓度的影响

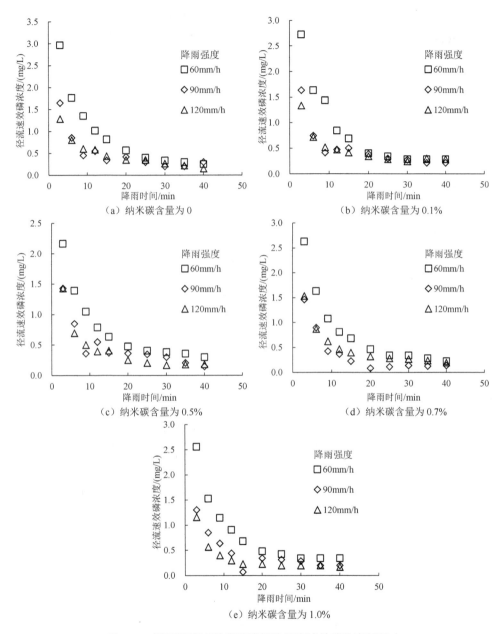

图 5.55　降雨强度对纳米碳施用地径流速效磷浓度的影响

表 5.21～表 5.23 为不同降雨强度下径流中各离子的平均浓度及流失总量。从表中可知，径流中各离子平均浓度大多随降雨强度的增大而减小。60mm/h 的离子浓度是 120mm/h 降雨强度下的 1.5～2.5 倍。不同降雨强度下径流中各离子流失总量的大小关系表现为 120mm/h>90mm/h>60mm/h，各纳米碳含量下径流中离

子流失总量变化趋势完全一致，且 120mm/h 降雨强度下的径流中离子流失总量约为 60mm/h 降雨强度下的 8 倍，随着降雨强度的增加，各离子流失总量明显增加，这与径流中各离子平均浓度变化趋势刚好相反。

表 5.21 钾离子的平均浓度及流失总量

纳米碳含量/%	降雨强度/(mm/h)	钾离子的平均浓度/(mg/L)	径流中钾离子流失总量/mg
0	60	2.565	10.032
	90	1.348	37.435
	120	1.178	48.624
0.1	60	2.169	6.485
	90	1.378	34.963
	120	1.413	57.875
0.5	60	1.799	4.472
	90	1.093	27.638
	120	0.920	33.761
0.7	60	1.879	5.935
	90	1.231	28.166
	120	0.989	34.367
1.0	60	1.523	3.864
	90	1.014	22.595
	120	0.777	24.906

表 5.22 硝态氮的平均浓度及流失总量

纳米碳含量/%	降雨强度/(mm/h)	硝态氮的平均浓度/(mg/L)	径流中硝态氮流失总量/mg
0	60	1.125	4.399
	90	0.595	16.508
	120	0.793	32.730
0.1	60	0.913	2.730
	90	0.571	14.476
	120	0.690	28.286
0.5	60	0.621	1.543
	90	0.482	12.183
	120	0.772	28.337
0.7	60	0.762	2.408
	90	0.599	13.702
	120	0.838	29.112
1.0	60	0.640	1.624
	90	0.525	11.694
	120	0.464	14.875

表 5.23　速效磷的平均浓度及流失总量

纳米碳含量/%	降雨强度/(mm/h)	速效磷的平均浓度/(mg/L)	径流中速效磷流失总量/mg
	60	0.702	2.746
0	90	0.393	10.912
	120	0.441	18.186
	60	0.541	1.610
0.1	90	0.388	9.855
	120	0.423	17.351
	60	0.495	1.231
0.5	90	0.355	8.966
	120	0.332	12.169
	60	0.554	1.750
0.7	90	0.254	5.807
	120	0.408	14.193
	60	0.512	1.299
1.0	90	0.336	7.490
	120	0.278	8.906

参 考 文 献

[1] 冯浩，吴普特，黄占斌. 聚丙烯酰胺（PAM）对黄土坡地降雨产流产沙过程的影响[J]. 农业工程学报，2001，17（5）：48-51.

[2] 张淑芬. 坡耕地施用聚丙烯酰胺防治水土流失试验研究[J]. 水土保持科技情报，2001，（2）：18-19.

[3] BEN-HUR M, KEREN R. Polymer effects on water infiltration and soil aggregation[J]. Soil Science society of America journal. 1997, 61(2): 565-570.

[4] NADLER A, PERFECT E, KAY B D. Effect of polyacrylamide application on the stability of dry and wet aggregates[J]. Soil Science society of America journal, 1996, 60(2): 555-561.

[5] 刘东，任树梅，杨培岭. 聚丙烯酰胺（PAM）对土壤水分蓄渗能力的影响[J]. 灌溉排水学报，2006，25（4）：56-58.

[6] 张长保，王全九，樊军，等. 模拟降雨下 PAM 对砂黄土养分迁移影响实验研究[J]. 灌溉排水学报，2008，27（1）：82-85.

[7] LENTZ R D. Inhibiting water infiltration with polyacrylamide and surfactants: applications for irrigated agriculture[J]. Journal of soil and water conservation, 2003, 58(5): 290-300.

[8] 王辉，王全九，邵明安. PAM 对黄土坡地水分养分迁移特性影响的室内模拟试验[J]. 农业工程学报，2008，24（6）：85-88.

[9] 党亚爱，李世清，王国栋，等. 黄土高原典型土壤全氮和微生物氮剖面分布特征研究[J]. 植物营养与肥料学报，2008，13（6）：1020-1027.

[10] AMBASHT R S, AMBASHT N K. Modern Trends in Applied Terrestrial Ecology[M]. New York: Kluwer Academic/Plenum Publishers, 2002.

第 6 章　地面覆盖与坡地物质传输

地面覆盖不仅可以调控土壤与大气之间的水热交换，而且影响坡地物质传输过程。在降雨和水流冲刷条件下，地面覆盖可以改变雨滴对地面击溅作用，同时改变地面糙率，影响坡地土壤物质随地表径流传输特征。特别是一些覆盖物会影响土壤水分和养分迁移过程，进而影响坡地物质传输，因此开展地面覆盖对坡地物质传输的影响可为调控坡地物质传输过程提供参考。

6.1　落叶层厚度对坡地径流养分流失的影响

地面落叶是防止雨滴击溅表面土壤的重要屏障，并且与土壤物理性质、土壤渗透性能及土壤抗蚀性能密切相关[1]，对地表径流和养分流失具有重要的影响。在野外天然植被条件下，以落叶层厚度为研究因素，研究其对地表径流和养分流失特征的影响。野外降雨试验在中国科学院水土保持研究所长武黄土高原农业生态试验站进行。试验小区的尺寸为长 1m×宽 1m，坡度为 5°，径流时间为 45min（产流之后开始计时），降雨强度为 150mm/h，落叶层的厚度分别为 0cm、1cm、2cm 和 3cm，分别标记为 T0、T1、T2 和 T3 处理。

6.1.1　落叶层厚度对产流特征的影响

当降雨强度大于土壤入渗能力时，地表产生径流。初始产流时间反映了地表土壤初期蓄水能力和土壤入渗能力。图 6.1 显示了落叶层厚度对初始产流时间的

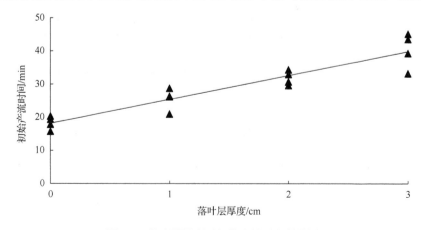

图 6.1　落叶层厚度对初始产流时间的影响

影响。结果表明，初始产流时间总体上随着落叶层厚度的增加而增大，通过线性函数拟合其关系为

$$t_{\mathrm{p}} = 7.24h_0 + 18.125 \quad R^2 = 0.88 \tag{6.1}$$

式中，t_{p} 为初始产流时间(min)；h_0 为落叶层厚度(cm)。

从式（6.1）可知，初始产流时间与落叶层厚度为线性增长关系，其决定系数为 0.88，说明两者相关性较好。线性增长系数为 7.24，其物理意义为落叶层厚度每增加 1cm，则初始产流时间就会增加 7.24min。

地表径流反映了坡地植被、气候、土壤和其他一些综合水文特征，是衡量植被保持水土、涵养水分、减少养分流失的一个重要指标。图 6.2 显示了不同落叶层厚度下径流流量随径流时间变化过程的影响。结果表明，径流流量随着径流时间的延长逐渐增大，最后逐步趋于稳定。落叶层厚度越大，则径流流量越小，说明落叶层厚度的增大，阻滞了径流的运动过程，同时促进了降雨入渗。不同落叶层厚度下径流流量的大小顺序为 T0>T1>T2>T3，其中 T0、T1、T2 的径流流量分别是 T3 径流流量的 1.69 倍、1.46 倍和 1.25 倍。

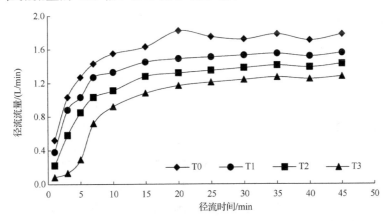

图 6.2　不同落叶层厚度下径流流量随径流时间变化过程的影响

6.1.2　落叶层贮水量估算

通过水量平衡原理估算落叶层的贮水量，用降雨量减去径流量和入渗量就可以估算落叶层贮水量。降雨量为

$$P = r(t_{\mathrm{p}} + t_0) \tag{6.2}$$

式中，P 为降雨量(mm)；r 为降雨强度(mm/h)；t_0 为降雨时间(min)。

入渗量为

$$h_2 = H_{\mathrm{s}}(\theta_2 - \theta_1) \tag{6.3}$$

式中，h_2 为入渗量(mm)；H_{s} 为土壤深度(mm)；θ_2 为降雨之后的土壤含水量($\mathrm{cm}^3/\mathrm{cm}^3$)；$\theta_1$ 为降雨之前的土壤含水量($\mathrm{cm}^3/\mathrm{cm}^3$)。

表 6.1 显示了落叶层贮水量计算结果。结果表明，落叶层的贮水量均超过了落叶层本身厚度，T1、T2 和 T3 条件下贮水量分别为其本身厚度的 2.684 倍、1.903 倍和 1.927 倍。可能由于在降雨的过程中，落叶层逐渐膨胀，厚度增加。因此，计算得到的落叶层的贮水量会增加。T0、T1、T2 和 T3 条件下落叶层的贮水量占降雨量的比重为 6.5%、15.2%、19.8%和 27.1%。

表 6.1　落叶层贮水量计算结果

处理	降雨量/mm	径流量/mm	入渗量/mm	贮水量/mm
T0	158.19	73.58	74.32	10.29
T1	176.25	63.78	85.63	26.84
T2	192.19	56.27	97.85	38.07
T3	213.19	47.62	107.77	57.80

6.1.3　落叶层厚度对径流养分浓度的影响

图 6.3 显示了落叶层厚度对径流养分浓度随径流时间变化过程的影响。结果表明，径流中 3 种养分的浓度总体上随降雨时间的增加逐渐减少，最后逐步趋于稳定状态。径流中 3 种养分的浓度随着落叶层厚度的增加呈减小趋势，但并没有表现出明显的差异（$p>0.05$），说明落叶层厚度对径流养分浓度的影响并不显著。

目前，用来描述降雨条件下径流养分浓度的模型主要有指数函数模型和幂函数模型，指数函数模型建立在混合层的基础之上，且物理意义明确，受到广泛应用。幂函数模型是针对黄土高原地区，经过大量试验获得的模型，且在黄土高原地区得到了验证。但是关于幂函数模型在地表有落叶层覆盖条件下的相关研究较少，因此分别利用幂函数模型和指数函数模型来描述不同落叶层条件下径流养分浓度变化过程（表 6.2）。从表 6.2 中可知，幂函数模型能比指数函数模型更好地描述地表径流养分浓度的变化过程。因此，在地表有落叶层覆盖条件下，可以利用以幂函数模型为主体结构来模拟径流养分的流失过程。

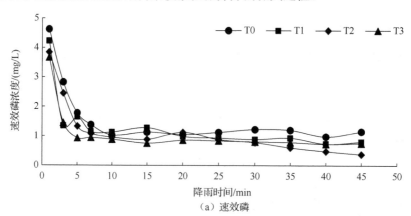

（a）速效磷

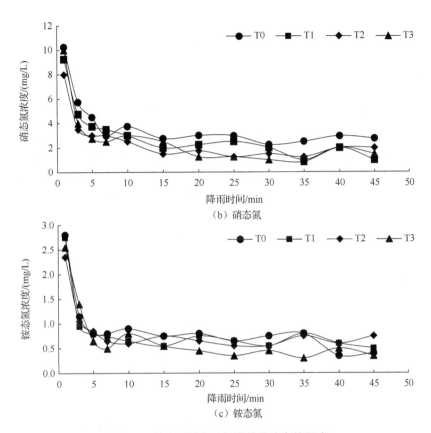

（b）硝态氮

（c）铵态氮

图 6.3　落叶层厚度对径流养分浓度的影响

表 6.2　落叶层厚度与径流养分浓度的拟合函数关系

养分	处理	幂函数模型	R^2	指数函数模型	R^2
速效磷	T0	$C(t)=3.54t^{-0.36}$	0.79	$C(t)=2.12e^{-0.02t}$	0.41
	T1	$C(t)=2.93t^{-0.36}$	0.83	$C(t)=1.84e^{-0.02t}$	0.56
	T2	$C(t)=3.70t^{-0.52}$	0.90	$C(t)=2.08e^{-0.03t}$	0.78
	T3	$C(t)=2.29t^{-0.34}$	0.76	$C(t)=1.40e^{-0.02t}$	0.38
硝态氮	T0	$C(t)=8.10t^{-0.33}$	0.84	$C(t)=5.14e^{-0.02t}$	0.49
	T1	$C(t)=8.89t^{-0.50}$	0.87	$C(t)=5.14e^{-0.04t}$	0.75
	T2	$C(t)=6.20t^{-0.40}$	0.80	$C(t)=3.55e^{-0.02t}$	0.46
	T3	$C(t)=7.93t^{-0.52}$	0.81	$C(t)=4.07e^{-0.03t}$	0.54
铵态氮	T0	$C(t)=2.07t^{-0.38}$	0.75	$C(t)=1.32e^{-0.03t}$	0.59
	T1	$C(t)=1.68t^{-0.32}$	0.69	$C(t)=1.07e^{-0.02t}$	0.35
	T2	$C(t)=1.53t^{-0.27}$	0.65	$C(t)=0.99e^{-0.01t}$	0.26
	T3	$C(t)=1.99t^{-0.48}$	0.83	$C(t)=1.07e^{-0.03t}$	0.55

注：表中 $C(t)$ 表示径流养分浓度；t 表示落叶层厚度。

6.1.4　落叶层厚度对径流养分流失总量的影响

坡地土壤养分流失过程与地表径流关系密切，地表径流中养分流失总量主要取决于径流量和径流养分浓度。图 6.4 显示了落叶层厚度对径流养分流失总量的影响。结果表明，3 种径流养分（速效磷、硝态氮和铵态氮）的流失总量均随着落叶层厚度的增加逐渐减少，且径流中硝态氮的流失总量要远高于速效磷和铵态氮的流失总量。这是因为硝态氮极易溶于水，使得径流中硝态氮的浓度高于其他两者。速效磷具有较强的吸附性，铵态氮又易于转化为硝态氮，使得两者在径流中的浓度偏低。因此，径流中的养分流失主要以硝态氮为主。

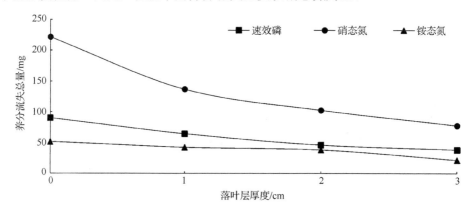

图 6.4　落叶层厚度对径流养分流失总量的影响

6.1.5　落叶层厚度对土壤剖面养分分布的影响

在降雨条件下，地表土壤的养分除了随地表径流流失以外，还会随着入渗水向土壤深层迁移，导致土壤剖面的养分分布发生变化。图 6.5 显示了落叶层厚度对土壤剖面速效磷含量分布的影响。结果表明，4 种落叶层厚度条件下土壤速效磷含

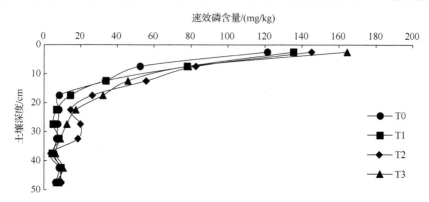

图 6.5　落叶层厚度对土壤剖面速效磷含量分布的影响

量均在土壤深度为 0～20cm 迅速衰减，土层 20cm 以下土壤速效磷的含量基本维持在一个较低的水平且保持不变，说明速效磷主要积聚在 0～20cm 土壤中。随着落叶层厚度增加，土壤中速效磷的含量逐步增加，这说明增加落叶层厚度可以减少土壤养分的流失，从而使更多的养分入渗到土壤之中。

图 6.6 显示了落叶层厚度对土壤剖面硝态氮含量分布的影响。结果表明，4 种不同落叶层厚度条件下，土壤硝态氮的含量均随着土壤深度的增加呈现出先增大后迅速减小的变化过程，且硝态氮主要分布在 5～25cm 土层。这主要是由于在降雨径流过程中，表层土壤中的养分不断向地表径流中迁移，表层土壤的硝态氮含量低于较深层土壤的含量，从而出现先增大后减小的峰值现象。从图 6.6 中还可以看出，随着落叶覆盖层厚度的增加，土壤中硝态氮含量也会逐渐升高。这说明随着落叶层厚度的增加，硝态氮的径流流失量有所减少。

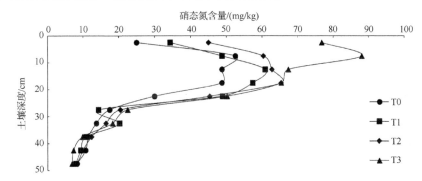

图 6.6　落叶层厚度对土壤剖面硝态氮含量分布的影响

图 6.7 显示了落叶层厚度对土壤剖面铵态氮含量分布的影响。结果表明，4 种不同厚度条件下土壤铵态氮的含量均随着土壤深度的增加呈现出先增大后逐渐减小的变化过程，且铵态氮主要分布在 5～10cm 土层，铵态氮的主要分布范围比硝态氮的分布范围要小。这是因为硝态氮不易被土壤吸附，具有更大的移动性。同时，土壤剖面铵态氮的含量也随着落叶层厚度的增加而增大。

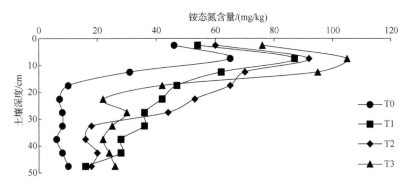

图 6.7　落叶层厚度对土壤剖面铵态氮含量分布的影响

综上所述，落叶层厚度对坡地物质随地表径流迁移特征有显著影响。初始产流时间总体上随着落叶层厚度的增加而增大，两者之间是线性增长关系；不同落叶层厚度条件下径流流量随着时间逐渐增大，最后趋于稳定；落叶层的厚度越大，则径流流量越小，径流流量的大小顺序为T0>T1>T2>T3，这说明野外坡地的落叶层可以很好地储蓄天然降雨。径流中 3 种养分的径流浓度总体上均是随着降雨时间的增加而逐渐减少，最后逐步趋于稳定状态；径流中 3 种养分的径流浓度随落叶层厚度的增加呈减小趋势，但并没有表现出明显的差异（$p>0.05$），说明落叶层厚度对径流养分浓度的影响并不显著；在落叶层覆盖条件下可以利用幂函数模型来模拟径流养分的流失过程。4 种不同落叶层厚度条件下土壤速效磷的含量均在土壤深度为 0～20cm 迅速减小，在土层 20cm 以下速效磷的含量基本维持在一个较低的水平且保持不变；硝态氮主要分布在 5～25cm 土层，铵态氮主要分布在 5～10cm 土层；落叶层厚度增加可以减少土壤养分的流失，从而使更多的养分入渗到土壤之中。

6.2　秸秆覆盖量对坡地物质传输的影响

为了研究秸秆覆盖对坡地物质传输的影响，在中国科学院水利部水土保持研究所长武黄土高原农业生态试验站进行了上方来水试验。试验设计秸秆覆盖量分别为 1500g/m² （S1）、1000g/m² （S2）和 500g/m² （S3）、0g/m² （CK）。试验小区长为 10m，宽为 1m，坡地平均坡度为 10.5°，供水流量为 18L/min。

6.2.1　秸秆覆盖量对坡地水土养分流失过程的影响

图 6.8 显示了秸秆覆盖量对坡地径流流量的影响。结果表明，裸坡及秸秆覆盖下径流流量呈先增加然后再趋于稳定的趋势，裸坡（秸秆覆盖量为 0g/m²）的径流流量在前 5min 内急剧增长，5min 以后增长较缓并基本趋于稳定。有秸秆覆盖时，径流流量在前 10min 内保持较大增长趋势，10min 后基本趋于稳定。

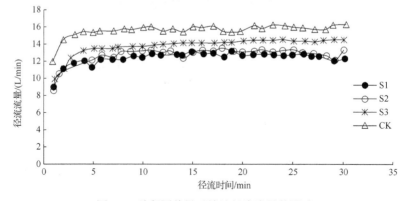

图 6.8　秸秆覆盖量对坡地径流流量的影响

图 6.9 显示了秸秆覆盖量对累积径流量的影响。结果表明，随着秸秆覆盖量的增加，累积径流量呈减小趋势，裸坡的总径流量为 468.9L，秸秆覆盖量为 500g/m²、1000g/m² 和 1500g/m² 条件下的总径流量依次减少了 12%、19% 和 21%，说明秸秆覆盖能够增加土壤入渗并减少产流。

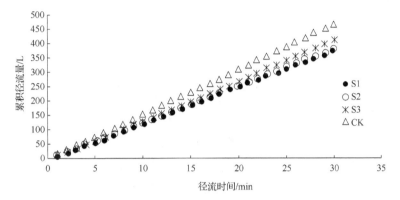

图 6.9 秸秆覆盖量对累积径流量的影响

图 6.10 显示了秸秆覆盖量对径流含沙率的影响。结果表明，对照组径流含沙率明显高于秸秆覆盖处理，并从径流初期的峰值以较快速度下降，15min 后逐渐趋于稳定。对于秸秆覆盖试验小区，径流含沙率随着覆盖量的增加而减小，在径流初期有较大差异，10min 后 3 种秸秆覆盖处理下的径流含沙率差异较小。

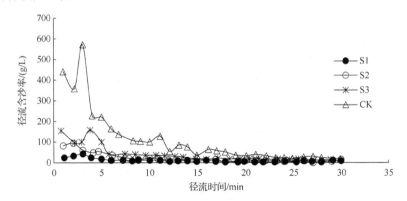

图 6.10 秸秆覆盖量对径流含沙率的影响

图 6.11 显示了秸秆覆盖量对累积产沙量的影响。结果表明，有秸秆覆盖的试验小区累积产沙量明显小于无秸秆覆盖的试验小区，说明秸秆覆盖减少侵蚀的效果显著。不同秸秆覆盖量下的累积产沙量大小顺序为裸坡试验小区>500g/m²>1000g/m²>1500g/m² 覆盖量小区。裸坡试验小区的总产沙量为 3322.0g，500g/m² 秸秆覆盖的试验小区总产沙量为 1152.0g，相对于裸坡的总产沙量减少 65.32%；1000g/m² 秸秆覆盖的试验小区总产沙量为 627.3g，相对于裸坡的总产沙量减少 81.12%；

1500g/m² 秸秆覆盖的试验小区总产沙量为 306.1g，相对于裸坡减少 90.79%。

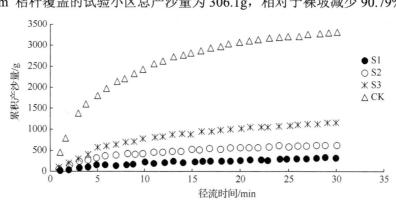

图 6.11　秸秆覆盖量对累积产沙量的影响

图 6.12 显示了秸秆覆盖量对径流溴离子浓度的影响。结果表明，无论是裸坡还是有秸秆覆盖的土壤，径流溴离子浓度总体表现随径流时间延长呈现递减趋势。图 6.13 显示了秸秆覆盖量对径流溴离子累积流失量的影响。结果表明，S1 与 CK 相比溴离子累积流失量减少 4.93%。

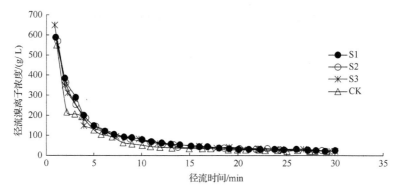

图 6.12　秸秆覆盖量对径流溴离子浓度的影响

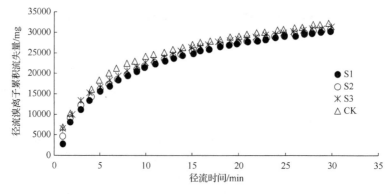

图 6.13　秸秆覆盖量对径流溴离子累积流失量的影响

6.2.2　秸秆覆盖量对坡地水流动力学特征的影响

　　本小节从水流动力学角度来分析秸秆覆盖量对坡地土壤侵蚀和养分流失的影响。表 6.3 显示了不同秸秆覆盖量下的水流动力学参数变化特征，包括初始产流时间、平均流速、平均径流深、水力半径、雷诺数、弗劳德数、曼宁糙率系数、阻力系数及平均水流剪切力。结果表明，随着秸秆覆盖量的增加，平均流速、雷诺数和弗劳德数减小，初始产流时间、平均径流深、水力半径、阻力系数、曼宁糙率系数和平均水流剪切力增大。

表 6.3　不同秸秆覆盖量下的水流动力学参数

秸秆覆盖量/(g/m²)	初始产流时间/s	平均流速/(m/s)	平均径流深/mm	水力半径/mm	雷诺数	弗劳德数	曼宁糙率系数/(s/m^{1/3})	阻力系数	平均水流剪切力/Pa
0	50	0.15	1.82	1.82	263	1.077	0.043	1.24	3.27
500	78	0.09	2.51	2.49	235	0.597	0.083	4.02	4.49
1000	86	0.08	2.76	2.74	216	0.476	0.105	6.32	4.94
1500	104	0.05	3.89	3.86	209	0.275	0.192	18.87	6.95

　　图 6.14 显示了平均流速和平均径流深与秸秆覆盖量的关系。结果表明，平均流速随秸秆覆盖量的增大而减小，平均径流深随秸秆覆盖量的增大而增大。平均流速和秸秆覆盖量的关系可用函数拟合，拟合公式为

$$V = -0.000059S + 0.139 \quad R^2 = 0.94 \tag{6.4}$$

式中，V 为平均流速（m/s）；S 为秸秆覆盖量（g/m²）。

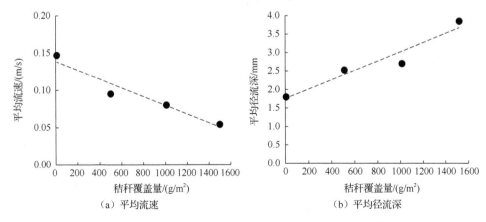

（a）平均流速　　　　　　　　（b）平均径流深

图 6.14　平均流速和平均径流深与秸秆覆盖量的关系

　　平均径流深和秸秆覆盖量的关系可用线性函数拟合，拟合公式为

$$h = 0.0013S + 1.78 \quad R^2 = 0.94 \tag{6.5}$$

图 6.15 显示了雷诺数及弗劳德数与秸秆覆盖量的关系。结果表明，随着秸秆覆盖量的增加，坡地水流的雷诺数 Re 逐渐减小，雷诺数变化范围为 209～263，均为层流。不同秸秆覆盖量下坡地水流的弗劳德数 Fr 表明，所有条件下的水流状态均为急流。雷诺数及弗劳德数与秸秆覆盖量的关系均可用线性函数拟合，拟合结果分别为

$$\text{Re} = -0.036S + 258 \quad R^2 = 0.938 \tag{6.6}$$

式中，Re 为雷诺数；S 为秸秆覆盖量（g/m^2）。

$$\text{Fr} = 0.00123S + 1.84 \quad R^2 = 0.916 \tag{6.7}$$

式中，Fr 为弗劳德数。

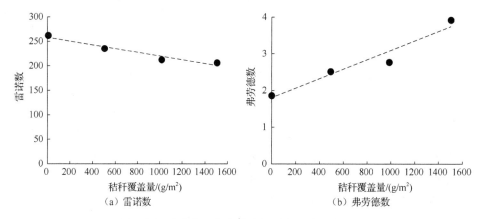

（a）雷诺数   （b）弗劳德数

图 6.15　雷诺数及弗劳德数与秸秆覆盖量的关系

图 6.16 显示了阻力系数与秸秆覆盖量间的关系。可以看出，秸秆覆盖量的增加，阻力系数也随之增大。对曲线进行拟合，拟合方程为

$$f = 1.35\text{e}^{0.002S} \quad R^2 = 0.983 \tag{6.8}$$

式中，f 为阻力系数；S 为秸秆覆盖量（g/m^2）。

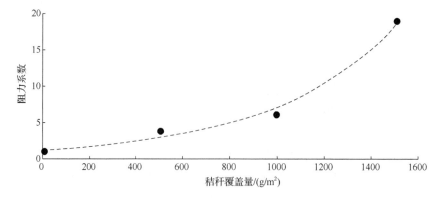

图 6.16　阻力系数与秸秆覆盖量的关系

　　图 6.17 显示了平均水流剪切力与秸秆覆盖量的关系。可以看出，随着秸秆覆盖量的增大，平均水流剪切力也增大。平均水流剪切力与秸秆覆盖量线性相关，拟合方程为

$$\tau = 0.0023S + 3.19 \quad R^2 = 0.940 \tag{6.9}$$

式中，τ 为平均水流剪切力（Pa）。

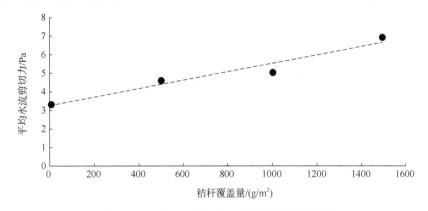

图 6.17　平均水流剪切力与秸秆覆盖量的关系

　　图 6.18 显示了曼宁糙率系数(n)与秸秆覆盖量的关系。结果表明，随着秸秆覆盖量的增大，曼宁糙率系数也增大。曼宁糙率系数与秸秆覆盖量线性相关，拟合方程为

$$n = 0.0001S + 0.36 \quad R^2 = 0.924 \tag{6.10}$$

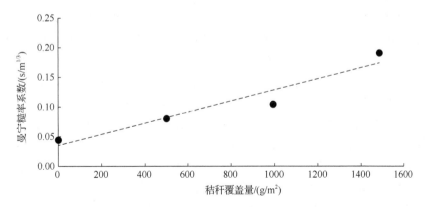

图 6.18　曼宁糙率系数与秸秆覆盖量的关系

　　图 6.19 显示了径流总产沙量及溴离子流失总量与秸秆覆盖量的关系。结果表明，随着秸秆覆盖量的增大，总产沙量及溴离子流失总量均逐渐减小。利用指数函数与线性函数进行拟合，拟合方程分别为

$$W_s = 2966\mathrm{e}^{-0.0016S} \quad R^2 = 0.942 \tag{6.11}$$

$$W_{\mathrm{Br}} = -1.072S + 32046 \quad R^2 = 0.966 \tag{6.12}$$

式中，W_s 为总产沙量（g）；W_{Br} 为溴离子流失总量（mg）。

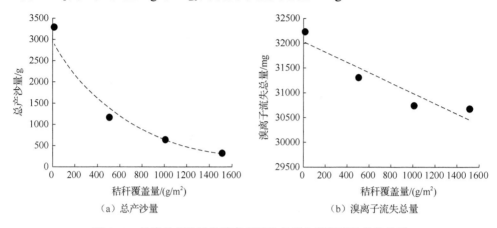

（a）总产沙量　　　　　　　　　　　（b）溴离子流失总量

图 6.19　径流总产沙量及溴离子流失总量与秸秆覆盖量的关系

6.3　植物对坡地物质传输的影响

植物是影响土壤水土流失的重要因素，主要体现在茎干和枯落物拦蓄分散径流，根系可以有效改善表层土壤结构，从而增加抗蚀性和渗透性等方面。为了研究植物类型对坡地物质传输的影响，根据黄土区气候条件和植物分布类型，选择 6 种供试植物。包括谷子、大豆、玉米、紫花苜蓿、柠条和秋葵。这几种植物均是黄土区广泛分布的植物类型，其形状和长势各有特点。种植行距为 30cm，设置全坡段裸地、柠条、紫花苜蓿、秋葵、玉米、大豆和谷子 7 个处理，其中大豆、玉米和秋葵每行 3 株，柠条、紫花苜蓿和谷子采用每行均匀撒种。为了研究植物种植密度对坡地物质传输的影响，选择大豆作为研究对象，设定 3 个种植密度，行距分别为 20cm、30cm 和 60cm。为了研究植物种植分布格局对坡地物质传输的影响，选择紫花苜蓿作为研究对象，种植行距为 30cm，设定三种处理，即上坡段 1/3 坡段种植紫花苜蓿，其余坡段为裸地；中坡段 1/3 坡段种植紫花苜蓿，其余坡段为裸地；下坡段 1/3 坡段种植紫花苜蓿，其余坡段为裸地。为了研究碎石覆盖与植物种植组合分布格局对坡地物质传输的影响，选择紫花苜蓿作为研究对象，种植行距为 30cm，分别设定上坡段及 1/3 坡段种植紫花苜蓿，中坡段及 1/3 坡段种植紫花苜蓿，下坡段及 1/3 坡段种植紫花苜蓿，其余坡段均为碎石覆盖，碎石覆盖比例为 10%。为了研究植物种植条件下坡长对坡地物质传输的影响，选择柠条作为研究对象，柠条种植采用行距为 30cm，设定 3 个坡长，分别为 5m、10m 和 15m。

6.3.1　植物对坡地水文过程的影响

6.3.1.1　植物对产流过程的影响

根据黄土区气候条件和植物分布类型，选择 6 种植物作为试验对象，包括大豆、玉米、谷子、紫花苜蓿、柠条、秋葵。种植行距均为 30cm，其中大豆、玉米和秋葵每行 3 株，柠条、紫花苜蓿和谷子采用每行均匀撒种，谷子每行约 10 株，柠条和紫花苜蓿每行约 75 株。不同植物特征指标见表 6.4。

表 6.4　不同植物特征指标

植物类型	茎粗/mm	株高/cm
秋葵	12.507	46.200
紫花苜蓿	2.194	10.243
柠条	2.406	17.960
玉米	23.303	196.333
谷子	6.088	112.200
大豆	8.057	79.767

图 6.20 显示了植物对总径流量的影响。结果表明，不同植物覆盖下的总径流量有所差异，相较于裸地，大豆、谷子、玉米、柠条、紫花苜蓿和秋葵覆盖下的总径流量逐渐减小，且分别减小了 15.78%、18.96%、24.94%、27.44%、30.75% 和 33.19%。由此可见，植物种植对降低总径流量具有显著作用，而且柠条、紫花苜蓿和秋葵相比大豆、谷子、玉米对降低总径流量的效果更加明显。

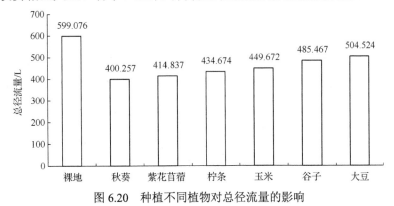

图 6.20　种植不同植物对总径流量的影响

图 6.21 和图 6.22 分别显示了不同植物对径流流量和累积径流量的影响。结果表明，不同植物种植下径流流量和累积径流量明显低于裸地。各处理下径流流量和累积径流量的大小关系为裸地>大豆>谷子>玉米>柠条>紫花苜蓿>秋葵。这是由于坡地种植植物对坡地水流具有分散和拦截的作用，且植物根系有效增加了土壤空隙，提高了土壤入渗量。

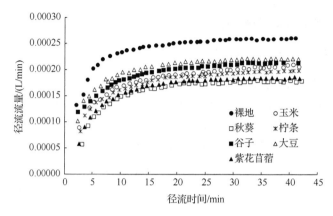

图 6.21　种植不同植物对径流流量的影响

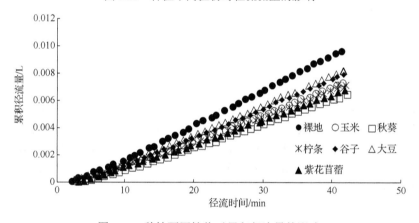

图 6.22　种植不同植物对累积径流量的影响

为了进一步分析种植不同植物对坡地土壤蓄水的影响，分析了放水前后坡地土壤剖面含水量情况。图 6.23 显示了种植不同植物对土壤剖面含水量分布的影响。

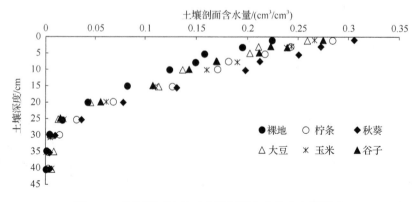

图 6.23　种植不同植物对土壤剖面含水量分布的影响

结果表明，植物种植情况下的坡地土壤水分入渗深度均在 30cm 左右。种植植物对土壤表层蓄水的影响最显著，随着土壤剖面深度的增加，种植植物对土壤剖面含水量的影响逐渐减小，对于裸地、大豆、谷子、玉米、柠条和秋葵覆盖而言，土壤含水量逐渐增大，进一步说明植被覆盖有利于增加土壤的入渗量。

6.3.1.2　植物种植分布格局对产流过程的影响

图 6.24 为植物种植分布格局对总径流量的影响。相对于无植物种植的裸地，上坡段、中坡段和下坡段紫花苜蓿种植的总径流量分别降低了 11.01%、8.98%和 14.13%。可见，植物种植分布格局对总径流量具有显著影响，其中紫花苜蓿种植在下坡段时总径流量相对较低，对降低总径流量的效果较好。

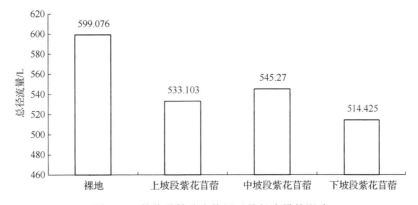

图 6.24　植物种植分布格局对总径流量的影响

为了进一步探究植物种植分布格局对地表径流过程的影响，分析了植物种植不同分布格局条件下的地表径流过程。图 6.25 显示了植物种植分布格局对单宽流量的影响。

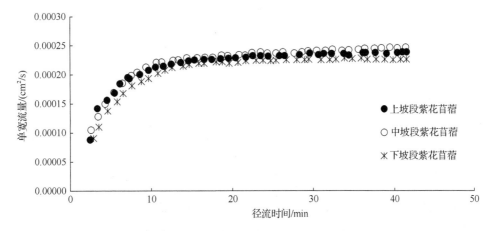

图 6.25　植物种植分布格局对单宽流量的影响

结果表明，单宽流量从大到小依次为中坡段、上段坡、下坡段紫花苜蓿种植。相对于将紫花苜蓿种植在中坡段和上坡段而言，将紫花苜蓿种植在下坡段对降低单宽流量的效果更加明显。

6.3.1.3　植物种植密度对产流过程的影响

为了分析植物种植密度对地表径流的影响，选取大豆作为研究对象，行距分别设定为20cm、30cm和60cm。表6.5为大豆不同种植密度下的坡地初始产流时间及产流前土壤入渗量。分析发现，随着种植密度的增加，初始产流时间及产流前土壤入渗量均呈增大的趋势。这是由于随着种植密度增加，地表粗糙度增加，植物根系数量也越多，植物茎秆对坡地水流的分散和拦截作用及根系对土壤渗透性的增强作用也愈加明显，进而导致地表径流初始产流时间和产流前土壤入渗量呈增加的趋势。

表 6.5　大豆不同种植密度下坡地初始产流时间及产流前土壤入渗量

行距/cm	初始产流时间/min	产流前土壤入渗量/cm
60	1.378	0.278
30	1.506	0.303
20	1.816	0.366

为了进一步分析大豆种植密度对初始产流时间的影响，采用幂函数对大豆行距和初始产流时间的关系曲线进行拟合，结果如图6.26所示，拟合决定系数为 $R^2=0.88$，说明具有较好的相关性。拟合方程为 $t_p=3.5766a^{-0.238}$，其中 t_p 为初始产流时间(min)；a 为植物种植行距(cm)。

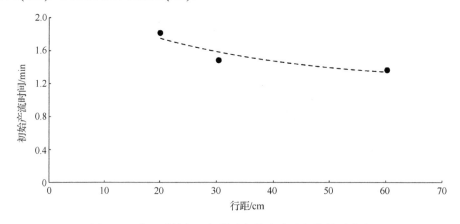

图 6.26　大豆种植行距与坡地初始产流时间的关系曲线

图6.27显示了大豆种植密度对单宽流量的影响。结果表明，不同种植密度下的地表径流过程不同，随着大豆种植密度的增加，单宽流量呈减小趋势。相对于裸地而言，大豆行距为20cm、30cm和60cm时的总径流量分别降低了20.63%、15.78%

和 10.17%。大豆种植行距为 20cm 和 30cm 时地表径流过程相差较小，而当种植行距增加到 60cm 时，计算可得总径流量明显增大。进一步说明植物种植密度越大，对减小单宽流量的作用越明显。

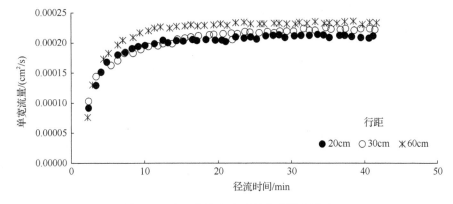

图 6.27　大豆种植密度对单宽流量的影响

图 6.28 显示了大豆种植密度对土壤剖面含水量的影响。结果表明，不同种植密度下的坡地土壤水分入渗深度均在 30cm 左右。不同种植密度对表层土壤剖面含水量的影响较显著，随着土壤剖面深度的增加，大豆种植密度对土壤含水量的影响逐渐减小，不同剖面处土壤含水量均随大豆种植密度的增加呈增加趋势。

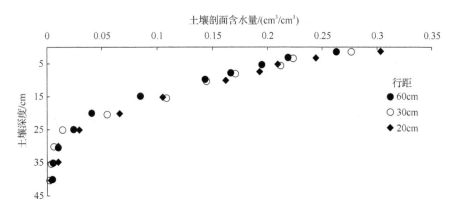

图 6.28　大豆种植密度对土壤剖面含水量分布的影响

6.3.1.4　植物种植组合对产流过程的影响

为了研究不同植物组合对地表产流过程的影响，按照坡地植物的生长规律进行组合布局，坡上为灌木，坡中为草类，坡下为作物，共设定了两种不同组合。图 6.29 显示了不同植物种植组合下的单宽流量变化过程。结果表明，植物组合覆盖条件下的单宽流量明显低于裸地。其中，柠条、秋葵、玉米组合下的单宽流量降低幅度更大，而且径流过程曲线更加平缓，进入稳定阶段的时间逐渐延迟。同时，计算了不同植物种植组合下的总径流量，柠条、秋葵、玉米组合和柠条、紫花苜蓿、大豆组合下的总径流量分别降低了37.56%和20.49%。由此可见，柠条、秋葵、玉米组合对降低地表径流量和延迟径流过程的效果更好。

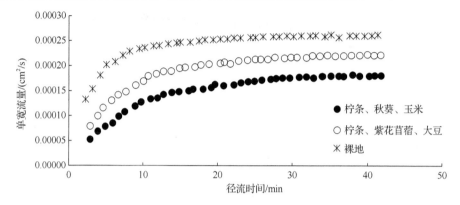

图6.29 不同植物种植组合下的单宽流量变化过程

6.3.1.5 植物种植与碎石覆盖组合分布格局对产流过程的影响

为了研究植物种植与碎石覆盖组合分布格局对地表径流过程的影响，本研究选取紫花苜蓿和碎石作为研究对象，紫花苜蓿分别种植在上坡段、中坡段和下坡段，其他坡段均匀布设碎石，碎石覆盖比例为10%。图6.30显示了紫花苜蓿种植与碎石覆盖组合条件下的总径流量。结果表明，相对于裸地，紫花苜蓿与碎石组合覆盖条件下的总径流量均有所降低。对于裸地、上坡段紫花苜蓿+碎石、中坡段紫花苜蓿+碎石、下坡段紫花苜蓿+碎石覆盖而言，总径流量逐渐减小，不同组合覆盖总径流量相对于裸地分别降低了13.43%、16.21%和19.67%。由此可见，将植物种植在上坡段，碎石覆盖在中、下坡段的布局降低总径流量的效果更好。

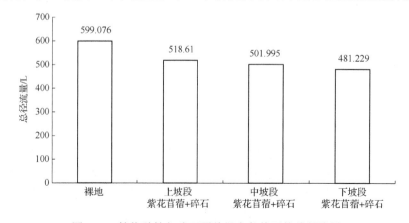

图6.30 植物种植与碎石覆盖组合条件下的总径流量

　　图 6.31 显示了植物种植与碎石覆盖组合条件下的单宽流量过程。结果表明，虽然碎石及紫花苜蓿的覆盖比例均相同，但紫花苜蓿种植与碎石布设位置的变化也会对地表径流过程产生一定的影响。对于上坡段紫花苜蓿+碎石、中坡段紫花苜蓿+碎石、下坡段紫花苜蓿+碎石覆盖而言，单宽流量逐渐减小；对于上坡段紫花苜蓿+碎石和中坡段紫花苜蓿+碎石这两种分布布局而言，单宽流量的差异性不明显，而下坡段紫花苜蓿+碎石组合覆盖条件下的单宽流量明显降低。进一步说明植物种植与碎石覆盖的分布格局对地表径流也会产生一定的影响。

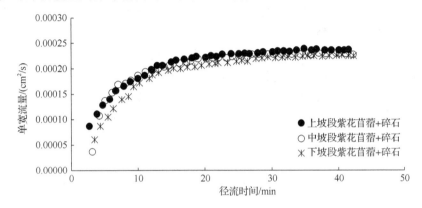

图 6.31　植物种植与碎石覆盖组合条件下的单宽流量过程

6.3.2　植物对产沙过程的影响

　　植物是影响坡地产沙的重要影响因子，植物种植通过改变坡地径流的水流动力学特性和土壤结构，进而对径流侵蚀能力产生影响。由于不同植物的冠层特征和根系特征不同，不同植物生理特征、水流拦蓄能力和土壤固结能力各不相同。在外部环境基本相同的条件下，种植不同植物的水土保持功效明显不同，有的植物种植反而增大了土壤侵蚀量。以在野外人工种植植被的试验小区内进行上方来水试验为基础，分别研究植物类型、植物间作、植物生育期、植物种植密度及植物种植分布格局对径流产沙的影响，分析植物量化指标如植物盖度、叶面积指数、植物地上及根系生物量和累积产沙量的关系，为研究植物对黄土坡地水土流失的控制功效提供参考。

6.3.2.1　植物类型对产沙过程的影响

　　为研究不同植物对总产沙量的影响，选择 6 种陕北地区常见的植物，如玉米、谷子、大豆、紫花苜蓿、黄蜀葵和柠条，以及一个裸地试验小区作为对照。设定上方来水流量为 20L/min，试验持续 40min。表 6.6 显示了不同植物对总产沙量的影响。结果表明，紫花苜蓿降低总产沙量的作用最为显著，经过 40min 的放水试验仅产沙 0.133kg，总产沙量比裸地和柠条地分别减少 98.9%和 98.3%；其次为大豆地，总产沙量为 2.354 kg，比裸地和柠条地分别减少 80.3%和 69.5%；黄蜀葵地的总产沙量为 4.010kg，比裸地和柠条地分别减少 66.4%和 48.0%；玉米地的总产沙量为 5.389kg，比裸地和柠条地分别减少 54.9%和 30.1%；柠条地总产沙量为 7.711kg，比裸地减少 35.4%；谷子地的情况较特殊，总产沙量为 18.873 kg，与裸地相比增加了 58.1%。以上结果表明，大部分植物种植都能减少土壤侵蚀，使水土流失得到控制，减小侵蚀效果为紫花苜蓿>大豆>黄蜀葵>玉米>柠条。紫花苜蓿作为草本植物拥有最好的拦沙效果，地上部分枝叶繁茂，丛生平卧，是所有试验植物中生长最茂盛的植被。大豆属农作物，每行仅种 3 棵，地上部分同样生长茂盛，但由于其直立生长，枝叶并不平铺于地面，只有茎秆与水流直接接触，能有效降低侵蚀量可能是因为植被盖度较高，地表水分蒸发量较小，容易形成结皮，且根茎发达，固结土壤能力较好，因此提高了土壤抗蚀能力，有效地减少了总产沙量。黄蜀葵是多年生草本植物，在生长第一年多平铺于地面生长，叶面积较大且主根系粗壮，由于不能成行种植，每行仅能种植 3 棵，减少泥沙的能力比紫花苜蓿差。玉米是一年生的草本植物，是当地最主要的粮食作物，被广泛种植。玉米是 6 种试验植物中生物量最大的植物，拥有最粗的茎秆和最发达的根系，茎秆较高，平均可达 1.96m，枝叶较少，植被盖度较低，地表土壤大多暴露并受到太阳照射，使其土壤表层含水量较低，坡地水流冲刷过程中，仅受到玉米茎秆的直接影响。总产沙量减小的主要原因应该是玉米根系发达，须根多且大量集中在土壤表层，其抗拉能力改善了土壤结构，固化土壤作用显著，提高了土壤的抗蚀能力。柠条属于灌木，多年生且耐寒耐旱，是干旱草原和荒漠草原的主要旱生灌丛。由于从种植到开始试验的时间较短，柠条还未充分生长，平均株高仅 17.960cm，茎粗均值为 2.406mm，拦蓄水量能力较差，且根系还未发育完全，根细易断，是所有植物中地下生物量最低的。由于成排种植，柠条数量较多，植物地上部分对减少侵蚀起主要作用。谷子是陕北主要的谷物作物之一，从结果来看，谷子地比裸地的总产沙量还高。主要原因可能是谷子在出苗后需要壮苗和松土，否则难以成活，且其地上生物特性与玉米类似，茎秆较高，平均高度为 1.12m，枝叶较少，地表会直接暴露在太阳照射下，使表层土壤水分蒸发较快，其根系远没有玉米发达，根系固化土壤能力较差，由于谷子的表层土壤松软，结构性差，土壤颗粒分散，极易被水流侵蚀，导致总产沙量高于裸地。

表 6.6　不同植物种植对总产沙量的影响

作物类型	玉米	谷子	大豆	紫花苜蓿	柠条	黄蜀葵	裸地
总产沙量/kg	5.389	18.873	2.354	0.133	7.711	4.010	11.937
比裸地减少/%	54.9	−58.1	80.3	98.9	35.4	66.4	—

图 6.32 显示了植物种植对产沙率随径流时间变化过程的影响。结果表明，坡面产沙率过程的总体趋势为先急剧增大后缓慢减小。各植物种植地的产沙率过程的变化趋势相同，不同植物种植地的产沙率大小关系为谷子>裸地>柠条>玉米>黄蜀葵>大豆>紫花苜蓿。最大产沙率也同样符合这一趋势，裸地的最大产沙率为 0.690kg/min，谷子地的最大产沙率为 1.068kg/min，比裸地增加了 54.8%，柠条、玉米、黄蜀葵、大豆和紫花苜蓿地的最大产沙率分别为 0.612kg/min、0.341kg/min、0.284kg/min、0.143kg/min 和 0.010kg/min，相比裸地分别减少了 11.3%、50.6%、58.8%、79.2%、98.6%。20min 后的稳定产沙率依然表现为谷子地最高，裸地、柠条、黄蜀葵、玉米、大豆和紫花苜蓿地依次减小，稳定产沙率分别为谷子地 0.215kg/min、裸地 0.192kg/min、柠条地 0.121kg/min、黄蜀葵地 0.053kg/min、玉米地 0.039kg/min、大豆地 0.038kg/min 和紫花苜蓿地 0.003kg/min。不同植物种植地的累积产沙量变化过程不尽相同，表 6.7 显示了不同植物不同时段累积产沙量占总产沙量的百分比。结果显示径流冲刷的前 10min 是主要产沙阶段，玉米和黄蜀葵地在这一阶段的比例最高，占总产沙量的 50% 以上，柠条、大豆和谷子位列其次，分别占 45.60%、42.31% 和 41.09%；裸地与柠条、大豆和谷子地在这一阶段的比例相近；紫花苜蓿地最低，占总产沙量的 30.08%。与裸地相比，玉米和黄蜀葵地显著提升了径流前 10min 的产沙量，这两种植物虽然会使泥沙峰值降低，但达到峰值的时间在产流初期更加集中，谷子、柠条和大豆地的泥沙峰值出现时间与裸地基本相当；紫花苜蓿地的产沙过程变得非常平缓，具有很好的削峰作用。

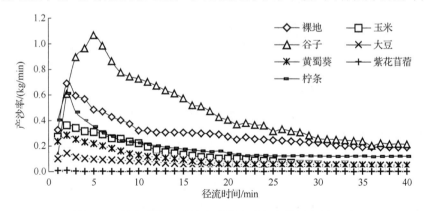

图 6.32　植物种植对产沙率随径流时间变化过程的影响

表 6.7　不同植物不同时段累积产沙量占总产沙量百分比　（单位：%）

时段/min	植物类型						
	谷子	裸地	柠条	玉米	黄蜀葵	大豆	紫花苜蓿
1~10	41.09	39.05	45.60	53.13	50.80	42.31	30.08

续表

时段/min	植物类型						
	谷子	裸地	柠条	玉米	黄蜀葵	大豆	紫花苜蓿
10～20	29.30	25.12	22.69	24.68	22.04	24.89	24.06
20～30	17.38	20.41	16.09	13.95	13.84	16.36	21.80
30～40	12.23	15.43	15.61	8.24	13.32	16.44	24.06

注：表中数据为修约数据。

6.3.2.2 植物间作对产沙过程的影响

为研究植物间作对产沙过程的影响，本研究选取柠条、黄蜀葵、紫花苜蓿、玉米和大豆进行间作。间作方式为上 1/3 坡段种植柠条，中 1/3 坡段种植黄蜀葵或紫花苜蓿，下 1/3 坡段种植玉米或大豆。根据该试验设计，选定一个试验小区从上到下种植柠条、黄蜀葵和玉米，另一个试验小区从上到下种植柠条、紫花苜蓿和大豆，选择全坡段的柠条试验小区作为试验对照，上方来水流量设定 20L/min，放水时间为 40min。

表 6.8 为不同植物间作对总产沙量的影响。从表 6.8 中可知，柠条、黄蜀葵和玉米的间作组合总产沙量为 6.605kg，比柠条地减少了 1.106kg，相当于柠条地总产沙量的 85.7%；柠条、紫花苜蓿和大豆的间作组合总产沙量为 3.190kg，比柠条地减少了 4.521kg，相当于柠条地总产沙量的 41.4%。黄蜀葵、玉米、大豆、紫花苜蓿的总产沙量比柠条地分别减少了 48.0%、30.1%、69.5% 和 98.3%。因此，在间作试验中，按照各植物减少产沙比例进行分配，黄蜀葵与玉米的减沙比例约为 5∶3，总计减少 14.3%。柠条、苜蓿和大豆的间作试验同理，紫花苜蓿与大豆的减沙比例约为 7∶10，总计减少 58.6%。根据以上数据分析，在混合间作的试验中，紫花苜蓿仍发挥着非常大的拦沙减沙作用。

表 6.8　不同植物间作对总产沙量的影响

植物类型	柠条	柠条、黄蜀葵、玉米	柠条、紫花苜蓿、大豆
总产沙量/kg	7.711	6.605	3.190
比柠条减少/%	—	14.3	58.6

图 6.33 显示了植物间作对产沙率的影响。结果表明，柠条、黄蜀葵、玉米间作与柠条之地的产沙率主要区别集中在上方来水试验径流的前 5min，柠条、紫花苜蓿、大豆间作的产沙率过程整体都低于其他两个试验小区。就最大产沙率而言，柠条地为 0.612kg/min，柠条、黄蜀葵和玉米间作地为 0.424kg/min，柠条、紫花苜蓿和大豆间作地为 0.186kg/min。20min 后柠条地的稳定产沙率为 0.121kg/min，柠条、黄蜀葵和玉米间作地稳定在 0.09kg/min，柠条、紫花苜蓿和大豆间作地稳

定在 0.039kg/min。图 6.34 显示了植物间作对累积产沙量的影响。结果表明，柠条地的累积产沙量大于柠条、黄蜀葵、玉米间作地，且大于柠条、紫花苜蓿、大豆间作地。表 6.9 显示了植物间作不同时段累积产沙量占总产沙量百分比。结果表明，植物间作对不同时段累积产沙量占总产沙量百分比的比例影响较小。

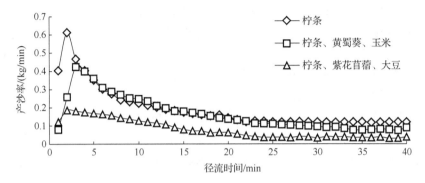

图 6.33　植物间作对产沙率的影响

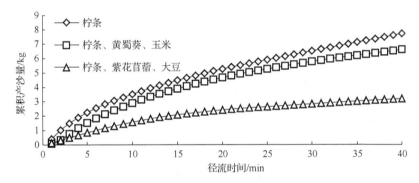

图 6.34　植物间作对累积产沙量的影响

表 6.9　植物间作不同时段累积产沙量占总产沙量百分比　（单位：%）

时段/min	植物类型		
	柠条	柠条、黄蜀葵、玉米	柠条、紫花苜蓿、大豆
1～10	45.60	43.77	49.03
10～20	22.69	26.89	26.65
20～30	16.09	16.74	12.85
30～40	15.62	12.60	11.47

6.3.2.3　植物生育期坡地产沙过程的变化特征

为研究植物生育期对坡地产沙过程的影响，选用紫花苜蓿作为试验研究对象。紫花苜蓿在 2015 年 5 月初播种，分别在 7 月下旬的分枝期和 8 月下旬的现蕾期在同一试验小区内进行两次上方来水试验。图 6.35 显示了紫花苜蓿两个生育期的产沙率过程。结果表明，分枝期的最大产沙率为 1.085kg/min，现蕾期最大产沙率为 0.010kg/min，产沙率变化极为显著，分枝期的最大产沙率约为现蕾期最大产沙率的 100 倍。图 6.36 显示了紫花苜蓿两个生育期的累积产沙量变化过程。结果表明，分枝期总产沙量为 10.068kg，现蕾期总产沙量为 0.133kg。可见植物不同生育期严重影响着坡地水流侵蚀的总产沙量。分枝期的紫花苜蓿植被盖度低，仅有 23%，没有形成繁茂的枝叶结构，蓄水拦沙效果不明显，其地下根系还处于生长阶段，没有发达的根系固结土壤，通过试验小区内取植物样本，对单株紫花苜蓿的根系称重，平均值只有 1.8g。相比现蕾期的紫花苜蓿，分枝期的盖度高达 95%，有完整的枝叶结构且平卧于地面生长，具有较发达的根系，可以对土壤起到固化作用。由于紫花苜蓿是黄土坡地主要的人工植物之一，被广泛种植且有自然生长，可以预见当紫花苜蓿处于分枝期时不能提供有效的水土保持功效。当紫花苜蓿进入现蕾期才表现出明显的蓄水拦沙作用，从而降低坡地土壤侵蚀。

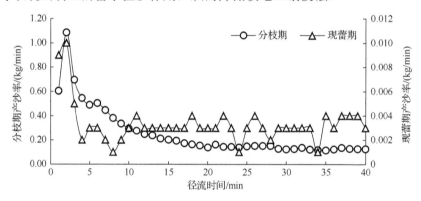

图 6.35　紫花苜蓿两个生育期的产沙率过程

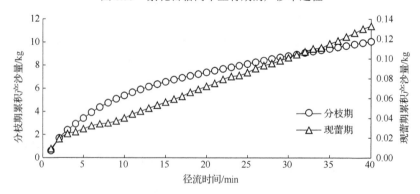

图 6.36　紫花苜蓿两个生育期的累积产沙量变化过程

6.3.2.4　植物种植密度对产沙过程的影响

为研究植物种植密度对坡地产沙过程的影响，以大豆作为研究对象，在三个试验小区内分别以 20cm、30cm 和 60cm 的行间距进行种植，每行种植 3 株，待大豆进入结荚期进行上方来水试验，大豆种植密度对产沙率随径流时间变化过程的影响如图 6.37 所示。结果表明，种植行距为 20cm 和 30cm 的产沙过程没有显著差异，当行间距为 60cm，其产沙率发生了明显变化。60cm 行间距初始产沙率明显增大，最大产沙率出现在产流第 2min，为 0.436kg/min。图 6.38 显示了大豆种植密度对累积产沙量随径流时间变化过程的影响，20cm 与 30cm 行间距的总产沙量分别为 2.373kg 和 2.354kg，60cm 的累积产沙量有显著增加，总产沙量为 3.643kg，是 20cm 与 30cm 的 1.5 倍左右。

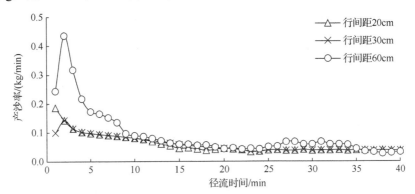

图 6.37　大豆种植密度对产沙率随径流时间变化过程的影响

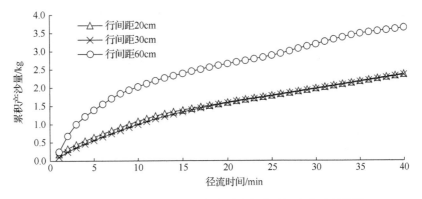

图 6.38　大豆种植密度对累积产沙量随径流时间变化过程的影响

表 6.10 显示了不同大豆种植密度不同时段累积产沙量占总产沙量的百分比。结果表明，行间距 20cm、30cm 和 60cm 下产流前 10min 的累积产沙量占总产沙量的 45.60%、42.31%和 55.64%，是侵蚀发生的主要阶段。对于相同行间距，不同时段的累积产沙量所占比例大多随着上方来水时间延长逐渐降低。

表 6.10　不同大豆种植密度不同时段累积产沙量占总产沙量的百分比　（单位：%）

时段/min	行间距 20cm	行间距 30cm	行间距 60cm
1～10	45.60	42.31	55.64
10～20	21.87	24.89	17.29
20～30	16.22	16.36	14.74
30～40	16.31	16.44	12.33

6.3.2.5　植物种植分布格局对产沙过程的影响

为研究不同植物种植分布格局对坡地产沙过程的影响，选择紫花苜蓿为研究对象，分别以 30cm 的行间距分上坡段、中坡段、下坡段进行种植，其余坡段为裸地，以裸地试验小区作为试验对照，试验进行时紫花苜蓿处于现蕾期，上方来水流量为 20L/min，试验持续时间为 40min。图 6.39 显示了不同坡段种植紫花苜蓿的产沙率变化过程。结果表明，下坡段种植紫花苜蓿的产沙率在初期虽然没有中坡段种植的高，但中坡段种植的产沙率下降速度较快，在产流第 4min 就小于下坡段种植的产沙率。中坡段种植的峰值产沙率最高，为 0.421kg/min，其次为下坡段种植，为 0.386kg/min，上坡段种植的峰值产沙率最小，为 0.352kg/min。与裸地的峰值产沙率 0.690kg/min 相比，上坡段、中坡段和下坡段种植的峰值产沙率分别减小 49%、39% 和 44%。1/3 坡段种植情况下，峰值产沙率比裸地平均减少 44%。20min 后的稳定产沙阶段，上坡段种植和中坡段种植的稳定产沙率基本相同，分别为 0.117kg/min 和 0.113kg/min，下坡段种植的稳定产沙率为 0.150kg/min，与裸地的稳定产沙率 0.192kg/min 相比，上坡段、中坡段、下坡段种植的稳定产沙率分别减小约 39%、41% 和 21%。

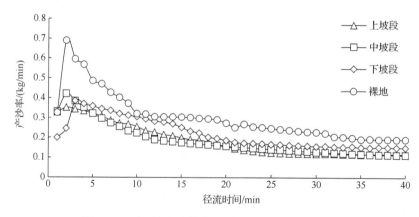

图 6.39　不同坡段种植紫花苜蓿的产沙率变化过程

图 6.40 显示了不同坡段种植紫花苜蓿的累积产沙量过程。结果表明，前 10min

上坡段、中坡段和下坡段的累积产沙量基本相同，10min 后下坡段累积产沙量开始高于上坡段和中坡段，并在后续的产流过程中持续增大，上坡段和中坡段的累积产沙量变化基本一致。

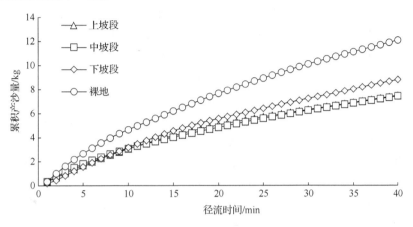

图 6.40　不同坡段种植紫花苜蓿的累积产沙量过程

表 6.11 显示了不同坡段种植紫花苜蓿对总产沙量的影响。结果表明，上坡段种植的总产沙量相比于裸地减少了 37.3%，中坡段种植减少了 37.8%，下坡段种植减少了 26.3%。下坡段种植总产沙量比上坡段和中坡段高的原因可能是上坡段、中坡段为裸地，没有植被对水流的蓄水拦沙作用，使得土壤入渗量减小，水流到达出口断面时拥有比上坡段和中坡段种植试验小区更大的流速和流量，因此产生了更多的泥沙，使得下坡段种植紫花苜蓿的减沙作用较小。

表 6.11　不同坡段种植紫花苜蓿对总产沙量的影响

产沙影响	上坡段	中坡段	下坡段	裸地
总产沙量/kg	7.484	7.429	8.799	11.937
比裸地减少/%	37.3	37.8	26.3	—

6.3.2.6　坡地产流量、产沙量及含沙率的关系

在坡地水流侵蚀过程中，种植不同植物对坡地产流、产沙过程均产生较大的影响。当外部环境基本一致，种植不同植物会改变土壤水分入渗规律和土壤团粒结构，最终导致坡地径流和侵蚀过程发生变化。图 6.41 显示了种植不同植物类型条件下的坡地累积产流量和累积产沙量。由图 6.41（a）可知，谷子和裸地的累积产流量较为接近，而其他植物种植条件下累积产流量都不同程度减少。累积产流量的排序为裸地=谷子>柠条>玉米>大豆>紫花苜蓿>黄蜀葵。相比降雨，上方来水试验没有植物冠层对雨滴的截留作用，植物仅起到增加土壤入渗的作用，因此总

产流量的变化范围并不大，分布在 396.5～493.1L。累积产沙量从大到小依次为谷子>裸地>柠条>玉米>黄蜀葵>大豆>紫花苜蓿，裸地和谷子地的累积产流量和累积产沙量均大于其他 5 种植物种植地。谷子地和裸地的径流条件相似，但总产沙量区别却较大，谷子地的总产沙量为 18.87kg，而裸地总产沙量为 12.07kg。柠条和玉米地的总产流量分别为 485.1L 和 443.4L，总产沙量分别为 7.71kg 和 5.39kg。黄蜀葵地的总产沙量为 4.01kg，但总产流量只有 396.5L，说明黄蜀葵有显著增加土壤入渗并减小地表径流的作用，起到了控制土壤侵蚀的功效。紫花苜蓿地的总产沙量仅有 0.13kg，同时总产流量为 418.3L，其减少地表径流的作用也非常明显，具有最优的防治水土流失功效。大豆的总产沙量也较低，为 2.35kg，总产流量为431.2L，同样具有减少坡地径流的能力，因此在坡地种植大豆既有经济效益，又可以减少水土流失，有效改善自然环境。

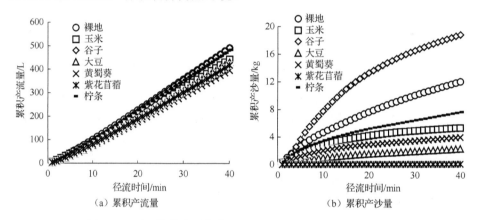

（a）累积产流量　　　　　　　　　（b）累积产沙量

图 6.41　不同植物类型条件下坡地累积产流量和累积产沙量

通过分析发现累积产流量与径流时间之间表现为极显著的幂函数关系，累积产沙量与径流时间之间存在极显著的对数函数关系。不同植物类型条件下的累积产流量和累积产沙量与径流时间的回归关系如表 6.12 所示。

表 6.12　不同植物类型条件下累积产流量和累积产沙量与径流时间的回归关系

作物	累积产流量/L	决定系数 R^2	累积产沙量/kg	决定系数 R^2
裸地	$Q_w=6.6572t^{1.1739}$	0.9997	$Q_s=3.6694\ln t-2.7896$	0.95
谷子	$Q_w=3.6272t^{1.3507}$	0.9915	$Q_s=6.1911\ln t-5.0413$	0.92
柠条	$Q_w=7.2638t^{1.1458}$	0.9996	$Q_s=2.1885\ln t-1.0645$	0.95
玉米	$Q_w=6.1037t^{1.1658}$	0.9996	$Q_s=1.6321\ln t-0.7015$	0.98
黄蜀葵	$Q_w=4.0068t^{1.2589}$	0.9990	$Q_s=1.1422\ln t-0.4425$	0.97
大豆	$Q_w=3.6141t^{1.3097}$	0.9988	$Q_s=0.6986\ln t-0.4496$	0.94
紫花苜蓿	$Q_w=4.1932t^{1.2628}$	0.9981	$Q_s=0.0366\ln t-0.0279$	0.84

注：Q_w 为累积产流量；Q_s 为累积产沙量；t 为径流时间。

通过曲线拟合得出累积产流量 Q_w 与累积产沙量 Q_s 之间有良好的对数曲线关系，拟合决定系数均大于 0.80（表 6.13）。因此，在上方来水试验过程中坡地累积产沙量与累积产流量之间具有极好的相关关系。

表 6.13　不同植物类型条件下累积产流量与累积产沙量的回归关系

植物类型	回归方程	决定系数 R^2
裸地	$Q_s=3.111\ln Q_w-8.6392$	0.92
谷子	$Q_s=4.4191\ln Q_w-10.244$	0.91
柠条	$Q_s=1.9008\ln Q_w-4.8046$	0.94
玉米	$Q_s=1.396\ln Q_w-3.2141$	0.97
黄蜀葵	$Q_s=0.9018\ln Q_w-1.675$	0.96
大豆	$Q_s=0.5285\ln Q_w-1.1109$	0.93
紫花苜蓿	$Q_s=0.0284\ln Q_w-0.0666$	0.81

图 6.42 显示了植物种植对含沙率随径流时间变化过程的影响。裸地和六种植物种植地的含沙率均先在产流前几分钟快速增大到最大值，然后减小并逐渐趋于稳定。裸地在第 2min 达到最大含沙率 121.7g/L，之后降低幅度较大。谷子地在第 5min 才达到最大含沙率 104.8g/L，柠条地在第 2min 达到最大含沙率 67.5g/L，黄蜀葵地在第 1min 到达最大含沙率 67.8g/L，玉米地在第 1min 达到最大含沙率 49.6g/L，大豆地在第 2min 达到最大含沙率 18.5g/L，紫花苜蓿地在第 1min 达到最大含沙率 2.5g/L。此外，黄蜀葵、玉米和柠条地的含沙率在各个时期基本相同。

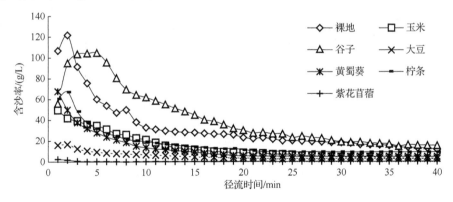

图 6.42　植物种植对含沙率随径流时间变化过程的影响

图 6.43 显示了紫花苜蓿两个生育期径流含沙率随径流时间的变化过程。虽然分枝期和现蕾期的径流含沙率变化趋势基本相同，但数量级差得非常大，分枝期的最大径流含沙率出现在产流第 2min，大小为 114.6g/L，现蕾期的最大径流含沙率在产流第 1min，大小为 2.5g/L，是分枝期最大径流含沙率的 1/46。20min 后，分枝期和现蕾期的稳定径流含沙率分别为 9.6g/L 和 0.3g/L，相差 32 倍。

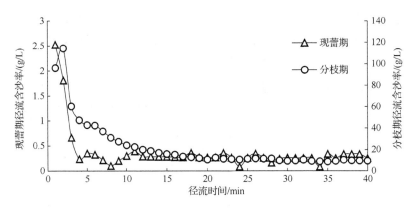

图 6.43 紫花苜蓿两个生育期径流含沙率随径流时间的变化

图 6.44 显示了植物间作条件下产沙量与单宽流量随径流时间的变化过程。结果表明，柠条、黄蜀葵、玉米间作的试验小区稳定单宽流量为 10.86L/(m·min)，另两个试验小区稳定单宽流量都在 13L/(m·min)左右，因此柠条、黄蜀葵、玉米间作的确有减少坡地单宽流量的作用，相比柠条降低了 16.5%的单宽流量。

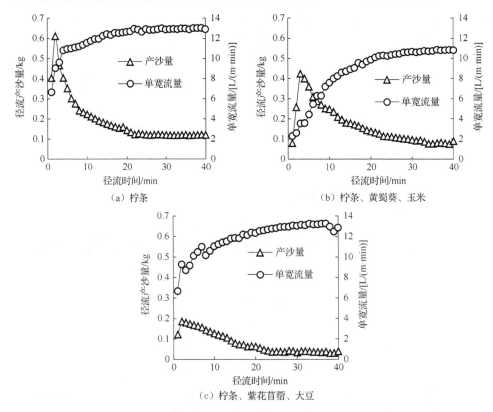

（a）柠条

（b）柠条、黄蜀葵、玉米

（c）柠条、紫花苜蓿、大豆

图 6.44 植物间作条件下产沙量与单宽流量随径流时间的变化过程

图 6.45 显示了植物间作条件下含沙率随径流时间的变化过程。结果表明，柠条、黄蜀葵和玉米间作的含沙率最高，峰值含沙为 119.4g/L，其次为柠条地，峰值含沙率为 67.5g/L，柠条、紫花苜蓿、大豆间作的含沙率最低，峰值含沙率为 19.3g/L。产生这种结果的原因主要为：一是黄蜀葵可以有效增加土壤入渗能力，减少地表径流量，虽然柠条与柠条、黄蜀葵、玉米间作的产沙过程比较相近，但由于柠条、黄蜀葵、玉米间作的径流量较小，因此提高了径流含沙率；二是尽管柠条、紫花苜蓿、大豆间作的单宽流量与柠条基本相同，但紫花苜蓿具有非常好的拦沙能力，降低了土壤侵蚀量，因此该试验小区的含沙率最低。

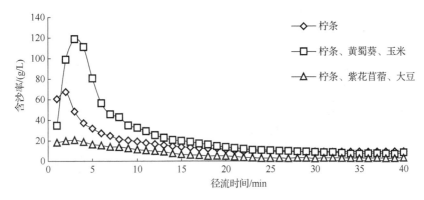

图 6.45　植物间作条件下含沙率随径流时间的变化过程

图 6.46 显示了大豆种植密度对含沙率随径流时间变化过程的影响。结果表明，行间距 20cm 和行间距 30cm 的含沙率变化过程基本一致，行间距 20cm 的最大含沙率为 14.6g/L，行间距 30cm 的最大含沙率为 16.6g/L，略高于行间距 20cm，行间距 60cm 的最大含沙率为 45.8g/L，远高于行间距 20cm 和 30cm，约为前两者的 2.9 倍。但从含沙率的变化过程看，行间距 60cm 的大豆地在产流初期含沙率较高，下降速度非常快，在约第 10min 减小到与 20cm 和 30cm 同一水平。由此得出较小的

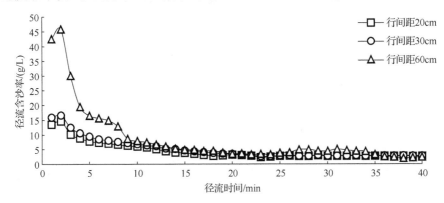

图 6.46　大豆种植密度对含沙率随径流时间变化过程的影响

种植密度的确会增加含沙率，但这一增加现象主要集中在产流前期，在产流进入稳定阶段后，不同种植密度下的含沙率区别不明显。

图 6.47 显示了紫花苜蓿分布格局对含沙率随时间变化过程的影响。结果表明，紫花苜蓿上坡段种植和中坡段种植在整个变化过程都非常相近，虽然最大含沙率相差较多，上坡段种植的最大含沙率为 62g/L，中坡段种植的最大含沙率为45.3g/L，下坡段种植的含沙率整体略高于其他两个试验小区，但最大含沙率为53.4g/L，比上坡段种植稍小。造成下坡段种植时含沙率稍高的原因是试验小区的中上坡段为裸地，水流冲刷到下坡段时的侵蚀能力比其他两个试验小区大，水流会侵蚀更多的泥沙，使该试验小区的含沙率较高。

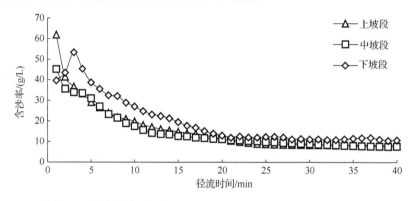

图 6.47　紫花苜蓿分布格局对径流含沙率随时间变化过程的影响

6.3.2.7　植物特征指标与总产沙量的关系

在上方来水试验结束后，测量了三个种植密度的大豆、紫花苜蓿、柠条、黄蜀葵、玉米、谷子的盖度、叶面积指数、植物根重和地上生物量，与上方来水试验的总产沙量建立函数关系。地上生物量和植物根重是试验小区内所有植物的总和（并非单株生物量）。图 6.48 显示了总产沙量与盖度的关系，其中去掉了谷子，因为谷

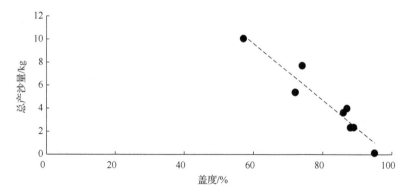

图 6.48　总产沙量与植物盖度的关系

子的耕作方式使土壤受到扰动, 无法加入总产沙量与盖度分析中。随着盖度的降低, 总产沙量逐渐升高, 两者呈现明显的线性关系, 回归公式为 $Q_s = -24.583C + 24.371$, 决定系数为 0.91, 其中 Q_s 和 C 分别为总产沙量（kg）和盖度（%）。

图 6.49 显示了叶面积指数与总产沙量的关系。结果表明, 总产沙量随着叶面积指数的降低而升高, 两者显出了较明显的幂函数关系, 回归公式为 $Q_s = 14.821 LAI^{-1.361}$, 决定系数为 0.84, 其中 LAI 为叶面积指数。由于谷子也可加入叶面积指数与总产沙量的拟合关系, 因此 LAI 同样可以作为评价植被水土保持效益的指标, 且优于植物盖度。

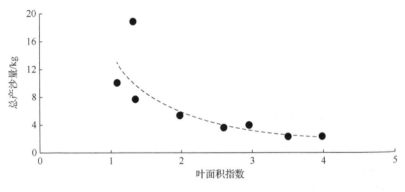

图 6.49　总产沙量与叶面积指数的关系

图 6.50 为总产沙量与植物根重的关系。结果表明, 两者没有明显的回归关系, 而且植物根重的测量较为烦琐, 因此植物根重不适宜作为评价植被水土保持效益的指标。

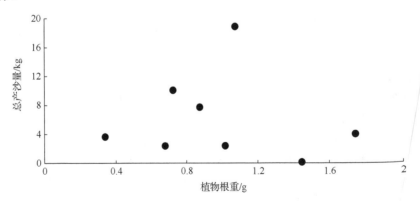

图 6.50　总产沙量与植物根重的关系

图 6.51 为植物地上生物量与总产沙量的关系, 本研究没有考虑玉米, 米单株生物量远远高于其他植被, 无法加入地上生物量与累积产沙量的, 结果表明, 总产沙量随着地上生物量的增加而减少, 回归关系符合幂

回归公式为 $Q_s = 13.89 B_a^{-0.629}$，决定系数为 0.95，其中 B_a 代表植物地上生物量。因此，地上生物量也可以作为评价植被水土保持效益的指标。

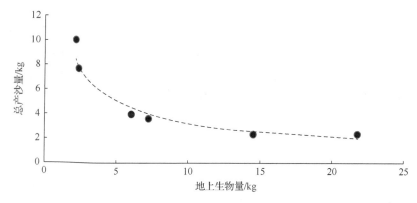

图 6.51　总产沙量与地上生物量的关系

6.3.3　植物对土壤养分流失的影响

土壤养分流失过程与水分运动密切相关，养分通过以下两种形态进入径流：一种是溶解态，养分溶解于土壤溶液中，通过水分交换等作用进入地表径流；另一种是吸附态，养分被吸附在土壤颗粒表面，通过解吸或伴随侵蚀泥沙进入地表径流。土壤养分流失伴随着水土流失过程同时发生，因此地表植物种植条件对土壤养分运移也具有一定的影响。

6.3.3.1　植物种植对径流溶解态养分流失的影响

1. 植物类型对径流溶解态养分流失的影响

图 6.52 为不同植物种植条件下径流中速效磷、硝态氮及钾离子累积流失量变化过程。由图可知，不同植物种植条件下径流中速效磷、硝态氮及钾离子含量明显低于裸地，径流中速效磷和硝态氮的累积流失量变化过程从大到小依次为裸地>玉米>柠条>大豆>秋葵>紫花苜蓿。对于径流速效磷累积流失量而言，玉米和柠条种植条件下无明显差异，大豆、秋葵和紫花苜蓿种植条件下的速效磷累积流失量变化过程接近，且明显低于玉米和柠条地。对于地表径流硝态氮累积流失量而言，玉米和柠条种植条件下的硝态氮累积流失量无明显差异，秋葵和紫花苜蓿种植下的硝态氮累积流失量接近，该条件下坡地土壤中的硝态氮保持作用较好。对于钾离子而言，不同植物种植条件下对径流钾离子累积流失量的影响与速效磷和硝态氮不同，从大到小依次为裸地>大豆>玉米>柠条>紫花苜蓿>秋葵，而且不同植物种植条件下的地表径流钾离子累积流失量差异不明显。综上对比可以看出，紫花苜蓿和秋葵对控制土壤速效磷、硝态氮和钾离子流失的作用效果较好。

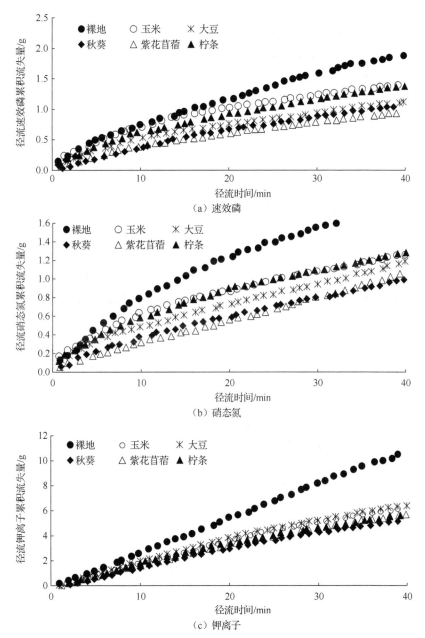

图 6.52　植物种植下径流养分累积流失量变化过程

　　为进一步分析植物种植对土壤养分流失过程的影响，采用幂函数对径流养分累积流失量随径流时间变化过程拟合，即 $y = ax^b$。式中，y 为径流养分累积流失量（g），x 为径流时间（min），a、b 均为拟合参数。拟合结果见表 6.14，其决定系数均大于等于 0.96，说明不同植物种植条件下地表径流中速效磷、硝态氮、钾离子累积流失量随径流时间变化过程均遵循较好的幂函数关系。

表 6.14　植物种植下径流养分累积流失量随径流时间变化过程的拟合结果

植被	速效磷			硝态氮			钾离子		
	a	B	R^2	a	b	R^2	a	b	R^2
裸地	0.158	0.677	0.99	0.065	0.734	0.98	0.222	1.064	0.99
大豆	0.113	0.633	0.99	0.140	0.554	0.99	0.204	0.971	0.99
玉米	0.184	0.568	0.99	0.169	0.548	0.99	0.175	1.005	0.99
柠条	0.111	0.697	0.99	0.125	0.545	0.99	0.161	0.990	0.99
紫花苜蓿	0.059	0.773	0.99	0.113	0.785	0.96	0.119	1.088	0.99
秋葵	0.052	0.942	0.99	0.071	0.724	0.99	0.120	1.067	0.99

2. 植物种植分布格局对径流养分流失的影响

图 6.53 为紫花苜蓿种植不同分布格局下径流中速效磷、硝态氮和钾离子累积流失量随径流时间的变化过程。在植物盖度相同的条件下，不同分布格局对径流速效磷、硝态氮、钾离子累积流失量的影响不同。对于径流速效磷而言，紫花苜蓿种植在不同坡段时径流速效磷累积流失量从大到小依次为中坡段>下坡段>上坡段，

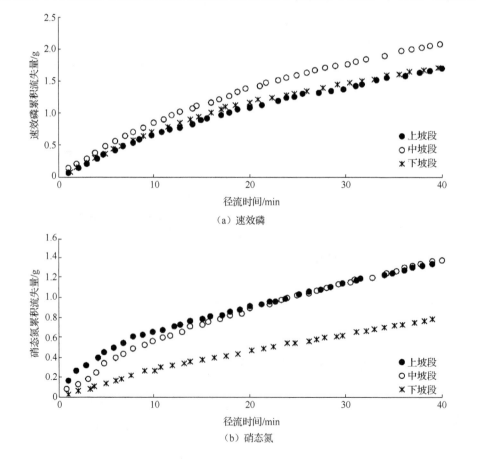

（a）速效磷

（b）硝态氮

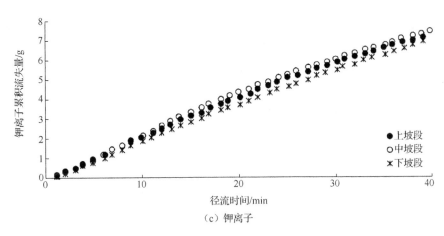

（c）钾离子

图 6.53　紫花苜蓿不同分布格局下径流养分累积流失量随径流时间的变化过程

其中紫花苜蓿种植在下坡段和上坡段时差异较小，均明显低于紫花苜蓿在中坡段分布；对于径流硝态氮累积流失量而言，紫花苜蓿种植在不同坡段径流硝态氮累积流失量大小依次为上坡段>中坡段>下坡段，其中紫花苜蓿种植在上坡段和中坡段时无明显差异，而紫花苜蓿种植在下坡段时硝态氮累积流失量明显降低；对于钾离子而言，紫花苜蓿种植在不同坡段钾离子累积流失量大小依次为中坡段>上坡段>下坡段，而且差异不明显。综上对比可以看出，紫花苜蓿种植在下坡段时对控制坡地速效磷、硝态氮、钾离子流失的作用效果较好。

　　为进一步分析植物种植分布格局对土壤养分流失的影响，采用幂函数对径流养分累积流失量随径流时间的变化过程进行拟合，即 $y = ax^b$。其中，y 为径流养分累积流失量(g)，x 为径流时间(min)，a，b 均为拟合参数。拟合结果见表 6.15，决定系数均大于等于 0.98，说明不同植物种植分布格局下径流中速效磷、硝态氮和钾离子累积流失量随径流时间的变化过程均遵循幂函数关系。

表 6.15　紫花苜蓿种植不同分布格局下径流养分累积流失量随径流时间的变化过程拟合结果

分布格局	速效磷			硝态氮			钾离子		
	a	b	R^2	a	b	R^2	a	b	R^2
上坡段	0.179	0.545	0.99	0.085	0.835	0.98	0.170	1.049	0.99
中坡段	0.099	0.727	0.99	0.137	0.757	0.98	0.185	1.033	0.99
下坡段	0.042	0.809	0.99	0.184	0.451	0.99	0.148	1.072	0.99

　　3. 植物种植密度对土壤养分流失的影响

　　为了分析植物种植密度对土壤养分流失过程的影响，选取大豆作为研究对象。图 6.54 为不同大豆种植密度下径流中速效磷、硝态氮及钾离子径流累积流失量随径流时间的变化过程。从图中可知，径流养分累积流失量随种植密度的增加呈降低趋势。对于径流速效磷而言，相对 60cm 行距，大豆种植行距为 20cm 和 30cm

时速效磷累积流失量明显降低，而且在初始产流期间，行距为 20cm 和 30cm 时速效磷累积流失量差异明显，但随着径流时间推移差异性逐渐降低，最终达到相同水平。对于硝态氮而言，大豆不同种植密度时地表径流硝态氮累积流失量差异性均很明显；对于钾离子而言，不同种植密度时地表径流钾离子累积流失量的差异较小。综上所述，种植密度增加有利于控制坡地养分流失。

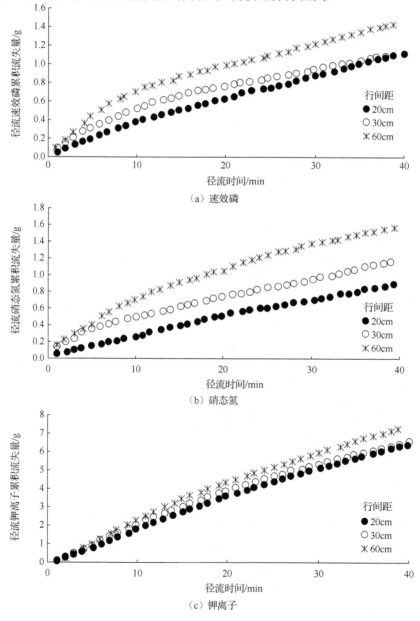

图 6.54　植物不同种植密度下径流养分累积流失量随径流时间的变化过程

4．径流养分流失与水流动力学参数的关系

弗劳德数是判别急流与缓流的参数，反映了水流惯性力与重力的对比关系，代表过水断面单位重量水流平均动能与平均势能之比二倍的平方根。图 6.55 为径流中速效磷流失总量与弗劳德数之间的关系曲线。采用指数函数对其进行拟合，拟合方程为

$$Q_P = 0.56e^{1.098Fr} \tag{6.13}$$

式中，Q_P 为径流中速效磷流失总量(g)；Fr 为弗劳德数。其决定系数为 0.60，说明地表径流中速效磷流失总量与弗劳德数大体遵循指数函数关系变化，且随着弗劳德数的增大，径流中速效磷流失总量呈增大趋势。

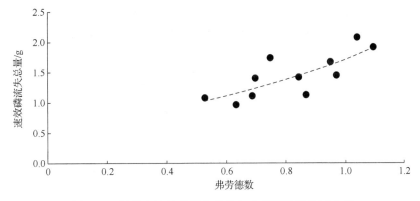

图 6.55　径流中速效磷流失总量与弗劳德数的关系曲线

图 6.56 为地表径流中钾离子流失总量与弗劳德数之间的关系曲线。采用指数函数对其进行拟合，拟合方程为

$$Q_k = 3.289e^{0.881Fr} \tag{6.14}$$

式中，Q_k 为径流中钾离子流失总量(g)；Fr 为弗劳德数。其决定系数为 0.72，说明地表径流中钾离子流失总量与弗劳德数大体遵循指数函数关系变化，且随着弗劳德数的增大，径流中钾离子流失总量呈增大趋势。

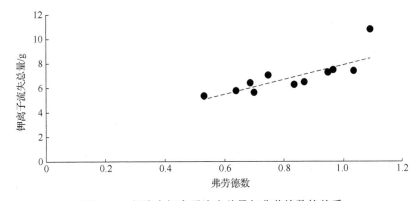

图 6.56　径流中钾离子流失总量与弗劳德数的关系

　　图 6.57 为地表径流中硝态氮流失总量与弗劳德数之间的关系。从图中可知，地表径流中硝态氮流失总量与弗劳德数之间没有明显的关系。曼宁糙率系数 n 为表征水流流动边界表面影响水流阻力的各种因素的一个综合系数，其大小受到坡地土壤的性质、植物种植密度及水流运动边界的形态特征等因素的共同影响。图 6.58 为地表径流中速效磷流失总量与曼宁糙率系数之间的关系曲线。采用幂函数对其进行拟合，拟合方程为

$$Q_p = 3.289 n^{-0.771} \tag{6.15}$$

式中，Q_p 为径流中速效磷流失总量(g)；n 为曼宁糙率系数($s/m^{1/3}$)。其决定系数为 0.58，说明地表径流中速效磷流失总量与曼宁糙率系数大体遵循幂函数关系变化，且随着坡地曼宁糙率系数的增加，径流中速效磷流失总量呈降低的趋势。

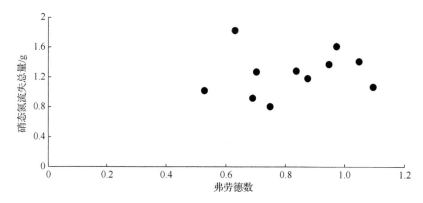

图 6.57　径流硝态氮流失总量与弗劳德数的关系

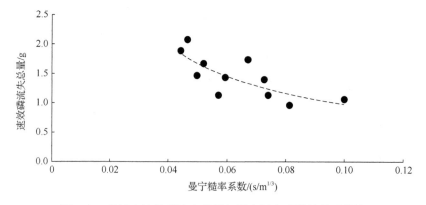

图 6.58　径流中速效磷流失总量与曼宁糙率系数的关系曲线

　　图 6.59 为地表径流中钾离子流失总量与曼宁糙率系数之间的关系曲线。采用幂函数对其进行拟合，拟合方程为

$$Q_k = 1.252 n^{-0.610} \tag{6.16}$$

式中，Q_k 为径流中钾离子流失总量(g)。其决定系数为 0.67，说明地表径流中钾离子流失总量与曼宁糙率系数大体遵循幂函数关系变化，且随着曼宁糙率系数的增加，径流中钾离子流失总量呈降低的趋势。

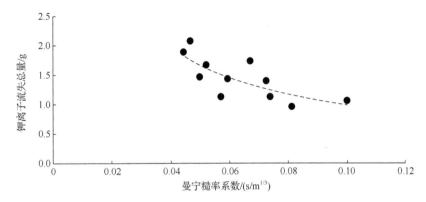

图 6.59　径流中钾离子流失总量与曼宁糙率系数间的关系曲线

图 6.60 为地表径流中硝态氮流失总量与曼宁糙率系数之间的关系。由图 6.60 可以看出，地表径流中硝态氮流失总量随曼宁糙率系数的增加没有明显的变化趋势。

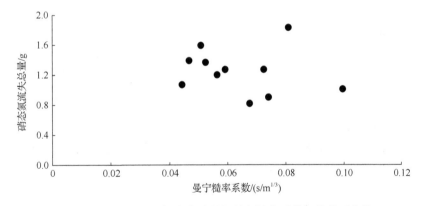

图 6.60　径流中硝态氮流失总量与曼宁糙率系数间的关系曲线

6.3.3.2　侵蚀泥沙中养分流失的特征分析

土壤中养分流失受降雨、径流、下垫面及地形等多种因素影响。在诸多影响因子中，将植物类型、植物盖度和坡长作为变量因子，并通过野外上方来水试验的理论和方法，探讨这些因素对坡地土壤侵蚀过程中硝态氮、速效磷随泥沙流失特征和变化规律的影响，为非点源污染的治理与防范提供科学依据。

1. 侵蚀泥沙中氮流失特征分析

径流流失的氮素主要有溶解态和结合态，其中溶解态氮是溶解在径流中流失，而结合态氮主要被泥沙吸附并随泥沙一同流失。泥沙对氮素有富集作用，侵蚀泥沙随径流迁移至河流、湖泊等水体中，并淤积在水体底部，与泥沙一起迁移的结合态氮以不同速率向水体中逐渐释放，变为水中动植物可以利用的养分，使藻类等水生生物大量繁殖，导致水体的二次污染。在上方来水试验中，选择 6 种不同植物种植的试验小区（玉米、谷子、大豆、黄蜀葵、紫花苜蓿和柠条），以及 3 种坡长的试验小区（5m、10m 和 15m）条件下的泥沙样品，分别测定其中硝态氮的含量，用于分析植物类型、盖度及坡长三种影响因素对坡地侵蚀泥沙中氮流失规律的影响。

图 6.61 为不同植物种植条件下泥沙中硝态氮含量随径流时间的变化过程。从图 6.61 中可知，紫花苜蓿试验小区泥沙携带硝态氮含量最高，最大值为 70mg/kg，并在 5min 后逐渐稳定在 10mg/kg 左右，相差 7 倍。其他 5 种植物种植下泥沙携带硝态氮含量在稳定后区别并不明显，分布在 3.75～9.00mg/kg，主要区别出现在初始时刻的最大硝态氮含量，其中玉米地为 30.50mg/kg，黄蜀葵、大豆和谷子地的差距不大，分别为 21.25mg/kg、20.25mg/kg 和 17.5mg/kg，柠条地最小为 10.75mg/kg。以上结果说明，种植不同植物对侵蚀泥沙中硝态氮含量产生较大影响，其中紫花苜蓿试验小区侵蚀泥沙中硝态氮的含量最高，其他 5 种植物种植地对泥沙中硝态氮的影响效果基本相当，仅在产流初始时刻有一定差别。

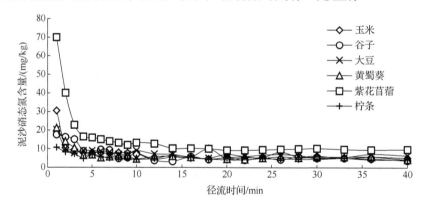

图 6.61　不同植物类型下泥沙中硝态氮含量随径流时间的变化过程

侵蚀泥沙具有富集土壤养分的特性，泥沙所含的养分往往大于原土中的养分含量，这种现象称为泥沙富集作用，一般由富集率来表示，即某养分泥沙中的含量和原生土壤中该养分含量之比。本书涉及的研究中预先施加了养分，土壤表层初始平均硝态氮含量为 2.81g/kg，但该养分在产流初期随径流大量流失，因此利用产流 5min 后泥沙中硝态氮的平均流失量作为泥沙中硝态氮的含量，利用放水后土壤表层 1cm 所含有的硝态氮含量近似作为原土中硝态氮的含量。将 6 种植物种植（玉米、谷子、大豆、柠条、黄蜀葵、紫花苜蓿）试验小区的盖度、总产沙量、土壤和泥沙中的硝态氮含量及计算得到的氮富集率 ER_N 的结果见表 6.16。

表 6.16 各植物盖度与总产沙量及硝态氮的流失特征参数

植物类型	盖度/%	总产沙量/kg	土壤中硝态氮含量/（mg/kg）	泥沙中硝态氮含量/（mg/kg）	泥沙中硝态氮流失总量/mg	ER_N
谷子	71	18.81	4.27	4.78	89.91	1.12
柠条	72	7.711	4.47	4.79	36.93	1.07
玉米	74	5.389	4.18	4.81	25.92	1.15
黄蜀葵	87	4.010	4.83	6.39	25.62	1.32
大豆	88	2.354	4.77	6.42	15.11	1.34
紫花苜蓿	95	0.133	5.63	9.67	1.29	1.71

由表 6.16 可知，植物盖度升高，土壤侵蚀量降低；土壤中硝态氮含量变化没有明显趋势，紫花苜蓿试验小区硝态氮含量较高，为 5.63mg/kg，其余在 4.18～4.83mg/kg，仅占径流和泥沙硝态氮流失总量的 0.2%～0.3%；泥沙中的硝态氮含量随着盖度的增加而增加，硝态氮富集率 ER_N 均大于 1，且总体随着盖度的增加而增大。对盖度、总产沙量、泥沙中硝态氮含量和氮富集率进行相关分析，结果见表 6.17。从分析结果可知，盖度对总产沙量、土壤和泥沙中的硝态氮及硝态氮的氮富集率都有明显的影响。富集率主要受总产沙量和泥沙中硝态氮含量的影响。

表 6.17 泥沙中硝态氮流失特征参数的相关分析

因素	盖度	总产沙量	土壤中的硝态氮含量	泥沙中的硝态氮含量	ER_N
盖度	1	—	—	—	—
总产沙量	-0.777**	1	—	—	—
土壤中的硝态氮含量	0.991*	-0.661	1	—	—
泥沙中的硝态氮含量	0.916*	-0.656	0.981**	1	—
ER_N	0.932*	-0.665**	0.957*	0.993**	1

注：*表示 $p<0.05$ 呈显著性水平，**表示 $p<0.01$ 呈极显著性水平。

图 6.62 为坡长对泥沙中硝态氮含量变化过程的影响。从图中可知，在产流前

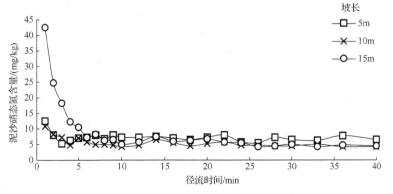

图 6.62 坡长对泥沙中硝态氮含量变化过程的影响

5min 内,15m 坡长下随泥沙流失的硝态氮最多,泥沙硝态氮含量最高为 42.5mg/kg;5m 和 10m 坡长的泥沙硝态氮含量基本一致,泥沙中硝态氮最高含量分别为 12.5mg/kg 和 10.75mg/kg。产流 5min 后,15m 坡长的泥沙中硝态氮含量降低至与 10m 坡长相同水平,平均含量分别为 5.25mg/kg 和 5.13mg/kg;5m 坡长的泥沙中硝态氮含量比 10m 和 15m 坡长稍高,为 7.01mg/kg。根据以上分析可以得出,不同坡长对泥沙中硝态氮含量的影响效果为 5m 到 10m 坡长的影响效果较小,10m 到 15m 坡长的泥沙中硝态氮含量在产流初期出现了较大范围的提升。

根据侵蚀模数来分析产沙量与泥沙中硝态氮含量的关系。侵蚀模数代表土壤侵蚀强度,是衡量土壤侵蚀程度的指标,用来描述在降雨及径流冲刷过程中土壤侵蚀的总量,其计算公式为

$$M_s = 1000 \times \frac{Q_s}{A_q} \tag{6.17}$$

式中,M_s 是土壤侵蚀模数[t/(km^2·a)];Q_s 是总产沙量(kg);A_q 是径流试验小区面积(m^2)。

硝态氮的流失也可用养分流失模数来表示,是衡量土壤养分流失的指标,用来描述在降雨及径流冲刷过程中养分流失的总量,其计算公式为

$$M_N = 0.001 \times \frac{Q_N}{A_q} \tag{6.18}$$

式中,M_N 是硝态氮流失模数[t/(km^2·a)];Q_N 是硝态氮流失总量(mg)。

将 3 种坡长试验小区的总产沙量、侵蚀模数、土壤和泥沙中的硝态氮含量、计算得到的硝态氮富集率(ER$_N$)和硝态氮流失模数（M_N）等特征参数的结果见表 6.18。结果表明,随着坡长的增加,总产沙量逐渐增加,但坡长对侵蚀模数的影响没有表现出明显的趋势,硝态氮富集率(ER$_N$>1)随坡长的增加而增加;泥沙中硝态氮含量与坡长也没有表现出明显关系,但随土壤中硝态氮含量的增加而增加,并且随侵蚀模数的降低而升高。硝态氮流失模数与坡长的关系也不明显,但随侵蚀模数的增加而降低。总之,泥沙中硝态氮含量与原土中硝态氮含量的大小有关,坡长的确会影响泥沙中硝态氮的含量,但原土中硝态氮含量起主要作用。

表 6.18　不同坡长下泥沙和硝态氮的流失特征参数

坡长/m	总产沙量/kg	侵蚀模数/[t/(km^2·a)]	土壤中硝态氮含量/(mg/kg)	泥沙中硝态氮含量/(mg/kg)	硝态氮流失模数/[t/(km^2·a)]	ER$_N$
5	3.63	726.2	5.79	7.01	5.23	1.21
10	7.71	771.1	3.35	4.94	4.26	1.27
15	9.53	635.2	4.28	5.78	5.86	1.35

图 6.63 显示了 ER$_N$ 与黏粒、粉粒和砂粒富集率之间的关系。不同土壤粒径颗粒富集率的计算方式为:不同粒径的泥沙含量与放水前原土中对应粒径泥沙含量

的比值，黏粒和粉粒的富集率都大于 1。泥沙中硝态氮富集率与黏粒和粉粒的富集率呈正相关关系。因此，泥沙中硝态氮含量主要随泥沙中黏粒含量增大而增大，粉粒含量增大也会引起硝态氮含量的增大，但作用效果低于黏粒。泥沙中硝态氮与砂粒的富集率成负相关关系，因此泥沙中的硝态氮含量随砂粒含量的减小而增加。根据以上结果，土壤侵蚀泥沙中的硝态氮流失主要是泥沙中的黏粒富集造成的，粉粒的影响次之。

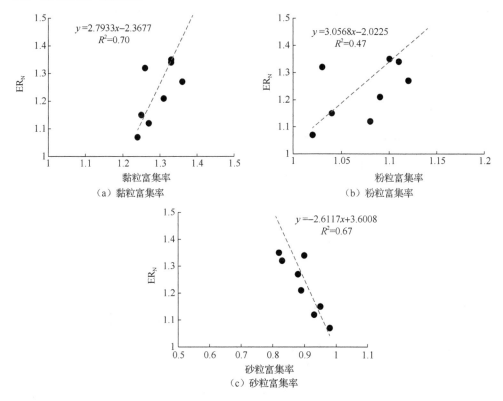

图 6.63　ER_N 与黏粒、粉粒和砂粒富集率之间的关系

2. 侵蚀泥沙中全磷流失特征分析

农田地表径流中的磷流失，会导致土壤肥力下降，同时磷随地表径流进入河流、湖泊。水体中的水藻类生长主要依赖于水中的磷酸盐，当水体中的磷超过一定值时，会加速水体中水藻的生长，使水体富营养化，导致严重的生态污染。因此，开展坡地侵蚀过程中磷随地表径流和泥沙流失特征的研究有十分重要的意义。通过对试验小区坡地预先喷施养分的方法，分析放水过程对侵蚀泥沙中全磷的流失和富集率变化特征。在上方来水试验中，选择 6 种不同植物种植的试验小区（玉米、谷子、大豆、黄蜀葵、紫花苜蓿和柠条），以及 3 种坡长的试验小区（5m、10m 和15m）条件下的侵蚀泥沙样品，分别测定全磷含量，用于分析植物类型、盖度和坡

长 3 种影响因素对坡地侵蚀泥沙中磷流失规律的影响。

图 6.64 显示了植物类型对泥沙中全磷含量的影响。在初始产流阶段，泥沙中全磷含量较高，但随径流时间逐渐减小，并在 5~20min 达到稳定值。比较不同植被对泥沙中全磷含量的影响得出，黄蜀葵、大豆和紫花苜蓿地的减小趋势较为相似，平均全磷含量分别为 1.12g/kg、1.07g/kg 和 1.11g/kg；玉米和柠条地的减小趋势较为相似，平均全磷含量分别为 0.81g/kg 和 0.80g/kg；谷子地的平均全磷含量为 0.41g/kg。以上结果说明，种植不同植物会对侵蚀泥沙中全磷含量产生影响，黄蜀葵、大豆和紫花苜蓿种植试验小区泥沙全磷含量高于玉米和柠条地，谷子种植试验小区的泥沙全磷含量最低。

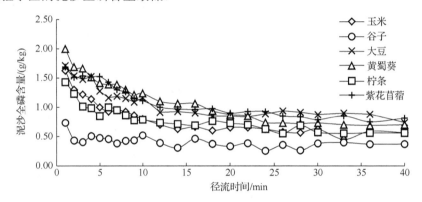

图 6.64　植物类型对泥沙中全磷含量的影响

利用放水前土壤表层 1cm 所含有的全磷含量近似作为原土中全磷的含量。表 6.19 显示了 6 种植被（玉米、谷子、大豆、柠条、黄蜀葵和紫花苜蓿）试验小区的植被盖度与泥沙中全磷流失特征参数，即总产沙量、土壤和泥沙中的全磷含量、泥沙中全磷流失总量和全磷富集率（ER_{TP}）的计算结果。同时将各影响因素与泥沙中全磷含量和富集率等进行相关分析，结果见表 6.20。

表 6.19　各种植物的盖度与泥沙中全磷流失特征参数

植物类型	盖度/%	总产沙量/kg	土壤中全磷含量/(g/kg)	泥沙中全磷含量/(g/kg)	泥沙中全磷流失总量/g	ER_{TP}
谷子	71	18.81	0.31	0.37	6.96	1.18
柠条	72	7.711	0.47	0.66	5.09	1.39
玉米	74	5.389	0.33	0.62	3.34	1.42
黄蜀葵	87	4.010	0.51	0.87	3.49	1.47
大豆	88	2.354	0.63	0.90	2.12	1.44
紫花苜蓿	95	0.133	0.46	0.90	0.12	1.96

表 6.20　泥沙中全磷流失特征参数的相关分析

项目	盖度	总产沙量	土壤中全磷含量	泥沙中全磷含量	ER_{TP}
盖度	1	—	—	—	—
总产沙量	-0.777^{**}	1	—	—	—
土壤中全磷含量	0.877^{*}	-0.834^{*}	1	—	—
泥沙中全磷含量	0.882^{*}	-0.936^{**}	0.970^{**}	1	—
ER_{TP}	0.743^{*}	-0.989^{**}	0.809	0.925^{**}	1

注：*表示 $p<0.05$ 呈显著性水平，**表示 $p<0.01$ 呈极显著性水平。

根据以上分析，盖度对土壤和泥沙中的全磷含量及全磷富集率均产生显著影响。泥沙中全磷含量随盖度的增加而增加，这与泥沙中硝态氮的变化趋势相同；全磷富集率（$ER_{TP}>1$）也随盖度的增加而增加，范围在 1.18～1.96，大于硝态氮的富集率。尽管随着盖度的增大，泥沙中全磷含量升高，但由于总产沙量随盖度增加而减少，使得泥沙中全磷流失总量呈减小的趋势。土壤中全磷含量对泥沙中全磷含量的作用依然大于盖度，全磷富集率主要受总产沙量和泥沙中全磷含量的影响。

图 6.65 显示了坡长对泥沙中全磷含量变化过程的影响。结果表明，在产流初期泥沙中全磷含量较高，随着径流时间逐渐降低，并在产流 10min 左右达到较稳定的状态。泥沙中全磷含量随坡长的增加逐渐增加，15m、10m 和 5m 坡长的最大全磷含量依次为 1.91g/kg、1.69g/kg 和 1.51g/kg，平均全磷含量依次为 1.30g/kg、1.12g/kg 和 0.91g/kg。因此，侵蚀泥沙中全磷含量受坡长的影响，随坡长的增加而增加，且每增加 5m，泥沙中平均全磷含量约增加 19.5%。

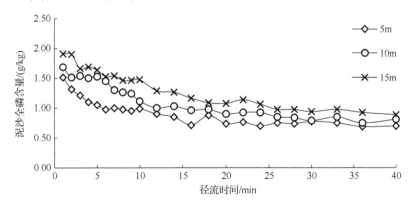

图 6.65　坡长对泥沙中全磷含量随径流时间变化过程的影响

三种坡长试验小区的总产沙量、侵蚀模数、土壤和泥沙中的全磷含量、计算得到的全磷富集率（ER_{TP}）和全磷流失模数（M_{TP}）的结果见表 6.21。结果表明，随着坡长的增加，泥沙中全磷含量逐渐增加；全磷流失模数随坡长变化幅度不同，在

5～10m 坡长下全磷流失模数增幅较大，10～15m 坡长下全磷流失模数出现略微地降低，侵蚀模数与全磷流失模数之间未呈现明显的相关关系；土壤全磷含量和泥沙全磷含量与全磷流失模数之间也未呈现明显相关关系；全磷富集率（$ER_{TP}>1$）随坡长的增加而增加，但增加幅度不同，在 5～10m 坡长下全磷富集率增加幅度较小，10～15m 坡长下全磷富集率有较大增长。总之，泥沙全磷含量和全磷富集率与坡长之间有直接关系，土壤全磷含量对泥沙全磷含量和全磷流失模数的影响不显著。

表 6.21　不同坡长下泥沙和全磷流失特征参数

坡长/m	总产沙量 /kg	侵蚀模数 /[t/(km²·a)]	土壤全磷含量 /(g/kg)	泥沙全磷含量 /(g/kg)	全磷流失模数 /[t/(km²·a)]	ER_N
5	3.63	726.2	0.55	0.78	0.66	1.41
10	7.71	771.1	0.62	0.91	0.86	1.46
15	9.53	635.2	0.56	1.09	0.83	1.94

图 6.66 显示了 ER_{TP} 与各粒级颗粒富集率之间的关系。不同土壤粒径颗粒富集率的计算方式是：不同粒径的泥沙含量与放水前原土中对应粒径泥沙含量的比值。

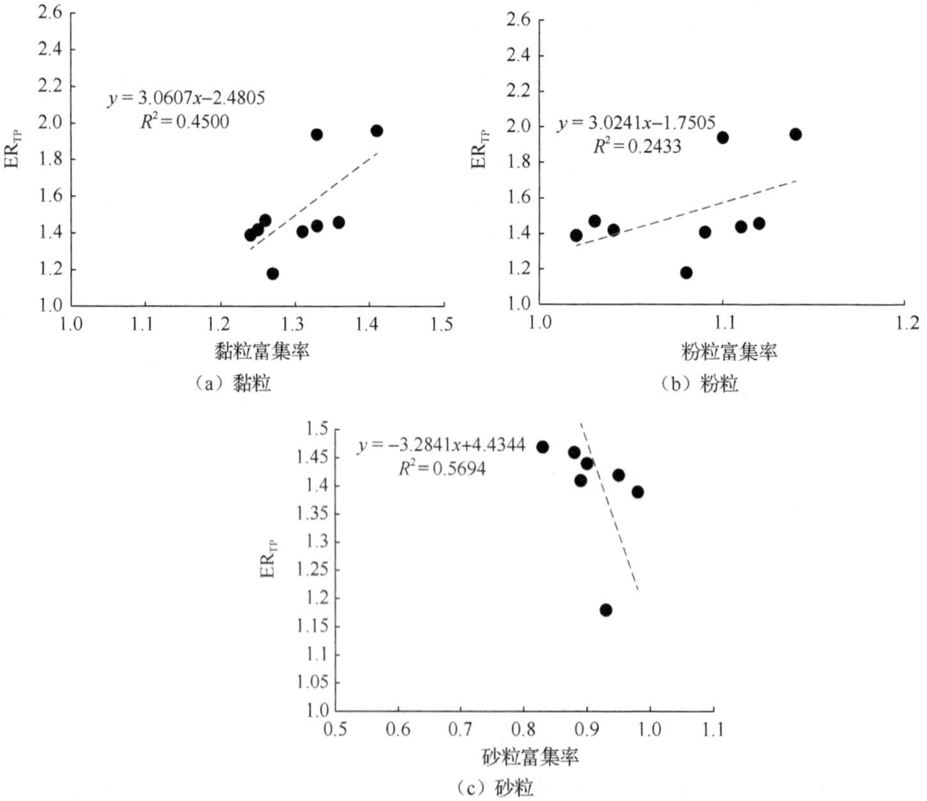

图 6.66　ER_{TP} 与各粒级颗粒富集率之间的关系

结果表明，泥沙中全磷富集率与黏粒和粉粒的富集率分别为正相关，泥沙中全磷富集率随泥沙中黏粒富集率的增大而增大，与粉粒富集率的增加有一定关系，但关系并不显著。泥沙中全磷富集率与砂粒的富集率呈负相关关系，泥沙中全磷富集率随砂粒富集率的减小而增加。因此，土壤侵蚀泥沙中的全磷流失主要是泥沙中的黏粒富集造成的。

6.4　碎石覆盖对坡地物质传输的影响

碎石覆盖改变了地表特征，直接影响土壤入渗面和土壤内部的水分分布，同时增加了曼宁糙率系数，影响径流流速和径流深，以及径流与土壤间相互作用关系，进而影响坡地水土养分传输特征[2-8]。

6.4.1　碎石覆盖对地表径流过程的影响

碎石覆盖是地表覆盖的一种形式，它具有拦截雨滴、调节地表径流、改良地表土壤特征等作用。坡地有天然碎石分布，而且取材方便，碎石覆盖对于缓解坡地水土流失有巨大潜力。

6.4.1.1　碎石覆盖比例对地表径流过程的影响

本研究共设定了 4 个不同覆盖比例，分别为 0（即裸地）、2.5%、10% 和 20%，开展关于碎石覆盖比例对径流过程和土壤贮水量特征的相关研究。

表 6.22 显示了碎石覆盖下坡地初始产流时间及产流前累积入渗量。结果表明，随着碎石覆盖比例的增加，初始产流时间推迟，产流前土壤累积入渗量增大。虽然坡地覆盖碎石后入渗面积减小，但随着碎石覆盖比例增加，产流前累积入渗量呈增加趋势。相对于裸地而言，累积入渗量增加的百分比依次为 17.46%、42.86% 和 61.90%，说明碎石覆盖有利于坡地土壤入渗。

表 6.22　碎石覆盖下坡地初始产流时间及产流前累积入渗量

覆盖比例/%	初始产流时间/min	产流前累积入渗量/cm
0	1.94	0.063
2.5	2.18	0.074
10	2.82	0.090
20	2.95	0.102

图 6.67 和图 6.68 分别显示了不同碎石覆盖比例下单宽流量与累积径流量随时间变化过程。结果表明，不同碎石覆盖比例下地表径流过程有明显差异。碎石覆盖对降低单宽流量和累积径流量具有明显效果，随着碎石覆盖比例的增加，累积

径流量逐渐减小。按照总径流量计算，相对于裸地，碎石覆盖比例为 2.5%、10% 和 20%时，总径流量分别降低了 6.14%、11.04%和 17.11%。

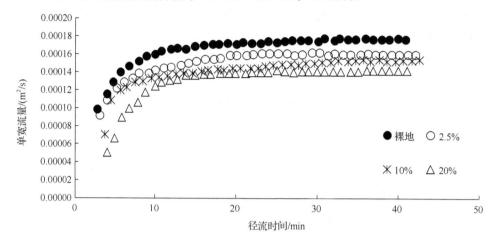

图 6.67　碎石覆盖下单宽流量随时间变化过程

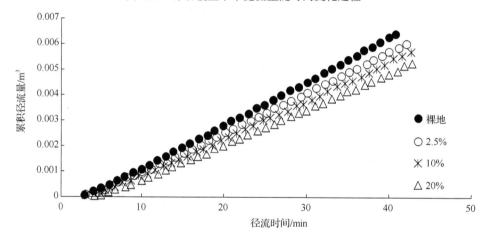

图 6.68　碎石覆盖下坡地累积径流量随时间变化过程

为了进一步研究碎石覆盖对坡地土壤贮水量的影响，分析了放水前后坡地土壤剖面含水量的增加值，其计算公式为

$$\theta_v = \theta_i - \theta_0 \qquad (6.19)$$

式中，θ_v 为土壤剖面含水量的增加值(cm³/cm³)；θ_i 为放水后土壤剖面含水量 (cm³/cm³)；θ_0 为放水前土壤剖面含水量(cm³/cm³)。

图 6.69 显示了碎石覆盖下土壤剖面含水量增加值的分布特征。结果表明，不同碎石覆盖比例条件下，坡地土壤水分入渗深度均约为 50cm，土壤剖面含水量增加值存在差异。

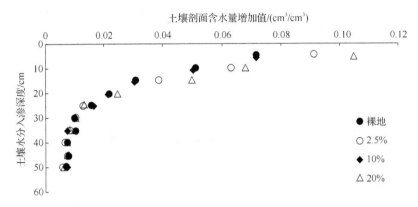

图 6.69　碎石覆盖下土壤剖面含水量增加值的分布特征

6.4.1.2　碎石类型对坡地径流过程的影响

6.4.1.1 的研究结果表明,碎石覆盖改变了坡地水流特征,本部分将分析碎石大小对坡地水流特征的影响。研究内容为 S(小尺寸)和 L(大尺寸)两种类型的碎石单元覆盖对地表径流过程的影响,碎石覆盖比例为 2.5%和 10%。不同碎石类型条件下的地表总径流量如图 6.70 所示。覆盖比例为 2.5%的 S 型碎石覆盖(S-2.5%)下的地表总径流量相对无碎石覆盖坡地减少 6.14%,覆盖比例为 2.5%的 L 型碎石覆盖(L-2.5%)的地表总径流量相对无碎石覆盖坡地减少 6.80%,覆盖比例为 10%的 S 型碎石覆盖(S-10%)的地表总径流量相对无碎石覆盖坡地减少 12.21%,覆盖比例为 10%的 L 型碎石覆盖(L-10%)的地表总径流量相对无碎石覆盖坡地减少 21.59%。由此可见,尽管覆盖比例相同,底面积大的碎石要比底面积小的碎石降低地表总径流量的效果更明显,而且坡地碎石覆盖比例越大,碎石类型的影响越明显。

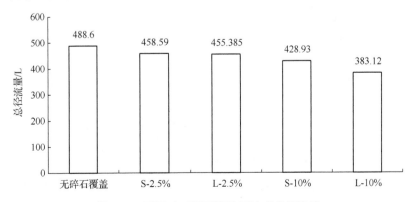

图 6.70　不同碎石类型覆盖下地表总径流量

图 6.71 显示了不同碎石类型覆盖下单宽流量随径流时间的变化过程。结果表明，在相同的碎石覆盖比例条件下，不同碎石类型覆盖的坡地单宽流量有所差异。可见，碎石单元类型对地表径流过程会产生一定的影响。相对于面积小的 S 型碎石，底面积大的 L 型碎石对减小地表径流过程的效果更加明显，进一步说明底面较积大的碎石对降低地表径流过程具有更明显的效果。

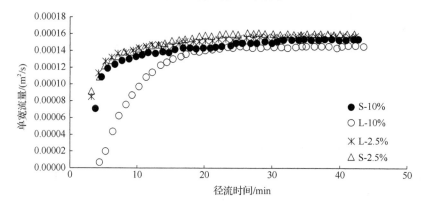

图 6.71　碎石不同类型覆盖下单宽流量随径流时间的变化过程

为了进一步分析碎石类型对坡地土壤蓄水能力的影响，研究了不同碎石类型下土壤剖面含水量增加值分布特征，结果如图 6.72 所示。不同碎石类型覆盖下的坡地土壤水分入渗深度均约为 50cm，不同类型碎石覆盖下土壤剖面含水量增加值存在差异。

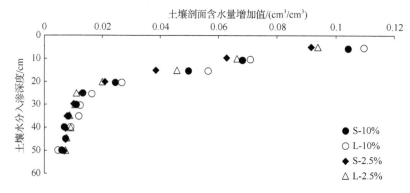

图 6.72　不同碎石类型下土壤剖面含水量增加值分布特征

6.4.1.3　碎石分布格局对径流过程的影响

6.4.1.2 的研究结果表明，碎石大小和覆盖比例对坡地水流特征都有显著的影响。接下来重点研究碎石覆盖比例相同情况下，碎石布设在不同坡段对坡面水流特征的影响。选取碎石类型为 S 型，覆盖比例均 5%，将碎石分别分布在上坡段、中坡段、下坡段及全坡段。图 6.73 为不同碎石分布格局下单宽流量随径流时间的变化过程。从图中可知，虽然碎石单元类型及覆盖比例均相同，但是碎石的布设位置变化也会对地表径流过程产生一定的影响，对于全坡段、下坡段、中坡段及上坡段覆盖而言，地表径流单宽流量逐渐减小。进一步分析可知，与碎石均匀分布在全坡段相比，将碎石集中放在某一坡段对降低地表单宽流量的效果更加明显，说明坡地碎石的聚集格局具有一定优势。其中，将碎石集中布设在上坡段位置时地表径流单宽流量远远低于其他碎石格局。这是由于碎石分布于上坡段时对坡上水流具有分散和拦截的作用，能够在坡地水流尚未形成股流前对坡地径流进行拦截。通过分析总径流量可知，相对于全坡段，下坡段、中坡段及上坡段碎石覆盖地表，总径流量分别降低了 1.29%、7.85% 和 22.45%。

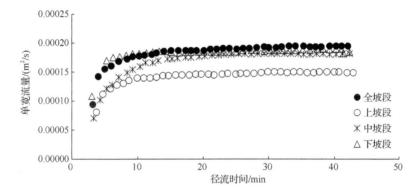

图 6.73　不同碎石分布格局下单宽流量随径流时间的变化过程

　　图 6.74 显示了不同碎石分布格局下土壤剖面含水量增加值的分布特征。结果显示，不同碎石分布格局条件下，坡地土壤水分入渗深度均为 50cm 左右。将碎石集中放在某一坡段对坡地土壤剖面含水量的影响比均匀布设全坡段更加明显，其中将碎石集中布设在上坡段时土壤剖面含水量增加明显高于其他处理。

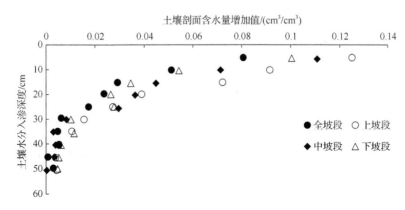

图 6.74　不同碎石分布格局下土壤剖面含水量增加值分布特征

6.4.2 碎石覆盖对土壤侵蚀的影响

自然条件中，土壤和土壤表面往往含有大量碎石。由于大量碎石嵌入土体或覆盖在表土之上，这些土壤被称为石质土壤。碎石的存在对径流水流动力学特性产生较大的影响，研究碎石对土壤侵蚀的影响具有一定实际应用价值。通过人工设置土表碎石覆盖，改变径流的水力性质，从而改变土壤水文过程和土壤侵蚀过程。关于碎石对土壤侵蚀过程的影响，主要用产沙率、累积产沙量、径流含沙率、径流量和侵蚀量来表征，定量分析不同碎石覆盖比例、不同碎石大小和不同碎石组合对土壤侵蚀的影响，为黄土坡地土壤流失预报、水土保持措施及农田水分管理提供科学依据。

6.4.2.1 碎石覆盖比例对坡地产沙的影响

为研究不同碎石覆盖比例对土壤侵蚀过程的影响，选择平均底面积约为 $43cm^2$ 的小碎石作为研究对象，试验小区长为 16m，宽为 1.25m，坡度为 10.8°。将碎石分行排列，按照覆盖比例 2.5%（约 120 块碎石）、覆盖比例 10%（约 460 块碎石）和覆盖比例 20%（约 930 块碎石）均匀摆放在试验小区内，平均每行摆放 10 块，试验选择 16m 长的裸地作为对照。放水流量设置为 20L/min，试验持续时间为 40min。图 6.75 显示了碎石覆盖比例对产沙率随径流时间变化过程的影响。结果表明，产沙率在径流初期较高，然后逐渐降低至稳定。不同碎石覆盖比例下，产沙率大小表现为裸地>2.5%覆盖比例>10%覆盖比例>20%覆盖比例。由此可知，碎石覆盖比例的增加会引起土壤侵蚀量的下降。裸地、2.5%覆盖比例、10%覆盖比例和 20%覆盖比例的最大产沙率分别为 0.21kg/min、0.15kg/min、0.14kg/min 和 0.12kg/min。裸地产沙率在第 19min 下降到与 2.5%覆盖比例和 10%覆盖比例相同水平，为 0.05kg/min 左右。20min 后裸地、2.5%覆盖比例、10%覆盖比例和 20%覆盖比例的稳定产沙率分别为 0.03kg/min、0.02kg/min、0.02kg/min 和 0.01kg/min，

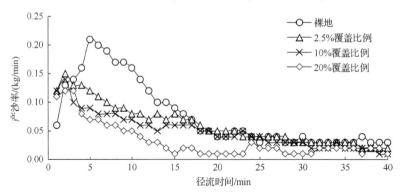

图 6.75 碎石覆盖比例对产沙率随径流时间变化过程的影响

差异不显著。碎石覆盖有效降低了产流前期的产沙率，并且随着覆盖比例的增加，减小了水流与土壤的接触面积，使水流的直接冲刷作用降低，有效减小了径流冲刷的土壤侵蚀量。

图 6.76 显示了碎石覆盖比例对累积产沙量随径流时间变化过程的影响。结果表明，不同碎石覆盖比例下，累积产沙量大小表现为裸地>2.5%覆盖比例>10%覆盖比例>20%覆盖比例。同时，从累积产沙量过程可以看出，覆盖比例的变化对产流前 15min 的累积产沙量影响显著。表 6.23 显示了不同碎石覆盖比例对总产沙量的影响，当覆盖比例为 2.5%、10%和 20%时，总产沙量分别比裸地减小 21.7%、36.4%和 56.9%。

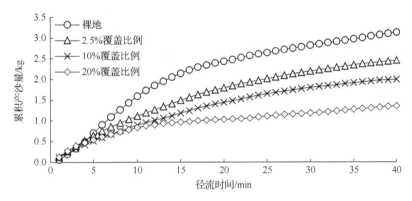

图 6.76　不同碎石覆盖比例对累积产沙量随径流时间变化过程的影响

表 6.23　不同碎石覆盖比例对总产沙量的影响

指标	覆盖比例			
	2.5%	10%	20%	裸地
总产沙量/kg	2.45	1.99	1.35	3.13
总产沙量比裸地减少/%	21.7	36.4	56.9	—

6.4.2.2　碎石类型对坡地产沙的影响

自然环境中，碎石大小并不是均一的，即使相同的覆盖比例，碎石大小也会引起坡地侵蚀的巨大变化，因此覆盖比例并不能作为评价碎石对坡地侵蚀影响的唯一指标，研究碎石大小对坡地侵蚀的影响有着十分重要的意义，本部分主要研究在相同碎石覆盖比例下，不同碎石类型及碎石组合方式对坡地产沙的影响。为了研究不同的碎石类型对坡地产沙的影响，选取平均底面积为 43cm^2 的小碎石和 202cm^2 的大碎石按照覆盖比例各为 5%摆放在两个试验小区内：小碎石 350 块，每行摆放 10块，分 35 行均匀摆放在试验小区内；大碎石 50 块，每行摆放 2 块，分 25 行均匀摆放在试验小区内。试验上方来水流量设定为 20L/min，试验持续时间为 40min。

图 6.77 显示了不同碎石类型覆盖下产沙率随径流时间的变化过程。发现大碎石与小碎石覆盖下的产沙率变化规律差异明显，大碎石覆盖下的产沙率随径流时间的变化很大，最大产沙率出现在产流第 1min，为 1.06kg/min，20min 后的稳定产沙率为 0.04kg/min，在 40min 的产流过程中，产沙率共减小 1.02kg/min，且产沙率变化主要集中在产流前 20min。虽然都为 5%的覆盖比例，小碎石覆盖下的最大产沙率出现在产流第 2min，为 0.17kg/min，大碎石覆盖是其 6.2 倍，20min 后的稳定产沙率为 0.03kg/min，产沙率共减小 0.14kg/min，降低过程比较缓慢。相同覆盖比例条件下，在产流初始阶段大碎石覆盖下的产沙率远大于小碎石覆盖，随着径流时间的增加，大碎石覆盖下的产沙率逐渐降低，20min 后大小碎石覆盖下的产沙率处于同一水平。可以认为碎石大小的改变主要影响产流前期水流侵蚀过程，特别是试验前期土壤侵蚀量。产生这种现象的原因可能是小碎石每行排列比较密集，而大碎石每行排列松散。因此，小碎石比大碎石有更好的阻挡水流作用，使坡地水流动力学参数下降，降低坡地径流的土壤侵蚀能力，并且较密的碎石又能提供较好的拦沙作用，小碎石的产沙率在产流前期小于大碎石的产沙率。

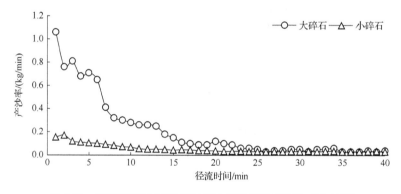

图 6.77　不同碎石类型覆盖下产沙率随径流时间的变化过程

图 6.78 显示了不同碎石类型覆盖下累积产沙量随径流时间的变化过程。结果

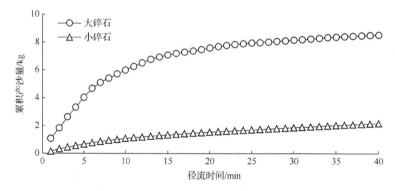

图 6.78　不同碎石类型覆盖下累积产沙量随径流时间的变化过程

表明，大碎石覆盖下与小碎石覆盖下累积产沙量差别较大，大碎石覆盖下的累积产沙量在产流初期迅速增加，而小碎石覆盖下的增加幅度较小。大碎石覆盖下总产沙量为 8.53kg，小碎石覆盖下为 2.17kg，大碎石覆盖下总产沙量是小碎石覆盖下的 3.9 倍。因此，小碎石对坡地土壤侵蚀量的削减效果比大碎石更好。

为研究大小不同碎石组合对坡地产沙的影响，试验在长 16m、宽 1.25m、坡度为 10.8° 的坡地径流试验小区上进行。选取平均底面积为 43cm^2 的小碎石、100cm^2 的中碎石和 202cm^2 的大碎石按照覆盖比例 10%以不同比例摆放在五个试验小区内，具体碎石组合方式如表 6.24 所示。

表 6.24　碎石组合方式

碎石组合	小碎石覆盖比例/%	中碎石覆盖比例/%	大碎石覆盖比例/%
	R_s	R_m	R_b
组合一	2.5（120）	7.5（150）	0
组合二	4（200）	6（120）	0
组合三	7.5（350）	2.5（50）	0
组合四	7（320）	0	3（30）
组合五	6（300）	1.5（30）	2.5（20）
对照	10（460）	0	0

注：① R_s、R_m、R_b 分别表示的是小面积覆盖（43cm^2）、中等面积覆盖（100cm^2）和大面积覆盖（202cm^2）。
②（　）内为碎石数量。

图 6.79 显示了碎石组合方式（中碎石、小碎石）对产沙率的影响。结果表明，随着小碎石所占覆盖比例的增大，径流产沙率依次递减。组合一、组合二和组合三的最大产沙率分别为 0.52kg/min、0.40kg/min 和 0.18kg/min，20min 后的稳定产沙率分别为 0.07kg/min、0.04kg/min 和 0.02kg/min。组合三比对照的产沙率峰值增大 0.04kg/min，但两者的稳定产沙率基本相同。符合小碎石可以有效降低土壤侵蚀量的结果，而中碎石覆盖比例增加反而导致产沙率的增加。中、小碎石在减小坡地侵蚀中的贡献率不同，小碎石覆盖比例是影响产沙率的主导因素。图 6.80 显示了碎石组合方式（中碎石、小碎石）对累积产沙量的影响。结果表明，不同碎石组合下的总产沙量大小顺序为组合一（8.95kg）>组合二（4.80kg）>组合三（2.26kg）>对照（1.99kg）。由此可知，即使覆盖比例相同，大小碎石覆盖比例也是影响累积产沙量的重要因素，其中小碎石所占比例越大，累积产沙量越小。

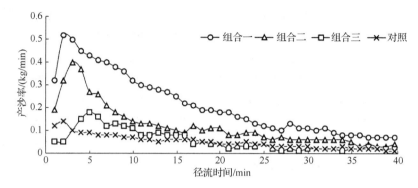

图 6.79　碎石组合方式（中碎石、小碎石）对产沙率的影响

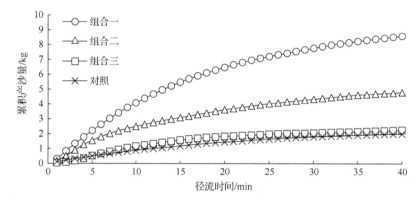

图 6.80　碎石组合方式（中碎石、小碎石）对累积产沙量的影响

组合四和组合五分别是大碎石、小碎石组合和大碎石、中碎石、小碎石组合，覆盖比例为 10%，碎石总数均为 350 块的组合情况。图 6.81 显示了碎石组合方式（大碎石、中碎石、小碎石）对产沙率变化过程的影响。结果表明，组合四和组合五的产沙率峰值同为 0.31kg/min，20min 后稳定产沙率也都在 0.02kg/min 左右，这两组合对最大产沙率和稳定产沙率都没有明显影响，但是在产流过程中，组合四的产沙率下降速度比组合五快，导致组合五的累积产沙量大于组合四（图 6.82）。由于组合四比组合五的小碎石多 1%，大碎石多 0.5%，中碎石少 1.5%，结合碎石类型及比例对累积产沙量的关系，可以看出 1%覆盖比例的小碎石加 0.5%覆盖比例的大碎石对累积产沙量的减小作用大于 1.5%覆盖比例的中碎石，该减小作用引起的侵蚀量差即组合四与组合五的总产沙量的差值（1.02kg）。组合四和组合五与对照相比，总产沙量分别增加了 1.19kg 和 2.21kg。该变化主要是由碎石大小引起的，因为各类碎石对累积产沙量的贡献不同。假设各碎石对累积产沙量的贡献度与其比例呈线性关系，则计算出 5%碎石覆盖比例下的总产沙量约为 5.63kg。

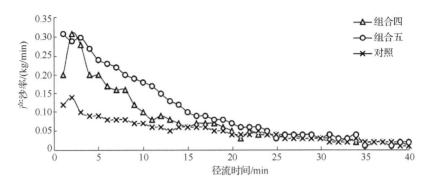

图 6.81　碎石组合方式（大碎石、中碎石、小碎石）对产沙率的影响

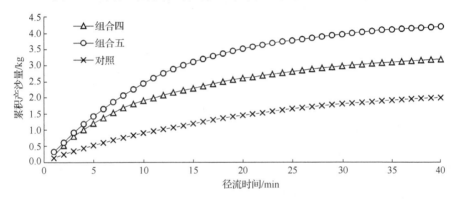

图 6.82　碎石组合方式（大碎石、中碎石、小碎石）对累积产沙量的影响

6.4.2.3　碎石格局对坡地产沙量的影响

为了研究碎石格局对坡地产沙量的影响，在长 16m、宽 1.25m、坡度为 10.8°的径流试验小区开展试验。选取平均底面积为 43cm² 的小碎石，按照上坡段覆盖比例 15%，中坡段覆盖比例 15%，下坡段覆盖比例 15% 的不同覆盖格局均匀摆放，即将 230 块碎石每行 10 块均匀摆放在上、中、下坡段各 5m 范围内，试验小区其余表面为裸地。并以小碎石 5% 覆盖（230 块碎石全坡段覆盖）为试验对照。试验设定放水流量为 20L/min，试验持续时间为 40min。

图 6.83 显示了碎石覆盖格局对产沙率随径流时间变化过程的影响。结果表明，3 种碎石覆盖格局在流流初期产沙率均升高，然后迅速下降并在 20min 后趋于稳定。不同覆盖格局的产沙率大小关系表现为下坡段覆盖>中坡段覆盖>上坡段覆盖>全坡段均匀覆盖，可见不同坡段碎石和植被覆盖对产沙率影响效果一致。下坡段覆盖、中坡段覆盖、上坡段覆盖和全坡段均匀覆盖的峰值产沙率分别为 0.65kg/min、0.36kg/min、0.23kg/min 和 0.17kg/min。20min 后的稳定产沙率都在

0.03～0.04kg/min，可见不同坡段覆盖碎石主要改变了产流前期水流侵蚀能力，而相同碎石量全坡段覆盖减小水流侵蚀的能力最为显著。

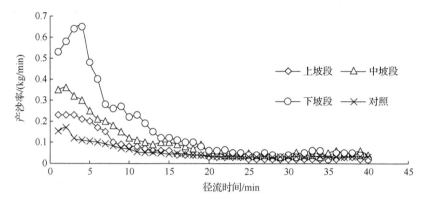

图 6.83　碎石覆盖格局对产沙率随径流时间变化过程的影响

图 6.84 显示了碎石覆盖格局对累积产沙量的影响。结果表明，不同坡段碎石覆盖对试验小区产沙量的影响显著，下坡段泥沙的积累速度最快，总产沙量为6.46kg，其次为中坡段覆盖，总产沙量为4.20kg，上坡段覆盖总产沙量为2.69kg，全坡段覆盖总产沙量最低，为 2.17kg。造成这种现象的原因可能是不同坡段碎石覆盖改变了坡地水流动力学特征，碎石覆盖处于上坡段时，增大了上坡段糙率，水流在坡地的流速和入渗量在上坡段就受到干扰，使水流在坡地的流速和流量整体降低。中坡段覆盖和下坡段覆盖只引起部分坡地的径流流速和流量降低，全坡段覆盖碎石则使整个坡地都受到影响。表 6.25 显示了碎石覆盖格局对总产沙量的影响，相比于全坡段覆盖下的总产沙量，上坡段碎石覆盖增大了 24.0%，中坡段增大了93.7%，下坡段增大了197.9%。

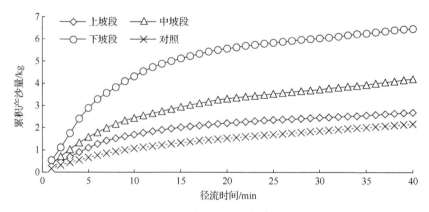

图 6.84　碎石覆盖格局对累积产沙量的影响

表 6.25　碎石覆盖格局对总产沙量的影响

指标	上坡段	中坡段	下坡段	全坡段
覆盖比例/%	15	15	15	5
总产沙量/kg	2.690	4.203	6.464	2.170
总产沙量比全坡段增加/%	24.0	93.7	197.9	—

6.4.2.4　坡地产流量、产沙量及径流含沙率的关系

在坡地水流侵蚀过程中，不同碎石覆盖比例对坡地产流产沙过程均产生影响，当外部环境基本一致，改变碎石覆盖比例可以增大土壤表面糙率，降低径流流速，削弱水流的侵蚀能力。图 6.85 显示了 2.5%、10%和 20%三种碎石覆盖比例条件下产沙率与单宽流量随径流时间的变化过程。随着碎石覆盖比例的增加，产沙率与单宽流量都在减小。当覆盖比例从 2.5%增加到 10%，20min 后的稳定单宽流量从 9.95L/(m·min)降低到 9.30L/(m·min)，降低了 6.5%；当覆盖比例从 10%增加到 20%时，稳定单宽流量从 9.30L/(m·min)降低到 8.85L/(m·min)，降低了 4.8%，可见改变碎石覆盖比例确实能增加土壤入渗率，减小到达出口断面的单宽流量。

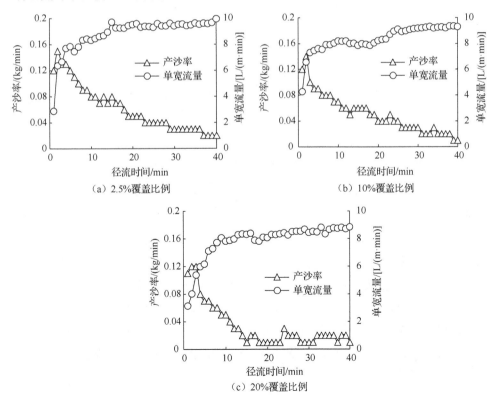

（a）2.5%覆盖比例　　　　　　　　　（b）10%覆盖比例

（c）20%覆盖比例

图 6.85　不同碎石覆盖比例条件下产沙率与单宽流量随径流时间变化过程

由于碎石覆盖比例的增加减小了水流可侵蚀土壤的面积，又因为单宽流量的减小使水流侵蚀能力降低，在以上两个因素共同作用下，坡地的产沙率随着碎石覆盖比例的增加而减小。

图 6.86 显示了不同碎石覆盖比例条件下径流含沙率随径流时间的变化过程。结果表明，2.5%、10% 和 20% 覆盖比例的峰值径流含沙率都出现在产流初期，分别为 33.15g/L、30.61g/L 和 22.43g/L，峰值径流含沙率随着覆盖比例的升高而降低。10% 覆盖比例的径流含沙率在产流过程中除第 2～3min 外，其他时间都略小于或等于 2.5% 覆盖比例，两者径流含沙率区别不大，平均仅相差 2.66g/L。20% 覆盖比例的径流含沙率在产流过程中都小于前两者，比 10% 覆盖比例平均减小 5.45g/L。

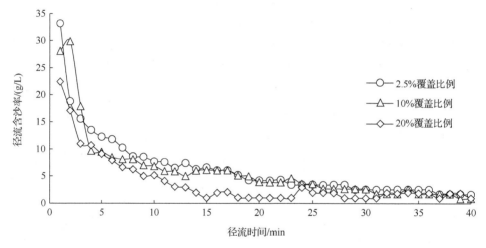

图 6.86　不同碎石覆盖比例条件下径流含沙率随径流时间变化过程

不仅碎石覆盖比例能影响径流产沙率与单宽流量，不同的碎石类型同样能影响坡地产流和产沙过程。图 6.87 显示了 5% 碎石覆盖比例下碎石类型对产沙率与单宽流量的影响。结果表明，20min 后大碎石的稳定单宽流量为 8.81L/(m·min)，小碎石为 11.79L/(m·min)，是大碎石的 1.34 倍。大碎石的最大产沙率是小碎石的 6.82 倍。从累积产沙量和累积产流量的比较中也可看出（图 6.88），大碎石 40min 总产流量为 398.72L，小碎石为 551.15L，小碎石的总产流量是大碎石的 1.38 倍。大碎石的总产沙量为 8.53kg，小碎石的总产沙量为 2.14kg，小碎石的总产沙量为大碎石的 25%。因此，在覆盖比例相同的条件下，增大单个碎石底面积可以使总产流量下降、总产沙量增大。

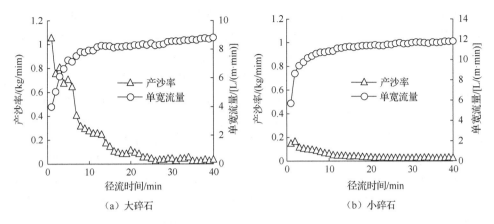

图 6.87 5%碎石覆盖比例下碎石类型对产沙率与单宽流量的影响

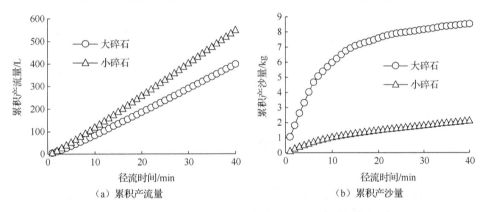

图 6.88 碎石类型对坡地累积产流量和累积产沙量的影响

图 6.89 显示了碎石类型对径流含沙率的影响。结果表明，产流初期径流含沙率有较大差异，大碎石最大径流含沙率为 213.27g/L，而小碎石最大径流含沙率为 15.78g/L，大碎石最大径流含沙率为小碎石的 13.5 倍。20min 后趋于稳定，径流稳定含沙率均在 2g/L 左右。可见碎石面积的增大，会增加产流前期的径流含沙率。

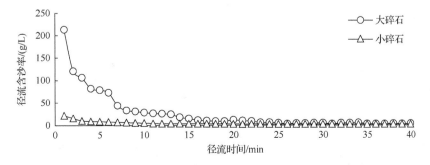

图 6.89 不同碎石类型条件下径流含沙率随径流时间变化过程

图 6.90 显示了碎石组合方式（中碎石、小碎石）对径流含沙率的影响。结果表明，径流含沙率大小关系呈：组合一（小碎石 2.5%，中碎石 7.5%）>组合二（小碎石 4%，中碎石 6%）>组合三（小碎石 7.5%，中碎石 2.5%）>对照（小碎石 10%）。组合一、组合二、组合三和对照的最大径流含沙率分别为 99.71g/L、59.13g/L、47.68g/L 和 29.89g/L。20min 后的稳定径流含沙率分别为 5.73g/L、3.62g/L、1.44g/L 和 0.85g/L。组合一、组合二、组合三和对照的平均径流含沙率分别为 22.92g/L、14.84g/L、6.68g/L 和 5.89g/L，小碎石覆盖比例从 10%降低到 7.5%，平均径流含沙率增加了 13.4%；当小碎石覆盖比例降低到 4%时，平均径流含沙率比对照增加了 152.0%；当小碎石覆盖比例降低到 2.5%时，平均径流含沙率比对照增加了 289.1%。进一步分析碎石覆盖比例与径流含沙率增长率间关系，发现在 10%覆盖比例的试验小区内，小碎石所占比例与径流含沙率的增长率之间有良好关系，如图 6.91 所示。

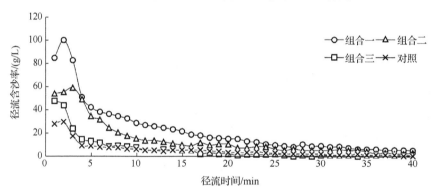

图 6.90　碎石组合方式（中碎石、小碎石）对径流含沙率随时间变化过程的影响

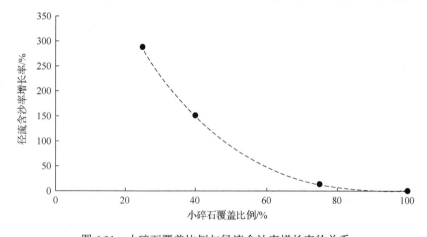

图 6.91　小碎石覆盖比例与径流含沙率增长率的关系

图 6.92 显示了碎石组合方式（大碎石、中碎石、小碎石）对径流含沙率的影响。结果表明，各组合方式下径流含沙率的大小关系为组合五（小碎石 6%，中碎

石 1.5%，大碎石 2.5%）>组合四（小碎石 7%，大碎石 3%）≈对照（小碎石 10%）。3 种组合方式的峰值径流含沙率分别为 30.73g/L、28.08g/L 和 29.83g/L，20min 后的稳定径流含沙率为 1.31g/L、1.69g/L 和 1.18g/L，可见 3 种组合方式下径流含沙率的变化区间基本相同。从变化趋势看，组合四和对照的径流含沙率下降速度基本相同，且比组合五的下降速度快。由组合四与对照的碎石比例关系看出，4%小碎石基本等于 1.5%中碎石加 2.5%大碎石对径流含沙率的减小作用；由组合五与组合四看出，1%小碎石加 0.5%大碎石小于 1.5%中碎石对径流含沙率的减小作用；由组合四与对照看出，3%大碎石小于 3%小碎石对径流含沙率的减小作用。

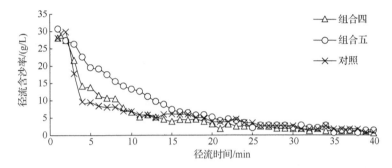

图 6.92　碎石组合方式（大碎石、中碎石、小碎石）对径流含沙率的影响

图 6.93 显示了碎石覆盖分布格局对径流含沙率的影响。结果表明，径流含沙率会根据碎石覆盖分布格局的不同而变化，表现为下坡段覆盖>中坡段覆盖>上坡段覆盖>对照（全坡段 5%覆盖），这四种覆盖格局的峰值径流含沙率分别为 63.91g/L、63.83g/L、38.02g/L 和 21.54g/L，20min 后的稳定径流含沙率在 2.09～3.22g/L。下坡段与中坡段的径流含沙率变化范围基本相同，但下坡段径流含沙率降低速度比中坡段慢，因此碎石在中坡段、下坡段覆盖只能改变径流含沙率下降速度，碎石越靠近下坡段覆盖，径流含沙率下降速度越慢。上坡段覆盖和全坡段可以有效降低最高径流含沙率，与下坡段比分别降低 40.5%和 66.3%。下坡段覆盖、中坡段覆盖、上坡段覆盖和全坡段覆盖的平均径流含沙率依次为 12.82g/L、9.14g/L、6.99g/L 和 4.32g/L。

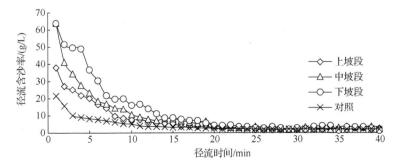

图 6.93　碎石覆盖分布格局对径流含沙率的影响

6.4.3　碎石覆盖对坡地水土养分流失的影响

6.4.3.1　碎石覆盖比例对径流养分流失的影响

图 6.94 显示了碎石覆盖比例对地表径流养分累积流失量的影响。结果表明，不同碎石覆盖条件下地表径流速效磷、硝态氮和钾离子累积流失量均低于无覆盖的裸地，对地表径流速效磷而言，当碎石覆盖比例为 2.5%时速效磷累积流失量最低，效果最好。覆盖比例上升至 10%时，速效磷累积流失量显著增加，覆盖比例继续上升至 20%时，速效磷累积流失量明显降低，总体呈先增加后减小的趋势。对于地表径流硝态氮累积流失量而言，不同碎石覆盖比例下硝态氮的累积流失量差异不是很明显，覆盖比例为 10%和 20%时，硝态氮累积流失量曲线几乎重合。覆盖比例为 2.5%时，初始时间段内硝态氮流失量较低，后期硝态氮流失量高于10%和 20%覆盖比例。对于钾离子而言，覆盖比例为 2.5%时，累积流失量最低，随着覆盖比例的增加，钾离子累积流失量呈增加的趋势，覆盖比例增加到 20%时，钾离子累积流失量与裸地无明显差异。综上分析可以看出，相对于裸地而言，地表覆盖碎石后，土壤中速效磷、硝态氮和钾离子累积流失量均有所降低，但随着覆盖比例增加，不同养分累积流失量反而呈增加趋势，其中覆盖比例为 2.5%时，累积流失量最低。因此，少量碎石覆盖对坡地土壤养分流失具有较好的控制效果。

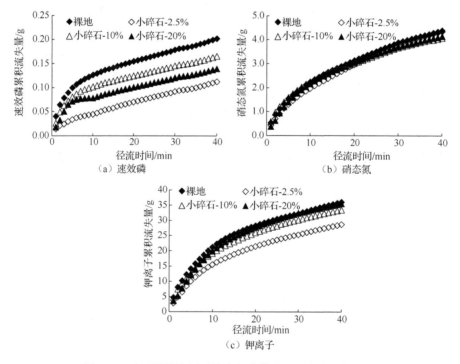

图 6.94　碎石覆盖比例对地表径流养分累积流失量的影响

6.4.3.2　碎石类型对径流养分流失的影响

为了进一步研究碎石单元类型对径流养分流失的影响，分析了两种碎石覆盖比例下（2.5%和10%），大碎石（L型-底面积为202cm^2）和小碎石（S型-底面积为43cm^2）的地表径流速效磷、硝态氮和钾离子累积流失量随径流时间变化过程，结果如图6.95所示。当覆盖比例为2.5%时，相对于底面积较大的L型碎石，S型碎石覆盖下坡地土壤养分累积流失量较低，对于速效磷和硝态氮而言，效果尤为明显。覆盖比例增加到10%时，L型碎石覆盖下坡地土壤养分流失量较小，硝态氮效果较为显著，速效磷差异较小。对于钾离子而言，径流初期大碎石减少钾离子效果较好，后期差异较小。综上对比可以看出，覆盖比例较小时，底面积较小的碎石更有利于控制坡地养分流失，覆盖比例增大到10%时，底面积较大的碎石控制坡地养分流失效果更好。

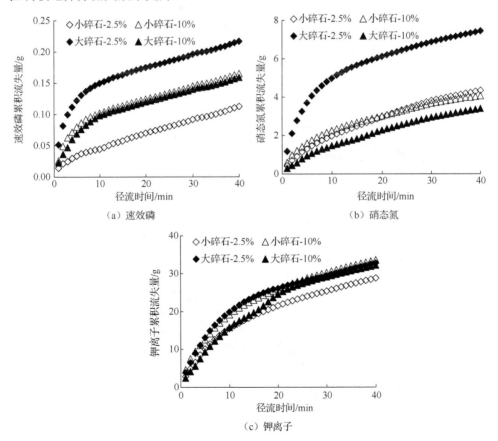

（a）速效磷　　　　　　　　　　　　（b）硝态氮

（c）钾离子

图6.95　碎石类型对径流养分累积流失量的影响

6.4.3.3　碎石分布格局对径流养分流失的影响

为了分析碎石分布格局对坡地养分流失过程的影响，选取 S 型碎石，覆盖比例均为 15%，并将碎石分别分布在坡地全坡段、上坡段、中坡段、下坡段。图 6.96 显示了不同碎石分布格局下地表径流养分累积流失量随径流时间的变化过程。结果表明，在碎石类型及覆盖比例均相同的条件下，碎石的分布格局变化对坡地土壤养分流失过程产生影响。碎石分布在不同坡段时，径流速效磷累积流失量从大到小依次为上坡段>下坡段>中坡段>全坡段，不同碎石布设格局差异显著；对于径流硝态氮而言，碎石不同坡段径流硝态氮累积流失量大小依次为下坡段>中坡段>上坡段>全坡段；对于钾离子而言，碎石不同坡段钾离子累积流失量大小依次为中坡段>下坡段>全坡段>上坡段。对于速效磷和硝态氮而言，全坡段布局对养分流失抑制效果较好；对于钾离子而言，上坡段的抑制效果较好。综上分析，当碎石布设在全坡段时对坡地径流速效磷、硝态氮流失的控制效果均较好；当碎石分布在上坡段时，对速效磷流失的抑制效果最弱；当碎石分布在下坡段时，对硝态氮流失的抑制效果最弱；当碎石分布在中坡段时，钾离子的累积流失量最大。

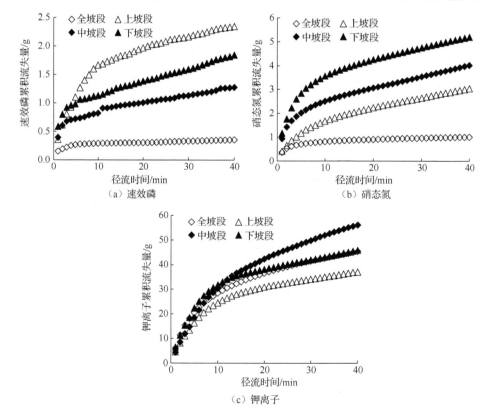

图 6.96　不同碎石分布格局下地表径流养分累积流失量随径流时间的变化过程

参 考 文 献

[1] 李德生，刘文彬，许慕农，等. 石灰岩山地植被水土保持效益的研究[J]. 水土保持学报，1993，7（2）：57-62.

[2] 邵明安. 黄土高原土壤侵蚀与旱地农业[M]. 西安：陕西科学技术出版社，1999.

[3] 王小燕. 紫色土碎石分布及其对坡地土壤侵蚀的影响[D]. 武汉：华中农业大学，2012.

[4] 王全九，王辉，郭太龙. 黄土坡面土壤溶质随地表径流迁移特征与数学模型[M]. 北京：科学出版社. 2010.

[5] 孔刚，王全九，樊军. 坡度对黄土坡面养分流失的影响实验研究[J]. 水土保持学报，2007，21（3）：14-18.

[6] 王全九，穆天亮，王辉. 坡度对黄土坡面径流溶质迁移特征的影响[J]. 干旱地区农业研究，2009，27（4）：176-179.

[7] 王丽，王力，王全九. 不同坡度坡耕地土壤氮磷的流失与迁移过程[J]. 水土保持学报，2015，29（2）：69-75.

[8] 王升，王全九，董文财，等. 黄土坡面不同植被覆盖度下产流产沙与养分流失规律[J]. 水土保持学报，2012，26（4）：23-27.

第7章　植被过滤带与坡地物质传输

植被过滤带（vegetative filter strip，VFS）又称为植被缓冲带，一般是指位于污染源和接受水体之间的植被区域，可以有效地滞留、拦截泥沙和削减磷、氮等污染物进入接受水体的负荷量，降低污染物的影响[1]，从而达到去除污染物、防止水体污染的目的，是成本相对低廉且功效显著的一种生态工程措施[2]。植被过滤带的过滤效果受植被过滤带的长度[3]、坡度[4]、植被生物量[5]和植物类型[6,7]等因素影响。不同区域径流中污染物的特性、含量和植被过滤带的土壤理化性质、生物学特征及径流水文特征不同，从而导致植被过滤带的过滤效果会有明显差异[8-11]。大量研究表明，植被过滤带对径流污染物的过滤净化效果是通过多种作用协同实现的[12]。通常认为植物的茎秆能明显地削减径流流速，并且可以有效拦截径流中的泥沙及吸附在泥沙上的吸附态养分[13]；植物的根系能明显改善土壤结构，并且可以大大提高土壤的入渗能力，从而增加了入渗量、减少了径流量[14]；植物本身可直接利用和吸收氮、磷等部分养分，用于自身生长[15]；污染物随水分入渗到土壤之中，土壤可吸附大部分可溶性养分，从而阻止可溶性养分和污染物进入地下水[16]；土壤中的微生物可以通过生物作用降解部分污染物[17]。

数学模拟模型能够定量预测和估算植被过滤带对非点源污染物的净化效果，因此模拟模型是进行 VFS 过滤效果规划和评估的重要工具。最早提出的 VFS 定量估算模型是 GRASSF 模型[18]。Wilson 等[19]通过数学分析改进了 GRASSF 模型，并将其集成到 SEDIMEOT II 模型里，该模型以水力学和泥沙动力学为基础。后来 CREAMS 模型也被用于评估 VFS 的净化效果[20]，但是该模型不能模拟泥沙在 VFS 中的运移过程。植被过滤带模型（vegetative fileter strip model，VFSMOD）在欧美国家得到了广泛的应用[21-23]，该模型被用来计算单次降雨径流条件下草地过滤带对径流泥沙的过滤效果，但不能评估对其他污染物的净化效果。当前评估氮、磷污染物净化效果的模型较少，应用最为典型的是河岸生态系统管理模型（riparian ecosystem management model，REMM），REMM 对 VFS 削减过程描述较为详细，但是该模型需要大量的基础数据，包括每天的田间数据、气象数据、植被数据、河岸带及土壤数据等 160 多个指标[24-29]，实际应用比较困难，且模型并未考虑季节变化的影响。有的学者将 VFSMOD 模型与农业非点源污染模型（agricultural nonpoint source model，AGNPS）或生态水文模型，如水土评估工具（soil and water assessment tool，SWAT）耦合，进行流域尺度上的评估和应用[30]，从整个流域的角度对 VFS 进行空间配置，但是生态水文模型的重点是流域的产汇流方面，没有将 VFS 作为一个独立的系统进行模拟，无法体现出 VFS 的净化效果。

7.1　概　　述

植被过滤带是位于非点源污染源和水体之间的植被区域，是控制非点源污染的有效管理措施之一，可以有效地拦截泥沙，并削减氮、磷等污染物进入水体的负荷量，降低非点源污染的影响。虽然植被过滤带的过滤效果受诸多因素的影响，但不同地区径流中沉积物的含量、污染物的特性、土壤的理化性质、植被过滤带的生物学特征及过滤带入流水文特征等不同，其主要影响因素也会不同。本书从植被过滤带长度、植物类型、植物种植密度 3 个方面来分析其对径流养分流失的控制功效。

为了研究植被过滤带特征对污染物过滤效果，开展了田间试验工作。试验是在中国科学院水利部水土保持研究所神木侵蚀与环境试验站进行。神木侵蚀与环境试验站位于陕西省神木市六道沟小流域，海拔为 1094.0～1273.9m，属于半湿润半干旱大陆性季风气候。根据神木气象站的资料，试验区年平均气温为 8.4℃，年平均降雨量为 437mm。试验区主要气候特征表现为年际和年内气候变化剧烈，降雨分布极不均匀，且多集中在 7～9 月，暴雨、干旱、沙尘暴等自然灾害频发。试验区的地形主要以坡地为主，其中沟间地面坡度多小于 15°。试验区地面撂荒地为休闲三年的紫花苜蓿地，土壤的类型为沙黄土。试验区表层（50cm 以上）土壤的容重在 1.26～1.41g/cm³ 变化，平均容重为 1.34g/cm³，土壤颗粒组成见表 7.1，土壤质地属于粉壤土。试验区植被退化和土地沙化现象严重，因此对于研究黄土高原地区坡地水土养分流失特征具有十分重要的现实意义。

表 7.1　试验区土壤颗粒组成

土壤颗粒组成占比/%			土壤质地
黏粒 （粒径<0.002mm）	粉粒 （粒径 0.002～0.05mm）	砂粒 （粒径 0.05～2mm）	
13.01	51.89	35.10	粉壤土

植被过滤带削减径流养分试验是在上方来水条件下进行的。试验小区的宽度均为 1m，坡度均为 10.8°。试验设计的养分为 KNO_3 和 KH_2PO_4，浓度为 0.002mol/L。对于植被过滤带长度影响试验，选用柠条作为试验植物，种植密度统一，行距均为 30cm，试验小区的长度分别设定为 5m、10m 和 15m。植物类型影响试验所用的植物为 3 种典型作物和 3 种典型草类，分别为玉米、谷子、大豆、大黄花、紫

花苜蓿和柠条，植物的种植行距均为30cm，试验小区的长度为10m。植物种植密度影响试验选用大豆作为研究对象，试验小区的长度均为10m，植物种植密度设置3个梯度，种植行距分别为20cm、30cm和60cm。上方来水试验开始之前，先测定水源中硝态氮和速效磷的浓度，每次试验结束之后，测定植物茎秆上的养分浓度，以及所有关于径流、养分、土壤等的指标。

7.2　植被过滤带长度对坡地物质传输的影响

植被过滤带长度对削减径流养分有着重要的影响，但是目前关于植被过滤带长度影响作用还存在诸多争议。因此，对于植被过滤带长度需要进一步深入研究。

7.2.1　过滤带植物生长状况

柠条的茎秆可以截留径流和吸附部分污染物，减慢径流流速，并且柠条根系可以改变土壤渗透性能，增加径流水下渗，因此柠条生长状况在很大程度上影响植被过滤带的拦截能力和削减率。表 7.2 为上方来水试验前各试验小区柠条的基本生长状况。上方来水试验开始时，柠条的平均种植密度为 250 株/m^2，平均茎粗为 2.5mm，平均地上生物量和平均地下生物量分别为 2341g/m^2 和 288g/m^2，且各试验小区间的种植密度、茎粗、生物量数据差异不显著（$p>0.05$）。据此可以忽略各试验小区之间植被生长状况的差异，认为各试验小区在植物生长状况方面具有相同的植被过滤带条件，这是试验和数据分析对比的基础。

表 7.2　各试验小区中柠条的基本生长状况

过滤带长度/m	种植密度/(株/m^2)	茎粗/mm	地上生物量/(g/m^2)	地下生物量/(g/m^2)
5	262±58	2.7±0.5	2345±148	290±11
10	252±92	2.5±0.8	2338±166	286±16
15	238±78	2.4±0.6	2340±122	288±18

7.2.2　植被过滤带长度对径流削减效果的影响

土壤初始含水量对于植被过滤带拦截径流养分的效果有一定影响，在土壤含水量较低时，植被能拦截更多的地表径流。上方来水试验开始之前，通过土钻法测定各试验小区表层土壤（0～5cm）的平均含水量为 0.07±0.02cm^3/cm^3，深层土壤（5～40cm）的平均含水量为 0.17±0.05cm^3/cm^3，表明土壤较为湿润，且各试验小区土壤含水量无明显差异（$p>0.05$）。

图 7.1 显示了不同长度植被过滤带的径流削减率随径流时间的变化过程。结果表明，在上方来水试验初期，植被过滤带对径流的削减作用很强，随着时间的延

长，削减作用逐渐减弱，大约在产流第 10min 时，径流削减率逐步趋于稳定。这是因为试验初期土壤具有较高的入渗率，径流主要以向下入渗为主，出流水量较少；随着冲刷水流不断进入，土壤含水量逐渐升高并接近饱和，此时土壤入渗率开始显著降低，进而产生大量径流。当植被过滤带长度分别为 5m、10m 和 15m 时，其对应的稳定径流削减率分别为 25%、37%和 55%。10m 和 15m 的植被过滤带长度下，其稳定径流削减率分别是 5m 植被过滤带长度的 1.48 倍和 2.20 倍。由此说明，随着植被过滤带长度的增加，植被过滤带对径流的削减作用增强。

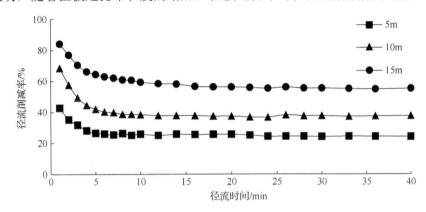

图 7.1　不同长度植被过滤带的径流削减率随径流时间的变化过程

表 7.3 显示了植被过滤带对径流的削减效果。表 7.3 中总入流水量包含未产流时间段内进入试验小区的水量，总径流量包含供水结束后从出水口处收集的尾水量。结果表明，平均径流削减率和总径流量削减率随着植被过滤带长度的增加而增大。当植被过滤带长度分别为 10m 和 15m 时，其平均径流削减率分别是植被过滤带长度为 5m 时的 1.53 倍和 2.27 倍，其总径流量削减率分别是长度为 5m 时的 1.57 倍和 2.36 倍。说明径流削减率和总径流量削减率并不是随着植被过滤带长度的增加呈现相应的线性增长关系。

表 7.3　植被过滤带对径流的削减效果

过滤带长度/m	平均径流削减率/%	总入流水量/L	总径流量/L	总径流量削减率/%
5	26.78	850.71	629.84	25.96
10	41.05	874.86	517.81	40.81
15	60.77	921.90	356.97	61.28

7.2.3　植被过滤带长度对径流中吸附态氮、磷流失量的影响

径流进入试验小区之后，一部分向下入渗，径流中的养分会被土壤吸附，使得溶解态的氮和磷浓度有所降低，同时径流会冲刷表层土壤，使得表层土壤中养

分伴随径流一起流失。随着侵蚀的发生，泥沙中的养分浓度会因养分富集作用越来越高，因此可通过径流出口处吸附态氮、磷的浓度和产沙率来计算养分流失总量。

图 7.2 显示了植被过滤带长度对产沙率随径流时间变化过程的影响。结果表明，3 种植被过滤带长度条件下的产沙率均先随径流时间逐渐增大，达到峰值之后，产沙率开始逐步下降，最后趋于稳定。同时也计算了长度为 5m、10m 和 15m 植被过滤带的总产沙量，分别为 6.55kg、9.06kg 和 10.89kg。10m 和 15m 长植被过滤带的总产沙量分别是 5m 长植被过滤带条件下的 1.38 倍和 1.66 倍。可以明显看出，总产沙量随着植被过滤带长度的增加而逐渐增大，但是并未按照植被过滤带长度的增长倍数相应增长，说明总产沙量和过滤带长度并不是线性关系。

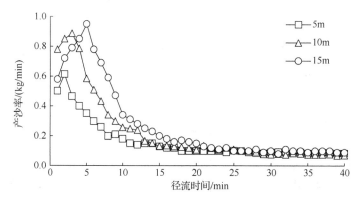

图 7.2　植被过滤带长度对产沙率随径流时间变化过程的影响

表 7.4 显示了不同植被过滤带长度条件下吸附态氮、磷的流失总量。结果表明，两者均是随着植被过滤带长度的增加而增大，且吸附态磷的流失总量要远远大于吸附态氮的流失总量。这是因为随着过滤带长度增加，表层松散土壤增多，这样在特定条件下，总产沙量就会增加，并且由于泥沙存在养分富集作用，吸附态氮、磷的流失总量均会随着植被过滤带长度的增加而增大。由于磷的吸附性较强，泥沙中吸附态磷多于吸附态氮，因此其流失总量也远远大于吸附态氮。

表 7.4　不同植被过滤带长度条件下吸附态氮、磷的流失总量

过滤带长度/m	吸附态氮流失总量/mg	吸附态磷流失总量/mg
5	138.71	869.43
10	171.18	1679.23
15	249.29	5076.00

7.2.4 植被过滤带长度对溶解态氮、磷削减效果的影响

图 7.3 显示了植被过滤带长度对溶解态氮、磷负荷削减率随径流时间变化过程的影响。结果表明，负荷削减率随着径流时间的延长而逐渐降低，之后维持在一个稳定的数值。但是单位时间的负荷削减率均保持在 80%以上，说明植被过滤带对径流中溶解态氮、磷具有很强的削减作用。

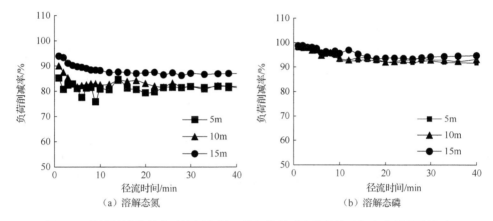

图 7.3 植被过滤带长度对溶解态氮、磷负荷削减率随径流时间变化过程的影响

表 7.5 显示了植被过滤带长度对溶解态氮、磷的平均浓度削减率和平均负荷削减率的影响。结果表明，随着植被过滤带长度的增加，溶解态氮、磷平均浓度削减率逐渐降低，但是下降幅度很小。由于地表径流经过植被过滤带时，表层土壤中的氮、磷通过淋溶和解吸进入径流中，同时随着植被过滤带长度的增加，部分泥沙吸附态养分会转化成溶解态，因此植被过滤带对溶解态氮、磷的平均浓度削减率随着植被过滤带长度的增加稍微降低。溶解态磷的浓度削减率随植被过滤带长度的增加下降幅度小于溶解态氮。这是由于磷酸盐具有较强的吸附性，因此吸附态的磷很难转化为溶解态的磷。

表 7.5 植被过滤带长度对溶解态氮、磷的平均浓度削减率和平均负荷削减率的影响

过滤带长度/m	溶解态氮		溶解态磷	
	R_C/%	R_L/%	R_C/%	R_L/%
5	74.8	81.61	91.5	93.72
10	71.4	83.20	90.9	94.46
15	70.2	88.41	88.9	95.49

注：R_C 为平均浓度削减率，R_L 为平均负荷削减率。

植被过滤带对径流中氮、磷的负荷削减率随其长度的增加而增大，这与溶解态氮、磷的浓度削减率随长度的变化关系正好相反。说明植被过滤带对径流中溶

解态氮、磷的削减主要是依靠径流下渗实现的。因此，植被过滤带对溶解态氮、磷负荷削减率的影响主要表现在径流削减率的不同。

从以上分析可以看出，地表径流流经植被过滤带的时候，植被具有拦截径流养分的作用，同时径流也会冲刷表层土壤，形成泥沙，并且溶解和携带表层土壤中的氮、磷，使径流中的氮、磷削减效果有所降低，甚至出现含量增大的现象。因此，植被过滤带的对径流削减作用和坡面非点源污染是同时存在的。

7.2.5 植被过滤带长度对总氮、总磷削减效果的影响

表 7.6 显示了植被过滤带长度对总氮削减效果的影响。结果表明，当植被过滤带的长度分别为 5m、10m 和 15m 时，溶解态氮流失量分别占相应长度条件下氮流失总量的 99.29%、99.05%和 98.07%，说明地表径流中的氮流失主要以溶解态氮流失为主。但是随着植被过滤带长度的增加，泥沙对养分富集作用会增强，因此吸附态氮流失量会增加。3 种植被过滤带长度条件下的总氮削减率均在 80%以上。总氮削减率随着植被过滤带长度的增加而增大。由于随着植被过滤带长度增加，径流的入渗量会增加。由前面的分析可知，植被过滤带对径流中养分的削减作用主要是通过径流入渗实现的，因此总氮削减率会随着植被过滤带长度的增加相应增大。

表 7.6 植被过滤带长度对总氮削减效果的影响

过滤带长度/m	总氮输入量/mg	溶解态氮流失量/mg	吸附态氮流失量/mg	氮流失总量/mg	总氮削减率/%
5	105488.0	19467.06	138.71	19605.77	81.41
10	108482.6	17874.17	171.18	18045.35	83.37
15	114315.6	12653.61	249.29	12902.90	88.71

表 7.7 显示了植被过滤带长度对径流总磷削减效果的影响。结果表明，当植被过滤带长度分别为 5m、10m 和 15m 时，溶解态磷流失量分别占径流中磷流失总量的比值为 92.77%、85.46%、61.14%。说明随着植被过滤带长度的增加，径流中磷的主要流失形态会由溶解态逐渐转化为吸附态。这是由于磷的吸附性极强，部分溶解态的磷会转化为吸附态的磷，因此会出现这种情况。3 种过滤带长度下总磷削减率都在 90%以上，但是总磷削减率并未随着长度增加而相应增大，反而出现略微下降。植被过滤带长度增加时，相应的产沙量会增大，因为养分的富集作用和磷的吸附性，泥沙中磷的含量会大幅度升高，导致吸附态磷大量流失，才会出现总磷削减率下降的情况。

表 7.7 植被过滤带长度对径流总磷削减效果的影响

过滤带长度/m	总磷输入量/mg	溶解态磷流失量/mg	吸附态磷流失量/mg	磷流失总量/mg	总磷削减率/%
5	161634.9	11147.75	869.43	12017.18	92.57
10	166223.4	9868.84	1679.23	11548.07	93.05
15	175161.0	7984.75	5076.00	13060.75	92.54

7.2.6 相关性分析

为了进一步探讨总径流量、总产沙量、氮流失总量和磷流失总量之间的相关关系，对试验数据进行了 Pearson 相关性分析，所得结果如表 7.8 所示。在 3 种植被过滤带长度条件下，氮流失总量和磷流失总量均与总径流量有极显著的相关关系，3 种植被过滤带长度条件下氮流失总量与总径流量的决定系数为 0.96、0.86 和 0.84；磷流失总量与总径流量的决定系数为 0.63、0.48 和 0.46。同时，3 种植被过滤带长度条件下氮流失总量和磷流失总量与总产沙量也有显著或极显著的相关关系。3 种植被过滤带长度条件下氮流失总量与总产沙量的决定系数分别为 0.76、0.72 和 0.65；3 种植被过滤带长度条件下磷流失总量与总产沙量的决定系数分别为 0.82、0.85 和 0.91。以上结果表明，氮流失总量和磷流失总量与总径流量、总产沙量有显著或极显著的相关关系，总径流量和总产沙量在一定程度上决定了植被过滤带长度对径流养分的削减效果。

$$R^2 = \frac{\left(N\sum x_i y_i - \sum x_i \sum y_i\right)^2}{\left[\text{Num}\sum x_i^2 - \left(\sum x_i\right)^2\right]\left[\text{Num}\sum y_i^2 - \left(\sum y_i\right)^2\right]} \tag{7.1}$$

式中，R^2 为决定系数；Num 为数据集数量；x_i 和 y_i 代表数据集。

表 7.8　不同植被过滤带长度下总径流量、总产沙量、氮流失总量和磷流失总量相关性分析

过滤带长度/m	因素	总径流量	总产沙量	氮流失总量	磷流失总量
5	总径流量	1.00	—	—	—
	总产沙量	0.21	1.00	—	—
	氮流失总量	0.96**	0.76**	1.00	—
	磷流失总量	0.63**	0.82**	0.88**	1.00
10	总径流量	1.00	—	—	—
	总产沙量	0.19	1.00	—	—
	氮流失总量	0.86**	0.72*	1.00	—
	磷流失总量	0.48**	0.85**	0.90**	1.00
15	总径流量	1.00	—	—	—
	总产沙量	0.02	1.00	—	—
	氮流失总量	0.84**	0.65*	1.00	—
	磷流失总量	0.46**	0.91**	0.78**	1.00

注：*表示在 5%的水平显著；**表示在 1%的水平显著。

7.3　植物类型对植被过滤带径流养分削减效果的影响

植物类型是影响植被过滤带养分削减效果的一个重要因素，植物类型不同，

其根系、地表茎秆状况和盖度等情况不同。因此，必须深入研究植物类型对植被过滤带效能影响的作用机理，才能更好地为黄土高原地区径流养分削减机理的研究提供参考。选用玉米、谷子、大豆、大黄花、紫花苜蓿和柠条 6 种植物作为研究对象进行对比分析。

7.3.1 不同类型植物的生长状况

植物茎秆可以阻滞径流并吸附部分养分，并且其根系会改变土壤的渗透性能，增加土壤入渗能力，另外植物根系也可提高土壤的抗侵蚀性。因此，植物生长状况会在很大程度上影响植被过滤带削减效果。表 7.9 为上方来水试验之前各试验小区植被的基本生长状况。从表中可知，各试验小区间的植物种植密度、茎粗以及生物量数据差异显著（$p<0.05$）。

表 7.9 试验之前各试验小区间植物基本生长状况

植物类型	种植密度/(株/m²)	茎粗/mm	地上生物量/(g/m²)	地下生物量/(g/m²)
玉米	10±3	23±2	2622±172	301±18
谷子	35±8	6.5±1	2435±156	294±12
大豆	12±3	8.2±1	2395±178	292±11
大黄花	15±4	16±2	2210±147	287±15
紫花苜蓿	35±6	2.0±0.5	2389±142	297±20
柠条	252±92	2.5±0.8	2338±166	286±16

7.3.2 不同类型植被过滤带对径流削减效果的影响

土壤初始含水量对于植被过滤带削减径流养分具有重要影响，当土壤初始含水量较低时，径流入渗量会明显增加，削减更多的地表径流。上方来水试验开始之前，通过土钻法测定各试验小区表层土壤（0～5cm）的平均含水量为 0.06cm³/cm³，深层土壤（5～40cm）的平均含水量为 0.16cm³/cm³，各试验小区土壤的初始含水量无明显差异（$p>0.05$）。

图 7.4 显示了不同类型植被过滤带径流削减率随径流时间的变化关系。结果表明，在径流初期，植被过滤带对径流削减作用很强，随着径流时间的增加，削减作用逐渐减弱并在第 10min 左右趋于稳定。对应的稳定径流削减率分别为 44%（玉米）、43%（谷子）、36%（大豆）、40%（大黄花）、38%（紫花苜蓿）和 37%（柠条），各植物类型条件下的稳定径流削减率并无明显的差异（$p>0.05$）。植被过滤带对径流的削减作用主要依靠径流入渗实现，6 条植被过滤带的宽度和土壤质地等相同，因此土壤饱和导水率基本相同，导致稳定径流削减率差异不显著。

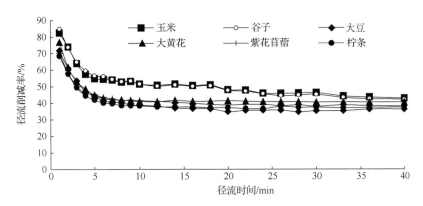

图 7.4 不同类型植被过滤带径流削减率随径流时间的变化关系

表 7.10 显示了不同类型植被过滤带对径流削减效果的影响。表 7.10 中总入流水量的计算包含未产流时间段内进入试验小区的水量，总径流量为供水结束后的尾水量。结果表明，不同植物类型的平均径流削减率大小顺序为玉米（50.25%）>谷子（49.93%）>大黄花（43.10%）>紫花苜蓿（41.32%）>柠条（39.59%）>大豆（38.91%）；总径流量削减率的大小顺序为玉米（51.43%）>谷子（50.39%）>大黄花（43.80%）>紫花苜蓿（41.72%）>柠条（40.82%）>大豆（39.97%）。前 5 种植物条件下的总径流量削减率分别是大豆地的 1.29 倍、1.26 倍、1.10 倍、1.04 倍和 1.02 倍。说明当植被过滤带的植物类型为玉米和谷子时，其对总径流量的削减率更高。

表 7.10 不同类型植被过滤带对径流削减效果的影响

植物类型	平均径流削减率/%	总入流水量/L	总径流量/L	总径流量削减率/%
玉米	50.25	878.05	426.46	51.43
谷子	49.93	865.10	429.17	50.39
大豆	38.91	871.63	523.24	39.97
大黄花	43.10	865.83	486.60	43.80
紫花苜蓿	41.32	861.95	502.35	41.72
柠条	39.59	874.94	517.81	40.82

7.3.3 不同类型植被过滤带对径流中吸附态氮、磷流失总量的影响

通过测定径流出口处吸附态氮、磷浓度和总产沙量来计算吸附态养分流失总量，获得的结果见表 7.11。从表中可知，6 种植物类型下总产沙量的大小顺序为谷子>柠条>玉米>大豆>大黄花>紫花苜蓿。前 5 者的总产沙量分别是紫花苜蓿过滤带下总产沙量的 2.00 倍、1.65 倍、1.36 倍、1.28 倍和 1.13 倍。由此可知，一定条件下紫花苜蓿对于减少径流对土壤的侵蚀作用优于其他植物。吸附态氮流失总

量大小顺序为谷子>柠条>大豆>玉米>大黄花>紫花苜蓿，其中谷子过滤带吸附态氮的流失总量是紫花苜蓿过滤带的 2.06 倍;吸附态磷流失总量的大小顺序为柠条>谷子>玉米>大豆>大黄花>紫花苜蓿。柠条过滤带吸附态磷流失总量是紫花苜蓿过滤带的 2.15 倍。通过上述结果可知，紫花苜蓿对减少吸附态氮、磷的流失总量的作用要优于其他植物，另外由于磷酸盐具有极强的吸附性，吸附态磷流失总量要远远大于吸附态氮的流失总量。

表 7.11 不同类型植被过滤带对吸附态氮、磷流失总量的影响

植物类型	总产沙量/kg	吸附态氮流失总量/mg	吸附态磷流失总量/mg
玉米	12.88	209.75	2318.00
谷子	18.94	399.85	2518.82
大豆	12.10	220.54	1813.45
大黄花	10.66	203.01	1647.97
紫花苜蓿	9.46	193.68	1430.16
柠条	15.59	305.65	3078.36

7.3.4 不同类型植被过滤带对溶解态氮、磷削减效果的影响

图 7.5 显示了不同类型植被过滤带下溶解态氮、磷负荷削减率随径流时间的变化关系。结果表明，负荷削减率随着径流时间的增加而逐渐降低，之后趋于稳定。且负荷削减率均保持在 80% 以上，说明植被过滤带对径流中的溶解态氮、磷具有很好的削减效果。

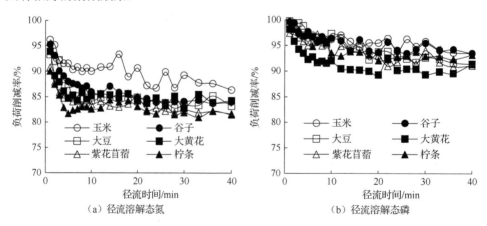

(a) 径流溶解态氮 (b) 径流溶解态磷

图 7.5 不同类型植被过滤带下溶解态氮、磷负荷削减率随径流时间的变化关系

表 7.12 显示了不同类型植被过滤带对溶解态氮、磷平均浓度削减率和平均负荷削减率的影响。结果表明，溶解态氮的平均浓度削减率大小顺序为玉米>大豆>大黄花>紫花苜蓿>谷子>柠条;平均负荷削减率大小顺序为玉米>谷子>大豆>大黄

花>紫花苜蓿>柠条。溶解态磷的平均浓度削减率的大小顺序为大豆>玉米>谷子>
柠条>紫花苜蓿>大黄花；平均负荷削减率的大小顺序为玉米>谷子>大豆>柠条>
紫花苜蓿>大黄花。综合上述 4 种排序，玉米过滤带对径流溶解态养分削减效果优
于其他植被过滤带。但是 6 种植物类型过滤带条件下的平均浓度削减率和平均负荷
削减率差异并不显著。此外，溶解态磷的平均浓度削减率和平均负荷削减率要高于
溶解态氮。这是因为磷酸盐具有较强的吸附性，径流中溶解态的磷极易吸附在固体
颗粒表面，使得径流中溶解态的磷含量降低。

表 7.12　不同类型植被过滤带对溶解态氮、磷平均浓度削减率和平均负荷削减率的影响

植物类型	溶解态氮		溶解态磷	
	R_C/%	R_L/%	R_C/%	R_L/%
玉米	79.30	90.19	91.67	95.95
谷子	71.56	86.58	91.23	95.64
大豆	76.16	85.87	92.03	95.03
大黄花	73.66	85.45	85.16	91.63
紫花苜蓿	71.61	83.87	89.61	93.99
柠条	71.39	83.20	90.87	94.46

注：R_C 为平均浓度削减率，R_L 为平均负荷削减率。

7.3.5　不同类型植被过滤带对总氮、总磷削减效果的影响

表 7.13 显示了不同类型植被过滤带对总氮削减效果的影响。结果表明，当植
物分别为玉米、谷子、大豆、大黄花、紫花苜蓿和柠条时，其溶解态氮流失量分
别占相应植被过滤带条件下总氮流失量的 98.12%、97.37%、98.60%、98.71%、
98.90%和98.32%，说明地表径流中氮主要以溶解态氮的形式为主。此外，不同植
被过滤带总氮削减率的大小顺序为玉米>大豆>大黄花>紫花苜蓿>柠条>谷子，说
明玉米对总氮的削减率要高于其他植物。前 5 种植物的植被过滤带总氮削减率分
别为谷子的 1.11 倍、1.06 倍、1.03 倍、1.01 倍和1.00 倍。

表 7.13　不同类型植被过滤带对总氮削减效果的影响

植物类型	总氮输入量/mg	溶解态氮流失量/mg	吸附态氮流失量/mg	总氮削减率/%
玉米	52881.44	10927.65	209.75	78.94
谷子	53217.38	14819.50	399.85	71.40
大豆	64882.33	15520.26	220.54	75.74
大黄花	60338.40	15568.80	203.01	73.86
紫花苜蓿	62291.90	17394.03	193.68	71.77
柠条	64208.44	17874.17	305.65	71.69

表 7.14 为不同类型植被过滤带对总磷削减效果的影响。从表中可知，当植物分别为玉米、谷子、大豆、大黄花、紫花苜蓿和柠条时，其溶解态磷流失量分别占相应植物条件下磷流失总量的 75.74%、75.69%、83.98%、89.62%、88.28%和 76.22%，说明地表径流中的磷流失以溶解态磷的流失为主，但是所占的比例要小于溶解态氮占总氮流失量的比例。不同类型植被过滤带总磷削减率的大小顺序为大豆>玉米>谷子>紫花苜蓿>柠条>大黄花，说明大豆对总磷削减率要高于其他植物。前 5 种植物的总磷削减率分别为大黄花总磷削减率的 1.07 倍、1.06 倍、1.05倍、1.05 倍和 1.05 倍。

表 7.14 不同类型植被过滤带对总磷削减效果的影响

植物类型	总磷输入量/mg	溶解态磷流失量/mg	吸附态磷流失量/mg	总磷削减率/%
玉米	81028.01	7237.43	2318.00	88.21
谷子	81542.76	7844.51	2518.82	87.29
大豆	99416.47	9506.38	1813.45	88.61
大黄花	92454.00	14224.86	1647.97	82.83
紫花苜蓿	95447.26	10775.23	1430.16	87.21
柠条	98383.90	9868.84	3078.36	86.84

7.3.6 相关性分析

表 7.15 为不同类型植被过滤带下总径流量、总产沙量、氮流失总量和磷流失总量之间的相关关系分析。仍然采用 Pearson 相关性分析方法。结果表明，氮流失总量和磷流失总量与总径流量和总产沙量有显著或极显著的相关关系，后两者在一定程度上决定了植被过滤带的削减效果。

表 7.15 不同植被过滤带下总径流量、总产沙量、氮流失总量和磷流失总量间相关性分析

植物类型	因素	总径流量	总产沙量	氮流失总量	磷流失总量
玉米	总径流量	1.00	—	—	—
	总产沙量	0.35	1.00	—	—
	氮流失总量	0.93**	0.79*	1.00	—
	磷流失总量	0.62**	0.89**	0.85**	1.00
谷子	总径流量	1.00	—	—	—
	总产沙量	0.22	1.00	—	—
	氮流失总量	0.87**	0.71*	1.00	—
	磷流失总量	0.57**	0.90**	0.81**	1.00
大豆	总径流量	1.00	—	—	—
	总产沙量	0.23	1.00	—	—
	氮流失总量	0.88**	0.69*	1.00	—
	磷流失总量	0.52**	0.87**	0.87**	1.00

植物类型	因素	总径流量	总产沙量	氮流失总量	磷流失总量
大黄花	总径流量	1.00	—	—	—
	总产沙量	0.26	1.00	—	—
	氮流失总量	0.79**	0.65*	1.00	—
	磷流失总量	0.47**	0.81**	0.76**	1.00
紫花苜蓿	总径流量	1.00	—	—	—
	总产沙量	0.24	1.00	—	—
	氮流失总量	0.85**	0.65*	1.00	—
	磷流失总量	0.57**	0.83**	0.89**	1.00
柠条	总径流量	1.00	—	—	—
	总产沙量	0.19	1.00	—	—
	氮流失总量	0.86**	0.72*	1.00	—
	磷流失总量	0.48**	0.85**	0.90**	1.00

注：*表示在5%水平显著；**表示在1%水平显著。

7.4　植物种植密度对径流养分削减效果的影响

植物茎秆可以减缓径流流速，增加入渗时间，并且植物根系可以改变土壤导水率，使得地表径流的入渗量增加。植物也可以吸收部分径流养分，减少径流养分的流失。另外，植物根系对于控制土壤侵蚀也有一定的作用，因此植被过滤带中植物种植密度对于养分削减程度具有重要的影响。选用大豆作为试验植物，大豆的种植行距分别为 60cm、30cm 和 20cm，为了便于描述，将 3 种种植密度分别定义为 T_1、T_2 和 T_3 处理。

7.4.1　不同种植密度的植物生长状况

表 7.16 为上方来水试验前不同种植密度下大豆的基本生长状况。从表中可以看出，各处理条件下大豆茎粗没有显著差异（$p>0.05$），因此可以忽略大豆茎粗对试验影响。但是不同处理条件下大豆种植密度、地上生物量和地下生物量差异显著（$p<0.05$）。

表 7.16　上方来水试验前不同种植密度下大豆的基本生长状况

处理编号	种植密度/(株/m²)	茎粗/mm	地上生物量/(g/m²)	地下生物量/(g/m²)
T_1	6±2	8.5±0.8	1122±156	165±14
T_2	12±3	8.2±1.0	2395±178	292±11
T_3	18±2	8.1±0.9	3546±163	428±15

7.4.2　种植密度对径流削减效果的影响

土壤初始含水量会影响地表径流的入渗率和入渗量，因此上方来水试验之前必须测定各试验小区土壤初始含水量。通过土钻法测定试验小区表层土壤（深度 $0\sim5cm$）的平均含水量为 $0.08\pm0.01cm^3/cm^3$，深层土壤（深度 $5\sim40cm$）的平均含水量为 $0.18\pm0.05cm^3/cm^3$，且各试验小区土壤的初始含水量无明显差异（$p>0.05$）。以此消除土壤初始含水量对各小区径流削减率产生的影响。

图 7.6 显示了不同种植密度条件下径流削减率随径流时间的变化。结果表明，径流初期植被过滤带对径流有很强的削减作用，随着径流时间的增加，削减作用逐渐降低，最终趋于稳定。植物种植密度越大，对径流的削减作用越强。因为植物种植密度增大，单位面积内的植物根系数量增加，增加了土壤入渗性能。

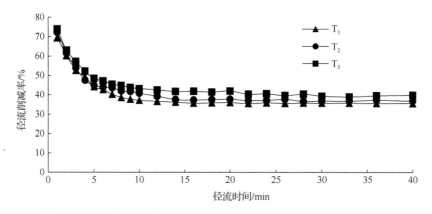

图 7.6　不同种植密度条件下植被过滤带径流削减率随径流时间的变化

表 7.17 显示了不同种植密度下植被过滤带对径流削减效果的影响。结果表明，平均径流削减率和径流削减率随着植被过滤带种植密度的增加而增大，T_2 和 T_3 处理条件下的径流削减率是 T_1 处理条件下的 1.05 倍和 1.13 倍。

表 7.17　不同种植密度下植被过滤带对径流削减效果的影响

处理编号	平均径流削减率/%	入流水量/L	总径流量/L	径流削减率/%
T_1	38.69	867.72	525.08	39.49
T_2	40.30	871.50	511.27	41.33
T_3	43.30	874.86	485.87	44.46

7.4.3　种植密度对径流中吸附态氮、磷流失量的影响

图 7.7 显示了不同种植密度下产沙率随径流时间的变化过程。结果表明，不同处理条件下的产沙率均随着径流时间的延长先增大后减小，最后趋于稳定。由于

上方来水试验初期，径流主要作用于表层土壤，由于表层土壤抗侵蚀性较弱，很容易受径流冲刷产生侵蚀，产沙率迅速上升。随着表层土壤被剥蚀和细沟侵蚀的发生，产沙率开始逐渐下降，最终产沙率趋于稳定。不同种植密度条件下的总产沙量分别为 14.25kg（T_1）、11.83 kg（T_2）、10.28 kg（T_3），前两者的总产沙量分别是 T_3 条件下的 1.39 倍和 1.15 倍。由此说明，植物种植密度越大，相应试验小区的总产沙量越少。

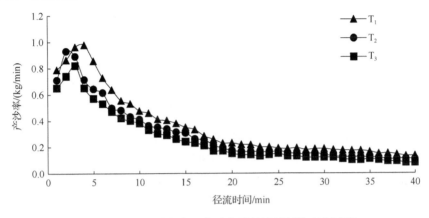

图 7.7　不同种植密度下产沙率随径流时间的变化过程

表 7.18 显示了不同种植密度的植被过滤带下吸附态氮、磷的流失总量。两者均随着种植密度的增大而减小，但是吸附态磷的流失总量要远大于吸附态氮的流失总量，前者大约是后者的 10 倍，主要原因是土壤对磷的强吸附性。

表 7.18　不同种植密度的植被过滤带下吸附态氮、磷的流失总量

处理编号	吸附态氮流失总量/mg	吸附态磷流失总量/mg
T_1	285.85	2695.91
T_2	228.12	2019.63
T_3	186.15	1716.48

7.4.4　种植密度对溶解态氮、磷削减效果的影响

图 7.8 显示了不同种植密度下溶解态氮、磷的负荷削减率随径流时间的变化过程。结果表明，3 种处理条件下的溶解态氮、磷的负荷削减率均随着径流时间的延长而逐渐降低，最终趋于稳定。单位时间的负荷削减率基本保持在 85%以上。溶解态磷的负荷削减率高于溶解态氮的负荷削减率，这是因为土壤对磷具有较强的吸附性。

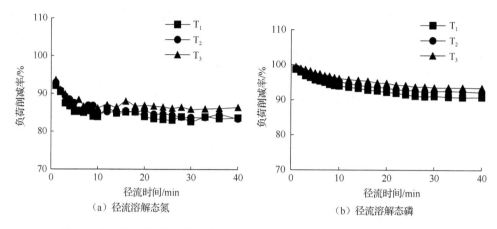

图 7.8　不同种植密度下溶解态氮、磷的负荷削减率随径流时间的变化过程

表 7.19 显示了植物种植密度对溶解态氮、磷平均浓度削减率和平均负荷削减率的影响。从表中可知，溶解态氮、磷的平均浓度削减率随着植物种植密度的增加而增大，但是两者增加幅度并不是很明显，其中溶解态氮的平均浓度削减率的增幅分别为1.08%和1.22%，而溶解态磷的平均浓度削减率的增幅分别为1.84%和1.58%，并且溶解态氮、磷的平均负荷削减率的增幅情况与平均浓度削减率相似。综合上述结果可知，种植密度的改变对植被过滤带径流养分浓度的削减效果并没有决定性的影响。

表 7.19　植物种植密度对溶解态氮、磷平均浓度削减率和平均负荷削减率的影响

处理编号	溶解态氮		溶解态磷	
	R_C/%	R_L/%	R_C/%	R_L/%
T_1	74.82	85.09	89.51	93.56
T_2	75.63	85.97	91.16	94.71
T_3	76.55	87.27	92.60	95.77

注：R_C 为平均浓度削减率，R_L 为平均负荷削减率。

7.4.5　种植密度对径流总氮、总磷削减效果的影响

表 7.20 显示了种植密度对径流总氮削减效果的影响。结果表明，当种植密度分别为 T_1、T_2 和 T_3 时，溶解态氮流失量分别占相应条件下氮流失总量的98.25%、98.53%和98.65%，说明地表径流中氮流失主要是以溶解态氮为主。溶解态氮的流失量和吸附态氮的流失量均随着植被的种植密度增加而减少，同时总氮削减率随着种植密度的增加而提高。由此可知，种植密度的增加可以增强植被过滤带对径流中氮素的削减作用。但是对总氮削减影响并不明显，当植被的种植密度为 T_2 时，总氮削减率相对 T_1 提高了 0.78%；种植密度为 T_3 时，总氮削减率相对 T_1 提高了2.46%。说明植被的种植密度并不是影响总氮削减率的重要控制因素。

表 7.20　种植密度对径流总氮削减效果的影响

处理编号	总氮输入量/mg	溶解态氮流失量/mg	吸附态氮流失量/mg	总氮削减率/%
T_1	107597.28	16050.63	285.85	84.82
T_2	108066.00	15338.32	228.12	85.60
T_3	108482.64	13610.72	186.15	87.28

表 7.21 显示了种植密度对径流总磷的削减效果。结果表明，当种植密度分别为 T_1、T_2 和 T_3 时，溶解态磷流失量占相应条件下磷流失总量的比重分别为 81.16%、82.72% 和 82.07%，说明地表径流中磷流失也是以溶解态磷流失为主。由于磷具有较强的吸附性，溶解态磷流失量占磷流失总量的比重低于氮元素。总磷削减率随着种植密度的增加而增大，并且总磷削减率比总氮的削减率高 7% 左右。因为泥沙对磷的吸附性比氮强，磷随泥沙流失量远远低于随径流流失量，所以大部分的磷会被削减。

表 7.21　种植密度对径流总磷削减效果的影响

处理编号	总磷输入量/mg	溶解态磷流失量/mg	吸附态磷流失量/mg	总磷削减率/%
T_1	164866.80	11611.59	2695.91	91.32
T_2	165585.00	9667.50	2019.63	92.94
T_3	166223.40	7858.67	1716.48	94.24

通过上述结果可知，径流中的养分流失主要以溶解态为主，因此在实际应用中，应当采取以削减径流溶解态养分流失为主的生态工程措施。另外，植被过滤带对磷素的削减效果要优于氮素。

7.4.6　相关性分析

为了进一步探讨总径流量、总产沙量、氮流失总量和磷流失总量之间的关系，对试验数据进行了 Pearson 相关性分析，结果见表 7.22。从表 7.22 中可以看出，氮流失总量和磷流失总量与总径流量有极显著的相关关系。对于氮流失总量，不同种植密度下的决定系数分别为 0.92、0.88 和 0.82；对于磷流失总量，不同种植密度下决定系数分别为 0.68、0.52，和 0.48。氮流失总量和磷流失总量与总产沙量也有显著或极显著的相关关系，对于氮流失总量，不同种植密度下的决定系数分别为 0.75、0.69 和 0.66；对于磷流失总量，不同种植密度下的决定系数分别为 0.83、0.87 和 0.93。以上结果表明，氮流失总量和磷流失总量与总径流量、总产沙量有显著或极显著的相关关系。

表 7.22　不同种植密度下总径流量、总产沙量、氮流失总量和磷流失总量的相关性分析

处理编号	因素	总径流量	总产沙量	氮流失总量	磷流失总量
	总径流量	1.00	—	—	—
T_1	总产沙量	0.26	1.00	—	—
	氮流失总量	0.92[**]	0.75[**]	1.00	

处理编号	因素	总径流量	总产沙量	氮流失总量	磷流失总量
T_1	磷流失总量	0.68**	0.83**	0.82**	1.00
	总径流量	1.00	—	—	—
	总产沙量	0.23	1.00	—	—
T_2	氮流失总量	0.88**	0.69*	1.00	—
	磷流失总量	0.52**	0.87**	0.87**	1.00
	总径流量	1.00	—	—	—
	总产沙量	0.02	1.00	—	—
T_3	氮流失总量	0.82**	0.66*	1.00	—
	磷流失总量	0.48**	0.93**	0.73**	1.00

注：*表示在5%的水平显著；**表示在1%的水平显著。

7.5　植被过滤带作用下径流养分传输数学模型

7.5.1　模型建立

对于溶解态养分，以往的研究表明，养分削减主要依靠径流下渗实现，因此采用土壤养分与地表径流的相互作用机理进行分析。根据有效混合深度的假设，从径流养分质量守恒出发，建立方程计算溶解态氮、磷的输移量。通过测定植物茎秆上吸附的养分量，发现其对于径流入渗的削减作用极小。因此，假设入渗是唯一能去除溶解态养分的机制，即进入植被过滤带的溶解态养分只通过渗透并扩散到土壤中才能削减，其他过程对其没有影响；下渗到土壤混合层的养分均匀混合之后，一部分向深层渗透，一部分再次进入径流，随径流一起运移。

利用 Kostiakov 公式来描述上方来水条件下植被过滤带的土壤入渗过程。为了简化入渗过程，将坡地看成一个单元体，并近似认为整个坡地的入渗从初始产流时间的一半开始，即入渗的开始时间为 $t_p/2$，因此 Kostiakov 公式可表示为

$$i = a\left(t - \frac{t_p}{2}\right)^{-b} \tag{7.2}$$

$$I = \frac{a}{1-b}\left(t - \frac{t_p}{2}\right)^{1-b} \tag{7.3}$$

式中，i 为入渗率(cm/min)；I 为累积入渗量(cm)；t 为径流时间(min)；t_p 为初始产流时间(min)；a 为第一单位时间末土壤的入渗率(cm/min)；b 为经验指数。

坡地径流可用运动波方程来描述：

$$\frac{\partial h(x,t)}{\partial t} + \frac{\partial q(x,t)}{\partial x} = -i \tag{7.4}$$

式中，h 为径流深(cm)；q 为单宽流量(cm²/min)；x 为坡长(cm)。

假设径流深随径流时间的变化率与入渗率成比例，即

$$\frac{\partial h(x,t)}{\partial t}=ci \tag{7.5}$$

式中，c 为常数。则式（7.4）可转化为

$$\frac{\partial q(x,t)}{\partial x}=-(1+c)i \tag{7.6}$$

令 $d=c+1$，则式（7.6）可简化为

$$\frac{\partial q(x,t)}{\partial x}=-di \tag{7.7}$$

初始条件和边界条件分别为

$$q(x,0)=0,\qquad q(0,t)=q_0 \tag{7.8}$$

式中，q_0 为入流口的单宽流量(cm^2/min)。

结合式（7.2）和式（7.8）对式（7.7）进行积分得

$$q(x,t)=q_0-adx\left(t-\frac{t_{\mathrm{p}}}{2}\right)^{-b} \tag{7.9}$$

根据曼宁公式得

$$q(x,t)=\frac{1}{n}J^{\frac{1}{2}}h(x,t)^{\frac{5}{3}} \tag{7.10}$$

式中，n 为曼宁糙率系数(s/m$^{1/3}$)；J 为水力坡度。

因此，任意位置、任意时间的坡地径流深可以表示为

$$h(x,t)=\left(\frac{1}{n}J^{1/2}\right)^{-3/5}\left[q_0-adx\left(t-\frac{t_{\mathrm{p}}}{2}\right)^{-b}\right]^{3/5} \tag{7.11}$$

假设整个植被过滤带长度为 l，当 $x=l$ 时，获得出流处的径流深 h_l 为

$$h_l=\left(\frac{1}{n}J^{1/2}\right)^{-3/5}\left[q_0-adl\left(t-\frac{t_{\mathrm{p}}}{2}\right)^{-b}\right]^{3/5} \tag{7.12}$$

根据质量守恒原理，径流养分传输方程表示为

$$\frac{\partial\left[h(x,t)c_{\mathrm{r}}\right]}{\partial t}+\frac{\partial\left[q(x,t)c_{\mathrm{r}}\right]}{\partial x}=-K(c_{\mathrm{r}}-c_{\mathrm{m}})-ic_{\mathrm{r}} \tag{7.13}$$

式中，c_{r} 为径流中养分浓度(mg/L)；c_{m} 为混合层养分浓度(mg/L)；K 为交换系数。

联立运动波方程式（7.4）和式（7.13）可得

$$h(x,t)\frac{\partial c_{\mathrm{r}}}{\partial t}+q(x,t)\frac{\partial c_{\mathrm{r}}}{\partial x}=-K(c_{\mathrm{r}}-c_{\mathrm{m}}) \tag{7.14}$$

假设径流养分浓度随坡长的变化与浓度交换值成比例，即

$$q(x,t)\frac{\partial c_{\mathrm{r}}}{\partial x}=M(c_{\mathrm{r}}-c_{\mathrm{m}}) \tag{7.15}$$

式中，M 为常数。

则式（7.14）可简化为

$$h_l \frac{\mathrm{d}c_\mathrm{r}}{\mathrm{d}t} = (-M - K)(c_\mathrm{r} - c_\mathrm{m}) \tag{7.16}$$

令 $N = -(M + K)$，并定义为土壤-径流养分质量交换率。

则式（7.16）可以简化为

$$h_l \frac{\mathrm{d}c_\mathrm{r}}{\mathrm{d}t} = N(c_\mathrm{r} - c_\mathrm{m}) \tag{7.17}$$

忽略混合层深度随放水时间的变化，根据混合层内养分质量守恒原理可得

$$\frac{\mathrm{d}c_\mathrm{m} h_\mathrm{m}(\theta_\mathrm{s} + \rho_\mathrm{s} k_\mathrm{d})}{\mathrm{d}t} = N(c_\mathrm{r} - c_\mathrm{m}) + ic_\mathrm{r} - ic_\mathrm{m} \tag{7.18}$$

整理式（7.18）得

$$\frac{\mathrm{d}c_\mathrm{m} h_\mathrm{m}(\theta_\mathrm{s} + \rho_\mathrm{s} k_\mathrm{d})}{\mathrm{d}t} = (N + i)(c_\mathrm{r} - c_\mathrm{m}) \tag{7.19}$$

式中，h_m 为混合层深度(cm)；θ_s 为土壤饱和含水量($\mathrm{cm}^3/\mathrm{cm}^3$)；$\rho_\mathrm{s}$ 为土壤容重($\mathrm{g/cm}^3$)；k_d 为土壤对养分的吸附系数(cm^3/g)。

联立式（7.17）和式（7.19）得

$$\frac{\mathrm{d}c_\mathrm{m}}{\mathrm{d}c_\mathrm{r}} = -\frac{(N + i)h_l}{N h_\mathrm{m}(\theta_\mathrm{s} + \rho_\mathrm{s} k_\mathrm{d})} \tag{7.20}$$

对式（7.17）进行积分后得

$$c_\mathrm{m} = -\frac{(N + i)h_l}{N h_\mathrm{m}(\theta_\mathrm{s} + \rho_\mathrm{s} k_\mathrm{d})} c_\mathrm{r} \tag{7.21}$$

将式（7.21）代入式（7.17）得

$$\frac{\mathrm{d}c_\mathrm{r}}{c_\mathrm{r}} = \left(-\frac{N}{h_l} - \frac{N + i}{h_\mathrm{m}(\theta_\mathrm{s} + \rho_\mathrm{s} k_\mathrm{d})} \right) \mathrm{d}t \tag{7.22}$$

将式（7.2）和式（7.12）代入式（7.22）得

$$\frac{\mathrm{d}c_\mathrm{r}}{c_\mathrm{r}} = \left\{ -N \left(\frac{1}{n} J^{1/2} \right)^{3/5} \left[q_0 - adl \left(t - \frac{t_\mathrm{p}}{2} \right)^{-b} \right]^{-3/5} - \frac{N + a \left(t_\mathrm{i} - \frac{t_\mathrm{p}}{2} \right)^{-b}}{h_\mathrm{m}(\theta_\mathrm{s} + \rho_\mathrm{s} k_\mathrm{d})} \right\} \mathrm{d}t \tag{7.23}$$

为了简化表达式，假设

$$A = \frac{1}{h_\mathrm{m}(\theta_\mathrm{s} + \rho_\mathrm{s} k_\mathrm{d})} \tag{7.24}$$

$$B = \left(\frac{1}{n} J^{1/2} \right)^{3/5} \tag{7.25}$$

则式（7.23）可以变换为

$$\frac{\mathrm{d}c_\mathrm{r}}{c_\mathrm{r}} = \left[NBq_0^{-3/5} - NA - \left(\frac{3NBadl}{5q_0^{8/5}} + Aa \right) \left(t - \frac{t_\mathrm{p}}{2} \right)^{-b} \right] \mathrm{d}t \qquad （7.26）$$

对式（7.26）进行积分得

$$c_\mathrm{r} = c_0 \exp \left[-\left(NBq_0^{-3/5} + NA \right)t - \left(\frac{3NBadl}{5q_0^{8/5}} + Aa \right) \left(\frac{1}{1-b} \right) \left(t - \frac{t_\mathrm{p}}{2} \right)^{1-b} \right] \qquad （7.27）$$

式中，c_0 为径流养分的初始浓度(mg/L)。式（7.27）即径流养分传输数学模型，获得相关参数之后可计算出径流养分浓度。

7.5.2　参数确定

为了对上述径流养分传输数学模型进行评估，开展了相应田间试验。植被过滤带的植物为大豆，设置 T_1、T_2、T_3 3 个种植密度。q_0 是供水流量，为 21L/min；l 是坡长，为 10m；ρ_s 是土壤容重，为 1.34g/cm³；θ_s 是试验地土壤的饱和含水量，为 0.41cm³/cm³；k_d 是土壤硝态氮的等温线性吸附系数，为 0.83L/kg；t_p 是初始产流时间，分别为 1.32min、1.51min 和 1.65min；c_0 是径流硝态氮的初始浓度，为 124mg/L；J 是水力坡度，为 0.188；a、b、n 根据坡地水流数学模型来获得，结果见表 7.23，h_m、d 和 N 需要通过将实测试验数据代入模型拟合获得。

表 7.23　植被不同种植密度下坡地水流参数

处理编号	a	b	$n/(\mathrm{s/m^{1/3}})$
T_1	0.13	0.23	0.051
T_2	0.14	0.22	0.057
T_3	0.16	0.23	0.074

7.5.3　模型参数推求与模型评估

图 7.9 显示了植被过滤带的大豆种植密度对径流硝态氮浓度随径流时间变化过程的影响。结果表明，3 种种植密度条件下径流中硝态氮浓度随径流时间的总体变化趋势相似，均是在上方来水试验的初期迅速衰减，之后随着径流时间趋于稳定。从图中还可以看出，拟合曲线与实测数据总体上匹配较好，决定系数均在 0.78 及以上。说明上述模型可以较好地模拟植被过滤带条件下径流氮浓度变化。

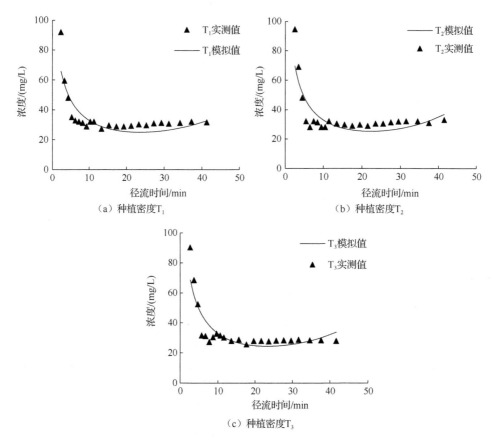

图 7.9 大豆种植密度对径流硝态氮浓度随径流时间变化过程的影响

表 7.24 为不同大豆种植密度下模型参数拟合。结果表明，混合层深度 h_m 值都小于 1cm。3 种处理的相对误差维持在 14.73%～18.22%，说明模型的模拟精度较好，但是从图 7.9 可以看出，在上方来水试验初期模型对硝态氮浓度的模拟相对较差，因此应加强对模型的改进，提高模型的模拟精度。

表 7.24 不同大豆种植密度下模型参数拟合

处理编号	混合层深度 h_m/cm	参数 N	RE/%	R^2
T_1	0.22	0.37	14.73	0.82
T_2	0.75	0.29	16.29	0.80
T_3	0.24	0.35	18.22	0.78

注：RE 为相对误差，R^2 为决定系数。

综上所述，通过上方来水试验研究了植被过滤带的长度、植物类型和植被种植密度 3 个因素对径流养分削减作用的影响。在径流初期，植被过滤带对径流的削减作用很强，之后削减作用逐渐降低，最后趋于稳定。在一定条件下，随着植被过滤带长度的增加，植被过滤带对径流的削减作用增强。地表径流中的氮、磷流失主要是以溶解态形式为主，氮流失总量和磷流失总量与总径流量、总产沙量有显著或极显著的相关关系，后两者在一定程度上决定了植被过滤带对径流养分的削减效果。植被过滤带平均径流削减率和平均径流量削减率随着植被过滤带植物种植密度的增加而增大，植物的种植密度越大，则产沙量越少。吸附态氮、磷的流失总量均随着植物种植密度的增大而减小，但是吸附态磷的流失总量要远大于吸附态氮的流失总量；溶解态氮、磷的平均浓度削减率随着植物种植密度的增加而增大，但是两者的增加幅度并不是很明显，植物种植密度的改变对植被过滤带削减径流养分浓度的效果并没有决定性的影响；总氮削减率和总磷削减率随着种植密度的增加而提高。建立的植被过滤带作用下径流养分传输数学模型可以模拟径流硝态氮的浓度，3 种植物种植密度下的相对误差维持在 14.73%～18.22%，说明模型的模拟精度比较好。

参 考 文 献

[1] 李怀恩，张亚平，蔡明，等. 植被过滤带的定量计算方法[J]. 生态学杂志，2006，25（1）：108-112.

[2] 张建春，彭补拙. 河岸带研究及其退化生态系统的恢复与重建[J]. 生态学报，2003，23（1）：56-73.

[3] KOELSCH R K, LORIMOR J C, MANKIN K R. Vegetative treatment systems for management of open lot runoff: review of literature[J]. Biological systems engineering, 2006, 22(1): 141-153.

[4] WINSTON R J, WILLIAM F H, OSMOND D L, et al. Field evaluation of four level spreader: vegetative filter strips to improve urban storm-water quality[J]. Journal of irrigation and drainage engineering, 2011,137(3): 170-182.

[5] DUCHEMIN M, HOGUE R. Reduction in agricultural non-point source pollution in the first year following establishment of an integrated grass/tree filter strip system in Southern Quebec (Canada)[J]. Agriculture ecosystems and environment, 2009, 131(1-2): 85-97.

[6] JIN C, ROMKENS M J. Experiment studies of factors in determining sediment trapping in vegetative filter strips[J]. Transactions of the American society of agricultural engineers, 2001, 44(2): 277-288.

[7] 黄沈发，唐浩，鄢忠纯，等. 3 种草皮缓冲带对农田径流污染物的净化效果及其最佳宽度研究[J]. 环境污染与防治，2009，31（6）：53-57.

[8] 王敏，吴建强，黄沈发，等. 不同坡度缓冲带径流污染净化效果及其最佳宽度[J]. 生态学报，2008，28（10）：4951-4956.

[9] 吴建强，黄沈发，吴健，等. 缓冲带径流污染物净化效果研究及其与草皮生物量的相关性[J]. 湖泊科学，2008，20（6）：761-765.

[10] 黄沈发，吴建强，唐浩，等. 滨岸缓冲带对面源污染物的净化效果研究[J]. 水科学进展，2008，19（5）：722-728.

[11] 于红丽. 不同类型河岸带对溪流氮素输入的截留转化效率研究[D]. 哈尔滨：东北林业大学，2005.

[12] 李怀恩，庞敏，杨寅群，等. 植被过滤带对地表径流中悬浮固体净化效果的试验研究[J]. 水力发电学报，2009，28（6）：176-181.

[13] 邓娜，李怀恩，史冬庆，等. 径流流量对植被过滤带净化效果的影响[J]. 农业工程学报，2012，28（4）：124-129.

[14] 邓红兵，王青春，王庆礼，等. 河岸植被缓冲带与河岸带管理[J]. 应用生态学报，2001，12（6）：951-954.

[15] 顾笑迎，黄沈发，刘宝兴，等. 东风港滨岸缓冲带对水生生物群落结构的影响[J]. 生态科学，2006，25（6）：521-525.

[16] 丁光敏，林福兴，施悦忠，等. 香根草草篱带促进侵蚀劣地生态自我修复初探[J]. 水土保持研究，2003，10（2）：116-118.

[17] AMER F, BOULDEN D R, BALCK C A, et al. Characterization of soil phosphorus by anion exchange resin and P^{32}-equilibration[J]. Plant and soil, 1955, 6(4): 391-459.

[18] BARFIELD B J, TOLLNER E W, HAYES J C. The use of grass filters for sediment control in strip mining drainage: Vol I: Theoretical studies on artificial media[R]. Lexington: University of Kentucky, 1978.

[19] WILSON B N, BARFIELD B J, MOORE I D. A hydrology and sedimentology watershed model: Part I: Modeling techniques[R]. Lexington: University of Kentucky, 1981.

[20] FLANAGAN D C, FORSTER G R, NEIBIING W H, et al. Simplified equations for filter strip design[J]. Transactions of ASAE, 1989, 32(6): 2001-2007.

[21] MOHAMAD A F, MOHD H K, BADRONNISA Y. Sediment traps from synthetic construction site stormwater runoff by grassed filter strip[J]. Journal of hydrology, 2013, 502(3-4): 53-61.

[22] MUÑOZ-CARPENA R, ZAJAC Z, KUO Y M. Evaluation of water quality models through global sensitivity and uncertainty analyses techniques: application to the vegetative filter strip model VFSMOD-W[J]. Transactions of ASAE, 2007, 50(5): 1719-1732.

[23] KUO Y M, MUÑOZ-CARPENA R. Simplified modeling of phosphorus removal by vegetative filter strips to control runoff pollution from phosphate mining areas[J]. Journal of hydrology, 2009, 378(3-4): 343-354.

[24] ALTIER L S, LOWRANCE R, WILLIAMS R G, et al. Riparian ecosystem management model: simulator for ecological processes in riparian zones[R]. Washington D C: United States Department of Agriculture, Agricultural Research Service, Conservation Research Report, 2002.

[25] INAMDAR S P, LOWRANCE R, ALTIER L S, et al. Evaluation of the riparian ecosystem management model: Ⅳ. multiple buffer scenarios[J]. Transactions of the ASAE, 2000, 41(6): 179-189.

[26] ZHAO X N, HUANG J, WU P T, et al. The dynamic effects of pastures and crop on runoff and sediments reduction at loess slopes under simulated rainfall conditions[J]. Catena, 2014, 119(3): 1-7.

[27] LOWRANCE R, SHERIDAN J M. Surface runoff water quality in a managed three zone riparian buffer[J]. Journal of environmental quality, 2005, 34(5): 1851-1859.

[28] MAO L J, MO D W, YANG J H, et al. Concentration and pollution assessment of hazardous metal elements in sediments of the Xiangjiang River, China[J]. Journal of radioanalytz and nuclear chemistry, 2013, 295(1): 513-521.

[29] WHITE M J, ARNOLD J G. Development of a simplistic vegetative filter strip model for sediment and nutrient retention at the field scale[J]. Hydrological processes, 2009, 23(11): 1602-1616.

[30] CHEN Y I, SHUAI J B ZHANG Z, et al. Simulating the impact of watershed management for surface water quality protection: a case study on reducing inorganic nitrogen load at a watershed scale[J]. Ecological engineering, 2014, 62(1): 61-70.

第8章 坡地物质传输数学模型

在降雨条件下，当降雨强度大于土壤入渗能力时，产生地表径流。在雨滴击溅和径流冲刷作用下，土壤及其养分传递到地表径流，并随地表径流流失。土壤和养分流失导致土地肥力下降，同时引起下游水体发生面污染。因此，发展模拟分析坡地水土养分流失过程的数学模型，有利于坡地水土养分流失数量预测，以及分析和发展有效控制水土养分流失的措施[1-5]。

8.1 坡地产汇流数学模型

8.1.1 降雨条件下坡地产汇流数学模型

8.1.1.1 理论分析

降雨条件下的坡地水流过程可通过运动波方程来描述，坡地径流质量守恒方程为

$$\frac{\partial h(x,t)}{\partial t} + \frac{\partial q(x,t)}{\partial x} = r - i \tag{8.1}$$

式中，$h(x,t)$ 为坡地径流深(m)；$q(x,t)$ 为单宽流量(m²/s)；t 为时间(s)；x 为距离(m)；r 为降雨强度(m/s)；i 为土壤入渗率(m/s)。

由于坡地径流深与土壤入渗率有关，土壤入渗率是超渗降雨的决定因素，而坡地超渗降雨将转化为坡地径流[6]。因此，可假设坡地径流深变化率与超渗降雨强度呈线性关系，则

$$\frac{\partial h(x,t)}{\partial t} = c(r - i) \tag{8.2}$$

式中，c 为与降雨及坡面特征相关的参数。

将式（8.2）代入式（8.1）得

$$\frac{\partial q(x,t)}{\partial x} = (1-c)(r-i) \tag{8.3}$$

对式（8.3）积分得

$$q(x,t) = (1-c)(r-i)x \tag{8.4}$$

降雨条件下的土壤入渗率可利用 Philip 公式来计算[7]。原始的 Philip 公式用于描述积水入渗条件下的土壤入渗率，具体表示为

$$i = \frac{1}{2}St^{-0.5} \tag{8.5}$$

式中，S 为吸渗率(m/s^{1/2})。

　　降雨入渗与积水入渗不同，对于干燥土壤，在降雨初期，降雨强度通常小于土壤入渗能力，所有的降雨都会入渗到土壤中，此时土壤入渗率等于降雨强度；伴随降雨过程的继续，土壤入渗能力逐渐减弱，当土壤入渗能力与降雨强度相等时，地表开始产生积水；随着土壤入渗能力的进一步减弱，地表开始产流。因此，用 Philip 公式分析降雨条件下的土壤入渗率时需要进行修正。当土壤入渗能力等于降雨强度时有[8]：

$$r = i = \frac{1}{2}St_p^{-0.5} \tag{8.6}$$

式中，t_p 为积水时间(min)。

　　相应于降雨强度与入渗率相等所形成的累积入渗量，可以表示为

$$rt_p = \int_0^{t_1}\frac{1}{2}St^{-0.5}dt = St_1^{0.5} \tag{8.7}$$

式中，t_1 为累积入渗量 $I=rt_p$ 所需的时间(min)。

　　结合式（8.6）和式（8.7），时间 t_1 和 t_p 可分别表示为

$$t_1 = \left(\frac{S}{2r}\right)^2 \text{和} t_p = \frac{S^2}{2r^2} \tag{8.8}$$

　　降雨入渗与积水入渗的时间差用 t_0 表示为

$$t_0 = \left(\frac{S}{2r}\right)^2 \tag{8.9}$$

　　因此，降雨条件下的土壤入渗率可表示为

$$\begin{cases} i = r, & t \leqslant t_p \\ i = \frac{1}{2}S(t-t_0)^{-0.5}, & t > t_p \end{cases} \tag{8.10}$$

　　将式（8.10）代入式（8.4）中，单宽流量可以表示为

$$q(x,t) = (1-c)\left[r - \frac{1}{2}S(t-t_0)^{-0.5}\right]x, \quad t > t_p \tag{8.11}$$

　　利用曼宁公式，单宽流量可表示为

$$q(x,t) = \frac{1}{n}J^{1/2}h(x,t)^{5/3} \tag{8.12}$$

式中，n 为曼宁糙率系数(s/m$^{1/3}$)；J 为水力坡度。

　　结合式（8.11）和式（8.12），任意时间和位置的坡地径流深可表示为

$$h(x,t) = \left(\frac{1}{n}J^{1/2}\right)^{-3/5}\left\{(1-c)x\left[r - \frac{1}{2}S(t-t_0)^{-0.5}\right]\right\}^{3/5} \tag{8.13}$$

　　出口处单宽流量可表示为

$$q(l,t) = (1-c)\left[r - \frac{1}{2}S(t-t_0)^{-0.5}\right]l \tag{8.14}$$

式中，$q(l,t)$ 为出口处的单宽流量(m^2/s)。

由于数学模型中包括入渗参数和地面糙率等相应参数。根据水量平衡原理，土壤入渗总量、总降雨量、总径流量可以表示为

$$I_c = w_i - w_0 \tag{8.15}$$

$$w_i = \int_0^{t_i} rl \mathrm{d}t = rl t_i \tag{8.16}$$

$$w_0 = \int_{t_0}^{t_m} q_1 \mathrm{d}t = (1-c)l\left[r(t_m - t_0) - S(t_m - t_0)^{0.5}\right] \tag{8.17}$$

$$I_c = t_p rl + \int_{t_p}^{t_m} \frac{1}{2}Sl(t-t_0)^{-0.5}\mathrm{d}t = t_p rl + Sl\left[(t_m - t_0)^{0.5} - (t_p - t_0)^{0.5}\right] \tag{8.18}$$

式中，w_i 和 w_0 分别为总入流量($\mathrm{m^3/m}$)和总出水量($\mathrm{m^3/m}$)；t_m 为出口处水流停止时间(s)；t_i 为降雨持续时间(s)；I_c 为入渗总量($\mathrm{m^2}$)；q_1 为坡地出口处的单宽流量($\mathrm{m^2/s}$)。

产流后水量平衡可以表示为

$$r(t - t_p)l = W_m + I_m + H_m \tag{8.19}$$

$$W_m = \int_{t_p}^{t} q(l,t)\mathrm{d}x = (1-c)l\left\{r(t-t_p) - S\left[(t-t_0)^{0.5} - (t_p - t_0)^{0.5}\right]\right\} \tag{8.20}$$

$$I_m = \int_{t_p}^{t} \frac{1}{2}Sl(t-t_0)^{-0.5}\mathrm{d}t = Sl\left[(t-t_0)^{0.5} - (t_p - t_0)^{0.5}\right] \tag{8.21}$$

$$H_m = \int_0^l h(x,t)\mathrm{d}x = \int_0^l \left(\frac{1}{n}J^{1/2}\right)^{-3/5}\left\{(1-c)x\left[r - \frac{1}{2}S(t-t_0)^{-0.5}\right]\right\}^{3/5}\mathrm{d}x$$

$$= \frac{5}{8}\left(\frac{1}{n}J^{1/2}\right)^{-3/5}\left\{(1-c)\left[r - \frac{1}{2}S(t-t_0)^{-0.5}\right]\right\}^{3/5}l^{8/5} \tag{8.22}$$

式中，W_m 为出流总量($\mathrm{m^3/m}$)；I_m 为产流后累积入渗量($\mathrm{m^3/m}$)；H_m 为地表积水量($\mathrm{m^3/m}$)；S 为土壤吸渗率($\mathrm{cm/min^{1/2}}$)。

8.1.1.2 模型参数的确定

采用室内模拟降雨试验来评价式（8.14）所述产汇流数学模型的准确性，降雨强度设置为 0.067cm/min、0.100cm/min、0.133cm/min、0.167cm/min 和 0.200cm/min。试验土样取自陕西杨凌塿土，土壤质地为壤土，其中砂粒（粒径为 0.05~2mm）为 8.5%，粉粒（粒径为 0.002~0.05mm）为 53.3%，黏粒（粒径<0.002mm）为 38.2%。土槽坡度固定在 15°，土壤初始含水量为 0.14cm³/cm³。

模型中主要包括三个参数 S、n 和 c，可通过不同降雨强度（0.067cm/min、0.100cm/min、0.133cm/min、0.167cm/min 和 0.200cm/min）条件下的实测资料借助解析模型拟合确定，如图 8.1 所示。其中，$S(1-c)$可通过式（8.14）结合拟合结果计算。当已知总降雨量和总径流量时，S 可通过式（8.15）~式（8.18）求得，然后可获得 c。曼宁糙率系数 n 通过式（8.19）~式（8.22）计算可得。

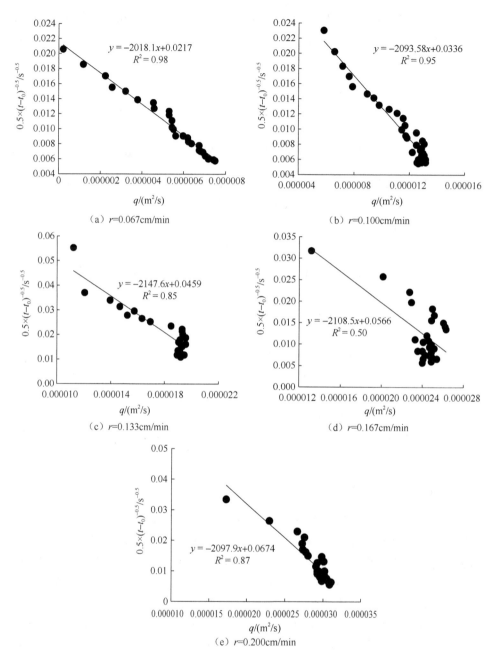

图 8.1　不同降雨强度下单宽流量与参数 $0.5 \times (t - t_0)^{-0.5}$ 的关系

q-单宽流量

表 8.1 显示了不同降雨强度条件下模型参数拟合结果。结果表明，当降雨强度逐渐增大时，c 从 0.00517 减小到 0.00287，n 从 0.04004s/m$^{1/3}$ 缓慢地增加到 0.04205s/m$^{1/3}$，

S 没有明显的变化。c 随降雨强度 r 的增加而减小，因此两者存在函数关系。为了建立 c 与降雨强度 r 之间函数关系，用幂函数进行拟合，结果如图 8.2 所示，具体关系如下：

$$c = 8 \times 10^{-7} r^{-0.7756} \qquad R^2 = 0.95 \qquad (8.23)$$

表 8.1 不同降雨强度条件下模型参数拟合结果

降雨强度/(cm/min)	S/(m/s$^{1/2}$)	c	t_p/ min	n/(s/m$^{1/3}$)
0.067	0.00033	0.00517	6.72	0.04004
0.100	0.00032	0.00389	4.98	0.04063
0.133	0.00031	0.00305	2.78	0.04126
0.167	0.00032	0.00297	1.70	0.04178
0.200	0.00032	0.00287	1.28	0.04205

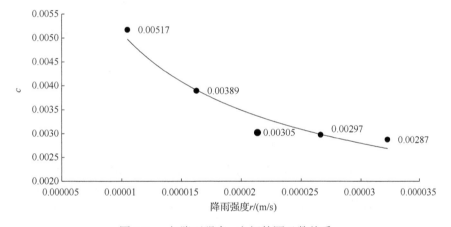

图 8.2 c 与降雨强度 r 之间的幂函数关系

8.1.1.3 模型准确性评价

为了验证近似解析解的准确性，对坡地产汇流数学模型进行了数值求解。利用近似分析方法获得的参数进行计算。利用数值模型计算的单宽流量与实测值（未参与参数求解）进行比较，从而验证解析模型的准确性。数值模型需要借助式（8.1）、式（8.10）和式（8.12）分别描述坡地水流过程，入渗率、单宽流量与径流深之间的关系。其初始、边界条件分别为

$$h(x,0) = 0; \qquad q(x,0) = 0; \qquad h(0,t) = 0 \qquad (8.24)$$

式中，$h(x,0)$ 为时间 $t = 0$ 时坡地径流深(m)；$h(0,t)$ 为距离 $x = 0$ 时坡地径流深(m)；$q(x,0)$ 为时间 $t = 0$ 时单宽流量(m^2/s)。

采取数值模型与解析模型对比的方法验证模型的准确性，利用相对误差分析两种方法计算的径流量差异。相对误差的表达式如下：

$$RE = \frac{|p_i - o_i|}{o_i} \times 100\% \qquad (8.25)$$

式中，p_i 为解析模型计算的径流量；o_i 为数值模型计算的径流量。

图 8.3 显示了数值模型与解析模型计算结果对比，解析模型计算结果与数值模型计算结果基本吻合，通过式（8.25）计算得到的 RE 及 R^2 如表 8.2 所示。误差分析结果显示，相对误差在 0.03 左右波动，决定系数均大于 0.80，说明解析模型能够准确地估算水流过程。因此，近似分析方法在估算入渗参数、曼宁糙率系数等方面比较可靠，可以用于描述降雨条件下的坡地水流过程。

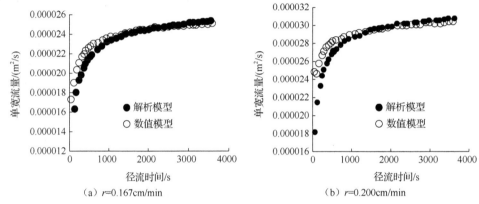

（a）r=0.167cm/min　　　　　　（b）r=0.200cm/min

图 8.3　数值模型与解析模型计算结果对比

表 8.2　数值模型与解析模型计算的单宽流量的相对误差 RE 和决定系数 R^2

降雨强度/(cm/min)	RE	R^2
0.167	0.033	0.87
0.200	0.029	0.84

8.1.1.4　坡地水流动力学参数变化特征的分析

将式（8.11）中的参数 c 用降雨强度 r 代替，单宽流量随时间和位置的变化过程可表示为

$$q(x,t) = \left(1 - 8 \times 10^{-7} r^{-0.7756}\right) l \left[r - \frac{1}{2} S(t - t_0)^{-0.5}\right] x \qquad (8.26)$$

基于式（8.13），$h(x,t)$ 可以表示为

$$h(x,t) = \left(\frac{1}{n} J^{1/2}\right)^{-3/5} \left[\left(1 - 8 \times 10^{-7} r^{-0.7756}\right) l \left(r - \frac{1}{2} S(t - t_0)^{-0.5}\right)\right]^{3/5} \qquad (8.27)$$

坡地径流流速可以表示为

$$v(x,t) = \frac{1}{n} J^{1/2} h(x,t)^{2/3} = \left(\frac{1}{n} J^{1/2}\right)^{3/5} \left\{\left(1 - 8 \times 10^{-7} r^{-0.7756}\right) l \left[r - \frac{1}{2} S(t - t_0)^{-0.5}\right]\right\}^{2/5} \qquad (8.28)$$

　　不同时间和位置的径流深、流速如式（8.27）和式（8.28）所示，这样可以计算任意时刻和任意位置的径流深和单宽流量变化过程。在不同降雨强度条件下，出口处径流深随时间的变化过程如图 8.4 所示。不同降雨强度条件下出口处径流流速随径流时间的变化过程如图 8.5 所示，流速随降雨强度增加而增加，当降雨强度最大时流速迅速达到最大值。

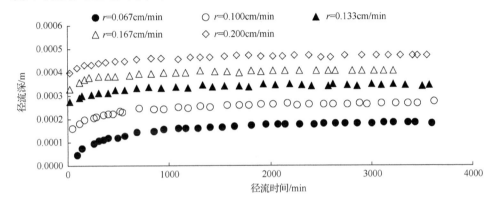

图 8.4　不同降雨强度条件下坡地出口处径流深随径流时间的变化过程

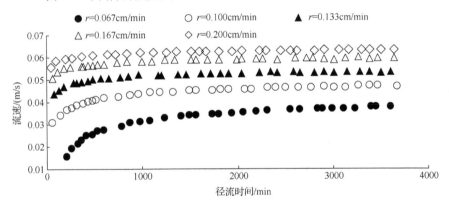

图 8.5　不同降雨强度条件下出口处坡地流速随径流时间的变化过程

　　为了分析坡地水流动力学特征，通常采用水流剪切力 τ (N/m^2)、水流动力功 ω (kg/s^3)、雷诺数（Re）、弗劳德数(Fr)及阻力系数(f)等进行表征。根据上述分析，不同径流时间和坡地位置的水流动力学参数 τ、ω、Re、Fr 及 f 可以表示为

$$\tau = \rho g J \left(\frac{1}{n}J^{1/2}\right)^{-3/5}\left\{\left(1-8\times10^{-7}r^{-0.7756}\right)l\left[r-\frac{1}{2}S(t-t_0)^{-0.5}\right]\right\}^{3/5} \quad (8.29)$$

$$\omega = \rho g J \left\{\left(1-8\times10^{-7}r^{-0.7756}\right)l\left[r-\frac{1}{2}S(t-t_0)^{-0.5}\right]\right\} \quad (8.30)$$

$$\mathrm{Re} = \frac{1}{v}\left\{\left(1-8\times10^{-7}r^{-0.7756}\right)l\left[r-\frac{1}{2}S(t-t_0)^{-0.5}\right]\right\} \quad (8.31)$$

$$\text{Fr} = \frac{\left(\dfrac{1}{n}J^{1/2}\right)^{9/10}}{\sqrt{g}}\left\{\left(1-8\times10^{-7}r^{-0.7756}\right)l\left[r-\frac{1}{2}S(t-t_0)^{-0.5}\right]\right\}^{1/10} \tag{8.32}$$

$$f = 8gJ\left(\frac{1}{n}J^{1/2}\right)^{-9/5}\left\{\left(1-8\times10^{-7}r^{-0.7756}\right)l\left[r-\frac{1}{2}S(t-t_0)^{-0.5}\right]\right\}^{-1/5} \tag{8.33}$$

式中，v 为水动力黏滞系数($1.568\times10^{-6}\,\text{m}^2/\text{s}$)；$g$ 为重力加速度(m/s^2)；ρ 为水的密度（kg/m^3）。

8.1.2　上方来水条件下坡地产汇流数学模型

为了描述上方来水条件下坡地产汇流过程，分两种情况进行求解，一是不考虑坡地水流推进过程，二是考虑水流推进过程。

8.1.2.1　坡地产汇流数学模型近似分析方法

1. 理论分析

上方来水条件下坡地水流利用运动波方程进行描述：

$$\frac{\partial h(x,t)}{\partial t} + \frac{\partial q(x,t)}{\partial x} = -i \tag{8.34}$$

式中，$h(x,t)$ 为径流深(m)；i 为入渗率(m/s)；t 为放水时间(s)；x 为坡长(m)；$q(x,t)$ 为单宽流量(m^2/s)。

单宽流量和径流深之间关系为

$$q(x,t) = \frac{1}{n}J^{1/2}h(x,t)^{5/3} \tag{8.35}$$

式中，n 为曼宁糙率系数($\text{s/m}^{1/3}$)；J 为水力坡度。

式（8.34）可以转换为

$$\frac{\partial q(x,t)}{\partial x} = -i - \frac{\partial h(x,t)}{\partial t} \tag{8.36}$$

假设坡地径流深的变化率与入渗率呈线性关系[9]：

$$\frac{\partial h(x,t)}{\partial t} = ci \tag{8.37}$$

式中，c 为常数。式（8.36）则转换为

$$\frac{\partial q(x,t)}{\partial x} = -i - ci = -(c+1)i \tag{8.38}$$

令 $d = c+1$：

$$\frac{\partial q(x,t)}{\partial x} = -di \tag{8.39}$$

为了便于分析，把坡地视为一个单元体，坡地平均开始入渗时间取平均值为

$t_0/2$。根据 Kostiakov 公式，入渗率可以表示为

$$i = a\left(t - \frac{t_0}{2}\right)^{-b} \tag{8.40}$$

式中，t_0 为水流从入流口到出流口处的时间(s)；a 和 b 为经验值。

结合式（8.39）和式（8.40）有

$$\frac{\partial q(x,t)}{\partial x} = -ad\left(t - \frac{t_0}{2}\right)^{-b} \tag{8.41}$$

对式（8.41）积分：

$$q(x,t) = q_i - adx\left(t - \frac{t_0}{2}\right)^{-b} \tag{8.42}$$

式（8.42）可以转换为

$$h_t = q_i - q(x,t) = adx\left(t - \frac{t_0}{2}\right)^{-b} \tag{8.43}$$

式中，h_t 表示任意位置、任意时间的坡地入渗量和地面积水的总和(m^3/m)；q_i 为单宽入流量(m^2/s)；$q(x,t)$ 为任意位置、时间的单宽流量(m^2/s)。

坡地单宽流量可表示为

$$q(x,t) = \frac{1}{n}J^{1/2}h(x,t)^{5/3} = q_i - adx\left(t - \frac{t_0}{2}\right)^{-b} \tag{8.44}$$

任意位置、任意时间的坡地径流深可以表示为

$$h(x,t) = \left(\frac{1}{n}J^{1/2}\right)^{-3/5}\left[q_i - adx\left(t - \frac{t_0}{2}\right)^{-b}\right]^{3/5} \tag{8.45}$$

任意位置、任意时间的径流流速可以表示为

$$v(x,t) = \frac{1}{n}J^{1/2}h(x,t)^{2/3} = \left(\frac{1}{n}J^{1/2}\right)^{3/5}\left[q_i - adx\left(t - \frac{t_0}{2}\right)^{-b}\right]^{2/5} \tag{8.46}$$

坡地径流平均流速可以表示为

$$v_a = \frac{1}{l}\int_0^l v(x,t)\mathrm{d}x = \frac{5}{7adl}\left(\frac{1}{n}J^{1/2}\right)^{3/5}\left(t - \frac{t_0}{2}\right)^{b}\left\{q_i^{7/5} - \left[q_i - adl\left(t - \frac{t_0}{2}\right)^{-b}\right]^{7/5}\right\} \tag{8.47}$$

时间 t_0 可以表示为

$$t_0 = \frac{l}{v_a} \tag{8.48}$$

式中，l 为坡长(m)。

出口处任意时间单宽流量可以表示为

$$q_1 = q_i - adl\left(t - \frac{t_0}{2}\right)^{-b} \tag{8.49}$$

模型中需要确定的参数包括 a、b、n、c 和 d。为了确定上述参数，借助以下水量平衡关系式计算而得。坡地入渗总量可以表示为

$$I_s = \int_{t_0/2}^{t_m} al\left(t - \frac{t_0}{2}\right)^{-b} \mathrm{d}t = \frac{al}{1-b}\left(t_m - \frac{t_0}{2}\right)^{1-b} \tag{8.50}$$

I_s 也可以用总入流量和总出流量表示为

$$I_s = w_i - w_0 = \frac{al}{1-b}\left(t_m - \frac{t_0}{2}\right)^{1-b} \tag{8.51}$$

$$w_i = \int_0^t q_i \mathrm{d}t = q_i t \tag{8.52}$$

$$w_0 = \int_{t_0/2}^{t_m} q_1 \mathrm{d}t = \int_{t_0/2}^{t_m} q_i - adl\left(t - \frac{t_0}{2}\right)^{-b} \mathrm{d}t = q_i\left(t_m - \frac{t_0}{2}\right) - \frac{adl}{1-b}\left(t_m - \frac{t_0}{2}\right)^{1-b} \tag{8.53}$$

结合式（8.51）～式（8.53）可得

$$q_i\left(t - t_m + \frac{t_0}{2}\right) = \frac{al(1-d)}{1-b}\left(t_m - \frac{t_0}{2}\right)^{1-b} \tag{8.54}$$

式中，w_i 和 w_0 为总入流量和总出流量($\mathrm{m^3/m}$)；t_m 为出口处水流停止时间(s)；t 为放水时间(s)。

2. 模型参数确定

为了分析坡地水流特征，以及对近似分析方法开展准确性评价，在野外进行了上方来水试验。试验水平包括：小碎石覆盖（覆盖比例为 2.5%、10%、20%）、大碎石覆盖（覆盖比例为 2.5%、10%）、组合覆盖（小碎石 4.03%-大碎石 6%；小碎石 7.5%-大碎石 3%；小碎石 6.45%-大碎石 3.5%）。试验坡度为 10.8°，坡长为 16m，宽为 1.25m。试验土样为砂壤土，其中，砂粒、粉粒和黏粒的含量分别为 67%、28% 和 5%，每场上方来水试验持续 40min。近似分析方法中包括 q_i、J、l、a、b、d 和 n。其中 q_i、J、l 是已知的，单宽入流量 q_i 为 $3.58 \times 10^{-4}\,\mathrm{m^2/s}$，水力坡度 J 为 0.188，坡长 l 为 16m。模型中的 a、d 和 b 可借助式（8.49）结合拟合结果计算而得。d 通过入渗总量由式（8.50）～式（8.54）计算而得，然后可以确定 a。已知 a、b、d，可通过式（8.47）结合式（8.48）计算曼宁糙率系数 n。实测和拟合坡地入渗量和地面积水的总和 h_t 随径流时间变化过程如图 8.6 所示。利用上述公式计算了三种碎石组合条件下的 a 和 b，结果如表 8.3 所示。

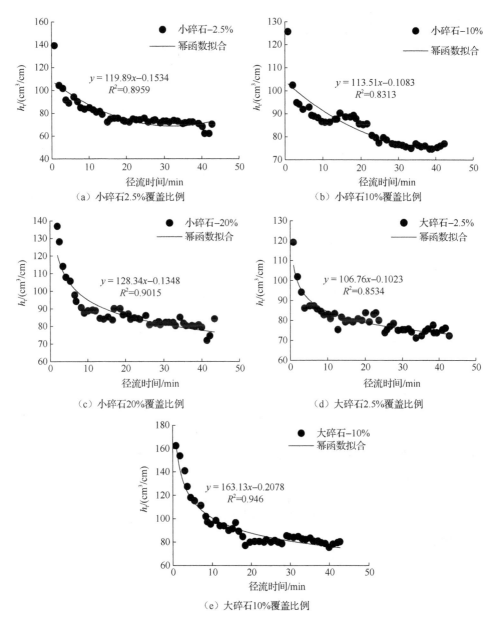

图 8.6　实测和拟合坡地入渗量和地面积水的总和随径流时间变化过程

　　碎石覆盖导致地表糙率发生变化，而且这种变化与碎石覆盖比例及碎石大小有关。利用回归法分析了不同覆盖比例、碎石大小与曼宁糙率系数间的关系，具体表示为

$$n = f(C', S_{\text{small}}, S_{\text{large}}) \tag{8.55}$$

式中，C' 为碎石覆盖比例(%)；S_{small} 为小碎石覆盖面积(m^2)；S_{large} 为大碎石覆盖面积(m^2)；曼宁糙率系数可以由碎石覆盖比例、覆盖面积确定。

表 8.3　不同碎石覆盖条件下实测资料拟合的参数 a、b、c、t_0、v_a 和 n

处理	a	b	c	t_0/min	v_a/(m/s)	n/(s/m$^{1/3}$)
无碎石覆盖	2.84×10^{-5}	-0.1733	0.0194	1.992	0.1339	0.0463
S-2.5%	3.15×10^{-5}	-0.1534	0.0221	2.183	0.1222	0.0525
S-10%	3.33×10^{-5}	-0.1130	0.0299	2.649	0.1007	0.0711
S-20%	3.46×10^{-5}	0.1375	0.0351	2.950	0.0904	0.0835
L-2.5%	3.17×10^{-5}	-0.1023	0.0230	2.244	0.1188	0.0548
L-10%	3.58×10^{-5}	-0.2078	0.0430	3.310	0.0805	0.1023
S-4.03%, L-6%	3.30×10^{-5}	-0.1421	0.0263	2.700	0.0980	0.0627
S-7.5%, L-3%	3.31×10^{-5}	-0.1382	0.0315	2.360	0.1000	0.0750
S-6.45%, L-3.5%	3.30×10^{-5}	-0.1410	0.0265	2.420	0.1100	0.0630

注：S 表示小碎石，L 表示大碎石。

不同碎石覆盖条件下获得的 d 不同，地表碎石覆盖改变了坡地粗糙程度，不同碎石覆盖条件下的 d 与曼宁糙率系数之间的关系如下：
$$d = 0.42n + 1 \qquad R^2 = 0.89 \tag{8.56}$$
式（8.37）中的 c（径流深的变化率和入渗率的比值）可以表示为 $c = 0.42n$。结合上述确定参数的方法，计算可得碎石组合条件下的相关参数（表 8.3）。

3. 模型验证及其准确性

为了验证近似分析方法的合理性并确定参数准确性，利用数值法求解运动波方程，并将获得的相关参数代入数值模型及解析模型中，计算出口处单宽流量并与实测值进行对照。数值模型所需的初始条件和边界条件如下所示：

初始条件为
$$h(x,0) = 0 \text{ 和 } q(x,0) = 0 \tag{8.57}$$
边界条件为
$$q(0,t) = q_i \tag{8.58}$$
式中，$h(x,0)$ 为 $t = 0$ 时径流深(m)；$q(0,t)$ 为 $x = 0$ 时单宽流量(m^2/s)；$q(x,0)$ 为 $t = 0$ 时单宽流量(m^2/s)；x 为位置(m)；t 为径流时间(s)。

不同碎石组合条件下数值模型、解析模型计算的单宽流量与实测值对照情况如图 8.7 所示。结果显示，解析模型计算值与数值模型计算值、实测值匹配较好。说明近似分析方法可以用于描述单宽流量随时间的变化过程。

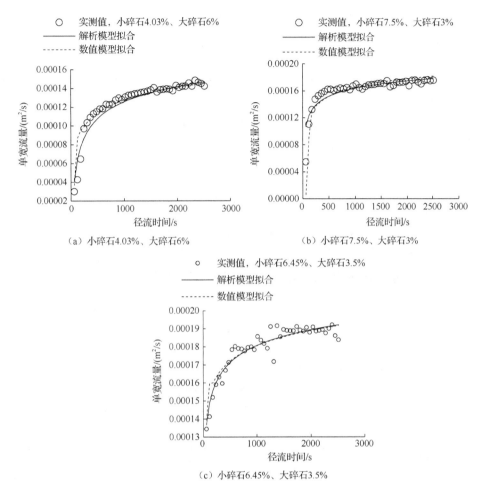

图 8.7　数值模型和解析模型计算值与实测值的对照

为了进一步验证模型的准确性，采用两种常用的误差分析指标评价获得参数的准确性。其中，一种方法由 Nash 和 Sutcliffe 提出[10]，简称 NS，是描述模型预测准确性的一个常用方法。NS 值的范围从 $-\infty$ 变化到 1，当 NS 为负值时，说明模型不能准确地预测实测值；当 NS = 0 时，模型可以准确地预测实测值的平均值；当 NS=1 时，说明模型计算值与实测值一致。通常情况下，当 NS>0.5 时，认为模型计算结果较为满意。表达式为

$$NS = 1 - \frac{\sum_{i=1}^{n}(o_i - p_i)^2}{\sum_{i=1}^{n}(o_i - \bar{o}_i)^2} \qquad (8.59)$$

式中，o_i 为模型计算值；p_i 为实测值。

另一种方法为相对误差法，其表达式为

$$\mathrm{RE} = \frac{\left|p_i - o_i\right|}{o_i} \times 100\%$$ （8.60）

由解析模型计算的不同碎石覆盖条件下的径流深随径流时间的变化如图 8.8 所示。借助 NS 和 RE 两种误差分析方法对拟合效果进行分析比较，如表 8.4 所示。NS 值均大于 0.5，RE 值小于 6%，说明提出的解析模型获得的参数较准确，可以用于描述坡地水分的运动过程。

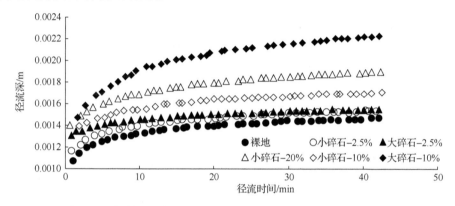

图 8.8　解析模型计算不同碎石覆盖下的径流深随径流时间的变化

表 8.4　NS 和相对误差 RE 评估模型结果

处理	解析模型		数值模型	
	NS	RE	NS	RE
S-4.03%, L-6%	0.926	0.055	0.817	0.055
S-7.5%, L-3%	0.942	0.047	0.952	0.055
S-6.45%, L-3.5%	0.992	0.017	0.992	0.021

4. 坡地径流深、流速及水流动力学参数随时间的变化过程

利用获得的曼宁糙率系数和参数 d 间关系，可以计算不同时间或位置处的单宽流量为

$$q(x,t) = q_i - a(0.42n+1)x\left(t - \frac{t_0}{2}\right)^{-b}$$ （8.61）

径流深和流速可以分别表示为

$$h(x,t) = \left(\frac{1}{n}J^{1/2}\right)^{-3/5}\left[q_i - a(0.42n+1)x\left(t - \frac{t_0}{2}\right)^{-b}\right]^{3/5}$$ （8.62）

$$v(x,t) = \left(\frac{1}{n}J^{1/2}\right)^{3/5}\left[q_i - a(0.42n+1)x\left(t - \frac{t_0}{2}\right)^{-b}\right]^{2/5}$$ （8.63）

根据上述关系，可以获得任意位置、任意时间的坡地径流深和流速。

通常情况下，借助雷诺数(Re)、弗劳德数(Fr)、水流剪切力 τ (N/m²)、水流动力功 ω(kg/s³)及阻力系数(f)等来描述坡地水流动力学特征，不同时间和位置的水流动力学参数 Re、Fr、τ、ω、f 表示如下：

$$\text{Re} = \frac{1}{\nu}\left[q_i - a\left(0.42n+1\right)x\left(t-\frac{t_0}{2}\right)^{-b} \right] \tag{8.64}$$

$$\text{Fr} = \frac{\left(\frac{1}{n}J^{1/2}\right)^{9/10}}{\sqrt{g}}\left[q_i - a\left(0.42n+1\right)x\left(t-\frac{t_0}{2}\right)^{-b} \right]^{1/10} \tag{8.65}$$

$$\tau = \rho gJ\left(\frac{1}{n}J^{1/2}\right)^{-3/5}\left[q_i - a\left(0.42n+1\right)x\left(t-\frac{t_0}{2}\right)^{-b} \right]^{3/5} \tag{8.66}$$

$$\omega = \rho gJ\left[q_i - a\left(0.42n+1\right)x\left(t-\frac{t_0}{2}\right)^{-b} \right] \tag{8.67}$$

$$f = 8gJ\left(\frac{1}{n}J^{1/2}\right)^{-9/5}\left[q_i - a\left(0.42n+1\right)x\left(t-\frac{t_0}{2}\right)^{-b} \right]^{-1/5} \tag{8.68}$$

式中，ν 为水动力黏滞系数(m²/s)，取 1.568×10^{-6}m²/s；g 为重力加速度(m/s²)。出口处的水流动力学参数只需代入 $x=l$ 便可计算获得。

图 8.9 显示了不同碎石覆盖条件下的雷诺数(Re)和弗劳德数(Fr)随径流时间的变化过程。结果表明，Re 随径流时间增大，而出口处的 Fr 几乎保持不变。表 8.5 显示了解析模型中不同碎石覆盖条件下的平均径流深、Re 和 Fr，Re 和 Fr 为出口处的平均值，均随碎石覆盖比例的增加而减小。

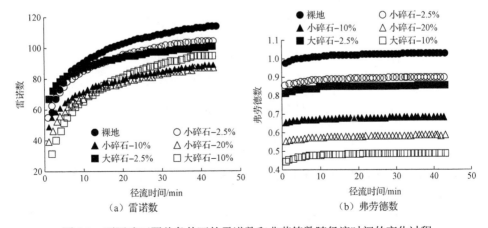

图 8.9　不同碎石覆盖条件下的雷诺数和弗劳德数随径流时间的变化过程

表 8.5　解析模型中碎石覆盖条件下平均径流深、雷诺数和弗劳德数

处理	h/mm	Re	Fr
无碎石覆盖	1.39	102	1.01
S-2.5%	1.42	95	0.88
S-10%	1.64	84	0.67
S-20%	1.76	81	0.57
L-2.5%	1.46	95	0.84
L-10%	1.89	84	0.49

8.1.2.2　考虑水流推进过程的坡地产汇流数学模型近似分析方法

1. 理论分析

利用运动波方程和 Kostiakov 公式来描述坡地水流运动和入渗过程,通过相应的假设和简化,再结合水量平衡,从而可以求解坡地产汇流数学模型。

上方来水条件下坡地水流运动过程可以用运动波方程描述为

$$\frac{\partial h(x,t)}{\partial t} + \frac{\partial q(x,t)}{\partial x} = -i \tag{8.69}$$

式中,$h(x,t)$ 为坡地径流深(m);i 为入渗率(m/s);t 为径流时间(s);x 为距水流入口任意距离(m);$q(x,t)$ 为单宽流量(m²/s)。

假定水流推进到出口前,径流深增加率与入渗率的比例关系为

$$\frac{\partial h(x,t)}{\partial t} = ci \tag{8.70}$$

将式(8.70)代入式(8.69)可得

$$\frac{\partial q(x,t)}{\partial x} = -i - ci = -(c+1)i \tag{8.71}$$

令 $d=c+1$,则式(8.71)变换为

$$\frac{\partial q(x,t)}{\partial x} = -di \tag{8.72}$$

对于坡地水流运动过程,径流流速和单宽流量的表达式为

$$v(x,t) = \frac{1}{n} J^{1/2} h(x,t)^{2/3} \tag{8.73}$$

$$q(x,t) = \frac{1}{n} J^{1/2} h(x,t)^{5/3} \tag{8.74}$$

式中,$v(x,t)$ 为水流推进过程中的径流流速(m/s);n 为曼宁糙率系数(s/m$^{1/3}$);J 为水力坡度。

为了分析坡地水流推进过程,假设水流推进过程的水面线可以用幂函数表示为

$$h(x,t) = h_0 \left(1 - \frac{x}{x_f}\right)^m \tag{8.75}$$

式中，h_0 代表入流处径流深(m)；x 为坡地任一位置距离入流口处的长度(m)；x_f 为坡地水流的推进距离(m)；m 为水面线形状系数。

假定 $x_f - A$ 处的径流流速可以代表水流推进速度，则其相应径流深为

$$h(x_f - A,t) = h_0 \left(\frac{A}{x_f}\right)^m \tag{8.76}$$

式中，A 为稳渗率。

相应的 $x_f - A$ 位置处的流速为

$$v(x_f - A) = \frac{1}{n} J^{1/2} h_0^{2/3} \left(\frac{A}{x_f}\right)^{2m/3} \tag{8.77}$$

水流推进速度和水流推进距离之间的函数关系为

$$\frac{\mathrm{d}x_f}{\mathrm{d}t_f} = v_{x_f} = v_{x_f - A} \tag{8.78}$$

式中，t_f 为水流推进至 x_f 时的时间(s)，联立式（8.77）和式（8.78）可得

$$\frac{\mathrm{d}x_f}{\mathrm{d}t_f} = \frac{1}{n} J^{1/2} h_0^{2/3} \left(\frac{A}{x_f}\right)^{2m/3} \tag{8.79}$$

对式（8.78）积分得

$$t_f = \frac{1}{(1 + 2m/3)\frac{1}{n} J^{1/2} h_0^{2/3} A^{2m/3}} x_f^{1 + 2m/3} \tag{8.80}$$

入口处径流流速的表达式为

$$v_0 = \frac{1}{n} h_0^{2/3} J^{1/2} \tag{8.81}$$

令 $D = 1 + 2m/3$，将式（8.81）代入式（8.80），获得水流推进时间的表达式为

$$t_f = \frac{1}{D v_0 A^{D-1}} x_f^D \tag{8.82}$$

为了简化式（8.82），设定一个常数 e，令

$$e = \frac{1}{D v_0 A^{D-1}} \tag{8.83}$$

可以得到坡地水流推进过程的表达式为

$$t_f = e x_f^D \tag{8.84}$$

通过实测的坡地水流推进过程数据来拟合式（8.83），可以获得 e 和 D，从而获得坡地水流推进方程。利用 Kostiakov 公式描述上方来水条件下坡地入渗过程，坡

地上任意一点的入渗时间为 $t-t_f$ 。因此，坡地上任意一点的入渗率为

$$\begin{cases} i = a(t-t_f)^{-b} \\ t_f = ex_f^D \end{cases} \tag{8.85}$$

联立式（8.72）和式（8.85）得

$$\frac{\partial q(x,t)}{\partial x} = -ad(t-ex^D)^{-b} \tag{8.86}$$

对式（8.86）进行积分得

$$q_i - q(x,t) = ad\int_0^x (t-ex^D)^{-b}\,\mathrm{d}x \tag{8.87}$$

对式（8.87）进行转换得

$$q_i - q(x,t) = ad\int_0^x t^{-b}\left(1-\frac{ex^D}{t}\right)^{-b}\mathrm{d}x \tag{8.88}$$

对式（8.88）进行泰勒展开得

$$q_i - q(x,t) = ad\int_0^x t^{-b}\left(1+b\frac{ex^D}{t}\right)\mathrm{d}x \tag{8.89}$$

最终得

$$q_i - q(x,t) = adt^{-b}x\left[1+\frac{eb}{(1+D)t}x^D\right] \tag{8.90}$$

则入口流量和出口流量的关系为

$$q_i - q_1 = adlt^{-b} + \frac{adebl^{D+1}}{1+D}t^{-b-1} \tag{8.91}$$

令 $M=adl$ ，$N=\dfrac{el^D}{D+1}$ ，其中，l 为坡长(m)，e、D 已通过计算获得，因此 N 已知，利用公式 $q_i - q_1 = Mt^{(-b)} + MNbt^{(-b-1)}$ 拟合试验数据，即可得到参数 a、d 和 b。

　　假定坡地径流消退过程中，入渗时间为出口处水流停止时间的一半，即入渗时间为 $t_m/2$。则 x 处的累积入渗量为

$$I(x) = \int_{ex^D}^{t_i+\frac{t_m}{2}} a\left(t-ex^D\right)^{-b}\mathrm{d}t \tag{8.92}$$

式中，t_i 为放水时间(s)，t_m 为出口处水流停止时间(s)。

　　对式（8.92）进行积分可得

$$I(x) = \frac{a}{1-b}\left(t_i+\frac{t_m}{2}-ex^D\right)^{1-b} \tag{8.93}$$

则对式（8.93）积分得整个坡地的累积入渗量为

$$I = aL\left(t_i+\frac{t_m}{2}\right)^{1-b}\left[\frac{1}{1-b}-\frac{eL^D}{(D+1)\left(t_i+\frac{t_m}{2}\right)}\right] \tag{8.94}$$

总入流量 w_i 为

$$w_i = q_i t_i \tag{8.95}$$

总出水量 w_0 的表达式为

$$w_0 = \int_{t_0}^{t_i} q_i - adl\left(1 + \frac{eb}{(1+D)t}l^D\right)t^{-b}\mathrm{d}t + w' \tag{8.96}$$

式中，w' 为停止供水后出水口的水量($\mathrm{m^3/m}$)。

$$w_0 = q_i(t_i - t_0) - \frac{adl}{1-b}(t_i^{1-b} - t_0^{1-b}) + \frac{adlel^D}{(1+D)}(t_i^{-b} - t_0^{-b}) + w' \tag{8.97}$$

根据水量平衡原理，总供水量减去总入流量即坡地水流的累积入渗量，由此得到水量平衡方程为

$$I = w_i - w_0 \tag{8.98}$$

将式（8.91）拟合得到的 ad 与式（8.98）联立，分别得到 a 和 d。

2. 模型参数推求与评估

为了检验模型的准确性，选用柠条和大豆种植坡地上方来水试验资料。模型参数包括 e、D、a、b 和 d。图 8.10 为坡地水流推进过程，并了拟合结果获得 e 和 D。拟合关系如下：

柠条

$$t_f = 0.0048x_f^{1.2850} \tag{8.99}$$

大豆

$$t_f = 0.0041x_f^{1.2846} \tag{8.100}$$

式中，e 分别为 0.0048（柠条）和 0.0041（大豆），D 分别为 1.2850（柠条）和 1.2846（大豆）。q_i 为 21L/min，坡长 l 为 10m。a、b 和 d 需要通过模型拟合得到。

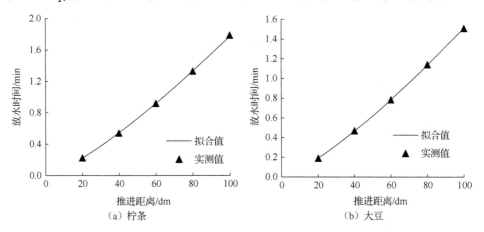

图 8.10　坡地水流推进过程的拟合

图 8.11 显示了柠条和大豆种植条件下实测径流流量和解析模型计算所得的径流流量随时间的变化过程。结果表明，2 种植被条件下的实测径流流量均随时间逐渐增大，最后趋于稳定。从图中还可以看出，解析模型计算值与实测值比较吻合，说明该解析模型能很好地描述水流冲刷条件下黄土地区径流流量的变化过程。

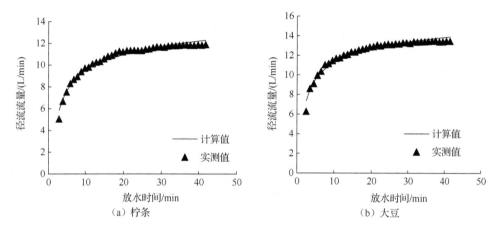

图 8.11　柠条和大豆种植条件下实测径流流量与解析模型计算值对比

表 8.6 显示了柠条和大豆种植条件下拟合所得的参数和相应条件下计算结果的相对误差。结果表明，柠条和大豆的拟合相对误差分别为 2.35% 和 2.32%，决定系数分别为 0.97 和 0.96，说明模型的拟合精度较高。

表 8.6　柠条和大豆种植条件下拟合所得参数和相对误差

植物	a	b	d	RE/%	R^2
柠条	0.16	0.22	1.09	2.35	0.97
大豆	0.14	0.22	1.12	2.32	0.96

上述坡地产汇流近似分析方法，为相关参数的推求和水流动力特征分析提供了依据，因此可利用类似分析方法进一步分析不同坡地覆盖条件下的相关参数和水流动力特征。

8.1.2.3　碎石覆盖比例对入渗和水流动力学参数的影响

为了进一步分析上方来水条件下坡地水流解析模型的适用性，利用解析模型分析不同碎石覆盖下坡地水流特征。

1. 碎石覆盖比例对土壤入渗参数的影响

通过坡地水流解析模型对坡地水流过程进行拟合，获得坡地入渗参数 a、b（分别为 Kostiakov 公式中经验参数），而 Philip 方程入渗参数 A、S 是通过公式利用参数相关关系计算获得，其中参数 A 为稳渗率，参数 S 为吸渗率。表 8.7 显示了不同碎石覆盖比例下坡地土壤入渗参数。Kostiakov 公式中，a 数值上等于第一个单位计时后的累积入渗量，随碎石覆盖比例的增加，a 增大。Philip 方程中，随碎石覆盖比例的增加稳渗率 A 增加，而吸渗率 S 呈波动变化。

表 8.7　不同碎石覆盖比例下坡地土壤入渗参数

覆盖比例/%	a	b	S/(cm/min$^{1/2}$)	A/(cm/min)
0	0.068	0.168	0.033	0.049
2.5	0.070	0.137	0.027	0.054
10	0.072	0.130	0.026	0.057
20	0.081	0.155	0.036	0.060

通过 Kostiakov 公式入渗参数拟合值分析坡地土壤入渗率过程，图 8.12 显示了不同碎石覆盖比例下坡地土壤入渗率随放水时间的变化过程。结果表明，随着碎石覆盖比例的增加，坡地土壤入渗率逐渐增加。与无碎石覆盖的裸地相比，坡地碎石覆盖后土壤入渗率明显提高，进一步说明碎石覆盖可以有效提升土壤入渗能力。

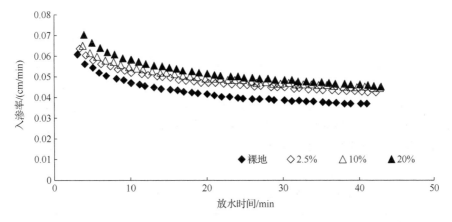

图 8.12　不同碎石覆盖比例下坡地土壤入渗率随放水时间变化过程

2. 碎石覆盖对坡地水流动力学参数的影响

通过对不同碎石覆盖下坡地水流过程进行计算，得到坡地水流平均流速（$\bar{v}$）、平均径流深（$\bar{h}$）、水流剪切力（τ）、曼宁糙率系数（n）、雷诺数（Re）、弗劳德数（Fr）及径流系数（R_C）。不同碎石覆盖比例下坡地水流动力学参数如表 8.8 所示。随着碎石覆盖比例的增加，坡地水流平均流速降低，而坡地平均径流深及水流剪切力增加，说明碎石对于水流流动具有阻碍作用，同时增加了径流深。曼宁糙率系数随着碎石覆盖比例的增加呈增大的趋势，径流系数呈减小的趋势，说明碎石覆盖可以提高地表糙率，降低地表径流量。进一步对坡地水流流态进行分析可以看出，雷诺数 Re 随着碎石覆盖比例的增加呈降低趋势，且各试验情况下雷诺数基本保持在 177 左右，均为层流状态（下临界雷诺数依据明渠水流取 500 来判别），而弗劳德数 Fr 却随碎石覆盖比例的增加从 1.257 降低到 0.711。说明增加碎石覆盖比例，会改变坡地水流的流动状态，使其从急流逐渐变为缓流。

表 8.8　不同碎石覆盖比例下坡地水流动力学参数

覆盖比例/%	$\bar{v}$/(m/s)	$\bar{h}$/cm	τ/(N/m²)	n/(s/m$^{1/3}$)	Re	Fr	R_C
0	0.163	0.172	3.163	0.038	178.000	1.257	0.566
2.5	0.146	0.193	3.535	0.046	177.142	1.059	0.518
10	0.120	0.233	4.270	0.063	177.103	0.798	0.485
20	0.111	0.249	4.580	0.072	175.257	0.711	0.453

8.1.2.4　碎石分布格局对土壤入渗和水流动力学参数的影响

为了研究碎石分布格局对坡地土壤入渗能力的影响，将相同覆盖比例及单元类型的碎石分别均匀布设在坡地上坡段、中坡段、下坡段及全坡段。

1. 碎石分布格局对入渗参数的影响

表 8.9 显示了碎石不同分布格局下的坡地土壤入渗参数，在碎石单元类型及覆盖比例相同的条件下，碎石在坡地分布格局的变化也会对坡地土壤入渗量产生一定的影响。Kostiakov 公式中，碎石布设于全坡段、下坡段、中坡段和上坡段时，数值上等于第一个单位计时后累积入渗量的拟合参数 a 逐渐增大，参数 b 没有明显的变化趋势。Philip 公式中，碎石布设于全坡段、下坡段、中坡段、上坡段时，稳渗率 A 和吸渗率 S 均没有明显的变化规律。可见碎石的分布格局对坡地土壤入渗量也会产生一定的影响，与碎石均匀布设全坡段相比，将碎石集中布设在某一坡段的效果更加明显。

表 8.9　碎石不同分布格局下坡地土壤的入渗参数

分布格局	a	b	S/(cm/min$^{1/2}$)	A/(cm/min)
全坡段	0.057	0.215	0.036	0.036
下坡段	0.060	0.097	0.016	0.050
中坡段	0.067	0.102	0.019	0.056
上坡段	0.080	0.202	0.048	0.053

2. 碎石分布格局对坡地水流动力学参数的影响

通过对不同碎石分布格局条件下坡地径流过程进行拟合，计算得到坡地水流平均流速（$\bar{v}$）、平均径流深（$\bar{h}$）、水流剪切力（τ）、曼宁糙率系数（n）、雷诺数（Re）、弗劳德数（Fr）及径流系数（R_C）。碎石不同分布格局下坡地水流动力学参数如表 8.10 所示。从表中可以看出，碎石布设于全坡段、中坡段、下坡段、上坡段时，坡地水流平均流速及径流系数总体呈减小的趋势，而坡地平均径流深及水流剪切力总体呈增加的趋势。说明相对于碎石均匀布设全坡段，将碎石集中布设某一坡段对降低径流流速更加明显。不同碎石分布格局均影响曼宁糙率系数，将碎石布设于全坡段、下坡段、中坡段、上坡段时，曼宁糙率系数总体呈增加的趋势。说明碎石在坡地不同分布格局对地表糙率影响不同。进一步对坡地水流的流态进行分析可以看出，各试验情况下雷诺数 Re 没有发生明显的变化，即坡地水流的紊动状态没有发生大的改变，均为层流状态（下临界雷诺数参考明渠水流取 500 来判别）。将碎石均匀布设在全坡段的弗劳德数大于 1，为急流，而将碎石集中布设在坡地下坡段、中坡段、上坡段时坡地水流弗劳德数均小于 1，为缓流，说明将集中碎石布设在某一坡段可以改善坡地水流流态。

表 8.10 碎石不同分布格局下坡地水流动力学参数

分布格局	$\bar{v}/(\text{m/s})$	$\bar{h}/\text{cm}$	$\tau /(\text{N/m}^2)$	$n/(\text{s/m}^{1/3})$	Re	Fr	R_C
全坡段	0.141	0.191	3.511	0.047	170.643	1.029	0.665
中坡段	0.133	0.232	4.253	0.057	195.185	0.883	0.579
下坡段	0.139	0.213	3.915	0.052	187.180	0.961	0.562
上坡段	0.110	0.255	4.688	0.074	177.624	0.695	0.492

8.1.2.5 碎石覆盖条件下坡地水流动力学参数间关系

1. 参数 d 与曼宁糙率系数的关系

坡地水流模型中 $d=c+1$，其中 c 为地表径流深增加率与土壤入渗率的比例系数，图 8.13 为曼宁糙率系数与 d 间的关系曲线，采用线性函数对其进行拟合，拟合方程为

$$d = 0.515n + 1 \qquad R^2 = 0.83 \qquad (8.101)$$

式中，d 为模型参数；n 为曼宁糙率系数($\text{s/m}^{1/3}$)。

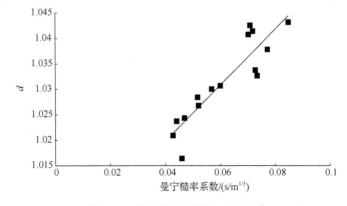

图 8.13 曼宁糙率系数与 d 间关系

其决定系数为 0.83，说明碎石覆盖条件下参数 d 与坡地的曼宁糙率系数呈线性函数变化，基于拟合方程，当坡地光滑（$n=0$）时，$d=1$，即 $c=0$，这表明坡地径流深保持不变。当曼宁糙率系数不为零时，$d=c+1$，其中 $c=0.515n$，此时坡地水流模型中径流深变化率可以用曼宁糙率系数表示。

2. 雷诺数和弗劳德数与曼宁糙率系数之间的关系

图 8.14（a）为碎石覆盖条件下的坡地水流弗劳德数与曼宁糙率系数之间的关系。采用幂函数对其进行拟合，拟合方程为

$$Fr = 0.065n^{-0.906} \quad R^2 = 0.99 \qquad (8.102)$$

式中，Fr 为弗劳德数；n 为曼宁糙率系数$(s/m^{1/3})$。

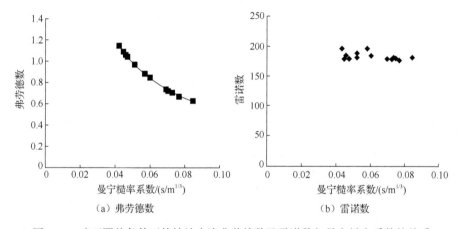

（a）弗劳德数　　　　　　　　　　　（b）雷诺数

图 8.14　碎石覆盖条件下的坡地水流弗劳德数及雷诺数与曼宁糙率系数的关系

Fr 与 n 拟合的决定系数为 0.99，说明碎石覆盖条件下坡地水流弗劳德数与曼宁糙率系数遵循较好的幂函数关系变化，从图 8.14 中可以看出弗劳德数随曼宁糙率系数的增加呈减小的趋势。说明在其他条件基本相同的情况下（坡度、上方来水流量及坡地同为裸地等），增加碎石覆盖，曼宁糙率系数增加，会使坡地水流的流动状态从急流逐渐变为缓流（各组试验的弗劳德数取值范围是 0.614～1.184）。然而坡地水流的紊动状态却未发生大的改变，各试验情况下雷诺数保持在 180 左右。

为了进一步分析雷诺数、弗劳德数与曼宁糙率系数的关系，分析了碎石覆盖条件下弗劳德数和雷诺数之积与曼宁糙率系数 n 之间的关系，结果如图 8.15 所示。采用幂函数对其进行拟合，拟合方程为

$$Fr \cdot Re = 9.984n^{-0.967} \quad R^2 = 0.98 \qquad (8.103)$$

式中，$Fr \cdot Re$ 为弗劳德数与雷诺数之积；n 为曼宁糙率系数$(s/m^{1/3})$。

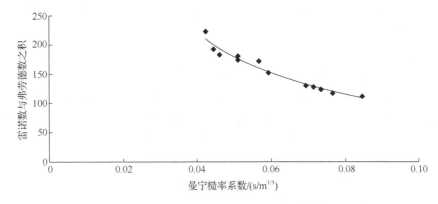

图 8.15 弗劳德数与雷诺数之积与曼宁糙率系数的关系

虽然坡地水流雷诺数与曼宁糙率系数之间没有明显的变化趋势，但从图 8.15 可以看出弗劳德数与雷诺数之积与曼宁糙率系数遵循较好的幂函数关系变化。

3. 水流剪切力与弗劳德数和曼宁糙率系数的关系

坡地水流在运动过程，除了受到重力和垂直于坡地表面的压力以外，还受到沿水流与土壤接触面方向水流剪切力的作用，实际当中坡地水流剪切力往往十分复杂，影响因素也较多，如下垫面状况、水流状况及坡地入渗等均会对其产生一定的影响。

图 8.16 为碎石覆盖条件下坡地水流剪切力与弗劳德数及曼宁糙率系数之间的关系。采用幂函数对 τ 和 Fr 进行拟合，拟合方程为

$$\tau = 3.750 \mathrm{Fr}^{-0.623} \quad R^2 = 0.97 \tag{8.104}$$

式中，τ 为水流剪切力(N/m^2)；Fr 为弗劳德数。说明碎石覆盖条件下坡地水流剪切力与弗劳德数遵循较好的幂函数关系变化。从图中可以看出，坡地水流剪切力随弗劳德数的增加呈减小的趋势。

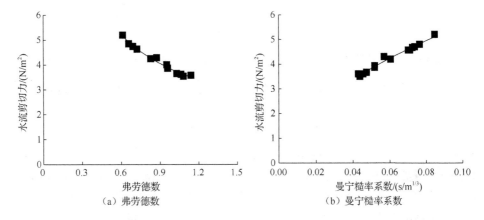

(a) 弗劳德数　　　　　　　　　(b) 曼宁糙率系数

图 8.16 碎石覆盖条件下坡地水流剪切力与弗劳德数及曼宁糙率系数的关系

采用幂函数对碎石覆盖条件下坡地水流剪切力与曼宁糙率系数之间的关系进行拟合，拟合方程为

$$\tau = 20.569 n^{0.565} \quad R^2 = 0.98 \tag{8.105}$$

式中，τ 为水流剪切力(N/m^2)；n 为曼宁糙率系数($s/m^{1/3}$)。说明碎石覆盖条件下坡地水流剪切力与曼宁糙率系数遵循较好的幂函数关系。从图中可以看出，坡地水流剪切力随曼宁糙率系数的增加而增大。说明坡地水流在流动的过程中，曼宁糙率系数越大，坡地水流剪切力越大，相应水流阻力也越大。

4. 平均流速和平均径流深与曼宁糙率系数的关系

图8.17为碎石覆盖条件下坡地径流平均流速及平均径流深与曼宁糙率系数之间的关系。采用幂函数对其进行拟合，拟合方程为

$$\bar{v} = 0.022 n^{-0.623} \quad R^2 = 0.99 \tag{8.106}$$

式中，$\bar{v}$ 为径流平均流速(m/s)；n 为曼宁糙率系数($s/m^{1/3}$)。说明碎石覆盖条件下的坡地径流平均流速与曼宁糙率系数遵循较好的幂函数关系，从图8.17中可以看出径流平均流速随曼宁糙率系数的增加呈减小趋势。

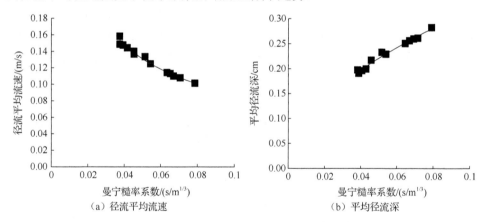

（a）径流平均流速　　　　　　　　　（b）平均径流深

图8.17　碎石覆盖条件下坡地径流平均流速及平均径流深与曼宁糙率系数的关系

采用幂函数对碎石覆盖下平均径流深与曼宁糙率系数之间的关系进行拟合，拟合方程为

$$\bar{h} = 1.120 n^{0.565} \quad R^2 = 0.98 \tag{8.107}$$

式中，$\bar{h}$ 为径流平均径流深(cm)；n 为曼宁糙率系数($s/m^{1/3}$)。其决定系数为0.98，说明碎石覆盖条件下坡地径流平均径流深与曼宁糙率系数遵循较好的幂函数关系变化，坡地径流平均径流深随曼宁糙率系数的增加呈增加的趋势。说明坡地水流曼宁糙率系数越大，径流平均流速越小，坡地平均径流深越大。

5. 入渗率与径流系数的关系

图 8.18 显示了碎石覆盖条件下坡地土壤入渗率与径流系数的关系，采用指数函数对其进行拟合，拟合方程为

$$i = 0.151\mathrm{e}^{-2.219R_\mathrm{C}} \quad R^2 = 0.91 \tag{8.108}$$

式中，i 为入渗率(cm/min)；R_C 为径流系数。

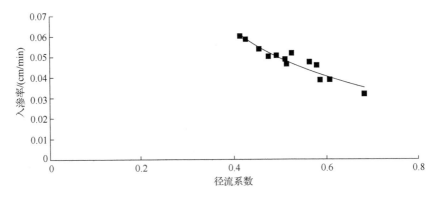

图 8.18　碎石覆盖条件下坡地土壤入渗率与径流系数的关系

8.1.2.6　植物类型对坡地土壤入渗和坡地水流动力学参数的影响

为了进一步分析不同植物类型对土壤入渗及坡地水流特征的影响，通过坡地产汇流数学公式对不同植物种植条件下地表径流过程进行拟合，获得不同下垫面条件土壤入渗和水流动力学参数，并将由模型获得的入渗参数 a、b 及曼宁糙率系数 n 代入坡地水流运动波方程。计算得到地表径流过程计算值，将计算值与实测值进行对比分析，对坡地水流解析模型加以验证。

1. 植物类型对入渗参数的影响

表 8.11 为不同植物种植条件下坡地土壤入渗参数。在 Kostiakov 公式中，对于裸地、大豆、谷子、柠条、玉米、紫花苜蓿和秋葵而言，数值上等于第一个单位计时后累积入渗量的系数 a 逐渐增大，b 没有明显的变化趋势。Philip 方程中，对于裸地、大豆、谷子、柠条、玉米、紫花苜蓿、秋葵而言，稳渗率 A 呈增加趋势，吸渗率没有明显的变化趋势。种植植物可以有效提升土壤入渗能力，其中秋葵效果最好，而且草类植物比作物对提高土壤入渗能力的作用更加明显。因为植物根系有效增加了土壤孔隙，提高了土壤入渗量，所以坡地植物种植对提高坡地土壤入渗能力具有一定的作用。

表 8.11　不同植物种植下的坡地土壤的入渗参数

植物类型	a	b	$S/(\text{cm/min}^{1/2})$	$A/(\text{cm/min})$
秋葵	0.167	0.185	0.090	0.115
紫花苜蓿	0.163	0.183	0.087	0.113
玉米	0.160	0.209	0.098	0.103
柠条	0.157	0.189	0.087	0.100
谷子	0.151	0.227	0.102	0.093
大豆	0.139	0.217	0.090	0.088
裸地	0.125	0.308	0.123	0.058

2. 植物类型对水流动力学参数的影响

通过对植物种植条件下坡地水流过程进行计算获得坡地径流平均流速（$\bar{v}$）、平均径流深（$\bar{h}$）、水流剪切力（τ）、曼宁糙率系数（n）、雷诺数（Re）、弗劳德数（Fr）及径流系数（R_C）。表 8.12 显示了不同植物种植下的坡地水流动力学参数。对于裸地、大豆、谷子、玉米、柠条、紫花苜蓿和秋葵而言，坡地径流平均流速及径流系数降低，而平均径流深、水流剪切力及曼宁糙率系数均呈增加的趋势，其中不同植物种植下曼宁糙率系数相对于无植被覆盖的裸地分别增加了29.55%、34.10%、34.10%、65.91%、84.09%和125.00%，说明秋葵对于增加曼宁糙率系数、降低径流流速的作用最明显。对坡地水流流态进行分析可以看出，坡地水流的紊动状态没有发生大的改变，雷诺数在 212 左右变化，均为层流状态（下临界雷诺数依明渠水流取 500 来判别）。裸地条件下的弗劳德数 Fr 大于 1，为急流，而增加植被覆盖后坡地水流的弗劳德数 Fr 均小于 1，转为缓流状态。

表 8.12　不同植物种植下的坡地水流动力学参数

植物类型	$\bar{v}/(\text{m/s})$	$\bar{h}/\text{cm}$	$\tau/(\text{N/m}^2)$	$n/(\text{s/m}^{1/3})$	Re	Fr	R_C
秋葵	0.097	0.346	6.061	0.099	212.026	0.527	0.471
紫花苜蓿	0.110	0.306	5.356	0.081	212.044	0.635	0.491
柠条	0.117	0.286	5.010	0.073	212.118	0.702	0.516
玉米	0.133	0.253	4.440	0.059	212.067	0.841	0.537
谷子	0.133	0.253	4.432	0.059	212.182	0.843	0.580
大豆	0.136	0.247	4.335	0.057	212.318	0.872	0.603
裸地	0.158	0.213	3.730	0.044	212.489	1.092	0.720

为了进一步分析植物种植对坡地土壤入渗率与径流深增加率之和的影响，采用幂函数对土壤入渗率与径流深增加率之和随时间变化过程进行拟合，即 $h_d = at^b$。式中，h_d 为土壤入渗率与径流深增加率之和[$\text{cm}^3/(\text{cm·min})$]，$t$ 为时间(min)，a、b 均为拟合参数。拟合结果见表 8.13，其决定系数均等于 0.99，说明不同植物种植下土壤入渗率与径流深增加率之和随时间变化过程曲线遵循幂函数的变化。从表 8.13 可知

对于裸地、大豆、谷子、柠条、玉米、紫花苜蓿和秋葵地而言，a 逐渐增加，变化范围是 68.961～92.783，b 的变化趋势不明显，变化范围是 0.202～0.332。

表 8.13 不同植物种植下土壤入渗率与径流深增加率之和的时间函数拟合

植物类型	a	b	R^2
秋葵	92.783	0.206	0.99
紫花苜蓿	89.752	0.202	0.99
柠条	85.738	0.208	0.99
玉米	87.272	0.228	0.99
谷子	82.870	0.246	0.99
大豆	76.024	0.236	0.99
裸地	68.961	0.332	0.99

8.1.2.7 植物种植分布格局对土壤入渗和坡地水流动力学参数的影响

1. 植物种植分布格局对入渗参数的影响

为了研究植物种植分布格局对坡地土壤入渗量的影响，将相同盖度的紫花苜蓿分别均匀种植在全坡段、上坡段、中坡段和下坡段。表 8.14 为不同植被种植分布格局下的坡地土壤入渗参数，Kostiakov 公式中，植物种植于全坡段时，数值上等于第一个单位计时后的累积入渗量的拟合参数 a 最大，而植被种植于中坡段和上坡段时 a 较小且差别不大，参数 b 没有明显的变化趋势。Philip 方程中，植被种植于中坡段、上坡段、下坡段时，稳渗率 A 均低于全坡段，吸渗率 S 没有明显的变化趋势。可见植被种植的分布格局对坡地土壤入渗会产生一定的影响。

表 8.14 不同植被分布格局下坡地土壤的入渗参数

分布格局	a	b	$S/(\text{cm/min}^{1/2})$	$A/(\text{cm/min})$
全坡段	0.163	0.195	0.093	0.110
上坡段	0.142	0.262	0.115	0.078
中坡段	0.145	0.285	0.129	0.073
下坡段	0.151	0.259	0.120	0.084

2. 植物种植分布格局对水流动力学参数的影响

通过对不同植物种植分布格局下坡地水流过程进行计算获得坡面径流平均流速（$\bar{v}$）、平均径流深（$\bar{h}$）、水流剪切力（τ）、曼宁糙率系数（n）、雷诺数（Re）、弗劳德数（Fr）及径流系数（R_C）。表 8.15 显示了不同植物种植分布格局下坡地水流动力学参数，植物种植于中坡段、上坡段、下坡段时，坡地径流平均流速及径流系数大体呈减小的趋势，而坡地平均径流深及水流剪切力均大体呈增加的趋势，曼宁糙率系数相对于全坡段植物种植分别降低了 41.98%、35.80% 和 16.05%，说明不同植物种植分布格局对坡地水流特征的影响不同,将植物种植在中坡段和下坡段分别对于降低曼宁糙率系数、增加地表径流流速最明显。进一步对坡地水流流态进行分析可以看出,各试验情况下雷诺数没有明显的变化,即坡地水流的紊动状态没有发生大的改变,均为层流状态(下临界雷诺数参考明渠水流取 500 来判别)。将植物种植在中坡段时坡地水流弗劳德数大于 1,为急流,而将植物种植在坡地下坡段和上坡段时,坡地水流弗劳德数均小于 1,为缓流状态。

表 8.15　不同植物种植分布格局下坡地水流动力学参数

分布格局	$\bar{v}$/(m/s)	$\bar{h}$/cm	τ/(N/m²)	n/(s/m^{1/3})	Re	Fr	$R_{\rm C}$
全坡段	0.108	0.306	5.362	0.081	212.060	0.634	0.508
上坡段	0.143	0.234	4.105	0.052	212.288	0.946	0.639
中坡段	0.153	0.220	3.846	0.047	212.245	1.043	0.654
下坡段	0.123	0.274	4.800	0.068	212.226	0.748	0.612

为了进一步分析植物种植分布格局对坡地土壤入渗率与径流深增加率之和的影响,采用幂函数对其进行拟合,即 $h_{\rm d} = at^b$。式中,$h_{\rm d}$ 为土壤入渗率与径流深增加率之和[cm³/(cm·min)],t 为时间(min),a、b 均为拟合参数,拟合结果见表 8.16,其决定系数均等于 0.99,说明不同植物种植分布格局下土壤入渗率与径流深增加率之和随时间变化过程遵循幂函数的变化。从表 8.16 中可以看出植物种植于上坡段、中坡段和下坡段时,拟合参数 a 呈增加趋势,参数 b 没有明显的变化趋势。

表 8.16　不同植物种植分布格局下土壤入渗率与径流深增加率之和的时间函数拟合

分布格局	a	b	R^2
全坡段	107.510	0.200	0.99
上坡段	78.239	0.284	0.99
中坡段	79.843	0.307	0.99
下坡段	83.857	0.283	0.99

8.1.2.8　植物种植密度对土壤入渗和水流动力学参数的影响

1. 植物种植密度对入渗参数的影响

表 8.17 为大豆不同种植密度下坡地土壤入渗参数,在 Kostiakov 公式中,随着大豆种植密度的增加,a 和 b 都发生变化。Philip 方程中,稳渗率 A 和吸渗率 S 均随植物种植密度的变化而变化。这是由于植物种植密度增加,坡地土壤中植被根系分布越密集,根系增加土壤渗透性的作用愈加明显,因此坡地土壤入渗能力呈增加的趋势。

表 8.17 不同植物种植密度下坡地土壤入渗参数

行距/cm	a	b	S/(cm/min$^{1/2}$)	A/(cm/min)
60	0.128	0.232	0.089	0.078
30	0.139	0.217	0.090	0.088

2. 植物种植密度对水流动力学参数的影响

通过对不同植物种植密度下坡地径流过程进行拟合获得坡地径流平均流速（$\bar{v}$）、平均径流深（$\bar{h}$）、水流剪切力（τ）、曼宁糙率系数（n）、雷诺数（Re）、弗劳德数（Fr）及径流系数（R_C）。从表 8.18 中可以看出，随着种植行距的降低，坡地径流平均流速降低而平均径流深及水流剪切力增加。曼宁糙率系数随植物种植密度增加而增大，而径流系数减小，说明植物种植可以提高曼宁糙率系数，降低径流流速。进一步对坡地水流流态进行分析可以看出，坡地水流雷诺数 Re 无明显变化，水流的紊动状态没有发生显著改变，各试验情况下雷诺数基本保持在212 左右，均为层流状态（下临界雷诺数依明渠水流取 500 来判别），而弗劳德数却随种植密度的增加而减小，由 0.971 降低到 0.872。说明增加植物种植密度会使坡地水流的流动状态逐渐变缓。

表 8.18 不同植物种植密度下坡地水流动力学参数

行距/cm	$\bar{v}$/(m/s)	$\bar{h}$/cm	τ/(N/m^2)	n/(s/m$^{1/3}$)	Re	Fr	R_C
60	0.146	0.230	4.034	0.051	212.451	0.971	0.646
30	0.136	0.247	4.335	0.057	212.318	0.872	0.603

为了进一步分析植物种植密度对坡地土壤入渗率与径流深增加率之和的影响，采用幂函数对其进行拟合，即 $h_d = at^b$。式中，h_d 为土壤入渗率与径流深增加率之和[cm^3·(cm/ min)]，t 为时间(min)，a、b 均为拟合参数。拟合结果见表 8.19，其决定系数均等于 0.99，说明不同大豆种植密度下土壤入渗率与径流深增加率之和随时间变化过程遵循幂函数变化。从表 8.19 中可以看出，拟合参数 b 随种植密度的增加而增加，变化范围是 0.188～0.251，拟合参数 a 随盖度的变化趋势不明显，变化范围是 69.499～76.024。

表 8.19 不同种植密度下土壤入渗率与径流深增加率之和的时间函数拟合

行距/cm	a	b	R^2
60	69.499	0.188	0.99
30	76.024	0.236	0.99
20	69.695	0.251	0.99

8.1.2.9　植物种植组合对土壤入渗和水流动力学参数的影响

1. 不同植物种植组合对土壤入渗参数的影响

不同植物种植组合条件下坡地土壤的入渗参数见表 8.20，从表 8.20 中可看出，与裸地相比，不同植物种植组合下的坡地土壤入渗参数 a、稳渗率 A 及吸渗率 S 均较裸地增加。两种植物种植组合相比，柠条、秋葵和玉米种植组合的坡地土壤入渗参数 a、稳渗率 A 均较高，说明柠条、秋葵和玉米种植组合对提高坡地土壤入渗能力的效果更好。

表 8.20　不同植物种植组合下坡地土壤入渗参数

覆盖类型	a	b	$S/(\mathrm{cm/min}^{1/2})$	$A/(\mathrm{cm/min})$
裸地	0.125	0.308	0.123	0.058
柠条、秋葵、玉米	0.192	0.218	0.124	0.121
柠条、紫花苜蓿、大豆	0.177	0.282	0.156	0.091

2. 不同植物种植组合对水流动力学参数的影响

通过对植物种植组合条件下坡地径流过程进行拟合获得坡地径流平均流速 ($\bar{v}$)、平均径流深 ($\bar{h}$)、水流剪切力 (τ)、曼宁糙率系数 (n)、雷诺数 (Re)、弗劳德数 (Fr) 及径流系数 (R_C)。从表 8.21 中可以看出，对于裸地，柠条、紫花苜蓿、大豆和柠条、秋葵、玉米而言，坡地径流平均流速及径流系数呈减小的趋势，而地表径流平均径流深及水流剪切力均呈增加的趋势，两种植物种植组合条件下的坡地曼宁糙率系数明显高于无植物种植的裸地。进一步对坡地水流流态进行分析可以看出，各试验情况下雷诺数没有明显的变化，即坡地水流的紊动状态没有发生大的改变，均为层流状态（下临界雷诺数依明渠水流取 500 来判别）。无植被覆盖的裸地坡地水流弗劳德数大于 1，为急流，而不同植物种植组合下的坡地水流弗劳德数明显减小，变化范围为 0.291~0.314，为缓流，说明植物种植组合可以将坡地水流流态由急流变为缓流状态。

表 8.21　不同植物种植组合覆盖下坡地水流动力学参数

覆盖类型	$\bar{v}/(\mathrm{m/s})$	$\bar{h}/\mathrm{cm}$	$\tau/(\mathrm{N/m}^2)$	$n/(\mathrm{s/m}^{1/3})$	Re	Fr	R_C
裸地	0.1580	0.213	3.730	0.044	212.489	1.092	0.720
柠条、秋葵、玉米	0.0658	0.514	8.997	0.193	211.641	0.291	0.443
柠条、紫花苜蓿、大豆	0.0690	0.489	8.562	0.177	211.869	0.314	0.566

为了进一步分析不同植物种植组合对坡地土壤入渗率与地表径流深增加率之和的影响，采用幂函数 $h_\mathrm{d} = at^b$ 对其进行拟合。拟合结果见表 8.22，其决定系数均等于 0.99，说明不同植物种植组合下土壤入渗率与径流深增加率之和随时间变化

过程遵循幂函数变化。由表 8.22 可以看出，对于裸地，柠条、紫花苜蓿、大豆和柠条、秋葵、玉米而言，拟合参数 a 逐渐增加，变化范围是 68.961～109.050，拟合参数的指数 b 的变化范围是 0.240～0.332。

表 8.22　不同植物种植组合下土壤入渗率与径流深增加率之和的时间函数拟合

覆盖类型	a	b	R^2
裸地	68.961	0.332	0.99
柠条、秋葵、玉米	109.050	0.240	0.99
柠条、紫花苜蓿、大豆	102.240	0.309	0.99

8.1.2.10　植物种植与碎石覆盖组合对土壤入渗和水流动力学参数的影响

1. 植物种植与碎石覆盖组合对土壤入渗参数的影响

为了研究植物种植与碎石覆盖组合分布格局对坡地土壤入渗的影响，将紫花苜蓿种植在坡地上坡段、中坡段和下坡段，其余坡段覆盖碎石，表 8.23 为不同紫花苜蓿种植与碎石覆盖分布格局下的坡地土壤入渗参数，虽然植物与碎石覆盖比例均相同，但紫花苜蓿与碎石覆盖位置的变化对坡地土壤入渗能力也会产生一定的影响。Kostiakov 公式中，对于下坡段紫花苜蓿+碎石覆盖而言，表示第一个单位计时后的累积入渗量的拟合参数 a 最大，其中中坡段紫花苜蓿+碎石和上坡段紫花苜蓿+碎石覆盖下拟合参数 a 接近。Philip 方程中，对于中坡段紫花苜蓿+碎石、上坡段紫花苜蓿+碎石、下坡段紫花苜蓿+碎石覆盖而言，吸渗率 S 逐渐增大，稳渗率 A 没有明显的变化趋势，可见将紫花苜蓿集中种植在下坡段位置，其余坡段覆盖碎石的分布格局对坡地入渗能力的影响明显强于其他分布格局，这与只有紫花苜蓿种植时下坡段分布格局对提高坡地土壤入渗能力效果最好的结论相同。

表 8.23　不同紫花苜蓿种植与碎石覆盖分布格局下的坡地土壤入渗参数

分布格局	a	b	$S/(\text{cm/min}^{1/2})$	$A/(\text{cm/min})$
上坡段紫花苜蓿+碎石	0.180	0.328	0.191	0.076
中坡段紫花苜蓿+碎石	0.175	0.301	0.167	0.083
下坡段紫花苜蓿+碎石	0.198	0.321	0.205	0.087

2. 植物种植与碎石覆盖组合对水流动力学参数的影响

通过对植物种植与碎石覆盖组合条件下坡地径流过程进行拟合获得坡地径流平均流速（$\bar{v}$）、平均径流深（$\bar{h}$）、水流剪切力（τ）、曼宁糙率系数（n）、雷诺数（Re）、弗劳德数（Fr）及径流系数（R_C）。从表 8.24 中可以看出，对于上坡段紫花苜蓿+碎石、中坡段紫花苜蓿+碎石、下坡段紫花苜蓿+碎石而言，坡地径流平均流速及径流系数呈减小的趋势，而坡地平均径流深及水流剪切力均呈增加的趋势，曼宁糙率系数相对于裸地分别增加了 40.91%、102.27%和 136.36%，说明紫花苜蓿与碎石不同分布格局对坡地水流特征的影响不同，其中下坡段紫花苜蓿+碎石的效果最明显。进一步对坡地水流流态进行分析可以看出，各试验情况下雷诺数没有明显的变化，即坡地水流的紊动状态没有发生大的改变，均为层流状态（下临界雷诺数参考明渠水流取 500 来判别）。紫花苜蓿与碎石不同分布格局下坡地水流弗劳德数均小于 1，为缓流状态。

表 8.24　植物种植与碎石组合下坡地水流动力学参数

分布格局	$\bar{v}$/(m/s)	$\bar{h}$/cm	τ/(N/m²)	n/(s/m$^{1/3}$)	Re	Fr	R_C
裸地	0.158	0.213	3.730	0.044	212.489	1.092	0.720
上坡段紫花苜蓿+碎石	0.129	0.260	4.560	0.062	211.905	0.808	0.617
中坡段紫花苜蓿+碎石	0.104	0.323	5.664	0.089	212.024	0.584	0.592
下坡段紫花苜蓿+碎石	0.095	0.354	6.210	0.104	211.832	0.508	0.564

8.1.2.11　植物种植条件下坡地水流动力学参数间的关系

1. 参数 d 与曼宁糙率系数间的关系

图 8.19 显示了植物种植条件下曼宁糙率系数与 d 之间的关系曲线，采用线性函数对其进行拟合，拟合方程为

$$d = 0.302n + 1 \qquad R^2 = 0.86 \qquad (8.109)$$

式中，d 为模型参数；n 为曼宁糙率系数(s/m$^{1/3}$)。

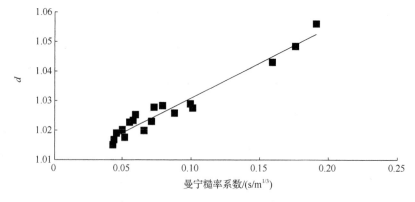

图 8.19　植物种植条件下曼宁糙率系数与参数 d 的关系曲线

n 与 d 拟合的决定系数为 0.86，说明植物种植条件下参数 d 与坡地曼宁糙率系数呈线性函数变化，此时坡地水流模型中地表径流深增加率可以用曼宁糙率系数表示。

2. 雷诺数与曼宁糙率系数间的关系

图 8.20 为植物种植条件下坡地水流雷诺数和曼宁糙率系数之间的关系。由图 8.20 可以看出二者呈较好的幂函数关系，拟合方程为

$$\mathrm{Re} = 210.89 n^{-0.002} \quad R^2 = 0.77 \tag{8.110}$$

式中，Re 为雷诺数；n 为曼宁糙率系数$(\mathrm{s/m}^{1/3})$。

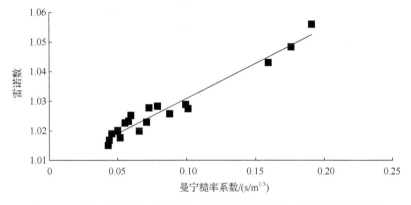

图 8.20　植物种植条件下坡地水流雷诺数与曼宁糙率系数的关系曲线

3. 水流剪切力与径流系数间的关系

采用幂函数对不同植物种植下坡地水流剪切力与径流系数之间的关系进行拟合，拟合方程为

$$R_{\mathrm{C}} = 1.43 \tau^{0.5749} \quad R^2 = 0.77 \tag{8.111}$$

式中，R_{C} 为径流系数；τ 为水流剪切力$(\mathrm{N/m}^2)$。

τ 和 R_{C} 拟合的决定系数为 0.77，说明植物种植条件下坡地水流剪切力与径流系数遵循较好的幂函数关系变化，如图 8.21 所示。径流系数随坡地水流剪切力的增加呈减小的趋势。

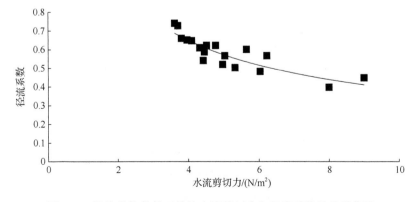

图 8.21　植物种植条件下坡地水流剪切力与径流系数的关系曲线

4. 入渗率和径流系数与曼宁糙率系数间的关系

图8.22绘制了植物种植条件下坡地土壤入渗率与径流系数的关系曲线，采用指数函数对其进行拟合，拟合方程为

$$i = 0.297e^{-2.208R_C} \quad R^2 = 0.98 \tag{8.112}$$

式中，i为土壤入渗率(cm/min)；R_C为径流系数。决定系数为0.98，说明植物种植条件下坡地土壤入渗率与径流系数呈指数函数变化，这与碎石覆盖条件下坡地土壤入渗率与径流系数呈指数函数关系的结论一致。

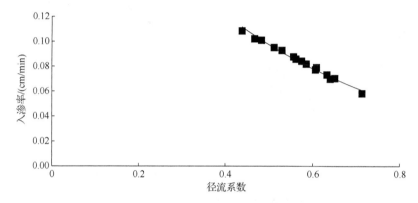

图8.22　植物种植条件下坡地土壤入渗率与径流系数的关系曲线

图8.23显示了植物种植下坡地水流径流系数与曼宁糙率系数的关系曲线，采用幂函数对其进行拟合，拟合方程为

$$R_C = 0.229n^{-0.347} \quad R^2 = 0.77 \tag{8.113}$$

式中，R_C为径流系数；n为曼宁糙率系数(s/m$^{1/3}$)。决定系数为0.77，说明植物种植条件下径流系数与曼宁糙率系数呈幂函数变化，随坡地曼宁糙率系数的增加，径流系数呈减小的趋势。

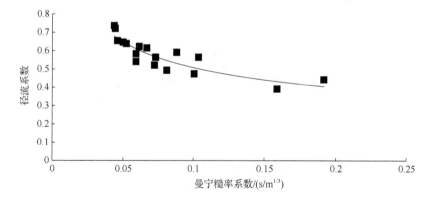

图8.23　植物种植条件下坡地径流系数与曼宁糙率系数的关系曲线

8.2　水流冲刷下的土壤侵蚀模型

　　土壤侵蚀是一个复杂过程，受到多种因素的影响。随着研究的不断深入，对其机制和影响因素作用程度的认识不断深化，为发展相应数学模型奠定了基础。降雨和水流冲刷作用机制有所不同，导致土壤侵蚀程度不同。大量模型显示，随着径流流量增加土壤侵蚀程度也在增加。水流冲刷作用下，随着时间推移，径流含沙量逐渐减少，与传统模型计算结果有所差异。因此，需要根据水流冲刷下土壤侵蚀的特点，构建适宜的模型。依据坡地水流和土壤侵蚀特点，建立可适用于陕北黄土坡地的基于径流—侵蚀关系的土壤侵蚀模型，通过对坡面土壤侵蚀过程定量化研究，揭示该地区土壤侵蚀过程，为控制黄土坡面水土流失提供理论依据。

8.2.1　坡地土壤侵蚀模型的建立

　　土壤侵蚀过程中，坡地水流过程是土壤侵蚀模型构建的基础，坡面水流过程通常利用运动波方程进行描述：

$$\frac{\partial h(x,t)}{\partial t}+\frac{\partial q(x,t)}{\partial x}=-i \tag{8.114}$$

式中，$h(x,t)$ 为坡地径流深(m)；i 为土壤入渗率(m/s)；t 为时间(s)；x 为坡地距离(m)；$q(x,t)$ 为指坡地单宽流量(m^2/s)。

　　单宽流量与径流深的关系为

$$q(x,t)=\frac{1}{n}J^{1/2}h(x,t)^{5/3} \tag{8.115}$$

式中，n 为曼宁糙率系数($s/m^{1/3}$)；J 为水力坡度。

　　土壤入渗率采用 Kostiakov 公式描述，为了简化，将土壤入渗率在坡地上的平均值视为该坡地的土壤入渗率，将坡地平均起始入渗时间设为 $t_0/2$，则土壤入渗率表达式为

$$i=a\left(t-\frac{t_0}{2}\right)^{-b} \tag{8.116}$$

式中，t_0 为水流从入流口到出流口处的时间(min)；a 和 b 为经验参数。根据前面坡地水流特征近似分析，单宽流量可以表示为

$$q(x,t)=\frac{1}{n}J^{1/2}h(x,t)^{5/3}=q_i-adx\left(t-\frac{t_0}{2}\right)^{-b} \tag{8.117}$$

　　坡地任意位置的径流深 $h(x,t)$ 可表示为

$$h(x,t)=\left(\frac{1}{n}J^{1/2}\right)^{-3/5}\left[q_i-adx\left(t-\frac{t_0}{2}\right)^{-b}\right]^{3/5} \tag{8.118}$$

当径流深很小时，可认为水力半径 R 与径流深 h 近似相等，则有

$$R \approx h \tag{8.119}$$

水流剪切力是一个与水力半径有关的函数，在薄层水流条件下可以近似将水力半径 R 用径流深 h 代替：

$$\tau = rRJ = rhJ \tag{8.120}$$

Foster 等[11]对坡地水流分离率提出了一个较简单的公式：

$$D_c = k_0 \tau^{3/2} \tag{8.121}$$

式中，D_c 为径流分离率[kg/(m²·s)]；k_0 为土壤可蚀性参数(s/m)。

水流冲刷条件下，在坡地侵蚀过程中，初始产流时产沙量大，产沙量随着径流时间越来越小直至稳定，因此径流分离率随着径流时间逐渐减小。同时，坡地径流量在初始产流时刻较低，并随着径流时间逐渐增大而稳定，径流深随着径流量的变化也反映出相同的规律。径流深增加使水流剪切力增大，土壤可蚀性因子 K 是一个正值参数，径流分离率随着径流深的增加而增大，这与上述径流分离率减小的事实相矛盾，因此式（8.121）不能正确描述坡地径流侵蚀过程。

土壤侵蚀主要取决于两方面作用，一是土壤抗蚀能力，一是径流侵蚀能力。通常，径流侵蚀能力随着径流深和单宽流量的增加而增加。但大量试验结果显示，在坡地上方来水流量一定的情况下，随着径流时间的延续，坡地任意位置的单宽流量和径流深是逐步增加的，也就是水流冲刷能力逐步提升。在土壤抗蚀能力一定情况下，随着单宽流量增加，土壤侵蚀量会增加。但试验显示了相反的结果。因此，说明土壤抗蚀能力发生了变化。间接说明随着土壤深度的增加，土壤抗蚀能力逐步增加。根据这些分析，认为土壤可蚀性随径流侵蚀过程发生变化，在产流初始时期较大，并随着径流时间逐渐降低。因此，假设土壤可蚀性的减小过程符合指数函数形式。

$$K(t) = Ke^{-\alpha \left(\frac{\int_{\frac{t_0}{2}}^{t} D_c dt}{H_0 \rho_s} \right)} \tag{8.122}$$

式中，$K(t)$ 是单位面积内的可能土壤侵蚀参数；$H_0\rho_s$ 是单位面积内土壤最大可能侵蚀量(kg/m²)；K 是土壤可蚀性因子(s/m)；H_0 是单次产流土壤最大可能剥离深度(m)；ρ_s 是土壤容重(kg/m³)；α 是经验参数。

将 $K(t)$ 替代 k_0 代入式（8.121），则新的剥离率公式为

$$D_c = Ke^{-\alpha \left(\frac{\int_{t_0/2}^{t} D_c dt}{H_0 \rho_s} \right)} \tau^{\frac{3}{2}} \tag{8.123}$$

设 $Y = \int_{\frac{t_0}{2}}^{t} D_c dt$，求解该微分方程得

$$Y = \frac{H_0 \rho_s}{\alpha} \ln \left\{ \frac{\alpha K}{H_0 \rho_s} \left[(rJ)^{\frac{3}{2}} \int_{\frac{t_0}{2}}^{t} h^{\frac{3}{2}} dt \right] + 1 \right\} \tag{8.124}$$

将 $\int_{\frac{t_0}{2}}^{t} h^{\frac{3}{2}} \mathrm{d}t$ 进行泰勒展开并积分，则式（8.124）变为

$$Y = \frac{H_0 \rho_s}{\alpha} \ln\left(\frac{\alpha K}{H_0 \rho_s} \left\{ (rJ)^{\frac{3}{2}} A\left[\left(t - \frac{t_0}{2}\right) - \frac{9adx}{10q_i(1-b)}\left(t - \frac{t_0}{2}\right)^{1-b} \right] \right\} + 1 \right) \quad (8.125)$$

式中，$A = \left(\dfrac{1}{n} J^{\frac{1}{2}}\right)^{-\frac{9}{10}} q_i^{\frac{9}{10}}$。

水流冲刷条件下，坡地土壤输移过程满足质量平衡方程和连续变化规律，因此可用式（8.126）描述坡地泥沙传输过程：

$$\frac{\partial q_s(x,t)}{\partial x} + \frac{\partial h(x,t)c(x,t)}{\partial t} = D_c \quad (8.126)$$

式中，$q_s(x,t) = c(x,t)q(x,t)$，c 为泥沙含量（kg/m³）。

假设坡地薄层水流泥沙含量与径流深的乘积随时间的变化与水流分离率成正比

$$\frac{\partial h(x,t)c(x,t)}{\partial t} = a' D_c \quad (8.127)$$

则式（8.126）变为

$$\frac{\partial q_s(x,t)}{\partial x} = (1-a')D_c \quad (8.128)$$

式（8.128）对 x 积分得

$$q_s = (1-a')\int_0^x D_c(t)\mathrm{d}x \quad (8.129)$$

累积产沙量 Q_s 可表示为

$$Q_s = \int_{\frac{t_0}{2}}^{t} q_s \mathrm{d}t = (1-a')\int_{\frac{t_0}{2}}^{t}\int_0^x D_c \mathrm{d}x\mathrm{d}t \quad (8.130)$$

也可表示为

$$Q_s = (1-a')\int_0^x \int_{\frac{t_0}{2}}^{t} D_c \mathrm{d}t\mathrm{d}x = (1-a')\int_0^x Y\mathrm{d}x \quad (8.131)$$

将式（8.130）代入式（8.131）并积分得到累积产沙量随时间和位置变化的土壤侵蚀模型：

$$Q_s = -\frac{(1-\alpha')M}{\alpha^2 D\left(t - \dfrac{t_0}{2}\right)^{1-b}} \left\{ \left[\alpha E\left(t - \frac{t_0}{2}\right) + 1 - \alpha D\left(t - \frac{t_0}{2}\right)^{1-b} x \right] \right.$$

$$\cdot \ln\left[\alpha E\left(t - \frac{t_0}{2}\right) + 1 - \alpha D\left(t - \frac{t_0}{2}\right)^{1-b} x \right]$$

$$\left. - \left[\alpha E\left(t - \frac{t_0}{2}\right) + 1 \right] \ln\left[\alpha E\left(t - \frac{t_0}{2}\right) + 1 \right] \right\} - \frac{(1-\alpha')M}{\alpha} x \quad (8.132)$$

式中，$M = H_0 \rho_s$；$D = \dfrac{9K(rJ)^{\frac{3}{2}} Aad}{10Mq_i(1-b)}$；$E = \dfrac{K}{M}(rJ)^{\frac{3}{2}} A$。

式（8.132）中包含的参数有 a、d、b、A、M、α 和 α'，其中 a、d、b 和 A 为坡地水流参数，可以根据水流特征获取。参数 M、α 和 α' 根据径流产沙试验资料，并通过遗传算法进行参数优选得出。

8.2.2　土壤侵蚀模型参数确定与准确性评估

根据建立的坡地土壤侵蚀模型，以不同放水流量引起的侵蚀产沙试验数据为基础，拟合土壤入渗率与径流深增加率之和 h_d 与 $t-t_0/2$ 幂函数关系。在不同放水流量条件下的拟合结果如图 8.24 所示，根据坡地水流特征获得拟合参数 a、b 和 d，以及式（8.132）中其他参数值见表 8.25。其中，坡长为 16m，水力坡度 J 近似取坡度的正切值为 0.1873，土壤容重 ρ_s 为 1310kg/m^3，土壤可蚀性因子 K 值依照土壤侵蚀预测模型（water erosion prediction project，WEPP）细沟可蚀性计算方法确定，计算公式如下：

当土壤砂粒含量大于 30%时，

$$K = 0.00197 + 0.03\text{vfs} + 0.03863\text{e}^{-1840\text{OM}} \qquad (8.133)$$

砂粒含量小于 30%时，

$$K = 0.0069 + 0.134\text{e}^{-20\text{Clay}} \qquad (8.134)$$

式中，K 是土壤可蚀性因子(s/m)；vfs 是极细砂含量(g/g)；OM 是有机质含量(g/g)；Clay 是黏粒含量(g/g)。

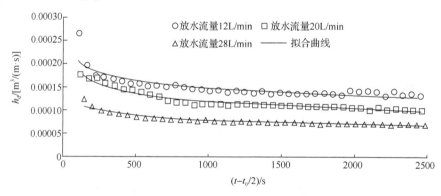

图 8.24　不同放水流量条件下 h_d 与 $t-t_0/2$ 的拟合关系

表 8.25　不同流量下模型参数

参数	放水流量 12L/min	放水流量 20L/min	放水流量 28L/min
$ad/10^{-5}$	1.875	3.125	2.500
b	0.167	0.206	0.149
$A/10^{-4}$	4.430	4.511	5.322

续表

参数	放水流量 12L/min	放水流量 20L/min	放水流量 28L/min
$q_i/(m^2/s)$	0.000160	0.000267	0.000373
t_0/s	172.80	119.5	96.6
J	0.1873	0.1873	0.1873
x/m	16	16	16
$\rho_s/(kg/m^3)$	1310	1310	1310
$K/(s/m)$	0.0151	0.0151	0.0151

　　将各参数代入式（8.132），根据实测径流产沙过程，利用遗传算法进行回归分析
得到参数 M、α 和 α' 值，如表 8.26 所示。图 8.25 显示了累积产沙量的模拟值与实测
值。由于 $M = H_0\rho_s$，H_0 是指土壤最大可能剥离深度，这一参数在某一地区应为常数，
从拟合结果看出 M 的变化很小，且该参数的微小变化仅引起模型模拟值发生微小变
化，故在该地区的 M 近似取 9.000。α 为一经验参数，从拟合结果看其变化也在 0.001
左右，基本为一定值，且其变化也对模拟结果影响很小，因此 α 近似取 0.040。

表 8.26　遗传算法回归拟合参数

放水流量/(L/min)	M	α	α'
12	9.012	0.039	0.99963
20	8.997	0.040	0.99950
28	9.004	0.039	0.99910

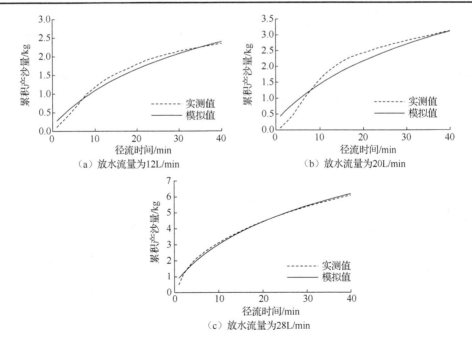

图 8.25　累积产沙量的模拟值与实测值

使用纳什效率系数 NS 和均方根误差（root mean square error，RMSE）来判定模型模拟结果。NS 取值从 $-\infty$ 到 1，NS 越接近 1，代表模型质量越好，模型模拟的可信度越高；NS 接近 0 代表模拟结果和观测的平均值水平基本相当，模型总体可信；NS 远远小于 0 时代表模型不可信。纳什系数形式为

$$\mathrm{NS} = 1 - \left(\sum (O_i - P_i)^2 \middle/ \sum (O_i - \overline{O_i})^2\right) \tag{8.135}$$

式中，P_i 是模拟值；O_i 是实测值。

均方根误差 RMSE 用来衡量模拟值与实测值之间的偏差形式为

$$\mathrm{RMSE} = \frac{|P_i - O_i|}{O_i} \times 100\% \tag{8.136}$$

模型较精确模拟出不同流量条件下的累积产沙过程，三种流量的 NS 和 RMSE 值见表 8.27。结果显示模型方法可以较精准地模拟不同流量条件下坡地土壤累积产沙量。

表 8.27　三种流量下总产沙量 NS 与 RMSE 比较

评价指标	放水流量 12L/min	放水流量 20L/min	放水流量 28L/min
NS	0.9912	0.9821	0.9980
RMSE/kg	0.0051	0.0219	0.0048

为检验模型模拟的可靠性，利用其他情况试验资料进行检验，累积产沙量实测值和模拟值的对比如图 8.26 所示。表 8.28 为重复试验的实测值与模拟值的 NS 和 RMSE，显示出该坡地侵蚀模型可以较好地反映坡地泥沙随时间变化过程，模型的拟合程度较好，可以用于黄土坡地土壤侵蚀的预测。

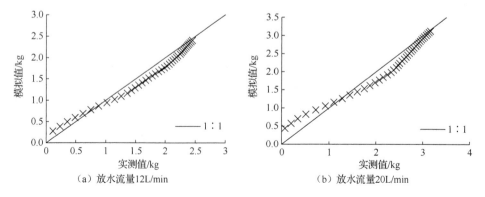

（a）放水流量12L/min　　　　　　　　（b）放水流量20L/min

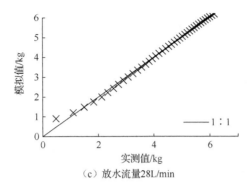

（c）放水流量28L/min

图 8.26　累积产沙量的模拟值与实测值

表 8.28　重复试验的总产沙量 NS 与 RMSE

评价指标	放水流量 12L/min	放水流量 20L/min	放水流量 28L/min
NS	0.9901	0.9821	0.9981
RMSE/kg	0.0135	0.0251	0.0042

参数 α' 是侵蚀模型中的关键参数，尽管该值变化范围较小，但该值的改变对模拟结果影响较大，若能建立初始单宽入流量 q_i 与 α' 的关系，则可简化模型计算。图 8.27 为参数 α' 与单宽入流量 q_i 的关系，关系式如下：

$$\alpha' = -0.00003q_i + 1.0001 \tag{8.137}$$

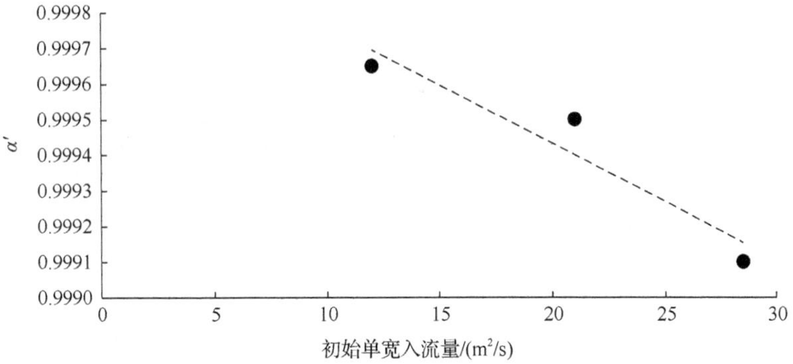

图 8.27　α' 与初始单宽入流量的关系

8.2.3　下垫面条件对模型参数的影响

以不同放水流量试验数据为基础，对模型进行分析验证，证明该模型有较好的模拟结果，可以应用于预测黄土坡地土壤侵蚀过程。但模型主要根据裸地条件下不同径流流量的试验结果进行拟合，缺乏在下垫面影响下对模型参数的影响分析。本小节以不同下垫面水流侵蚀的试验结果为依据，着重研究不同下垫面条件对模型参数的影响。

8.2.3.1　坡长对模型参数的影响

对于不同坡长水流侵蚀过程，利用模型（式 8.132）进行回归拟合和计算得到的参数见表 8.29。在相同流量、坡度、土壤质地等条件下，公式参数单宽入流量 q_i、水力坡度 J、土壤容重 ρ_s、土壤可蚀性因子 K 及参数 M 和 α 均为定值，初始产流时间 t_0 可直接测出，坡地径流参数 ad、b、A 及侵蚀参数 α' 均为变量。

表 8.29　不同坡长下模型参数

参数	坡长 5m	坡长 10m	坡长 15m
$ad/10^{-5}$	10	5	6
b	0.239	0.194	0.214
$A/10^{-4}$	1.750	6.221	22.720
$q_i/(m^2/s)$	0.00034	0.00034	0.00034
t_0/s	35.65	94.06	279.35
J	0.1873	0.1873	0.1873
x/m	5	10	15
$\rho_s/(kg/m^3)$	1310	1310	1310
$K/(s/m)$	0.0151	0.0151	0.0151
M	9	9	9
α	0.04	0.04	0.04
α'	0.9969	0.9983	0.9991

图 8.28 显示了不同坡长累积产沙量实测值与模拟值随时间变化的比较。结果表明，在 15m 坡长情况下，产流初期累积产沙量与实测值稍稍偏离，但 10min 后的模拟结果与实际基本吻合。表 8.30 所示为不同坡长下累积产沙量的 NS 和 RSME，也显示其实测值和模拟值较吻合，因此可以满足一般自然条件下较长坡地径流侵蚀的模拟预测。

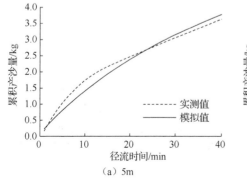

（a）5m

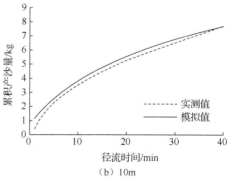

（b）10m

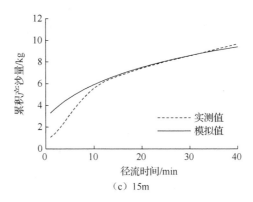

（c）15m

图 8.28　不同坡长下累积产沙量实测值与模拟值

表 8.30　不同坡长下累积产沙量的 NS 与 RMSE

坡长/m	NS	RMSE/kg
5	0.9924	0.0161
10	0.9991	0.0443
15	0.9912	0.3061

由于坡地径流参数 ad、b、A 可利用式（8.132）根据试验结果回归得出，但土壤侵蚀模型中的参数 α' 只能通过遗传算法进行参数优选得出。若能建立 α' 与坡长的经验联系，即可简化试验和计算，将模型应用于实际。因此，根据试验结果，图 8.29 显示了 α' 与坡长有较好的线性经验关系，关系式如下：

$$\alpha' = 0.0002l + 0.996 \tag{8.138}$$

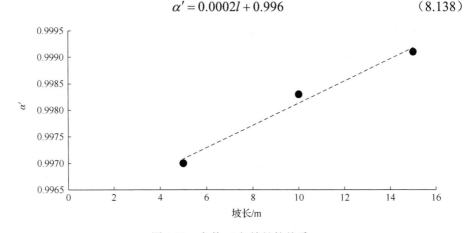

图 8.29　参数 α' 与坡长的关系

计算不同坡长的参数 α'，并计算出不同坡长条件下的水流过程，拟合获得的各参数（表 8.31），代入侵蚀模型中计算。图 8.30 为模型对不同坡长的响应结果，可以看出随着坡长的增加，累积产沙量逐渐增大，这与试验结果相符合。

表 8.31　不同坡长条件下公式参数值

坡长/m	x/m	$ad/10^{-5}$	b	$A/10^{-4}$	t_0	α'
2.5	2.5	20.0	0.279	0.793	16.40	0.9956
5	5	10.0	0.239	1.750	35.65	0.9969
7.5	7.5	6.6	0.212	3.710	64.70	0.9977
10	10	5.0	0.194	6.221	94.06	0.9983
12.5	12.5	5.6	0.204	12.840	174.00	0.9987
15	15	6.0	0.214	22.720	279.35	0.9990

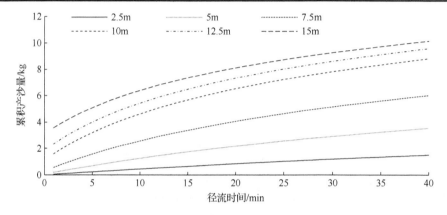

图 8.30　模型对坡长的响应结果

8.2.3.2　植物种植对模型参数的影响

植物种植是坡地侵蚀的关键影响因素之一，不同植物类型对坡地径流侵蚀过程的影响很大，因此根据不同植物种植条件下的坡地上方来水试验结果，分析不同植物种植对侵蚀模型参数的影响。根据相同规格种植的六种类型植物的试验结果，使用土壤侵蚀模型进行拟合，得到各不同植物类型模型参数（VFC 代表植物盖度），结果如表 8.32 所示。由于试验结果显示现蕾期的紫花苜蓿地产沙量极其微小，使用分枝期紫花苜蓿的试验结果对该植物进行分析，图 8.31 为不同植物种植下累积产沙量的模型拟合结果。

表 8.32　不同植物种植下各模型参数

模型	玉米	谷子	大豆	黄蜀葵	紫花苜蓿（分枝期）	柠条
$ad/10^{-5}$	6	11	6	6	3	4
b	0.193	0.307	0.213	0.187	0.136	0.189
$A/10^{-4}$	4.066	5.309	3.013	12.04	3.606	6.221
$q_i/(\text{m}^2/\text{s})$	0.00034	0.00034	0.00034	0.00034	0.00034	0.00034

续表

模型	玉米	谷子	大豆	黄蜀葵	紫花苜蓿 （分枝期）	柠条
t_0/(s)	80.00	122.00	69.78	141.25	62.75	94.06
J	0.1873	0.1873	0.1873	0.1873	0.1873	0.1873
x/m	10	10	10	10	10	10
ρ_s/(kg/m^3)	1310	1310	1310	1310	1310	1310
K/(s/m)	0.0151	0.0151	0.0151	0.0151	0.0151	0.0151
M	9	9	9	9	9	9
α	0.04	0.04	0.04	0.04	0.04	0.04
α'	0.9984	0.9954	0.9992	0.9993	0.997	0.9983
VFC/%	72	48	88	87	57	74

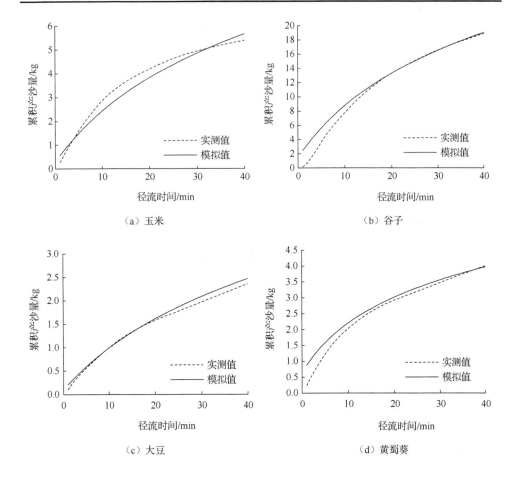

（a）玉米　　　　　　　　　　　　　　　　（b）谷子

（c）大豆　　　　　　　　　　　　　　　　（d）黄蜀葵

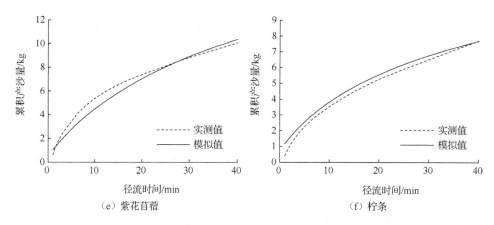

（e）紫花苜蓿　　　　　　　　　　　　　　　（f）柠条

图8.31　不同植物类型下累积产沙量实测值与模拟值

使用 NS 和 RMSE 评价模型模拟效果见表 8.33，从 NS 和 RMSE 来看，模型模拟结果与试验结果吻合度非常高，可以用于预测不同植物种植条件的水流侵蚀的产沙过程。

表 8.33　不同植被条件下总产沙量的 NS 与 RMSE

植物类型	NS	RMSE/kg
玉米	0.9864	0.0433
谷子	0.9979	0.4829
大豆	0.9981	0.0032
黄蜀葵	0.9981	0.0225
紫花苜蓿	0.9914	0.1235
柠条	0.9991	0.0443

对于不同植物种植下，选择较好的量化指标与侵蚀模型参数建立关系可以简化模型计算，经分析发现盖度可以与参数 α' 建立较好的线性关系（图 8.32），回归公式为

$$\alpha' = 0.0088\text{VFC} + 0.9916 \tag{8.139}$$

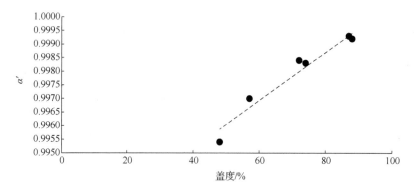

图 8.32　α' 与植被盖度间的关系

8.3　土壤养分向地表径流传递的数学模型

土壤养分向地表径流传递是一个复杂的过程，世界各国学者对此进行了大量研究，并发展了相应的数学模型。Ahuja 等[12]借助混合深度概念构建了饱和土壤条件下土壤养分向地表径流传递的数学模型，此后一些学者对该模型进行了发展。但该模型基于质量平衡原理，未能很好反应土壤养分向地表径流传递的物理机制，且模型参数与主要影响因素间定量关系也缺乏深入研究。因此，在考虑土壤养分向地表径流传递物理机制的基础上，应发展适合不同条件的土壤养分向地表径流传递数学模型及相应参数确定方法。

8.3.1　降雨条件下土壤养分向地表径流传递的混合深度模型

目前，基于混合层理论建立的描述土壤养分向地表径流传递的数学模型主要包括两类模型：有效混合深度模型[13]和等效混合深度模型。Ahujia 等构建了基于饱和土壤的有效混合深度模型。但许多地区土壤处于非饱和状态，土壤的入渗特性为超渗产流，因此需要建立适合非饱和土壤的混合深度模型。结合黄土高原的土壤入渗特性，王全九等对完全混合深度模型和不完全混合深度模型进行了改进，并提出了适合描述黄土高原土壤养分迁移过程的等效混合深度模型[14]。

8.3.1.1　数学模型

1. 完全混合深度模型和不完全混合深度模型

为了发展简单描述土壤养分向地表径流传递的数学模型，构建了有效混合深度模型。同时基于入渗水、径流和混合层深度内养分浓度间关系，将有效混合深度模型分为完全混合深度模型和不完全混合深度模型。完全混合深度模型假定降雨产流过程中，雨水瞬时与土壤混合层溶液均匀混合，使得混合层深度内的养分浓度与入渗水和径流养分浓度相同。不完全混合深度模型假定虽然雨水与土壤混合层中溶液瞬时混合，但是径流养分浓度不等于混合层中的养分浓度，它们之间呈一定比例关系。由于黄土高原超渗产流特性，土壤很难达到完全饱和，利用完全混合深度模型的时候，需要作一些假设。假设雨水先使土壤混合层达到饱和，则满足土壤混合层饱和所需的水量用 w_i 表示：

$$w_i = (\theta_s - \theta_i)h_m \tag{8.140}$$

式中，w_i 为混合层达到饱和时所需要的水量(cm)；θ_s 为饱和含水量(cm^3/cm^3)；θ_i 为初始含水量(cm^3/cm^3)；h_m 为土壤混合层深度(cm)。

地表产生径流后，根据质量守恒原理，土壤混合层中的养分与径流中养分、入渗水中养分满足以下关系：

$$\frac{\mathrm{d}h_\mathrm{m}c(\theta_\mathrm{s}+\rho_\mathrm{s}k_\mathrm{d})}{\mathrm{d}t}=-\alpha ic-\beta q_0 c \tag{8.141}$$

式中，c 为土壤混合层中养分浓度(g/cm³)；ρ_s 为土壤容重(g/cm³)；k_d 为土壤对养分的吸附系数(cm³/g)；i 为入渗率(cm/min)；q_0 为径流速率(cm/min)；α 为入渗水中养分浓度与混合层中养分浓度的比值；β 为径流养分浓度与混合层中养分浓度的比值。

对式（8.141）积分得：

$$c(t)=c_\mathrm{m}\exp\left[-\frac{\alpha\int_{t_\mathrm{p}}^{t}i\mathrm{d}t+\beta\int_{t_\mathrm{p}}^{t}q_0\mathrm{d}t}{h_\mathrm{m}(\theta_\mathrm{s}+\rho_\mathrm{s}k_\mathrm{d})}\right] \tag{8.142}$$

式中，c_m 为产流前混合层内的养分浓度(g/cm³)；t_p 为降雨开始到产流所需时间，即初始产流时间(min)。

为了描述降雨入渗和产流过程，利用 Philip 入渗公式描述入渗过程：

$$i=\frac{1}{2}St^{-0.5} \tag{8.143}$$

式中，S 为土壤吸渗率(cm/min$^{1/2}$)。

Philip 入渗方程通常用于描述积水入渗过程，然而降雨条件下的入渗过程不同于积水入渗，依赖不同时期入渗率与降雨强度的大小关系。降雨初期，土壤入渗能力远大于降雨强度，土壤的入渗率取决于降雨强度，伴随降雨过程的继续，入渗率逐渐减小，土壤的入渗能力取决于土壤本身的入渗率，具体表达式为

$$\begin{cases}i=r, & t\leqslant t_\mathrm{p}\\ i=\frac{1}{2}S(t-t_0)^{-0.5}, & t>t_\mathrm{p}\end{cases} \tag{8.144}$$

式中，r 为降雨强度(cm/min)；t_0 为降雨入渗与积水入渗的时间差(min)。

在产流开始时刻，降雨入渗量与积水入渗量相等，满足以下关系式：

$$rt_\mathrm{p}=\int_0^{t_1}i\mathrm{d}t=St_1^{0.5} \tag{8.145}$$

式中，t_1 为相同入渗量下积水入渗所需时间(min)。

当地表积水时，土壤的入渗率等于降雨强度：

$$r=i=\frac{1}{2}St^{-0.5} \tag{8.146}$$

降雨入渗时间 t_p 和积水入渗时间 t_1 可以表示为

$$t_\mathrm{p}=\frac{S^2}{2r^2},\ t_1=\left(\frac{S}{2r}\right)^2 \tag{8.147}$$

降雨入渗与积水入渗的时间差 t_0 可以表示为

$$t_0=\left(\frac{S}{2r}\right)^2 \tag{8.148}$$

积分得累积入渗量：

$$\begin{cases} I = tr, & t \leqslant t_p \\ I = S(t - t_0)^{0.5}, & t > t_p \end{cases} \tag{8.149}$$

式中，I 为累积入渗量(cm)。

则累积径流深可表示为

$$\begin{cases} R_f = 0, & t \leqslant t_p \\ R_f = tr - S(t - t_0)^{0.5}, & t > t_p \end{cases} \tag{8.150}$$

式中，R_f 为累积径流深(cm)。

养分吸附过程利用线性等温吸附方程来描述：

$$c_s = k_d \rho_s c_i \tag{8.151}$$

式中，c_s 为土壤颗粒吸附的养分浓度(g/cm^3)；k_d 为土壤对养分的吸附系数(cm^3/g)；c_i 为土壤初始养分浓度(g/cm^3)。

则

$$c(t) = c_m \exp\left[-\frac{(\alpha - \beta)S(t - t_0)^{0.5} + \beta tr}{h'_m(\theta_s + \rho_s k_d)} \right] \tag{8.152}$$

式（8.152）为不完全混合深度模型，h'_m 为对应的混合层深度(cm)。

对于完全混合深度模型，径流养分浓度与入渗水养分浓度相等，则有

$$\alpha = \beta = 1 \tag{8.153}$$

完全混合条件下的径流养分浓度可表示为

$$c(t) = c_m \exp\left[-\frac{(t - t_p)r}{h_m(\theta_s + \rho_s k_d)} \right] = c_m \exp\left[m(t - t_p) \right] \tag{8.154}$$

式中，$m = -\dfrac{r}{h_m(\theta_s + \rho_s k_d)}$。

累积径流养分流失量可表示为

$$W_1 = c_m \int_{t_p}^{t} \exp\left[-\frac{(t - t_p)r}{h_m(\theta_s + \rho_s k_d)} \right]\left[r - \frac{1}{2}S(t - t_0)^{-0.5} \right]dt \tag{8.155}$$

$$W_2 = c_m \int_{t_p}^{t} \exp\left[-\frac{(\alpha - \beta)S(t - t_0)^{0.5} + \beta tr}{h'_m(\theta_s + \rho_s k_d)} \right]\left[r - \frac{1}{2}S(t - t_0)^{-0.5} \right]dt \tag{8.156}$$

式中，W_1 为完全混合深度模型计算的累积径流养分流失量(g)；W_2 为不完全混合深

度模型计算的累积径流养分流失量(g)；h_m为完全混合深度模型对应的混合层深度。

2. 等效混合深度模型

等效混合深度模型的提出基于土壤混合层养分浓度变化特征，假设混合层中的养分具有相同的概率进入地表径流，土壤养分在混合层中的浓度分布是均匀的，并存在于土壤溶液中。这一概化实质是将不同特性养分迁移方式的差别归功于质量传递系数。无论土壤养分是以何种方式进入径流，均可认为是借助对流质量传递的方式进入，使模拟模型变得简单而且便于对不同条件进行比较。王全九等[15]根据黄土区土壤养分随地表径流迁移试验资料分析，考虑黄土区严重的水土流失特征，提出了适合黄土区的等效混合深度模型：

$$c(t) = \frac{k_m c_i \rho_s H_0}{q_0 (it_p + \rho_s \theta_i H_0)} t^m \tag{8.157}$$

式中，t_p为初始产流时间(min)；c_i为土壤初始养分浓度(g/cm^3)；H_0为等效混合深度(cm)；θ_i为土壤初始含水量(cm^3/cm^3)，k_m为质量传递系数；q_0为径流速率(cm/min)；m为参数。

Dong等[16]利用侵蚀因子替代等效混合深度模型中的质量传递系数，首次将土壤侵蚀作用与幂函数形式的养分传递模型结合。如考虑养分吸附特征，径流养分浓度可以表示为

$$c(t) = \frac{ar\theta_s c_i (\theta_i + \rho_s k_d) H_e}{q_0 \rho_s \left[rt_p + (\theta_i + \rho_s k_d) H_e \right]} t^b = \frac{K}{q_0} t^b \tag{8.158}$$

式中，$K = \dfrac{ar\theta c_i (\theta_i + \rho_s k_d) H_e}{\rho_s \left[rt_p + (\theta_i + \rho_s k_d) H_e \right]}$；$a$为土壤击溅系数。

累积径流养分流失量可表示为

$$M(t) = \int_{t_p}^{t} \frac{ar\theta_s c_i (\theta_i + \rho_s k_d) H_e}{\rho_s \left[rt_p + (\theta_i + \rho_s k_d) H_e \right]} t^b dt = \int_{t_p}^{t} Kt^b dt \tag{8.159}$$

式中，$M(t)$为累积径流养分流失量(g)。

8.3.1.2 参数确定

模型中的参数主要包括ρ_s、θ_s、c_m、t_p、c_i、θ_i、a、h_m、h_m'和H_0等，其中大部分参数可直接获得。为了分析模型参数变化特征，开展了室内模拟降雨试验。在给定试验条件下，模型中一些参数是已知的，如土壤容重ρ_s为1.35g/cm^3，饱和含水量θ_s为0.49cm^3/cm^3，吸附系数k_d为3.34cm^3/g，c_m通过测得的初始养分浓度计算而得[17]，利用指数函数模型对试验获得的径流钾离子浓度进行拟合，拟合结果如图8.33所示。根据指数函数模拟的结果，计算出以上模型中的所有参数，获

得的参数结果如表 8.34 所示。对于等效混合深度模型，如土壤初始养分浓度 c_i 可直接测得，土壤击溅系数 a 为 0.6g/cm$^{2[18,19]}$（表 8.34）。

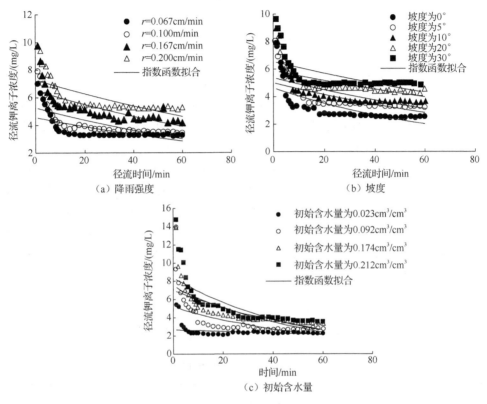

（a）降雨强度　　　　　　　　　　（b）坡度

（c）初始含水量

图 8.33　指数函数拟合径流钾离子浓度

表 8.34　完全混合、不完全混合深度模型中直接测定的参数

模型	降雨强度/ (cm/min)	t_p/ min	ρ_s/ (g/cm^3)	k_d/ (cm^3/g)	θ_i/ (cm^3/cm^3)	θ_s/ (cm^3/cm^3)	a/ (g/cm^2)
完全混合 深度模型	0.067	6.72	—	—	—	—	—
	0.100	4.98	—	—	—	—	—
	0.133	2.78	—	—	—	—	—
	0.167	1.70	—	—	—	—	—
	0.200	1.28	—	—	—	—	—
不完全混合 深度模型	0.067	6.72	—	—	—	—	—
	0.100	4.98	—	—	—	—	—
	0.133	2.78	1.35	3.34	0.136	0.491	0.6
	0.167	1.70	—	—	—	—	—
	0.200	1.28	—	—	—	—	—

模型	降雨强度/ (cm/min)	t_p/ min	ρ_s/ (g/cm³)	k_d/ (cm³/g)	θ_l/ (cm³/cm³)	θ_s/ (cm³/cm³)	a/ (g/cm²)
等效混合 深度模型	0.067	6.72	—	—	—	—	—
	0.100	4.98	—	—	—	—	—
	0.133	2.78	—	—	—	—	—
	0.167	1.70	—	—	—	—	—
	0.200	1.28	—	—	—	—	—

然而，还有一些参数不能通过测量直接获得，比如完全混合深度模型和不完全混合深度模型中的混合层深度 h_m 和 h_m'，以及不完全混合深度模型中的 α 和 β，等效混合深度模型中 H_0 等。混合层深度是养分流失模型中的重要参数，早期研究中，土壤混合层深度借助试验资料反推求得，为一定值。然而近期多数学者的试验研究发现，在不同的降雨强度、坡度、初始含水量的影响下，土壤混合层深度并非传统意义上的定值，而是一个变量[20]。因此，本部分借助室内人工降雨试验资料，研究不同降雨强度、坡度、初始含水量条件下土壤混合层深度的变化过程。

1. 完全混合深度模型参数确定

由上述分析可知，有效混合深度模型基于指数函数，因此不同降雨强度、坡度、初始含水量条件下的养分流失过程用指数函数拟合，完全混合深度模型拟合结果及计算的各种影响因子条件下的 h_m 如表 8.35 所示。

表 8.35 完全混合深度模型的拟合结果

影响因子		c_m/(mg/L)	m	R^2	h_m/cm
降雨强度 /(cm/min)	0.067	4.5332	−0.0081	0.48	1.4821
	0.100	5.2348	−0.0095	0.58	2.2620
	0.167	6.4745	−0.0087	0.63	3.8862
	0.200	7.2412	−0.0076	0.59	4.7017
坡度/(°)	0	4.3031	−0.0130	0.45	2.2964
	5	5.1501	−0.0100	0.58	2.4765
	10	5.4886	−0.0100	0.54	2.6707
	20	6.1491	−0.0080	0.59	3.1060
	30	6.5325	−0.0070	0.55	3.6123
初始含水量 /(cm³/cm³)	0.023	2.7366	−0.0080	0.44	0.0018
	0.092	5.0588	−0.0092	0.70	0.0247
	0.174	7.9040	−0.0082	0.55	0.0820
	0.212	8.0926	−0.0097	0.66	0.1189

注：c_m 为产流开始前混合层中的钾离子浓度拟合值。

　　结合式（8.156）及表中的相关参数，计算获得不同降雨强度、坡度和初始含水量条件下的 h_m 值，不同影响因子条件下混合层深度 h_m 的变化过程如图 8.34 所示。

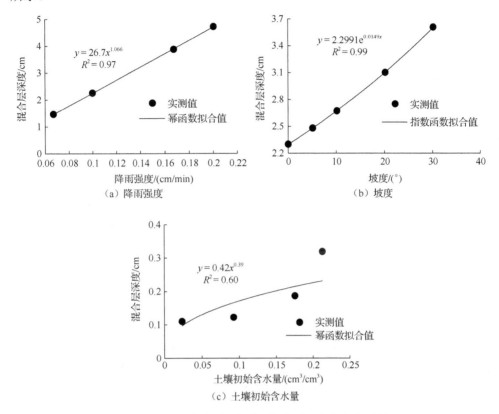

图 8.34　不同影响因子条件下混合层深度的变化过程

　　建立 h_m 与各种影响因子之间的关系：
$$h_m = 31.6r^{1.056}\theta_i^{0.39}e^{0.015G} \tag{8.160}$$
式中，r 为降雨强度(cm/min)；θ_i 为土壤初始含水量(cm^3/cm^3)；G 为坡度。

　　2．不完全混合深度模型参数确定

　　不完全混合深度模型拟合结果如表 8.36 所示。基于图 8.33 的径流钾离子浓度拟合结果获得包含 α、β、h_m' 的方程，结合 Philip 入渗公式拟合的累积入渗过程，推求出参数 S，再借助遗传算法，求得 α、β 的最优解，得到不同影响因子条件下的 h_m' 值。不同降雨强度条件下的土壤累积入渗过程的拟合曲线如图 8.35 所示。

表 8.36 不完全混合深度模型的拟合结果

影响因子		α	β	h'_m /cm	S/(cm/min$^{1/2}$)
降雨强度/ (cm/min)	0.067			0.223	0.2437
	0.100	0.2	0.1	0.3159	0.2471
	0.167			0.4932	0.149
	0.200			0.577	0.132
坡度/(°)	0			0.5972	0.3079
	5			0.662	0.289
	10	0.2	0.1	0.7338	0.2759
	20			0.9017	0.2453
	30			1.1079	0.2643
初始含水量 /(cm^3/cm^3)	0.023			0.2611	0.2842
	0.092	0.2	0.1	0.7532	0.2261
	0.174			1.2259	0.1579
	0.212			1.4257	0.1078

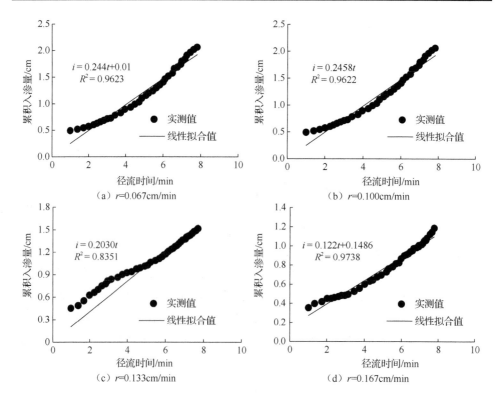

(a) r=0.067cm/min

$i = 0.244t+0.01$
$R^2 = 0.9623$

(b) r=0.100cm/min

$i = 0.2458t$
$R^2 = 0.9622$

(c) r=0.133cm/min

$i = 0.2030t$
$R^2 = 0.8351$

(d) r=0.167cm/min

$i = 0.122t+0.1486$
$R^2 = 0.9738$

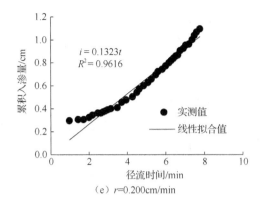

图 8.35　不同降雨强度条件下累积入渗量随径流时间的变化过程

不完全混合层深度与降雨强度、坡度及初始含水量间的关系如图 8.36 所示。借助线性回归方程获得不完全混合层深度与不同影响因子之间的表达式：

$$h'_m = 2.99r^{0.87}\theta_i^{0.37}e^{0.021G} \tag{8.161}$$

式中，G 为坡度。

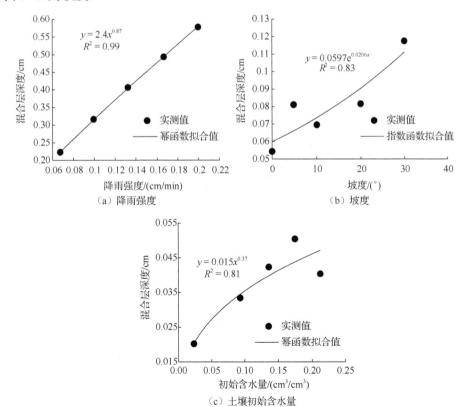

图 8.36　不完全混合深度模型混合层深度与降雨强度、坡度及初始含水量间的关系

3. 等效混合深度模型参数的确定

等效混合深度模型是时间的幂函数，不同降雨强度、坡度及初始含水量条件下实测的径流钾离子浓度用幂函数拟合结果如图 8.37 所示。结果表明，幂函数形式的等效混合深度模型可以很好地与实测数据相匹配，比指数函数拟合的径流钾离子浓度曲线效果更好，等效质量传递模型拟合得到的参数如表 8.37 所示。基于拟合的参数结果，确定了土壤等效混合深度与降雨强度、坡度及初始含水量之间的定量关系，结果如图 8.38 所示。

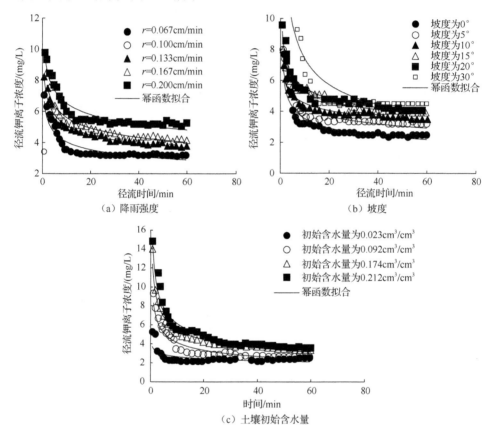

图 8.37　幂函数拟合不同降雨强度、坡度和初始含水量条件下的径流钾离子浓度

表 8.37　等效混合深度模型的拟合参数

影响因子		K_r	b	R^2	H_0/cm
降雨强度/(cm/min)	0.067	6.35	−0.2	0.84	0.4894
	0.100	7.46	−0.2	0.90	0.8578
	0.167	8.89	−0.2	0.96	1.7583
	0.200	9.62	−0.2	0.91	2.2637

续表

影响因子		K_r	b	R^2	H_0/cm
坡度/(°)	0	6.69	-0.2	0.89	0.3782
	5	7.22	-0.2	0.89	0.8727
	10	7.57	-0.2	0.91	1.1048
	20	8.35	-0.2	0.92	1.4440
	30	10.35	-0.2	0.81	1.8810
初始含水量 /(cm³/cm³)	0.023	6.93	-0.3	0.89	1.6719
	0.092	8.61	-0.3	0.92	1.4701
	0.174	11.52	-0.3	0.97	1.0993
	0.212	14.41	-0.3	0.97	0.7830

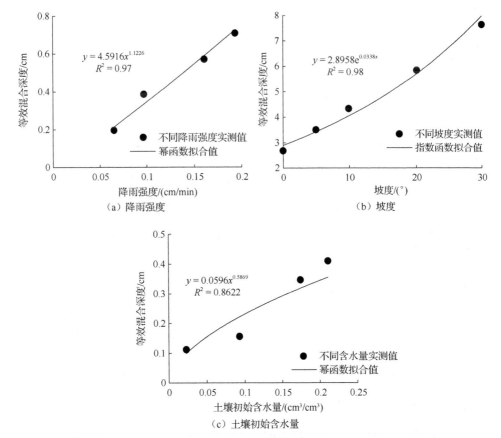

图 8.38　土壤等效混合深度与降雨强度、坡度及初始含水量之间的定量关系

等效混合深度与降雨强度、坡度及初始含水量的表达式如下：

$$H_0 = 22.26 r^{1.13} \theta_i^{0.59} e^{0.0334G} \qquad (8.162)$$

综合分析等效混合深度与降雨强度、坡度、初始含水量、施加 PAM 及土质之间关系：

$$H_0 = 15.29 r^{1.15} \theta_0^{0.5856} K_v^{-0.34} K_d^{-0.32} e^{0.0324G - 0.6482 p_1 - 0.6848 p_2} \qquad (8.163)$$

式中，K_v 表示粉砂黏粒比值；K_d 表示粉砂物理性黏粒比值；G 为坡度；p_1 为水溶 PAM 含量(g/L)；p_2 为干施 PAM 含量(g/m²)。

将上述所得关系式代入模型中计算坡地径流养分浓度，并与实测值进行比较，验证式（8.163）的准确性。不同降雨强度(0.122cm/min、0.131cm/min，未参与混合层深度估计)，验证结果如图 8.39 所示。

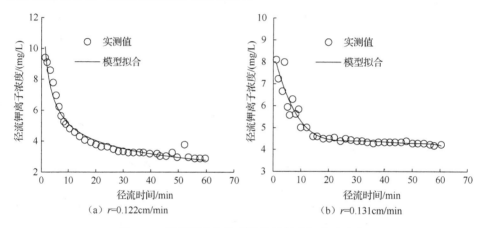

图 8.39　等效混合深度型计算的径流钾离子浓度

等效混合深度计算结果用均方根误差 RMSE 进行评价，结果如表 8.38 所示。计算的 RMSE 结果显示计算值与实测值匹配较好，说明该方法合理可行。因此，提出的混合层深度与多种影响因子之间的线性回归方程可以用于计算养分流失模型中的混合层深度。

表 8.38　不同降雨强度条件下等效混合深度的实测值与计算值的 RMSE 与 R^2

处理	降雨强度/(cm/min)	RMSE/cm	R^2
1	0.122	0.39	0.92
2	0.131	0.43	0.96

8.3.1.3　模型适用性分析

根据模型建立的物理机制可将模型分为两类，其中，完全混合深度模型和不完全混合深度模型可以归为一类，称为有效混合深度模型。为了研究两类混合深度模型在黄土高原地区的适用性，借助上述两类模型在降雨强度为 0.133cm/min，坡度为 15°，初始含水量为 0.136cm³/cm³ 条件下，计算径流钾离子浓度和钾离子累积流失量，并与实测值进行对照（图 8.40）。由图 8.40（a）可知，完全混合深度模型拟合的径流钾离子浓度随时间迅速衰减，相差较大。不完全混合深度模型计算的径流钾离子浓度未能抓住初始径流时的高浓度点，在径流后期与实测资料吻合较好。等效混合深度模型计算的径流钾离子浓度与实测值拟合效果较好。说明基于幂函数形式的等效混合深度模型比有效混合深度模型能更好地描述黄土高原地区坡地养分的流失过程。为了进一步验证两类模型的适用性，通过计算径流钾离子累积流失量与实测值比较，如图 8.40（b）所示。

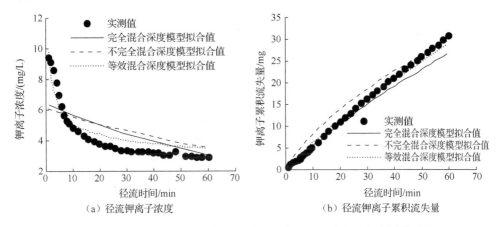

图 8.40　模型模拟的径流钾离子浓度及钾离子累积流失量与实测值对比

　　等效混合深度模型和有效混合深度模型（完全混合深度模型、不完全混合深度模型）可以用于预测径流钾离子流失总量，而等效混合深度模型拟合效果更好。两类模型计算的径流钾离子浓度、径流钾离子流失总量与实测值之间的误差分析分别如表 8.39 和表 8.40 所示。结果表明，等效混合深度模型拟合径流钾离子浓度误差较小。不完全混合深度模型和等效混合深度模型预测径流钾离子流失总量误差较小。说明等效混合深度模型能够较好地预测黄土坡地养分流失过程及流失总量。

表 8.39　两类模型计算的径流钾离子浓度与实测值之间的误差分析

评价指标	完全混合深度模型	不完全混合深度模型	等效混合深度模型
RMSE/(mg/L)	0.62	0.64	0.42
R^2	0.951	0.938	0.972

表 8.40　两类模型计算的径流钾离子流失总量与实测值之间的误差分析

评价指标	完全混合深度模型	不完全混合深度模型	等效混合深度模型
RMSE/mg	3.75	2.144	1.116
R^2	0.998	0.965	0.933

8.3.2　基于降雨分散能力的土壤养分向径流传递模型

养分从土壤向地表径流传递是一个复杂的物理、化学过程，受到多种因素的影响，如降雨强度、坡度、坡长、初始含水量、地表覆盖及化学物质特性等。降雨条件下，雨滴击溅、水流冲刷作用扰动表层土壤颗粒，促使土壤养分进入地表径流，随着降雨时间的延续，土壤表层养分不断流失，深层养分不断暴露于地表，造成土壤养分大量流失。土壤养分与雨水的混合程度及流失速度主要取决于降雨和水流冲刷作用，并引起土壤混合层深度随时间发生变化。因此，需要建立混合层深度与降雨量、径流流量之间的函数关系，进而描述坡地养分向地表径流的传递过程。

8.3.2.1　降雨侵蚀条件下的养分传递模型

降雨条件下，在雨滴击溅的作用下，雨水与混合层养分混合，进入地表径流。土壤中的养分一部分进入地表径流，一部分伴随入渗水向深层土壤运移，一部分持留在混合层内部。土壤养分与雨水的混合程度取决于雨滴的击溅作用。假设降雨条件下，土壤养分与雨水在混合层内完全均一混合，混合层中的养分浓度与径流、入渗水中的养分浓度一致，称为完全混合，其质量平衡方程可以表示为

$$\frac{\mathrm{d}\left[D_{\mathrm{m}}c(\theta_{\mathrm{s}}+\rho_{\mathrm{s}}k_{\mathrm{d}})\right]}{\mathrm{d}t}=-rc \tag{8.164}$$

式中，D_{m} 为混合层深度(m)；c 为混合层内养分浓度$(\mathrm{g/m^3})$；θ_{s} 为土壤饱和含水量$(\mathrm{cm^3/cm^3})$；ρ_{s} 为土壤容重$(\mathrm{g/m^3})$；k_{d} 为土壤对养分的吸附系数$(\mathrm{m^3/g})$；r 为降雨强度$(\mathrm{cm/min})$。

如果只有一部分土壤水分与土壤养分混合，那么混合层中的养分浓度与入渗、径流中的养分浓度不同，称为不完全混合，其质量平衡方程为

$$\frac{\mathrm{d}\left[D_{\mathrm{m}}c(\theta_{\mathrm{s}}+\rho_{\mathrm{s}}k_{\mathrm{d}})\right]}{\mathrm{d}t}=-a(r-i)c-bic \tag{8.165}$$

式中，i 为土壤入渗率(m/s)；a 为径流与混合层中的养分浓度比；b 为入渗水与混合层中的养分浓度比。

降雨是土壤侵蚀的主要动力，混合层深度取决于降雨特征，认为土壤侵蚀率与混合层之间存在函数关系，并表示为

$$D_{\mathrm{m}}(t)=k_{\mathrm{c}}D_{\mathrm{i}}t^{m} \tag{8.166}$$

式中，D_{i} 为土壤沟间侵蚀率$[\mathrm{kg/(s\cdot m^2)}]$；$k_{\mathrm{c}}$ 为混合系数；m 为土壤养分与雨水的混合程度。

Meyer 等[21]借助人工模拟降雨试验数据，发现沟间侵蚀率可以表示为

$$D_{\mathrm{i}}=K_{\mathrm{i}}r^{n} \tag{8.167}$$

式中，K_{i} 为试验获得的土壤剥离率$(\mathrm{g/m^3})$。

当降雨强度为常数时，式（8.166）表示为

$$D_m(t) = k_m r t^m \tag{8.168}$$

式中，k_m 为剥离混合系数。

土壤养分的吸附过程为线性吸附，可以表示为

$$C_s = k\rho_s c \tag{8.169}$$

式中，C_s 为土壤颗粒吸附养分浓度(g/m³)。

Philip 入渗公式通常用于描述地表积水情况下土壤入渗过程。基于 Philip 入渗公式提出了降雨条件下的入渗过程表达式[22]：

$$\begin{cases} i = r, & t \leqslant t_p \\ i = \dfrac{1}{2} S(t - t_0)^{-0.5}, & t > t_p \end{cases} \tag{8.170}$$

式中，S 为土壤吸湿率(m/s$^{1/2}$)；t_0 为积水入渗与降雨入渗的时间差(s)。

综合各种方程，径流养分浓度表示为

$$c(t) = c_m \exp\left(-\left\{\frac{r\left(t^{1-m} - t_p^{1-m}\right)}{(1-m)\left[k_m r(\theta_s + \rho_s k_d)\right]}\right\} + m\ln\frac{t}{t_0}\right) \tag{8.171}$$

式中，c_m 为产流前混合层中的养分浓度，可以表示为

$$c_m = \frac{(\theta_i + \rho_s k_d)c_i}{(\theta_s + \rho_s k_d)} \tag{8.172}$$

式中，c_i 为土壤初始养分浓度(g/m³)；θ_i 为土壤初始含水量(cm³/cm³)。

对于不完全混合深度模型径流养分浓度有

$$c = c_m \exp\left[-\frac{a\int_{t_p}^l \frac{(r-i)}{t^m}\mathrm{d}t + b\int_{t_p}^l \frac{i}{t^m}\mathrm{d}t + \int_{t_p}^l \frac{k_m rm(\theta_s + \rho_s k_d)}{t}\mathrm{d}t}{k_m r(\theta_s + \rho_s k_d)}\right] \tag{8.173}$$

式中，t_p 为初始产流时间(min)。

径流养分浓度具体表示为

$$c = c_m \exp\left(-\frac{\dfrac{[2ar - (a-b)S]}{2(1-m)}(t^{1-m} - t_p^{1-m}) + \dfrac{t_p S(a-2b)}{4m}(t^{-m} - t_p^{-m})}{k_m r(\theta_s + \rho_s k_d)} + m\ln\frac{t}{t_p}\right) \tag{8.174}$$

上述数学模型式（8.173）和式（8.174）为考虑降雨分散能力的土壤养分向径流传递模型。

8.3.2.2　模型参数确定及验证

1. 模型参数

模型需要确定的参数包括 θ_s、ρ_s、θ_i、t_p、c_i、k_d、m、a、b 和 k_m 等。为了准

确地估算模型中的参数，利用人工模拟降雨资料获取，并进行验证分析。以陕西杨凌地区土壤为研究对象，试验土样选自农耕地纵向坡地 5～30cm 土壤深度，风干后过筛，制备土样。试验在黄土高原土壤侵蚀与旱地农业国家重点实验室人工模拟降雨大厅进行，降雨高度为 15m，模拟天然降雨情况。试验研究四种降雨强度（60mm/h、80mm/h、100 mm/h 和 120mm/h），四种坡度（10°、15°、20°、30°），四种初始含水量（0.092cm^3/cm^3、0.136cm^3/cm^3、0.174cm^3/cm^3 和 0.212cm^3/cm^3）条件下的养分径流过程，具体试验组合如表 8.41 所示。

表 8.41　四种不同降雨强度、坡度及初始含水量的组合试验

初始含水量 /(cm^3/cm^3)	坡度/(°)	降雨强度			
		60/(mm/h)	80/(mm/h)	100/(mm/h)	120/(mm/h)
0.136	10	√	√	√	√
	15	√	√	√	√
	20	√	√	√	√
	30	√	√	√	√
0.092	15	—	√	—	—
0.136		—	√	—	—
0.174		—	√	—	—
0.212		—	√	—	—

注："√"表示已开展该试验，"—"表示未开展该试验。

模型中有多个参数需要确定，其中部分参数可以通过实测资料直接获取，与上小节完全混合深度模型和不完全混合深度模型参数确定方法一致。例如，θ_s 为 0.49cm^3/cm^3，ρ_s 为 1.35g/m^3，θ_i 为试验前设定的土壤初始含水量（0.092cm^3/cm^3、0.136cm^3/cm^3、0.174cm^3/cm^3 和 0.212cm^3/cm^3），初始产流时间 t_p 直接通过试验测得。养分吸附系数 k_d 通过线性等温吸附法直接测得，其中钾离子为 3.34m^3/g，速效磷为 36.6m^3/g，硝态氮离子 13.9m^3/g。土壤初始浓度 c_i 可以直接从制备的土样中测得。相关参数详见表 8.42。

表 8.42　模型中的相关参数

降雨强度 /(mm/h)	坡度 /(°)	初始含水量 /(cm^3/cm^3)	t_p /min	ρ_s /(g/m^3)	c_i/(g/m^3)			a	b	θ_d/(cm^3/cm^3)	S/(m/s$^{1/2}$)
					钾离子	速效磷	硝态氮				
60	10	0.136	5.25	1.35	8.7	0.13	0.25	0.3	0.01	0.49	0.23
	15		4.98		8.9	0.18	0.30				0.25
	20		4.33		10.5	0.22	0.34				0.21
	30		3.83		13.4	0.31	0.45				0.20
80	10	0.136	3.05	1.35	11.7	0.28	0.55	0.3	0.01	0.49	0.21
	15		2.97		13.4	0.40	0.95				0.20

续表

降雨强度/(mm/h)	坡度/(°)	初始含水量/(cm³/cm³)	t_p/min	ρ_s/(g/m³)	c_i/(g/m³)			a	b	θ_s/(cm³/cm³)	S/(m/s^{1/2})
					钾离子	速效磷	硝态氮				
80	20	0.136	2.78		13.5	0.41	1.70	0.3	0.01	0.49	0.23
	30		2.01		19.4	0.55	1.80				0.23
100	10	0.136	2.02	1.35	14.7	0.55	0.50	0.3	0.01	0.49	0.17
	15		1.70		15.4	0.58	0.75				0.15
	20		1.57		17.5	0.63	1.50				0.21
	30		1.02		27.4	0.67	2.10				0.20
120	10	0.136	1.40	1.35	15.7	0.68	1.30	0.3	0.01	0.49	0.15
	15		1.28		19.4	0.71	1.60				0.13
	20		1.25		21.5	0.73	2.20				0.15
	30		0.90		30.4	0.76	2.40				0.13
80	15	0.092	3.65	1.35	9.4	0.47	0.47	0.3	0.01	0.49	0.26
		0.136	2.28		13.4	0.62	0.50				0.17
		0.174	1.73		15.4	0.66	1.00				0.16
		0.212	1.25		19.4	0.70	1.20				0.11

　　模型中还有一部分参数不能直接测得，如完全混合深度模型中的 k_m 和 m，以及不完全混合深度模型中的 k_m、m、a、b 和 S。其中，不完全混合深度模型中的参数 a 和 b 通过配线法反推，并结合早期不完全混合深度模型中相关参数的研究方法确定[22]，$a=0.3$，$b=0.01$，S 通过反推入渗过程用 Philip 入渗公式拟合而得。对于两个模型中的参数 m 和 k_m 同样采用曲线拟合反推参数法获取。

　　2. 模型拟合径流养分浓度及参数 m 和 k_m 的确定

　　完全混合深度模型、不完全混合深度模型模拟降雨侵蚀条件下土壤养分向地表径流传递过程。选用三种不同降雨强度（雨强）、坡度、初始含水量条件下的实测资料进行拟合，如图 8.41～图 8.43 所示。如图 8.41 可知，在径流初期，完全混合深度模型对径流钾离子浓度的拟合效果较好，但其在产流后 10min 拟合效果较差。相比较而言，不完全混合深度模型拟合径流钾离子浓度优于完全混合深度模型。当降雨强度从 80mm/h 增加到 120mm/h 时，完全混合深度模型拟合值在产流后期迅速衰减。对于速效磷，两个模型均能够较好拟合径流速效磷浓度的变化过程，尤其是滞后部分拟合效果较好。对于硝态氮，完全混合深度模型可以很好地模拟径流后期的浓度变化过程，但是预测的初始浓度偏低。不完全混合深度模型能够较好地模拟硝态氮初始浓度及后期的递减趋势，但是中期拟合值与实测值有些偏离。

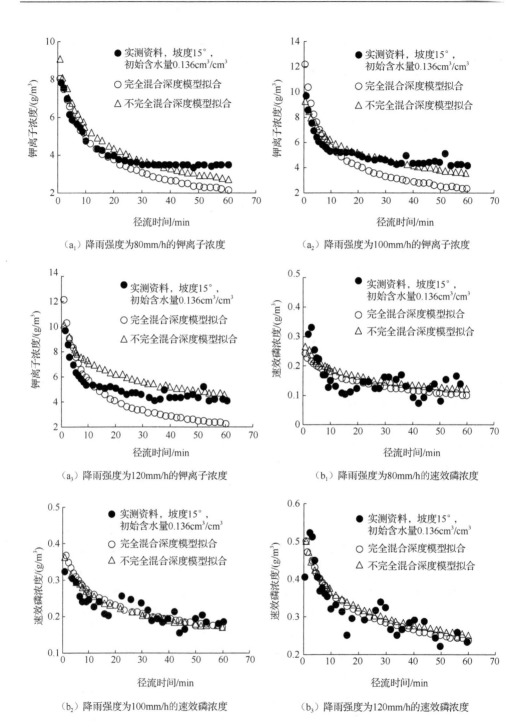

（a₁）降雨强度为80mm/h的钾离子浓度

（a₂）降雨强度为100mm/h的钾离子浓度

（a₃）降雨强度为120mm/h的钾离子浓度

（b₁）降雨强度为80mm/h的速效磷浓度

（b₂）降雨强度为100mm/h的速效磷浓度

（b₃）降雨强度为120mm/h的速效磷浓度

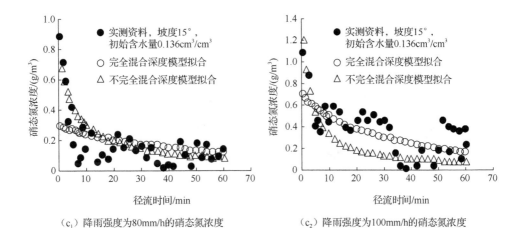

（c₁）降雨强度为80mm/h的硝态氮浓度　　　　　　（c₂）降雨强度为100mm/h的硝态氮浓度

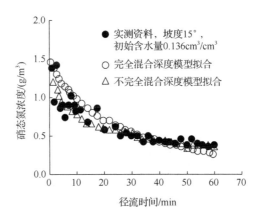

（c₃）降雨强度为120mm/h的硝态氮浓度

图 8.41　不同降雨强度条件下完全和不完全混合深度模型对径流养分浓度的拟合结果

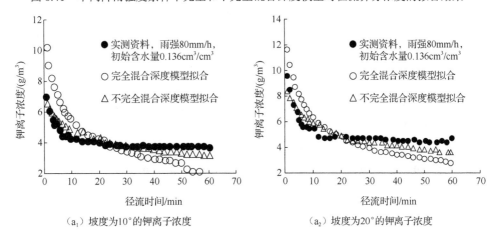

（a₁）坡度为10°的钾离子浓度　　　　　　　　　　（a₂）坡度为20°的钾离子浓度

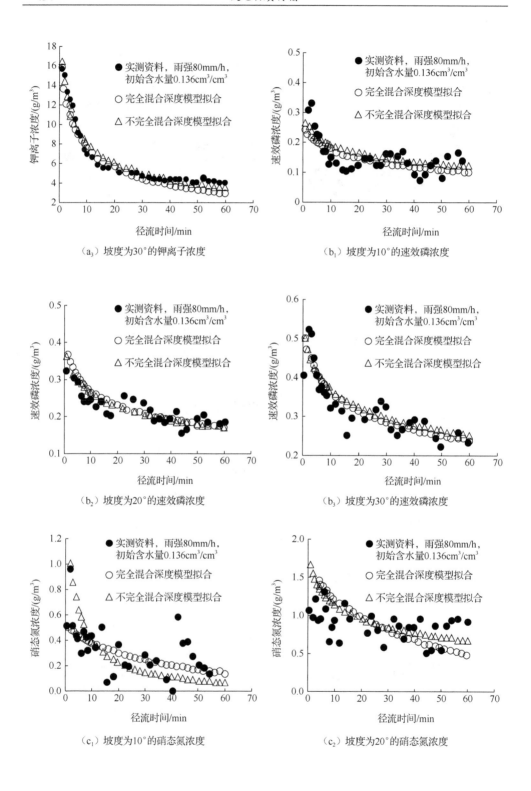

（a₃）坡度为30°的钾离子浓度

（b₁）坡度为10°的速效磷浓度

（b₂）坡度为20°的速效磷浓度

（b₃）坡度为30°的速效磷浓度

（c₁）坡度为10°的硝态氮浓度

（c₂）坡度为20°的硝态氮浓度

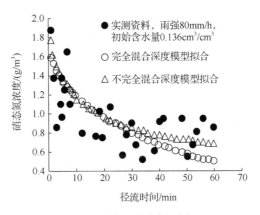

（c₃）坡度为30°的硝态氮浓度

图 8.42　不同坡度条件下完全和不完全混合深度模型对径流养分浓度的拟合结果

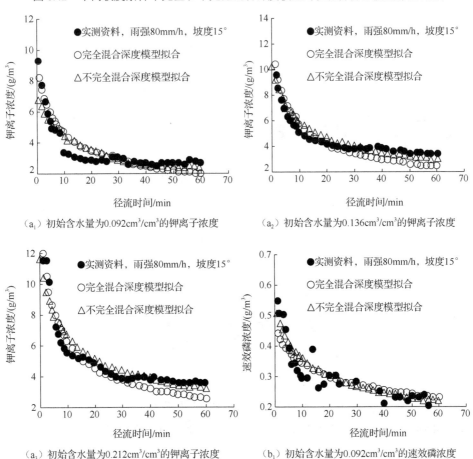

（a₁）初始含水量为0.092cm³/cm³的钾离子浓度　　　（a₂）初始含水量为0.136cm³/cm³的钾离子浓度

（a₃）初始含水量为0.212cm³/cm³的钾离子浓度　　　（b₁）初始含水量为0.092cm³/cm³的速效磷浓度

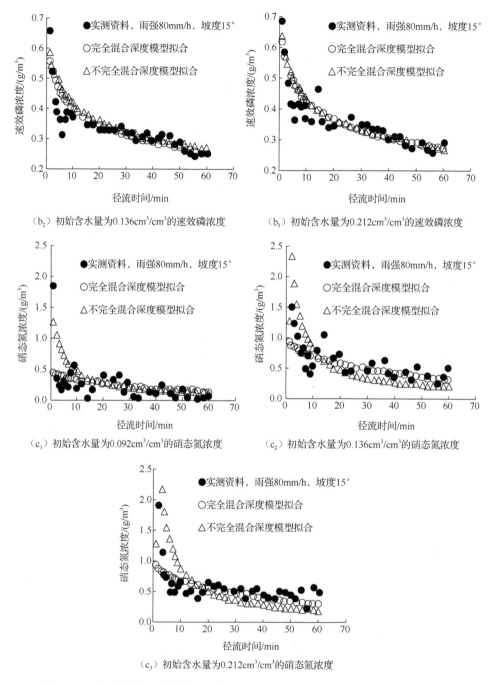

（b₂）初始含水量为0.136cm³/cm³的速效磷浓度　　　（b₃）初始含水量为0.212cm³/cm³的速效磷浓度

（c₁）初始含水量为0.092cm³/cm³的硝态氮浓度　　　（c₂）初始含水量为0.136cm³/cm³的硝态氮浓度

（c₃）初始含水量为0.212cm³/cm³的硝态氮浓度

图 8.43　不同初始土壤含水量下完全和不完全混合深度模型的径流养分浓度模拟

图 8.42 显示了不同坡度条件下完全混合深度模型和不完全混合深度模型对径流养分浓度的拟合结果。当坡度从 10° 增加到 30° 时，不完全混合深度模型能够

较好地预测径流钾离子浓度的递减趋势。两个模型都能较好地预测不同坡度条件下径流速效磷浓度变化过程。两模型能够捕捉到大坡度下硝态氮初始高浓度点，对径流硝态氮预测效果较好。

图 8.43 显示了不同初始土壤含水量条件下径流养分浓度模拟。完全混合深度模型、不完全混合深度模型拟合实测的径流钾离子浓度过程均较好，尤其是径流初期。两模型拟合不同初始含水量条件下径流速效磷浓度的效果较好。对于径流硝态氮浓度的拟合结果，完全混合深度模型拟合值偏低，尤其是初始径流阶段，而不完全混合深度模型对初始径流浓度的预测值偏高。

表 8.43 显示了通过曲线拟合的方法反推获得的不同模型参数 m 和 k_m。对于完全混合深度模型，不同养分类型的参数 m 不同，钾离子的 m 为 0.50，速效磷的 m 为 0.22，硝态氮的 m 为 0.10。m 与养分类型有关，不受降雨强度、坡度和初始含水量的影响。钾离子对应的 m 大于速效磷和硝态氮，原因在于降雨影响下土壤中大量的钾离子进入混合层中，伴随地表径流流失。速效磷具有较强的吸附性，一小部分速效磷在降雨的影响下进入混合层，从而进入地表径流中。较低的 m 说明较少的硝态氮从深层土壤进入混合层中。完全混合深度模型获得的 k_m 因降雨强度、坡度及养分类型的变化而不同。如表 8.43 所示，k_m 伴随降雨强度的增加而减小，随着坡度的增加而缓慢增加，但是与初始含水量的变化关系不明显，不同养分类型获得的 k_m 值大小关系依次为钾离子>速效磷>硝态氮。因此，进一步综合分析 k_m 与降雨强度、坡度及初始含水量及养分类型之间的关系式为

$$k_m(\text{K}) = 1.238 r^{-0.59} e^{0.007G} k_d \qquad R^2 = 0.96 \qquad (8.175)$$

$$k_m(\text{P}) = 0.067 r^{-0.59} e^{0.007G} k_d \qquad R^2 = 0.93 \qquad (8.176)$$

$$k_m(\text{N}) = 0.13 r^{-0.59} e^{0.007G} k_d \qquad R^2 = 0.97 \qquad (8.177)$$

式中，G 为坡度。由以上方程可知，不同养分 k_m 值与降雨强度呈幂函数递减，与坡度和养分吸附系数分别呈指数函数、线性函数增加。

表 8.43　完全混合深度模型和不完全混合深度模型拟合获得的参数 m 和 k_m

降雨强度 /(mm/h)	坡度 /(°)	θ_i /(cm³/cm³)	完全混合深度模型						不完全混合深度模型					
			m			k_m			m			k_m		
			钾离子	速效磷	硝态氮	钾离子	速效磷	硝态氮	钾离子	速效磷	硝态氮	钾离子	速效磷	硝态氮
60	10	0.136	—	—	—	20	12	9	—	—	—	10.4	1.46	46.4
	15		—	—	—	21	12	9	—	—	—	10.5	1.48	46.9
	20		—	—	—	21	12	9	—	—	—	10.8	1.52	48.4
	30		—	—	—	23	13	10	—	—	—	11.7	1.65	52.3
80	10		—	—	—	15	9	6.7	—	—	—	7.8	1.09	34.7
	15		—	—	—	16	9	6.9	—	—	—	8	1.12	35.6
	20		—	—	—	16	9	7	—	—	—	8.2	1.15	36.4
	30		—	—	—	17	10	7.6	—	—	—	8.9	1.25	39.6

续表

降雨强度 /(mm/h)	坡度 /(°)	θ_i /(cm³/cm³)	完全混合深度模型						不完全混合深度模型					
			m			k_m			m			k_m		
			钾离子	速效磷	硝态氮	钾离子	速效磷	硝态氮	钾离子	速效磷	硝态氮	钾离子	速效磷	硝态氮
100	10	0.316	0.50	0.22	0.10	12	7	5.4	0.25	0.22	0.90	6.2	0.87	27.7
	15	—	—	—	—	12	7	5.5	—	—	—	6.3	0.89	28.3
	20	—	—	—	—	13	7	5.6	—	—	—	6.5	0.91	29.0
	30	—	—	—	—	14	8	6.1	—	—	—	7	0.99	31.4
120	10	—	—	—	—	10	6	4.5	—	—	—	5.2	0.73	23.1
	15	—	—	—	—	10	6	4.6	—	—	—	5.3	0.74	23.6
	20	—	—	—	—	11	6	4.7	—	—	—	5.4	0.76	24.2
	30	—	—	—	—	12	7	5.1	—	—	—	5.9	0.83	26.3
80	15	0.092	—	—	—	15	9	6.4	—	—	—	8	1.1	34.4
		0.136	—	—	—	15	9	6.4	—	—	—	8	1.1	34.4
		0.174	—	—	—	15	9	6.4	—	—	—	8	1.1	34.4
		0.212	—	—	—	15	9	6.4	—	—	—	8	1.1	34.4

由不完全混合深度模型获得的 m 与养分类型有关，钾离子的 m 为 0.25，速效磷的 m 为 0.22，硝态氮的 m 为 0.90。由不完全混合深度模型获得的参数值 k_m 随降雨强度的增加而减小，随坡度的增加而增加，而 k_m 与初始含水量的变化关系不明显。不完全混合深度模型获得的硝态氮的 k_m 最大，速效磷的最小。不完全混合深度模型获得参数如表 8.43 所示。k_m 与降雨强度、坡度及养分类型的关系如下所示：

$$k_m(K) = 0.637 r^{-0.596} e^{0.00643G} k_d \qquad R^2 = 0.82 \qquad （8.178）$$

$$k_m(P) = 0.083 r^{-0.596} e^{0.00643G} k_d \qquad R^2 = 0.60 \qquad （8.179）$$

$$k_m(N) = 0.678 r^{-0.596} e^{0.00643G} k_d \qquad R^2 = 0.60 \qquad （8.180）$$

式（8.178）～式（8.180）显示坡度和养分吸附系数对 k_m 的影响为正，而降雨强度对 k_m 的影响为负，其变化关系与完全混合深度模型获得的关系一致。

8.3.2.3 完全和不完全混合深度模型的对比

为了验证模型的准确性，选用降雨强度 80mm/h，坡度 15°，以及初始含水量 0.136cm³/cm³ 条件下径流养分浓度与完全混合深度模型、不完全混合深度模型的拟合值进行对比。图 8.44 表明，完全混合深度模型未能很好模拟径流钾离子浓度的衰减趋势，如在产流初始阶段，预测径流钾离子浓度较高，而在产流后期预测值偏低。不完全混合深度模型拟合的结果比完全混合深度模型拟合钾离子的结果好。不同于径流钾离子浓度，两模型拟合径流速效磷浓度效果均较好。说明完全混合深度模型、不完全混合深度模型可以用于拟合径流速效磷浓度。两模型拟合径流硝态氮浓度，除了初始浓度的捕捉，完全混合深度模型拟合径流硝态氮浓度较好。综合看来，不完全混合深度模型拟合实测资料效果较好，尤其是拟合径流硝态氮浓度。

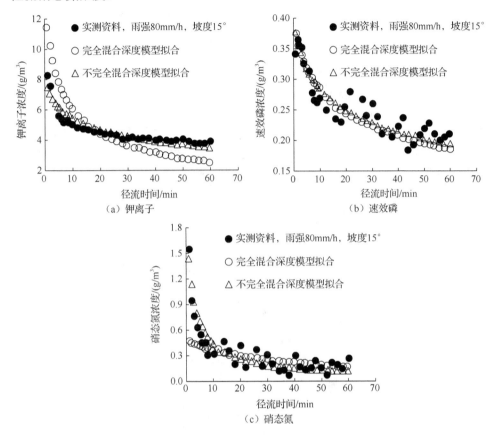

图 8.44　完全混合深度模型和不完全混合深度模型拟合径流养分浓度

　　此外，借助养分径流流失总量评价模型的准确性。相同实测资料条件下，完全混合深度模型、不完全混合深度模型预测的养分累积流失量与实测值之间的对照关系如图 8.45 所示。结果表明，两模型可以预测径流养分累积流失量，不完全混合深度模型比完全混合深度模型对钾离子、硝态氮的拟合效果更好，而两模型均可以较好地模拟径流速效磷的累积流失量。对于非吸附性或吸附性较弱离子的累积流失量预测，不完全混合深度模型为最优选择。两模型拟合结果误差分析如表 8.44 和表 8.45 所示。表 8.44 为两模型拟合养分径流浓度误差分析，结果显示不完全混合深度模型的 NS 均大于 0.5；完全混合深度模型拟合的径流钾离子和速效磷浓度的 NS 大于 0.5，而径流硝态氮浓度的 NS 小于 0.5。RMSE 结果显示两模型拟合径流速效磷浓度效果最好。说明完全混合深度模型拟合惰性径流离子浓度效果较好，两模型均可用于拟合径流速效磷浓度。表 8.45 为模型计算的流失总量和实测值之间的误差分析，结果显示两模型计算的 NS 值均大于 0.90，而两模型拟合的硝态氮的 NS 均为 0.99，近似于 1。RMSE 结果显示，两模型预测的硝态氮的值最小，说明两模型可以很好地预测径流硝态氮流失总量，也可以用于拟合其他养分流失总量。

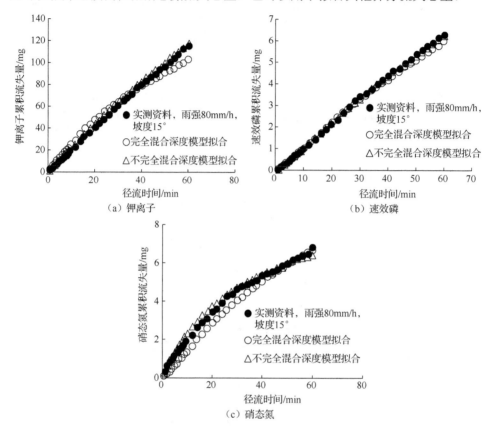

图 8.45　完全混合、不完全混合深度模型预测的养分累积流失量与实测值之间的对照关系

表 8.44　模型计算的径流养分浓度与实测值之间的误差分析

养分类型	完全混合深度模型			不完全混合深度模型		
	NS	RMSE/(g/m^3)	R^2	NS	RMSE/(g/m^3)	R^2
钾离子	0.67	1.360	0.68	0.90	0.340	0.91
速效磷	0.81	0.023	0.82	0.82	0.021	0.82
硝态氮	0.25	0.127	0.57	0.76	0.156	0.77

表 8.45　模型计算的径流养分流失总量与实测值之间的误差分析

养分类型	完全混合深度模型			不完全混合深度模型		
	NS	RMSE/mg	R^2	NS	RMSE/mg	R^2
钾离子	0.97	2.62	0.99	0.93	1.66	1.00

养分类型	完全混合深度模型			不完全混合深度模型		
	NS	RMSE/mg	R^2	NS	RMSE/mg	R^2
速效磷	0.99	0.44	0.99	0.99	0.24	0.99
硝态氮	0.99	0.13	1.00	0.99	0.045	1.00

8.3.3　水流冲刷下土壤养分向地表径流传递的有效混合深度模型

目前，用于描述土壤养分向地表径流传递的模拟模型主要是建立在降雨条件下，缺乏径流冲刷条件下土壤养分向地表径流传递的数学模型，限制了在真实降雨条件下，同时描述雨滴打击和径流冲刷在养分流失中的共同作用的应用，因此需要进一步分析水流冲刷对土壤养分向地表径流传递的影响。通过对坡地水流的入渗过程进行概化，结合 Kostiakov 公式和有效混合深度模型建立水流冲刷条件下土壤养分向地表径流传递的数学模型，为发展全面考虑雨滴与径流作用的坡面养分随地表径流迁移数学模型提供研究基础。

8.3.3.1　模型建立

利用 Kostiakov 公式来描述水流冲刷条件下的坡面入渗过程。对于坡长较短的坡地，为了简化入渗过程，将坡地看成一个单元体，入渗的开始时间为 $t_p/2$，因此 Kostiakov 公式可表示为

$$i = a\left(t_f - \frac{t_p}{2}\right)^{-b} \tag{8.181}$$

$$I = \frac{a}{1-b}\left(t_f - \frac{t_p}{2}\right)^{1-b} \tag{8.182}$$

式中，i 为入渗率(cm/min)；I 为累积入渗量(cm)；t_f 为放水时间(min)；t_p 为初始产流时间(min)；a 为第一单位时间末土壤的入渗率(cm/min)；b 为经验指数。

水流冲刷条件下土壤养分迁移过程可以分成两部分，一是随入渗水向深层土壤迁移；二是在冲刷作用下向地表径流传递。由于传统混合深度模型大都建立在饱和土壤和降雨条件下，为了建立水流冲刷条件下非饱和土壤中养分向地表径流传递的数学模型，需要将土壤水分和养分迁移过程进行概化。假定坡地入渗水首先使混合层达到饱和，然后土壤水分才穿过混合层，携带养分向深层土壤迁移。有效混合深度模型内的养分总是均匀分布，并且进入地表径流的概率相同；无论养分以何种方式进入地表径流，都将其看成以溶解态进入径流，将土壤侵蚀的综合作用看成是对有效混合深度和浓度比例系数的影响；在整个放水期间混合层内养分浓度与入渗水向深层携带的养分及向地表径流传递的养分浓度呈固定比例关系。

如果土壤的饱和含水量为 $\theta_s(\text{cm}^3/\text{cm}^3)$，初始含水量为 $\theta_i(\text{cm}^3/\text{cm}^3)$，有效混合层深度为 $h_m(\text{cm})$。则饱和有效混合深度内土壤需补充的水分 $w_0(\text{cm})$ 为

$$w_0 = (\theta_s - \theta_i)h_m \tag{8.183}$$

由

$$I_0 = w_0 \tag{8.184}$$

有

$$\frac{a}{1-b}\left(t_0 - \frac{t_p}{2}\right)^{1-b} = (\theta_s - \theta_i)h_m \tag{8.185}$$

则饱和有效混合深度内土壤需要的时间 t_0 为

$$t_0 = \left[\frac{1-b}{a}(\theta_s - \theta_i)h_m\right]^{\frac{1}{1-b}} + \frac{t_p}{2} \tag{8.186}$$

式中，I_0 为时间为 t_0 时的累积入渗量(cm)。

如果 $t_p < t_0$，则应调整有效混合深度，使两者相等。如果 $t_p \geqslant t_0$，则按照公式（8.185）计算有效混合深度。如果将养分吸附过程看成是等温线性吸附过程，则

$$c_s = k_d \rho_s c_0 \tag{8.187}$$

式中，c_s 为土壤颗粒吸附的养分含量(g/cm³)；k_d 为等温线性吸附系数(cm³/g)；c_0 为土壤养分浓度(g/cm³)。

有效混合深度内养分浓度与入渗水养分浓度及径流养分浓度成比例，假定时间达到初始产流时间 t_p 时，混合层开始向地表径流传递养分，此时有效混合深度内养分浓度 c_m (mg/L)可表示为

$$c_m = \frac{h_m(\theta_s + \rho_s k_d)c_{ib}}{\alpha\left[\dfrac{a}{1-b}\left(\dfrac{t_p}{2}\right)^{1-b} - (\theta_s - \theta_i)h_m\right] + h_m(\theta_s + \rho_s k_d)} \tag{8.188}$$

式中，ρ_s 为土壤容重(g/cm³)；α 为入渗水养分浓度与有效混合深度内养分浓度的比值；c_{ib} 为土壤养分初始浓度换算成饱和状态的养分浓度。

产流之后，有效混合深度内的养分一部分向地表径流传递，一部分随入渗水向深层迁移，因此有效混合深度内养分随时间变化可表示为

$$\frac{\mathrm{d}c h_m(\theta_s + \rho_s k_d)}{\mathrm{d}t} = -\alpha ic - \beta qc \tag{8.189}$$

式中，β 为径流养分浓度与有效混合深度内养分浓度的比值；q 为单位面积径流速率(cm/min)；c 为产流后任意时刻有效混合深度养分浓度(g/cm³)。

对式（8.189）积分得

$$c = c_m \exp\left[-\frac{\alpha\int_{t_p}^{t} i\mathrm{d}t + \beta\int_{t_p}^{t} q\mathrm{d}t}{h_m(\theta_s + \rho_s k_d)}\right] \tag{8.190}$$

径流养分浓度表示为

$$\beta c = \beta c_{\mathrm{m}} \exp\left[-\frac{\alpha \int_{t_p}^{t} i\mathrm{d}t + \beta \int_{t_p}^{t} q\mathrm{d}t}{h_{\mathrm{m}}(\theta_s + \rho_s k_{\mathrm{d}})}\right] \tag{8.191}$$

式（8.191）中 $\alpha\int_{t_p}^{t}i\mathrm{d}t$ 表示累积入渗量，$\beta\int_{t_p}^{t}q\mathrm{d}t$ 表示累积径流量，利用 Kostiakov 公式计算累积入渗量，用总入流量减去累积入渗量则得到累积径流量，表示为

$$\beta c = \beta c_{\mathrm{m}}$$

$$\cdot \exp\left\{-\frac{\alpha\dfrac{a}{1-b}\left[\left(t-\dfrac{t_p}{2}\right)^{1-b}-\left(\dfrac{t_p}{2}\right)^{1-b}\right]+\beta q_0\left(t-t_p\right)-\beta\dfrac{a}{1-b}\left[\left(t-\dfrac{t_p}{2}\right)^{1-b}-\left(\dfrac{t_p}{2}\right)^{1-b}\right]}{h_{\mathrm{m}}\left(\theta_s + \rho_s k_{\mathrm{d}}\right)}\right\} \tag{8.192}$$

式中，q_0 为径流速率，即单位面积的径流流量(cm/min)。进一步简化，得到不完全混合深度模型：

$$\beta c = \beta c_{\mathrm{m}} \exp\left(-\frac{(\alpha-\beta)\dfrac{a}{1-b}\left[\left(t-\dfrac{t_p}{2}\right)^{1-b}-\left(\dfrac{t_p}{2}\right)^{1-b}\right]+\beta q_0\left(t-t_p\right)}{h_{\mathrm{m}}\left(\theta_s + \rho_s k_{\mathrm{d}}\right)}\right) \tag{8.193}$$

由于养分流失量是径流量和养分浓度的乘积，径流流量 $Q(\mathrm{cm^3/min})$ 可以表示为

$$Q = Q_1 - aS_{\mathrm{p}}\left(t-\frac{t_p}{2}\right)^{-b} \tag{8.194}$$

式中，S_{p} 为坡地面积($\mathrm{m^2}$)。

Q_1 的单位为($\mathrm{cm^3/min}$)，则单位时间的径流养分流失量 $W(\mathrm{g/min})$ 表示为

$$W = \beta c_{\mathrm{m}} \exp\left\{-\frac{(\alpha-\beta)\dfrac{a}{1-b}\left[\left(t-\dfrac{t_p}{2}\right)^{1-b}-\left(\dfrac{t_p}{2}\right)^{1-b}\right]+\beta q_0\left(t-t_p\right)}{h_{\mathrm{m}}\left(\theta_s + \rho_s k_{\mathrm{d}}\right)}\right\}$$

$$\cdot\left[Q_1 - aS\left(t-\frac{t_p}{2}\right)^{-b}\right] \tag{8.195}$$

径流养分累积流失量 $W_1(\mathrm{g})$ 表示为

$$W_1 = \beta c_{\mathrm{m}} \int_{t_p}^{t} \exp\left\{-\frac{(\alpha-\beta)\dfrac{a}{1-b}\left[\left(t-\dfrac{t_p}{2}\right)^{1-b}-\left(\dfrac{t_p}{2}\right)^{1-b}\right]+\beta q_0\left(t-t_p\right)}{h_{\mathrm{m}}\left(\theta_s + \rho_s k_{\mathrm{d}}\right)}\right\}$$

$$\times\left[Q_1 - aS\left(t-\frac{t_p}{2}\right)^{-b}\right]\mathrm{d}t \tag{8.196}$$

式（8.193）描述了径流养分浓度变化过程，式（8.196）描述了径流养分累积流失量，由此形成了水流冲刷条件下适应于非饱和土壤地表径流养分迁移的有效混合深度模型。

8.3.3.2 参数确定与评估

利用柠条和大豆地的试验数据进行验证模型，模型参数包括 c_i、θ_s、θ_i、q、a、b、k、h_m、α 和 β，其中 c_i 可以通过测定得到，硝态氮和速效磷的初始含量分别为 339.12mg/kg、451.05mg/kg；θ_s 是试验地土壤的饱和含水量，为 $0.41\text{cm}^3/\text{cm}^3$，$\theta_i$ 是初始含水量，分别为 $0.96\text{cm}^3/\text{cm}^3$（柠条）和 $0.11\text{cm}^3/\text{cm}^3$（大豆）；$q$ 是径流流量，为 21L/min；根据水流特征和水量平衡，当植物为柠条时，获得 Kostiakov 公式中的参数 a、b 的值分别为 0.16、0.22，当植物为大豆时，获得参数 a 和 b 分别为 0.14 和 0.22；通过试验测定土壤硝态氮和速效磷的等温线性吸附系数为 $0.83\text{cm}^3/\text{g}$ 和 $2.10\text{cm}^3/\text{g}$；h_m、α 和 β 需要通过将实测试验数据代入模型拟合得出。

图 8.46 显示了柠条和大豆地径流硝态氮和速效磷浓度随径流时间的变化过程。从图中可知，硝态氮浓度 $C_r(t)$ 和速效磷浓度 $C_a(t)$ 随时间的总体变化趋势相似，两者均是在产流初期浓度迅速衰减，而后随着径流时间的持续，浓度衰减到一个较小的值并趋于稳定。不完全混合深度模型假定径流养分浓度、入渗水养分浓度和有效混合层养分浓度不相同，但三者之间呈线性关系。对实测径流养分浓度进行曲线拟合，结果如下：

植物为柠条时：

$$C_r(t) = 12.826\text{e}^{-0.154\left[(t-0.89)^{0.78}-0.92\right]-0.009(t-1.787)} \quad R^2 = 0.91 \qquad (8.197)$$

$$C_a(t) = 9.597\text{e}^{-0.190\left[(t-0.89)^{0.78}-0.92\right]-0.005(t-1.787)} \quad R^2 = 0.90 \qquad (8.198)$$

植物为大豆时：

$$C_r(t) = 10.808\text{e}^{-0.155\left[(t-0.755)^{0.78}-0.81\right]-0.006(t-1.51)} \quad R^2 = 0.90 \qquad (8.199)$$

$$C_a(t) = 7.089\text{e}^{-0.132\left[(t-0.755)^{0.78}-0.81\right]-0.003(t-1.51)} \quad R^2 = 0.92 \qquad (8.200)$$

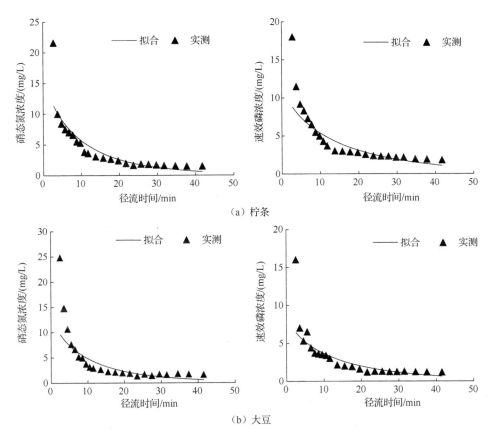

图 8.46　柠条和大豆地径流硝态氮和速效磷浓度随径流时间的变化过程

从图 8.46 可以看出,拟合曲线与实测资料较吻合,决定系数均在 0.90 及以上。拟合有效混合深度模型参数时所获得参数 α、β 和 h_m 的值见表 8.46。2 种养分条件下, 参数 α 均远远大于参数 β, 说明养分的迁移主要以入渗为主,进入径流的养分占养分总量的比例很小。磷的吸附性较强,因此进入径流的速效磷浓度应低于硝态氮,从 β 可以看出不完全混合深度模型体现出了此差异。根据模型的假设条件可知, t_0 应小于等于 t_p, 结果显示 2 种养分条件下的 t_0 均小于 t_p, 符合模型假设计算的 h_m 满足模型需求。

表 8.46　柠条和大豆种植条件下获得的有效混合深度模型参数

植物类型	养分类型	α	β	h_m
柠条	硝态氮	0.80	0.047	0.6
	速效磷	0.95	0.024	0.5
大豆	硝态氮	0.95	0.030	0.7
	速效磷	0.96	0.026	0.4

坡地土壤养分流失过程与径流关系密切，地表径流中土壤养分累积流失量受两个方面的影响，一是径流流量，二是径流中的养分浓度。图 8.47 显示了柠条和大豆种植条件下径流硝态氮和速效磷累积流失量随径流时间的变化过程。结果表明，径流养分累积流失量随着径流时间的延长逐渐增大。计算得到径流养分累积流失量，与实测资料进行对比，发现实测与计算的结果非常接近。当养分为硝态氮时，计算值与实测值之间的相对误差分别为 6.6%（柠条）和 5.9%（大豆），养分为速效磷时，相对误差分别为 5.1%（柠条）和 6.3%（大豆），说明模型的模拟精度较高。

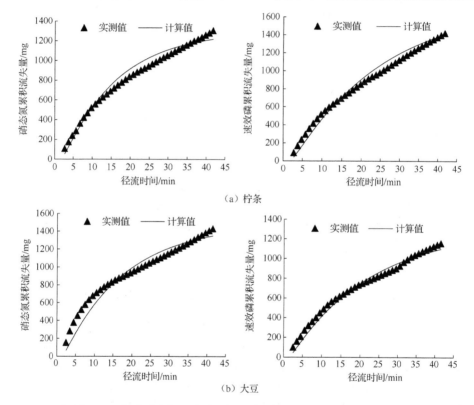

图 8.47　径流硝态氮和速效磷累积流失量随径流时间的变化过程

8.3.4　水流冲刷下土壤养分向地表径流传递的等效混合深度模型

王全九等[15]通过对黄土地区土壤养分随地表径流迁移的试验资料进行分析，考虑黄土地区严重的水土流失特征，提出了在降雨条件下适合黄土区的等效混合深度模型。假设土壤养分在混合层中的含量分布是均匀的，并且混合层中的养分进入地表径流的概率相同。这一概化的本质是将具有不同迁移特性的养分流失方式的差别归结于质量传递系数，这样就使得无论地表土壤养分以何种方式传递到径流，均可认为是通过对流质量传递的方式进入，便于对不同条件进行对比分析，并且使模型变得更为简单。本小节通过对水流冲刷条件下土壤养分向地表径流传递过程进行概化，提出了水流冲刷条件下的等效混合深度模型。

8.3.4.1　模型建立

采用 Kostiakov 公式描述坡地水流的入渗过程。为了简化入渗过程，将坡地看成一个单元体，并假设整个坡地的入渗从初始产流时间的一半开始，即入渗的开始时间为 $t_p/2$，因此 Kostiakov 公式可表示为

$$i = a\left(t - \frac{t_p}{2}\right)^{-b} \tag{8.201}$$

$$I = \frac{a}{1-b}\left(t - \frac{t_p}{2}\right)^{1-b} \tag{8.202}$$

式中，i 为入渗率(cm/min)；I 为累积入渗量(cm)；t 为放水时间(min)；t_p 为产流时间(min)；a 数值上等于第一单位时间末土壤的入渗率；b 为经验指数。

水流冲刷条件下土壤养分迁移过程可以分成两部分，一是随入渗水向深层土壤迁移，二是在冲刷作用下向地表径流传递。假定坡地水流在入渗作用下使混合层率先达到饱和，然后土壤水分才穿过混合层，携带养分向深层迁移。

如果土壤的饱和含水量为 θ_s，初始含水量为 θ_i，混合层深度为 $h_m(cm)$。则饱和混合深度内土壤需补充的水分 $W_0(cm)$ 为

$$W_0 = (\theta_s - \theta_i)h_m \tag{8.203}$$

由

$$I_0 = W_0 \tag{8.204}$$

有

$$\frac{a}{1-b}\left(t_0 - \frac{t_p}{2}\right)^{1-b} = (\theta_s - \theta_i)h_m \tag{8.205}$$

则混合深度内土壤达到饱和需要的时间 t_0 为

$$t_0 = \left[\frac{1-b}{a}(\theta_s - \theta_i)h_m\right]^{\frac{1}{1-b}} + \frac{t_p}{2} \tag{8.206}$$

式中，I_0 为时间为 t_0 时的累积入渗量(cm)。

如果 $t_p < t_0$，则应调整混合层深度，使两者相等。如果 $t_p \geqslant t_0$，则按照公式(8.205)计算混合层深度。如果将养分吸附过程看成是等温线性吸附过程，则

$$c_s = k_d \rho_s c_0 \tag{8.207}$$

式中，c_s 为土壤颗粒吸附的养分含量(mg/kg)；k_d 为等温线性吸附系数(L/kg)；c_0 为土壤养分浓度(mg/L)。

假设混合深度内养分浓度与入渗水携带养分浓度相同，假定时间达到初始产流时间 t_p 时，混合层开始向地表径流传递养分，此时混合深度内养分浓度 c_m (mg/L) 可表示为

$$c_m = \frac{h_m(\theta_s + \rho_s k_d)c_{ib}}{\left[\frac{a}{1-b}\left(\frac{t_p}{2}\right)^{1-b} - (\theta_s - \theta_i)h_m\right] + h_m(\theta_s + \rho_s k_d)} \quad (8.208)$$

式中，ρ_s 为土壤容重(g/cm³)；c_{ib} 为土壤养分初始浓度换算成饱和状态的养分浓度(mg/L)。

假设等效混合深度内的养分总是均匀分布的，认为土壤养分存在于土壤溶液中，而且进入地表径流的概率相同；这样假设的实质是养分无论以何种方式进入地表径流，都可认为是通过对流质量传递方式进入径流，因此土壤养分向地表径流传递的养分质量取决于等效混合深度内的养分浓度和质量传递系数，用公式表示为

$$M_r(t) = K_m c_s(t) \quad (8.209)$$

式中，$M_r(t)$ 为 t 时刻向径流传递的养分质量(mg)；K_m 为质量传递系数；$c_s(t)$ 为 t 时刻等效混合深度内养分浓度(mg/L)。

假设等效混合层内的养分浓度变化过程为幂函数特征，即

$$c_s = c'_m(t - t_p)^n \quad (8.210)$$

式中，c_s 为 t 时刻时等效混合深度内养分浓度(mg/L)；c'_m 为开始产流时等效混合深度内养分浓度(mg/L)；t 为放水时间 (min)；n 为参数。

径流养分质量平衡表达式为

$$\frac{dM_{rl}(t)}{dt} = M_r(t) = K_m c'_m(t - t_p)^n \quad (8.211)$$

对式（8.211）积分得

$$M_{rl}(t) = \frac{K_m c'_m}{n+1}(t - t_p)^{n+1} \quad (8.212)$$

径流养分累积流失量的表达式为

$$M_{rl}(t) = \frac{K_m h_m(\theta_s + \rho_s k_d)c_i}{(n+1)\left[\frac{a}{1-b}\left(\frac{t_p}{2}\right)^{1-b} + h_m(\theta_i + \rho_s k_d)\right]}(t - t_p)^{n+1} \quad (8.213)$$

式中，$M_{rl}(t)$ 为径流中的养分累积流失量。

径流量 Q(L/min)可以表示为

$$Q = Q_l - aA\left(t - \frac{t_p}{2}\right)^{-b} \quad (8.214)$$

式中，Q_l 为供水流量(L/min)；A 为试验小区面积(m²)。

由于径流养分浓度与径流流量的乘积为径流养分质量，即

$$M_r(t) = c_r(t) \times Q \tag{8.215}$$

式中，$c_r(t)$ 为径流养分浓度(mg/L)。

径流养分浓度表示为

$$c_r(t) = \frac{K_m c'_m}{Q_1 - aS\left(t - \dfrac{t_p}{2}\right)^{-b}} (t - t_p)^n \tag{8.216}$$

径流养分浓度的表达式为

$$c_r(t) = \frac{K_m h_m (\theta_s + \rho_s k_d) c_i}{\left[\dfrac{a}{1-b}\left(\dfrac{t_p}{2}\right)^{1-b} + h_m(\theta_i + \rho_s k_d)\right]\left[Q_1 - aS\left(t - \dfrac{t_p}{2}\right)^{-b}\right]} (t - t_p)^n \tag{8.217}$$

8.3.4.2　模型参数推求与评估

利用种植柠条和大豆的试验数据进行模型验证，模型参数包括 ρ_s、c_i、θ_s、θ_i、Q_1、a、b、k、h_m、n 和 K_m，其中土壤容重 ρ_s 为 1.34g/cm³；c_i 可以通过测定得到，土壤硝态氮和速效磷的初始含量分别为 339.12mg/kg、451.05mg/kg；θ_s 是试验地土壤的饱和含水量，为 0.41cm³/cm³，θ_i 是初始含水量，分别为 0.96cm³/cm³（柠条）和 0.11cm³/cm³（大豆）；Q_1 是径流流量，为 21L/min；根据水流特征和水量平衡，当植被为柠条时，获得 Kostiakov 公式中的参数 a、b 的值分别为 0.16、0.22，当植被为大豆时，获得参数 a 和 b 分别为 0.14 和 0.22；通过试验测定土壤硝态氮和速效磷的等温线性吸附系数为 0.83L/kg 和 2.1L/kg；h_m、n 和 K_m 需要通过将实测试验数据代入模型拟合得出。

表 8.47 显示了柠条和大豆种植条件下等效混合深度模型获得参数 K_m、h_m 和 n 结果。从表中可以看出，2 种植物种植条件下，当养分为硝态氮时获得 K_m 的数值均明显大于养分为速效磷时的数值，这是由于土壤对速效磷具有较强的吸附性。根据模型的假设条件可知，t_0 应小于等于 t_p，用拟合得到的 h_m 反推求得 t_0，结果显示 2 种养分条件下的 t_0 均小于 t_p。

表 8.47　柠条与大豆种植条件下获得的等效混合深度模型参数

植物类型	养分类型	K_m	h_m	n	R^2
柠条	硝态氮	0.5629	0.2511	−0.5404	0.9769
	速效磷	0.2941	0.5251	−0.4298	0.9884
大豆	硝态氮	0.8749	0.1719	−0.6927	0.9928
	速效磷	0.2842	0.6464	−0.6028	0.9655

图8.48和图8.49分别显示了柠条和大豆种植条件下径流硝态氮和速效磷实测和模拟的浓度随径流时间变化过程。结果表明,径流硝态氮浓度和速效磷浓度随时间的总体变化趋势相似,两者均是在产流初期浓度迅速衰减,而后随着径流时间的持续,浓度衰减到一个较小的值趋于稳定。此外,拟合曲线与实测数据比较吻合,决定系数均在0.96以上,说明幂函数模型能更好地描述黄土地区径流养分浓度的变化过程。

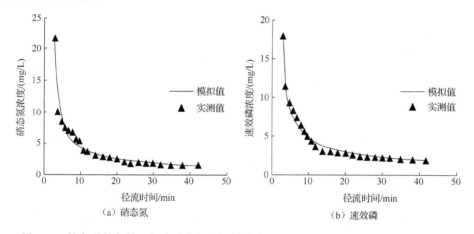

（a）硝态氮　　　　　　　　　　　（b）速效磷

图8.48　柠条种植条件下径流硝态氮和速效磷实测和模拟的浓度随径流时间变化过程

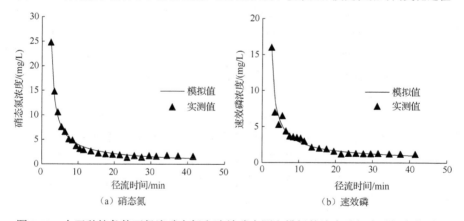

（a）硝态氮　　　　　　　　　　　（b）速效磷

图8.49　大豆种植条件下径流硝态氮和速效磷实测和模拟的浓度随径流时间变化过程

图8.50显示了柠条和大豆种植条件下径流硝态氮和速效磷累积流失量随径流时间变化过程。结果表明,径流养分累积流失量随着径流时间的延长而逐渐增大。将计算得到的径流养分累积流失量与实测数据进行对比,发现两者吻合效果较好,径流硝态氮累积流失量的计算值与实测值之间的相对误差分别为1.6%（柠条）和7.1%（大豆）,径流速效磷累积流失量的相对误差分别为7.9%（柠条）和5.3%（大豆）,说明模型的模拟精度较高。

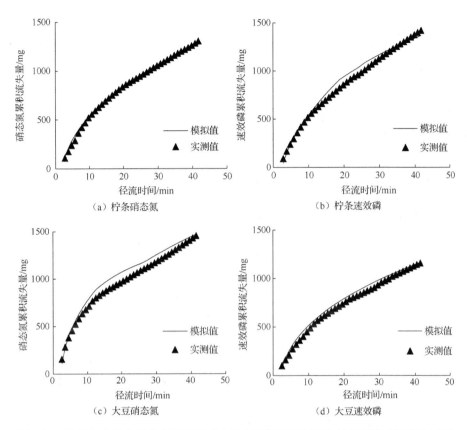

图 8.50　柠条和大豆种植条件下径流硝态氮和速效磷累积流失量随径流时间变化过程

8.3.5　基于水流分散能力的土壤养分向径流传递模型

8.3.5.1　数学模型

坡地水流条件下，土壤养分在水流冲刷的作用下进入地表径流。基于完全混合深度模型的理论，水流冲刷条件下的养分质量平衡方程如下：

$$\frac{d\left[h_m c(\theta_s + k_d \rho_s)\right]}{dt} = -q_i c \tag{8.218}$$

式中，h_m 为混合层深度(m)；c 为产流后混合层养分浓度(g/m^3)；θ_s 为饱和含水量(cm^3/cm^3)；ρ_s 为土壤容重(g/m^3)；k_d 为土壤吸附系数(L/kg)；q_i 为单宽入流量(m^2/s)；t 为放水时间(s)。

土壤养分在混合层与地表径流混合，混合层深度可以表示为坡地水流累积侵蚀量的函数[23]：

$$\xi_m = \int_{t_0/2}^{t} e_d D_c dt \tag{8.219}$$

式中，ξ_m 为土壤径流之间的传递系数(m)；e_d 为单位距离、单位时间的水流侵蚀量[g/(m·s)]。

坡地水流侵蚀的主要动力为水流剪切力，那么，侵蚀量可以表示为水流剪切力的函数[24-25]

$$D_c = k_c \tau^{3/2} \tag{8.220}$$

式中，k_c 为土壤侵蚀因子$[(m^{1/2} \cdot s^2)/g^{1/2}]$；$\tau$ 为水流剪切力$[g/(m \cdot s^2)]$。其中，水流剪切力可以表示为

$$\tau = \rho g J h \tag{8.221}$$

式中，ρ 为水的密度(g/m^3)；g 为重力加速度(m/s^2)；J 为水力坡度；h 为坡地径流深(m)。

坡地径流深可以通过解析法求解运动波方程，结合 Kostiakov 公式求得，具体表示为

$$\frac{\partial h}{\partial t} + \frac{\partial q}{\partial x} = -i$$
$$q = \alpha h^m \tag{8.222}$$
$$i = a\left(t - \frac{t_0}{2}\right)^{-b}$$

式中，q 为单宽流量(m^2/s)；α 为坡地传输因子；x 为水平距离(m)；m 为经验常数，取值范围为 3/2～3，本书取 $m = 2$；a 和 b 为入渗参数；t_0 为水流从入流口到出流口的时间。坡地径流深可以表示为

$$h = \frac{a}{1-b}\left(t - \frac{t_0}{2}\right)^{1-b} \tag{8.223}$$

混合层深度可以表示为

$$h_m = \int_{t_0/2}^{t} k_c e_d (\rho g J)^{3/2} \left(\frac{al}{1-b}\right)^{3/2} \left(t - \frac{t_0}{2}\right)^{3(1-b)/2} dt \tag{8.224}$$

有

$$k_e = k_c e_d (\rho g J)^{3/2} \left(\frac{al}{1-b}\right)^{3/2} \frac{5-3b}{2} \tag{8.225}$$

式中，k_e 为综合侵蚀率。

混合层深度可以表示为

$$h_m = k_e\left(t - \frac{t_0}{2}\right)^{(5-3b)/2} \tag{8.226}$$

径流养分浓度可以表示为

$$c = c_m \exp\left\{\frac{3b-5}{2}\ln\left(t - \frac{t_0}{2}\right) - \frac{2q_i}{k_e(\theta_s + \rho_s k_d)(3b-3)}\left(t - \frac{t_0}{2}\right)^{\frac{3(b-1)}{2}}\right\} \tag{8.227}$$

式中，$c(t)$ 为径流养分浓度(g/m^3)；c_m 为产流前混合层中的养分浓度(g/m^3)。

为了确定方程中的入渗参数 a 和 b，坡地水量平衡方程为

$$I_s = Q_{in} - Q_{out} = \frac{al}{1-b}\left(t_m - \frac{t_0}{2}\right)^{1-b} \tag{8.228}$$

式中，I_s 为入渗总量(m^3/m)；Q_{in} 和 Q_{out} 分别为总入流量和总出流量(m^3/m)；t_m 为出口处水流停止时间(s)。

8.3.5.2　模型参数确定及验证

土壤养分向径流传递模型的参数主要包括 θ_s、ρ_s、k_c、t_0、a、b、n、h_m 和 k_e。为了确定模型参数，开展了野外模拟试验，并获取实测资料。试验设计了三种单宽入流量（$0.00016m^2/s$、$0.00028m^2/s$、$0.00038m^2/s$），八种碎石覆盖类型：小碎石（覆盖比例 2.5%、10%、20%），大碎石（覆盖比例 2.5%、10%），碎石组合一（小碎石覆盖比例 4.03%，中等碎石覆盖比例 6%），碎石组合二（中碎石覆盖比例 6%，大碎石覆盖比例 4.03%），碎石组合三（小碎石覆盖比例 6.45%，中等碎石覆盖比例 1.5%，大碎石覆盖比例 2.02%）。通过试验可以直接测量的参数如下：饱和含水量 θ_s 为 $0.50cm^3/cm^3$，土壤容重 ρ_s 为 $1.31g/m^3$，土壤吸附系数 k_d 为 $3.34L/kg$，t_0 通过试验直接测得，入渗参数 a 和 b 借助水流方程确定，如表 8.48 所示，参数 k_e 通过曲线拟合反推获得。曼宁糙率系数借助传统测流速法计算而得。坡地流速受到地表覆盖的影响，通常用曼宁糙率系数表示地表覆盖状况，单宽流量可以表示为曼宁糙率系数与流速的函数：

$$q = \left(\frac{1}{n}J^{1/2}\right)^{-2/3}v^{5/2} \tag{8.229}$$

式中，n 为曼宁糙率系数($m/s^{1/3}$)；J 为水力坡度。

表 8.48　不同处理条件下的模型相关参数

不同处理		t_p/min	c_0/(g/m³)	a	b	v/(m/s)	n/(s/m^{1/3})	Re
单宽入流量 /(m²/s)	0.00016	2.88	1144	1.90×10^{-5}	0.2	0.093	0.056	61
	0.00028	1.992	1141	2.84×10^{-5}	0.2	0.132	0.046	116
	0.00038	1.61	1142	3.64×10^{-5}	0.2	0.163	0.0395	164
小碎石覆盖 比例/%	2.5	2.183	1144	3.15×10^{-5}	0.2	0.12	0.052	110
	10	2.649	1145	3.33×10^{-5}	0.2	0.098	0.071	105
	20	2.95	1142	3.46×10^{-5}	0.2	0.089	0.083	101
大碎石覆盖 比例/%	2.5	2.244	1143	3.17×10^{-5}	0.2	0.116	0.0537	110
	10	3.31	1144	3.58×10^{-5}	0.2	0.078	0.102	97
S-4.03%, M-6%		2.7	1144	3.76×10^{-5}	0.2	0.099	0.073	86
M-6%, L-4.03%		2.64	1142	2.75×10^{-5}	0.2	0.1	0.0729	123
S-6.45%, M-1.5%, L-2.02%		2.42	1144	2.55×10^{-5}	0.2	0.11	0.0647	127

注：S 表示小碎石；M 表示中等碎石；L 表示大碎石。

曼宁糙率系数可通过方程计算而得，如表 8.48 所示，结果显示曼宁糙率系数随碎石覆盖比例的增加而增大。雷诺数通常用于描述坡地水流的水动力特征，可通过以下方程获得

$$Re = \frac{vh}{\upsilon} \tag{8.230}$$

式中，υ 为黏性系数(Pa·s)。

结果显示，Re 随单宽入流量及碎石覆盖比例的增加而增大。

不同碎石覆盖条件下的单宽入流量为 0.00028m²/s，其次，模型拟合不同单宽入流量及碎石覆盖条件下的径流钾离子浓度。参数 k_e 反映了地表条件及水流动力对坡地养分迁移的影响，因此结合表 8.49 获得的相关参数及图 8.51 的拟合结果，反推参数 k_e，参数 k_e 随单宽入流量的增加而增加，随碎石覆盖比例的增加而减小，说明 k_e 与水流剪切力呈正相关。Re 通常用于描述坡地水流动力特征，Re 也随单宽入流量的增加而增加，随碎石覆盖比例的增加而减小，如图 8.51 所示，因此建立 k_e 与 Re 之间的关系：

$$k_e = 0.172Re - 0.145 \qquad R^2 = 0.82 \tag{8.231}$$

表 8.49　不同单宽入流量及碎石覆盖条件下推求的 k_e 值

处理	单宽入流量/(m²/s)			小碎石覆盖比例/%			大碎石覆盖比例/%	
	0.00016	0.00028	0.00038	2.5	10	20	2.5	10
k_e	10.6	16	28	21	18	15	16	13

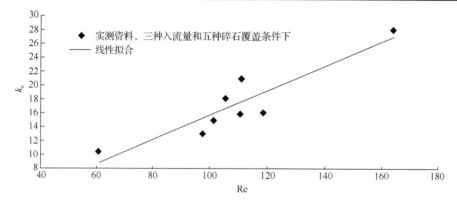

图 8.51　不同单宽入流量及碎石覆盖条件下推求的 k_e 与 Re 之间的关系

利用相关参数，计算三种不同碎石组合条件下的径流钾离子浓度，模型拟合值与实测值如图 8.52 所示。由图可知，计算的径流钾离子浓度与实测值拟合效果较好，借助 NS、RE 分析拟合结果，如表 8.50 所示。计算的径流钾离子累积流失量与实测值比较如图 8.53 所示，预测结果略微偏移 1：1 对称线。计算的径流钾离子浓度及累积流失量与实测值对照结果显示，获得的 k_e 与 Re 之间的函数关系

比较合理，模型可以用于预测水流冲刷条件下的养分径流浓度。

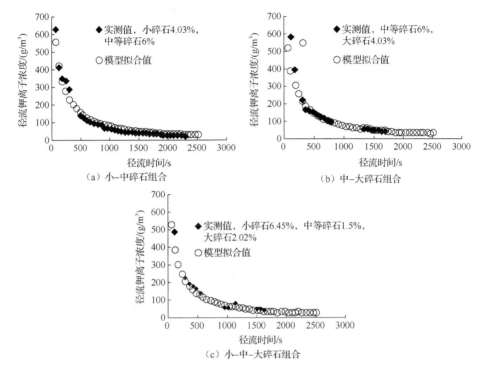

（a）小-中碎石组合　　　　　　　　　　（b）中-大碎石组合

（c）小-中-大碎石组合

图 8.52　模型拟合的径流钾离子浓度与实测值的对照

表 8.50　模型拟合效果 NS、RE 和 R^2

不同处理	径流钾离子浓度			径流钾离子累积流失量		
	NS	RE	R^2	NS	RE	R^2
小碎石-4.03%，中等碎石-6%	0.98	0.067	0.99	0.72	0.16	0.99
中等碎石-6%，大碎石-4.03%	0.91	0.066	0.93	0.76	0.13	0.99
小碎石-6.45%，中等碎石-1.5%，大碎石-2.02%	0.97	0.035	0.98	0.96	0.07	0.99

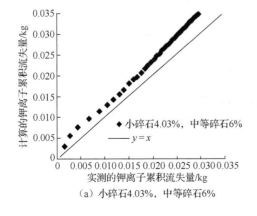

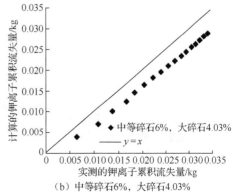

（a）小碎石4.03%，中等碎石6%　　　　　　（b）中等碎石6%，大碎石4.03%

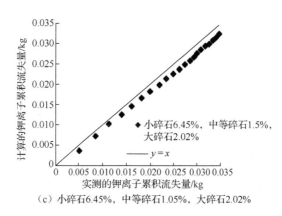

（c）小碎石6.45%，中等碎石1.05%，大碎石2.02%

图 8.53　模型计算的径流钾离子累积流失量与实测值的比较

　　混合层深度对于估算土壤养分潜在流失量具有重要意义。单宽入流量为 $0.00016\text{m}^2/\text{s}$，混合层深度增加速度较慢，而单宽入流量为 $0.00038\text{m}^2/\text{s}$ 混合层深度增加速度较快，原因可能在于较大的水流剪切力侵蚀地表，促进养分进入径流。当单宽入流量为 $0.00028\text{m}^2/\text{s}$，裸地条件下的混合层深度大于碎石覆盖条件下的混合层深度，说明碎石覆盖保护地表土壤颗粒不受水流冲刷的影响。

　　然而，碎石覆盖比例及碎石大小对土壤混合层深度的影响不同。图 8.54 为不同条件下出口处的混合层深度随时间的变化过程。结果显示碎石覆盖条件下的混合层深度小于裸地条件下的混合层深度，并随时间呈增加趋势变化，说明碎石覆盖可以保护土壤颗粒不受水流冲刷的侵蚀。相同单宽入流量条件下，增加碎石覆盖比例，混合层深度减小。碎石覆盖比例和碎石大小对混合层的影响不同，当地

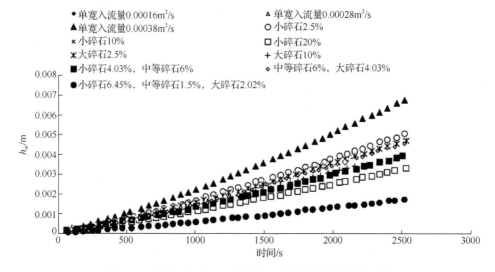

图 8.54　不同条件下出口处的混合层深度随时间变化关系

表为小碎石覆盖，覆盖比例为 2.5%条件下，混合层深度与裸地条件下的混合层深度差异不明显，而覆盖比例为 2.5%的大碎石条件下，混合层深度小于小碎石条件下的值，并且接近覆盖比例为 10%的碎石组合（中等碎石 6%，大碎石 4.03%）。而且，同一覆盖比例、单宽入流量条件下，小碎石 4.03%和中等碎石 6%组合的混合层深度较小，说明该组合方式的阻沙效果较好。

8.4　考虑降雨雨型影响的坡地水土养分传输数学模型

大量研究表明，坡地水土养分传输受到降雨特征的影响，降雨雨型必然影响侵蚀及养分流失过程。因此，建立可以描述不同降雨雨型条件下降雨侵蚀及养分流失过程的数学模型，以期为水土资源的保护提供理论依据。

8.4.1　数学模型

8.4.1.1　基本方程

在降雨过程当中，产流过程可用质量守恒方程来描述：

$$\frac{\partial q(x,t)}{\partial x} + \frac{\partial h(x,t)}{\partial t} = r_e - i \qquad (8.232)$$

式中，$q(x,t)$ 为单宽流量(cm²/min)；$h(x,t)$ 为径流深(cm)；x 为坡地沿程距离(cm)；t 为降雨时间(min)；i 为土壤入渗率(cm/min)；r_e 为地表单位面积的实际接受的降雨强度(cm/min)。

假定径流深变化率与净降雨强度为线性关系[9]，即

$$\frac{\partial h(x,t)}{\partial t} = c(r_e - i) \qquad (8.233)$$

式中，c 为常数。上述方程可化为

$$\frac{\partial q(x,t)}{\partial x} = (1-c)(r_e - i) \qquad (8.234)$$

初始及边界条件为

$$q(x,0) = q(0,t) = 0 \qquad (8.235)$$

泥沙输运方程可表示为

$$\frac{\partial[h(x,t)s(x,t)]}{\partial t} + \frac{\partial[q(x,t)s(x,t)]}{\partial x} = \frac{a}{\rho_s}\gamma Gh(x,t) + \frac{b}{\rho_s}(r_e^2) \qquad (8.236)$$

式中，$s(x,t)$ 为径流含沙率(g/cm³)；ρ_s 为土壤容重(g/cm³)；γ 为水的密度(g/cm³)；G 为坡度；a 为径流侵蚀校正系数；b 为降雨溅蚀校正系数。

结合式（8.234）和式（8.236）得

$$h(x,t)\frac{\partial s(x,t)}{\partial t} + q(x,t)\frac{\partial s(x,t)}{\partial x} = \frac{a}{\rho_s}\gamma Gh(x,t) + \frac{b}{\rho_s}(r_e^2) - s(x,t)(r_e - i) \qquad (8.237)$$

初始及边界条件为

$$s(x,t_p) = s(0,t) = 0 \tag{8.238}$$

式中，t_p 为地表初始产流时间(min)。

在地表建立质量守恒方程来描述径流养分的运移过程：

$$\frac{\partial\big[c_r(x,t)h(x,t)\big]}{\partial t} + \frac{\partial\big[c_r(x,t)q(x,t)\big]}{\partial x} = k_m\big[c_e(t) - c_r(x,t)\big] - ic_r(x,t) \tag{8.239}$$

式中，$c_r(x,t)$ 为径流水中的养分浓度(mg/L)；$c_e(t)$ 为地表土壤溶液中养分浓度(mg/L)。$c_e(t)$ 的值是随时间不断变化的。因为地表土壤中的养分一方面会通过径流传递，另一方面随入渗水向土壤深层运移。k_m 是质量传递系数(cm/min)，k_m 值受到养分种类、土壤表面的物理特性、降雨强度及历时等因素的影响。

联立方程有

$$h(x,t)\frac{\partial c_r(x,t)}{\partial t} + q(x,t)\frac{\partial c_r(x,t)}{\partial x} = k_m\big[c_e(t) - c_r(x,t)\big] - r_e \cdot c_r(x,t) \tag{8.240}$$

初始及边界条件为

$$c_r(x,0) = c_r(0,t) = 0 \tag{8.241}$$

养分在土壤剖面中的入渗及扩散过程可以用对流弥散方程来描述：

$$\frac{\partial Rc_s(z,t)}{\partial t} = \frac{\partial}{\partial z}\bigg[D\frac{\partial c_s(z,t)}{\partial z} - vc_s(z,t)\bigg] \tag{8.242}$$

式中，c_s、R、v 和 D 分别为土壤溶液中的养分浓度(mg/L)、阻滞因子、平均孔隙水流速(cm/min)和扩散系数(cm/min)。

土壤垂直方向上考虑为半无限长条件，则初始及边界条件为

$$c_s(z,0) = c_i \tag{8.243}$$

$$c_s(0,t) = c_i \tag{8.244}$$

$$vc_s(z,t) - D\frac{\partial c_s(z,t)}{\partial z}\bigg|_{z=0} = 0, t \leqslant t_p \tag{8.245}$$

$$vc_s(z,t) - D\frac{\partial c_s(z,t)}{\partial z}\bigg|_{z=0} = -k_m\big(c_s(0,t) - c_r\big), t > t_p \tag{8.246}$$

式中，c_i 为土壤初始养分浓度(mg/L)。

8.4.1.2　方程求解

1. 地表径流方程解

降雨条件下，当降雨强度小于入渗能力时地表没有径流产生，此时土壤入渗率就等于降雨强度。当降雨强度大于土壤入渗能力时地表开始积水并产生径流。Yang 等[8]采用改进的 Philip 入渗公式来计算降雨条件下的地表入渗率，具体形式为

$$\begin{cases} i = r_e, & t \leqslant t_p \\ i = \dfrac{1}{2} S(t - \Delta t)^{-\frac{1}{2}}, & t > t_p \end{cases} \qquad (8.247)$$

式中，S 是土壤吸渗率(cm/min$^{0.5}$)，其中 $\Delta t = \dfrac{S^2}{4 r_e^2}$。

出口处单宽流量表示为

$$q_1(t) = (1-c)\left[r_e - \frac{1}{2} S(t-\Delta t)^{-\frac{1}{2}} \right] l, \qquad t > t_p \qquad (8.248)$$

式中，q_1 是坡地出口处的单宽流量(cm^2/min)；l 是坡长(cm)。

坡地出口处的径流深为

$$h_1(t) = \left(\frac{1}{n} J^{\frac{1}{2}} \right)^{-\frac{3}{5}} \left\{ (1-c)l\left[r_e - \frac{1}{2} S(t-\Delta t)^{-\frac{1}{2}} \right] \right\}^{\frac{3}{5}}, \qquad t > t_p \qquad (8.249)$$

式中，n 是曼宁糙率系数(s/m$^{1/3}$)。

2. 泥沙运移方程解

假定径流含沙率在沿坡长方向上是不变的，则坡地出口处的质量守恒方程为

$$h_1 \frac{\mathrm{d}s_1}{\mathrm{d}t} = \frac{a}{\rho} \gamma J h_1 + \frac{b}{\rho} p^2 - s_1(r_e - i) \qquad (8.250)$$

式中，h_1 是坡地出口处的径流深(cm)；s_1 是坡地出口处的径流含沙率(g/cm^3)；p 为有效降雨强度(cm/min)。

坡地出口处的径流含沙率可以表示为

$$s_1(t) = \exp\left[\int_{t_p}^t \frac{i(t) - r_e}{h(t)} \mathrm{d}t \right] \left\{ \int_{t_p}^t \frac{\left[a\gamma J h(t) + b r_e^2 \right] \exp\left[\int_{t_p}^t \frac{r_e - i(t)}{h(t)} \mathrm{d}t \right]}{\rho h(t)} \mathrm{d}t \right\} \qquad (8.251)$$

则坡地出口处的产沙率为

$$S_1(t) = Q_1(t) s_1(t) \qquad (8.252)$$

式中，$S_1(t)$ 是坡地出口处的产沙率(g/min)；$Q_1(t)$ 是坡地出口处的径流流量(cm^3/min)。

3. 对流弥散方程解

为了求解方便，假定阻滞系数 R、平均孔隙水流速 v 及扩散系数 D 都为常数。由于径流水中的养分浓度远小于近地表土壤中的养分浓度，因此径流水中的养分浓度可以忽略不计。这样，根据式（8.242）的初边界条件求得地表土壤中养分浓度为

$$c_e(t) = c_i\left[1 - \frac{1}{2}\mathrm{erfc}\left(\frac{-vt}{2\sqrt{DRt}} \right) + \frac{1}{2}\mathrm{erfc}\left(\frac{vt}{2\sqrt{DRt}} \right) \right], \qquad t \leqslant t_p \qquad (8.253)$$

$$c_e(t) = c_i \left\{ 1 - \frac{1}{2}\text{erfc}\left(\frac{-vt}{2\sqrt{DRt}}\right) - \frac{v+k_m}{2k}\text{erfc}\left(\frac{vt}{2\sqrt{DRt}}\right) \right. $$

$$\left. + \left(1 + \frac{v}{2k_m}\right)\exp\left[\frac{(k_m+v)k_mt}{DR}\right]\text{erfc}\left[\frac{(2k_m+v)t}{2\sqrt{DRt}}\right] \right\}, \quad t > t_p \quad （8.254）$$

4. 径流养分传输方程解

假定沿坡长方向上径流养分浓度不变，有

$$h_1\frac{dc_{rl}}{dt} = k_m c_e - (k_m + r_e)c_{rl} \quad （8.255）$$

式中，$c_{rl}(t)$是坡地出口处的径流养分浓度(mg/L)。

坡地出口处的径流养分浓度为

$$c_{rl}(t) = \left(\int_{t_p}^{t}\frac{k_m c_e(t)\exp\left[(k_m+r_e)\left(\int_{t_p}^{t}\frac{dt}{h(t)}\right)\right]}{h(t)}d(t)\right)\exp\left[-(k_m+r_e)\left(\int_{t_p}^{t}\frac{dt}{h(t)}\right)\right] \quad （8.256）$$

则径流养分流失率可表示为

$$N_1(t) = Q_1(t)c_{rl}(t) \quad （8.257）$$

式中，$N_1(t)$坡地出口处的径流养分流失率(mg/min)。

8.4.2　模型参数确定

为了对确定的模型参数和模型准确性进行评估，在长武黄土高原农业生态实验站开展了人工降雨试验。降雨试验设计了四个径流小区（1m×1m），设计坡度为 15°。采用针头式降雨器进行降雨，降雨强度为 100~160mm/h。试验根据降雨强度设计了四种降雨雨型，分别为 A（恒定型：130mm/h-130mm/h-130mm/h），B（增强型：100mm/h-130mm/h-160mm/h），C（增强-减弱型：100mm/h-160mm/h-130mm/h），D（减弱型：160mm/h-130mm/h-100mm/h）。每种降雨雨型都分成三个阶段，每个阶段降雨时间为 30min。

Tao 等[26]给出了相同坡地条件下的曼宁糙率系数 $n=0.017\text{s/m}^{1/3}$。此外，在 Yang 等[27]的土壤养分运移研究中，给出了相似土壤的扩散系数 $D=0.14\text{cm/min}$。土壤阻滞系数 R 可以表示为

$$R = 1 + \frac{\rho_s k_d}{\theta} \quad （8.258）$$

式中，θ 是土壤含水量(cm^3/cm^3)，这里假定土壤湿润区域的含水量为饱和含水量；k_d 是土壤对养分的吸附系数(L/kg)。利用等温吸附试验得到本试验土壤对三种养分

（铵态氮、硝态氮和速效磷）的吸附系数分别为 0.16L/kg、0.07L/kg 和 0.03L/kg。其中，吸渗率 S 通过入渗过程曲线拟合得到，常数 c 利用径流过程曲线拟合得到，径流侵蚀校正系数 a 及降雨溅蚀校正系数 b 均利用产沙过程曲线拟合得到，土壤养分向径流传输速率利用养分流失过程曲线拟合得到。

8.4.3　模型评估

8.4.3.1　地表径流过程

在四种降雨雨型条件下的单宽流量随降雨时间变化的实测值与计算值如图 8.55 所示。从图中可以看出，降雨雨型对单宽流量有显著影响。利用径流模型分析实测产流过程，通过曲线拟合得到的土壤吸渗率 S、参数 c、均方根误差 RMSE 及决定系数 R^2 如表 8.51 所示。计算得出的 RMSE 及 R^2 的值表明模型计算值可以较好地模拟试验结果。此外，在降雨过程中参数 c 会随降雨强度增大而减小，随降雨时间的增大也会有所减小。对同一降雨强度，在降雨前期的 c 要小于降雨后期。

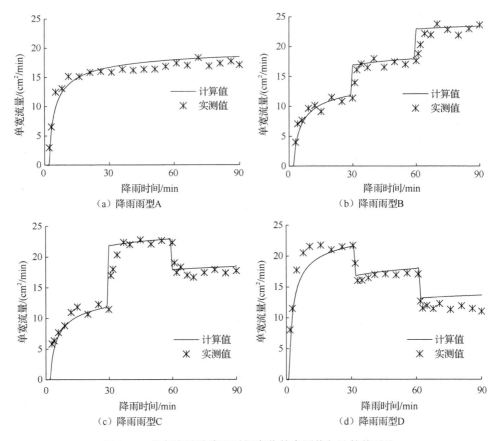

（a）降雨雨型A　　　　　　　　　　（b）降雨雨型B

（c）降雨雨型C　　　　　　　　　　（d）降雨雨型D

图 8.55　单宽流量随降雨时间变化的实测值与计算值对比

表 8.51　不同降雨雨型条件下单宽流量的 c、S、RMSE 及 R^2

降雨雨型	c			$S/(cm·min^{0.5})$	$RMSE/(cm^2/min)$	R^2
	第一阶段	第二阶段	第三阶段			
A	—	0.013	—		1.30	0.87
B	0.035	0.014	0.007		1.33	0.94
C	0.035	0.005	0.017	0.46	1.26	0.91
D	0.002	0.012	0.042		1.45	0.83

8.4.3.2　坡地侵蚀过程

四种降雨雨型条件下的产沙率随降雨时间变化的实测值与计算值如图 8.56 所示。由图可知，降雨雨型 D 的初期阶段产沙率显著高于其他降雨雨型。这是由于大的降雨强度比小的降雨强度有着更大的雨滴击溅能力和径流冲刷能力。四种降雨雨型的总产沙量分别为 5.83kg（降雨雨型 A）、7.81kg（降雨雨型 B）、8.10kg（降雨雨型 C）和 8.73kg（降雨雨型 D）。降雨雨型对产沙过程即总产沙量均有着显著影响，且峰值降雨强度出现在降雨前期的降雨雨型会导致更多的土壤侵蚀。利用产沙模型对实测资料进行分析，通过曲线拟合得到的径流侵蚀校正系数 a、降雨溅蚀校正系数 b、RMSE 及 R^2 如表 8.52 所示。结果表明模型计算值可以很好地贴合实测数据，由此可知模型可以较好地模拟在不同降雨雨型条件下的产沙过程。校正系数（a 和 b）在降雨过程中均会发生变化，a 反映径流冲刷能力，b 反映雨滴击溅能力。在降雨过程中随降雨强度的增大，多表现为 a 值增大，而 b 值减小。这表明在降雨过程中径流冲刷能力在增强，而雨滴击溅能力在减弱。

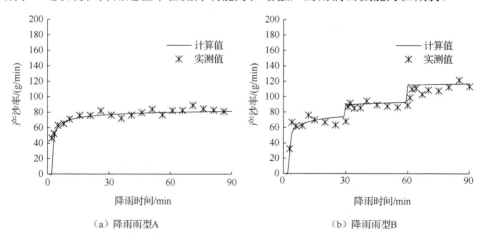

（a）降雨雨型A　　　　　　　　　　　（b）降雨雨型B

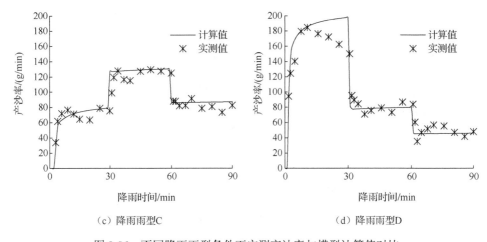

（c）降雨雨型C　　　　　　　　　　（d）降雨雨型D

图 8.56　不同降雨雨型条件下实测产沙率与模型计算值对比

表 8.52　不同降雨雨型条件下产沙率的 a、b、RMSE 及 R^2

降雨雨型	a			b			RMSE /(g/min)	R^2
	第一阶段	第二阶段	第三阶段	第一阶段	第二阶段	第三阶段		
A	—	0.07	—	—	0.06	—	5.02	0.87
B	0.07	0.08	0.09	0.12	0.07	0.05	7.10	0.88
C	0.07	0.09	0.06	0.13	0.06	0.07	8.81	0.87
D	0.08	0.07	0.06	0.11	0.06	0.06	20.22	0.81

8.4.3.3　坡地养分流失过程

在四种降雨雨型条件下的养分流失率随降雨时间变化的实测值和计算值如图 8.57 所示。从图中可知，降雨雨型 D 的养分流失率明显高于其他降雨雨型条件。这可能是由于降雨雨型 D 与土壤表层有着更加剧烈的相互作用。硝态氮流失总量分别为 0.58g（降雨雨型 A）、0.83g（降雨雨型 B）、0.91g（降雨雨型 C）和 0.99g（降雨雨型 D）。铵态氮流失总量分别为 0.33g（降雨雨型 A）、0.35g（降雨雨型 B）、0.42g（降雨雨型 C）和 0.54g（降雨雨型 D）。速效磷流失总量分别为 0.23g（降雨雨型 A）、0.29g（降雨雨型 B）、0.32g（降雨雨型 C）和 0.38g（降雨雨型 D）。利用公式计算得到的养分流失率，通过曲线拟合得到的 k、RMSE 及 R^2 如表 8.53 所示。结果表明，模型计算值可以很好地预测各降雨雨型条件下的径流养分流失率。降雨过程中的降雨强度变化显著影响 k 值的大小，降雨强度越大 k 值越大，而 k 值反映的是养分从地表向径流中传递的能力，因此降雨强度越大径流养分向地表传输能力越强。

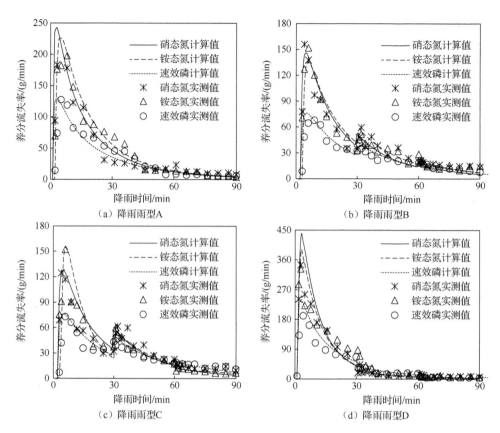

图 8.57　不同降雨雨型条件下实测养分流失率与模型计算值对比

表 8.53　不同降雨雨型条件下养分流失率的 *k*、RMSE 及 *R*²

养分	降雨雨型	*k*			RMSE/(g/min)	*R*²
		第一阶段	第二阶段	第三阶段		
硝态氮	A	—	0.07	—	26.43	0.85
	B	0.06	0.09	0.12	11.22	0.91
	C	0.05	0.10	0.08	11.90	0.85
	D	0.12	0.07	0.05	39.19	0.83
铵态氮	A	—	0.07	—	26.95	0.81
	B	0.05	0.08	0.12	16.71	0.80
	C	0.05	0.09	0.06	15.19	0.81
	D	0.10	0.07	0.05	38.21	0.84
速效磷	A	—	0.05	—	12.74	0.88
	B	0.04	0.07	0.11	6.22	0.87
	C	0.04	0.08	0.06	7.47	0.79
	D	0.08	0.06	0.04	22.45	0.80

8.5　次降雨土壤硝态氮随地表径流流失的经验公式

土壤中的硝态氮极易发生淋失，是氮流失的主要形态。坡地水土养分流失受到多种因素的影响，难以建立适合不同条件下土壤养分流失的通用动力模型。因此，有必要开展流域内地表径流硝态氮流失的估算和预测研究，建立适合不同条件的坡地硝态氮地表径流流失预测经验模型。1965年，美国农业部发布了Wischmeier等[28-29]改进的通用土壤流失方程USLE，并在1992年提出了修正版RUSLE模型[30]，对USLE因子的物理含义及模型预测的精确性进行了完善。众多研究者对 RUSLE 因子的计算、模型的区域应用等方面进行改进，使其在许多区域得到广泛应用，RUSLE 模型公式的发展为类似养分流失预测分析模型奠定了良好基础。根据国内外学者的研究资料，利用 RUSLE 模型公式中包含的影响因子，对降雨条件下的坡地土壤硝态氮流失特征进行研究，构建地表径流硝态氮流失量计算经验公式，借助此公式进行硝态氮流失量估算和预测，旨在揭示硝态氮流失的特征，为坡地养分管理提供方法。

8.5.1　坡地土壤硝态氮径流流失公式的建立

8.5.1.1　公式基本结构

通用土壤流失方程是一个为了预报坡地土壤流失量而设计的侵蚀模型[31]。通用土壤流失方程表示为

$$A = RKLSCP \tag{8.259}$$

式中，A 为年平均土壤流失量，主要指降雨及其径流作用下坡地发生侵蚀的多年平均土壤流失量[$t/(hm^2 \cdot a)$]；R 为降雨侵蚀力因子[$(MJ \cdot mm)/(hm^2 \cdot h \cdot a)$]；$K$ 为土壤可蚀性因子[$(t \cdot hm^2 \cdot h)/(hm^2 \cdot MJ \cdot mm)$]；$LS$ 为地形因子，其中 L 为坡长因子，S 为坡度因子；C 为植被覆盖与管理因子；P 为水土保持措施因子；L、S、C、P 均为无量纲因子。

借鉴土壤流失方程的基本形式，加入坡地土壤养分（硝态氮）流失传输系数 λ，所建立的坡地硝态氮流失预测公式具体表示为

$$E_{硝态氮} = \lambda C_0 R^{a_1} K^{a_2} (LS)^{a_3} C^{a_4} P^{a_5} \tag{8.260}$$

式中，$E_{硝态氮}$ 为单位面积硝态氮流失总量(kg/hm^2)；λ 为坡地养分流失传输系数；C_0 为土壤初始含量(g/kg)；a_1、a_2、a_3、a_4 和 a_5 为经验指数，通过对试验数据进行统计分析获得。

8.5.1.2　公式参数计算公式

1. 降雨侵蚀力因子 R

降雨侵蚀力因子反映了降雨过程中土壤侵蚀的潜在能力，从定量的角度体现

了降雨对土壤颗粒分离和传输的作用。由于所统计的降雨数据均来源于单次降雨下的试验资料,次降雨的降雨侵蚀力计算方法对降雨资料的完整性要求较高,因此采用 USLE 模型中次降雨侵蚀力的经典计算方法,R 的经典计算公式为

$$R = \sum EI_{30} \tag{8.261}$$

$$E = E_m \cdot P_m \tag{8.262}$$

$$E_m = 0.29(1 - 0.72\exp^{-0.05I_m}) \tag{8.263}$$

式中,R 为降雨的侵蚀力因子$[(MJ \cdot mm)/(hm^2 \cdot h)]$;$E$ 为次降雨某时段降雨产生的动能(MJ/hm^2);I_{30} 为次降雨过程中连续 30min 最大降雨强度(mm/h);E_m 为次降雨某时段单位面积上 1mm 降雨产生的能量$[MJ/(hm^2 \cdot mm)]$;P_m 为次降雨过程中某时段的降雨量(mm);I_m 为次降雨过程中某时段内的降雨强度(mm/h)。

2. 土壤可蚀性因子 K

土壤可蚀性因子是单位降雨侵蚀力引起的土壤流失率,反映了土壤性质及剖面特性对土壤流失量的影响。土壤可蚀性因子的大小与土壤质地相关,利用 EPIC 侵蚀-生产影响力模型中的 K 计算方法,计算公式为[32]

$$K = \left\{0.2 + 0.3\exp\left[0.0256SAN(1 - SIL/100)\right]\right\}\left(\frac{SIL}{CLA + SIL}\right)^{0.3}$$

$$\cdot \left[1 - \frac{0.25C}{C + \exp(3.72 - 2.95)}\right]\left[1 - \frac{0.7SN1}{SN1 + \exp(-5.51 + 22.9SN1)}\right] \tag{8.264}$$

式中,SAN 为砂粒含量(%);SIL 为粉粒含量(%);CLA 为黏粒含量(%);C 为有机碳含量(%);SN1 的计算公式为$SN1 = 1 - SAN/100$,(%)。

3. 坡长与坡度因子 LS

坡长因子 L 是指在其他条件(坡向、坡度、降雨、土壤条件)相同的情况下,单位面积上任意坡长的土壤流失量与标准坡长(22.13 m)土壤流失量之比。坡度因子 S 是指其他条件一致的情况下,某一坡度试验小区单位面积土壤流失量与标准坡度下(5.2°)的试验小区单位面积土壤流失量的比值。标准坡度的选取对坡度因子值的计算与分析产生重要影响,因此兼顾国内外坡度因子的计算,本书采用 McCool 等[33]等提出的 S 因子计算模型,此模型考虑到标准化坡度为9%(约为5.2°),计算公式为

$$S = 10.8\sin\theta + 0.03, \theta < 5.14° \tag{8.265}$$

$$S = \left(\frac{\sin\theta}{0.0896}\right)^{0.6}, \quad \theta \geqslant 5.14° \tag{8.266}$$

式中,θ 为坡度(°)。

L 因子的计算方法:

$$L = (l/22.1)^m \tag{8.267}$$

$$m = \beta / (1+\beta) \tag{8.268}$$

$$\beta = (\sin\theta / 0.0896) / (3 \times \sin\theta^{0.8} + 0.56) \tag{8.269}$$

式中，l 为坡长(m)；m 为坡长指数；β 为细沟与细沟间的比率。

4. 植被覆盖与管理因子 C

植被覆盖与管理因子 C 指在相同条件下的一定时间内，种植作物的地块上的土壤流失量与连续清耕地块的土壤流失量之比，代表了所有覆盖和管理的交互作用[33]。通过地表植被盖度 c 计算 C 值，采用蔡崇等提出的计算公式[18]：

$$\begin{cases} C = 1, & c = 0 \\ C = 0.6508 - 0.3436\log c, & 0 \leqslant c \leqslant 78.3\% \\ C = 0, & c > 78.3\% \end{cases} \tag{8.270}$$

5. 水土保持措施因子 P

水土保持措施因子 P 是指在相同降雨、地形等条件下，有特定水土保持措施的标准小区与无水土保持措施的标准小区的土壤流失量比值，反映了水土保持措施对土壤侵蚀过程中的减小作用[33]。P 值变化范围在 $0\sim1$，0 代表该区域实行水土保持措施效果很好或该区域侵蚀程度非常小，而 1 代表未采取任何水土保持控制措施。本书根据 RUSLE 中水土保持措施因子的定义来计算 P 因子值[33]，计算公式为

$$P = \frac{A_{\mathrm{P}}}{A_{\mathrm{C}}} \tag{8.271}$$

式中，A_{p} 为实施某一水土保持措施的坡地土壤流失量[t/(hm²·a)]；A_{C} 为未实施任何水土保持措施的坡地土壤流失量[t/(hm²·a)]。

8.5.1.3　坡地硝态氮流失总量计算相关数据来源

本书使用了全球各地的坡地养分流失试验数据，降雨强度范围为 $0\sim2.5\mathrm{cm/min}$，坡度范围为 $0°\sim30°$，坡长范围为 $1\sim25\mathrm{m}$。根据表 8.54 的基本信息统计各地区次降雨条件下的降雨数据、地形数据、土壤数据；单位面积硝态氮的流失总量；土壤养分含量等。

表 8.54　坡地养分流失统计基本信息

降雨强度/(cm/min)	坡度/(°)	坡长/m	试验地区
0~0.5	0~5	1~5	陕西、四川、重庆、湖南
0.5~1	5~10	5~10	山西、江苏
1~1.5	10~15	10~15	浙江、甘肃、新疆
1.5~2	15~20	15~20	美国印第安纳州、佐治亚州、加利福尼亚州
2~2.5	20~30	20~25	美国明尼苏达州、印度、澳大利亚

8.5.2　经验公式参数的确定

8.5.2.1　降雨侵蚀力因子 R 与硝态氮流失总量的关系

降雨条件下土壤中的硝态氮会随入渗水向土壤深处迁移，并且在地表产流时土壤中的硝态氮向径流中传递。降雨侵蚀力因子 R 与径流单位面积硝态氮流失总量的变化关系见图 8.58。从图中可知，次降雨条件下，单位面积硝态氮流失总量与 R 呈正相关关系。当降雨强度较小时，降雨及径流对土壤的侵蚀能力较弱，随径流和泥沙而流失的养分较少。随着降雨侵蚀力增加，薄层水流紊动随着降雨强度的增大而增大，导致径流侵蚀的切应力增加，径流与土壤的作用强度增大，因此径流中硝态氮的含量增加，径流硝态氮流失总量增大。根据各地区的降雨数据计算得出 R 取值范围为 $200\sim3220[(MJ\cdot mm)/(hm^2\cdot h\cdot a)]$，且主要集中分布在 $500\sim 2100[(MJ\cdot mm)/(hm^2\cdot h\cdot a)]$。

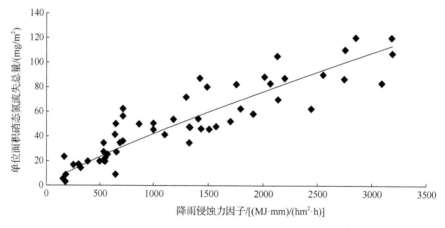

图 8.58　降雨侵蚀力因子与单位面积硝态氮流失总量的变化关系

8.5.2.2　土壤可蚀性因子 K 与硝态氮流失总量的关系

土壤可蚀性因子是评价土壤对侵蚀敏感程度及实施保护性耕作措施的重要指标。土壤可蚀性因子与土壤颗粒组成、土壤初始含水量、有机质含量、渗透率、黏土矿物的性质及化学成分等理化性质关系密切。除土壤理化性质等因素外，土壤可蚀性因子还受降雨特征和土地利用方式等外部因素的影响。土壤可蚀性因子 K 与单位面积硝态氮流失总量的关系如图 8.59 所示。从图中可以看出，单位面积硝态氮流失总量随着 K 的增大呈现递增趋势。土壤可蚀性因子反映了土壤在发生侵蚀过程中的抗蚀能力，其数值是土壤对侵蚀抵抗力的倒数，K 值越大，土壤抵抗侵蚀的能力越弱，土壤流失的比率越大，因此土壤硝态氮流失总量有增加的趋势。计算得出不同土壤类型的可蚀性因子 K 的平均值见表 8.55，K 值变化范围在 $0.0207\sim0.0511[(t\cdot h)/(MJ\cdot mm)]$。

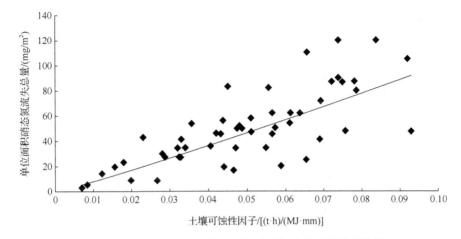

图 8.59　土壤可蚀性因子与单位面积硝态氮流失总量的变化关系

表 8.55　不同土壤类型的可蚀性因子 K 的平均值

土壤类型	土壤可蚀性因子/[(t·h)/(MJ·mm)]	土壤类型	土壤可蚀性因子/[(t·h)/(MJ·mm)]
褐土	0.0320	紫色土	0.0511
黑垆土	0.0374	黄棕壤	0.0321
红壤	0.0328	石灰土	0.0283
黄壤	0.0217	黄绵土	0.0207

8.5.2.3　地形因子 *LS* 与硝态氮流失总量的关系

坡度、坡长是影响坡地土壤流失的重要物理量，坡度的变化会引起坡地承雨面积的改变，导致土壤表层承雨量发生变化，同时改变雨滴与土壤的接触角及地表径流和土壤的平衡状态，对土壤入渗能力及坡地水流特性造成一定影响。坡长变化会引起土壤表层承雨面积及产流量的改变，进而影响水流形式及雨滴的击溅侵蚀能力。坡度、坡长的差异影响了坡地土壤养分随径流的迁移过程，势必也会影响溶解于径流或吸附于泥沙中的硝态氮流失总量。坡长因子 L 与坡度因子 S 的乘积即地形因子 *LS*，计算获得的 *LS* 与单位面积硝态氮流失总量的关系如图 8.60 所示。从图上可以看出，*LS* 增加，单位面积硝态氮流失总量也随之增加。小坡度的坡地径流流速较小，对地表硝态氮的冲刷、侵蚀作用相对较弱。

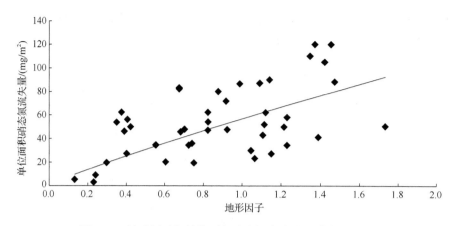

图 8.60　地形因子与单位面积硝态氮流失总量的变化关系

硝态氮的流失会随着坡度的增大而加剧，坡度增长到临界坡度之后，坡地实际承雨量会随着承雨面积的减小而降低，并且地表汇流时间缩短，地表径流与养分的作用时间减小，导致地表所流失的硝态氮开始不断减少。L 与坡长成正比，坡长越长，径流与土壤的接触时间越长，硝态氮随水分向深层土壤入渗的量增加。同时承雨面积随着坡长的增大而增大，径流量和流速越大，随着径流迁移从出口断面流出的硝态氮总量也随之增加。

8.5.2.4　植被覆盖与管理因子 C 与硝态氮流失总量的关系

植被是重要的水土保持措施之一，植物的茎、叶部分能够部分削弱雨滴动能，植物茎叶及枯枝落叶对径流流速有一定阻缓作用，植物根系对提高土壤抗冲抗蚀性能及渗透性等方面具有良好的影响。植被与作物覆盖措施在减弱坡地径流和土壤侵蚀的过程中还作用于随径流流失的养分。植被覆盖与管理因子 C 与单位面积硝态氮流失总量的变化关系如图 8.61 所示。从图中可以得出，单位面积硝态氮流失总量与 C 呈正相关关系。植被覆盖增加了地面粗糙度，植被也对径流起到一定拦截作用，使汇流速度减慢，降低了径流对土壤硝态氮的作用强度，从而削弱养分流失，因此良好的植被覆盖措施能够有效地减少径流养分的流失。基于统计资料中的植被盖度和实测土壤流失量计算得出 C 值，C 与植被盖度成反比关系，植被覆盖的程度愈大，坡地径流硝态氮流失总量越小，从而使 C 值随硝态氮流失总量的增大而增大。根据各地区流域耕作管理制度及土地利用现状，确定各种土地利用类型的平均 C 值见表 8.56，不同植被覆盖条件下 C 值变化范围在 0.006～0.448。

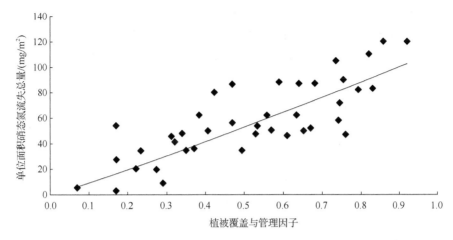

图 8.61　植被覆盖与管理因子与单位面积硝态氮流失总量变化关系

表 8.56　不同用地的平均植被覆盖与管理因子

用地类型	C	用地类型	C
草地	0.055	林地	0.006
旱地	0.448	居民地	0.170
水田	0.182	裸地	1

8.5.2.5　水土保持措施因子 P 与硝态氮流失总量的关系

水土措施保持因子 P 与单位面积硝态氮流失总量变化关系如图 8.62 所示。从图中可以看出，随着 P 的增大，单位面积硝态氮流失总量不断增加。P 值反映了耕作措施、林草措施等对土壤流失的影响，P 越小，土壤地表径流硝态氮流失总量越少，因此采取适当的水土保持措施对防止水土流失能起到积极的作用，从而有效地降低土壤中氮素的流失。P 还受到土壤性质、植被盖度等因素的影响，取值范围在 0.08～0.81。

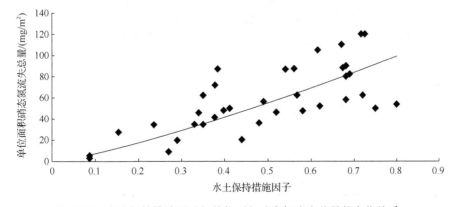

图 8.62　水土保持措施因子与单位面积硝态氮流失总量的变化关系

各地区不同水土保持措施因子 P 值见表 8.57。不同水土保持措施下的 P 值大小排序为工程措施<耕作措施<综合措施<林草措施，说明工程措施减少水土流失效应最为显著。

表 8.57　坡耕地不同水土保持措施因子取值

措施分类	措施类型	P	措施分类	措施类型	P
耕作措施	免耕	0.16~0.29	林草措施	牛鞭草	0.71
	横坡耕作	0.53~0.69		牧草	0.50~0.63
	等高植物篱	0.512		水土保持林	0.45~0.53
	紫花苜蓿植物篱	0.564		经果林	0.575
工程措施	梯田	0.08~0.19	综合措施	人工补植地	0.612
	地埂	0.23		生物防冲带	0.525
	截留沟	0.18~0.30		封禁地	0.638

8.5.3　经验公式构建与评价

降雨条件下坡地硝态氮流失受到降雨特征、地形条件、土壤性质及土地管理措施等因素的影响。因此，参考 RUSLE 公式的建构思路和相关参数确定方法，利用降雨侵蚀力因子、土壤可蚀性因子、地形因子、植被覆盖与管理因子和水土保持措施因子综合体现硝态氮流失特征。综上所述，五大因子与径流硝态氮流失总量之间存在明显关系，为了定量分析径流硝态氮流失总量与各影响因子之间的关系，应用单因子非线性回归的方法，分别得到硝态氮流失模数与降雨侵蚀力因子 R、土壤可蚀性因子 K、地形因子 LS、植被覆盖与管理因子 C 及水土保持措施因子 P 之间的关系，见表 8.58。从表中结果可以看出，在此降雨过程中，硝态氮流失模数与五大因子间存在较为明显幂函数关系。各因子影响下的单位面积硝态氮流失总量公式用均方根误差（RMSE）进行评价，由于试验资料基数较大，会对数据偏离程度产生影响。通过 SPSS 软件进行方差单因素分析得到，地形因子 LS、水土保持措施因子 P 与硝态氮流失总量之间的差异性显著（$p<0.05$），说明地形条件、水土保持措施对硝态氮流失总量的影响较为显著。因此，可以通过控制地形条件及优化水土保持措施等方法对硝态氮的流失进行调控。

表 8.58　土壤单位面积硝态氮流失总量与影响因子之间的关系

影响因子	回归方程	R^2	RMSE/(kg/hm^2)	显著性分析
R	$E_{硝态氮}=0.12R^{0.8535}$	0.79	13.29	NS
K	$E_{硝态氮}=1243.9K^{1.0966}$	0.68	16.33	NS
LS	$E_{硝态氮}=56.89(LS)^{0.8872}$	0.46	20.55	0.018*
C	$E_{硝态氮}=112.65C^{1.0889}$	0.63	15.06	NS
P	$E_{硝态氮}=131.49P^{1.2517}$	0.71	18.51	0.034*

注：*代表试验因素与结果存在显著差异性（$p<0.05$），NS 代表试验因素与结果间差异性不显著。

根据单位面积硝态氮流失总量与单一因子间的关系表达式，建立单位面积硝态氮流失总量预测公式为

$$E_{硝态氮} = 6.55 \cdot 10^{-2} C_0 \cdot R^{0.85} \cdot K^{1.1} \cdot (LS)^{0.9} \cdot C^{1.1} \cdot P^{1.25} \qquad (8.272)$$

式（8.272）是在总结国内外关于坡地土壤养分流失试验资料的基础上建立的经验模型，其他参数均通过文献资料提供的试验数据获得。通过对模型数据及实测数据进行误差分析，得出单位面积硝态氮流失总量计算值与实测值之间具有良好对应关系，说明此模型在一定误差范围内能够预测坡地土壤硝态氮的流失。

为进一步分析式（8.272）计算的准确性，另选取了未被用于参数推求的六个试验点实测资料进行模型验证，计算得到各试验小区模型参数如表 8.55 所示。利用上述单位面积硝态氮流失总量预测公式，获得各试验小区径流单位面积硝态氮流失总量。各试验小区实测单位面积硝态氮流失总量与计算流失总量对比结果，如表 8.60 和图 8.63 所示。从表 8.59 中得知，单位面积硝态氮流失总量计算值与实测值之间的总平均相对误差为 30.28 %。从图 8.63 可以看出，公式计算的预测单位面积硝态氮流失总量和实测单位面积硝态氮流失总量呈接近 1：1 的线性关系，大部分数据点分布在 1：1 线附近，说明土壤单位面积硝态氮流失总量的实测值与计算值之间具有良好的对应关系，式（8.272）计算结果与实际值间存在一致性变化趋势。参数确定所用资料来自世界各地，自然条件变异较大，导致相对误差较大。计算式（8.272）可以用于不同地区的土壤硝态氮径流流失预测评价和控制措施的对比分析。

表 8.59 各试验小区模型参数计算表

参数	小区 A	小区 B	小区 C	小区 D	小区 E	小区 F
C_0	0.67	0.69	0.19	0.72	1.12	0.85
R	1500	875	1060	780	1247	1150
K	0.056	0.044	0.039	0.051	0.029	0.061
LS	1.459	1.676	1.552	1.282	1.418	1.338
C	0.66	0.77	0.43	0.35	0.45	0.59
P	0.71	0.82	0.51	0.35	0.25	0.48

表 8.60 各试验小区单位面积硝态氮流失总量计算值与实测值比较

小区	实测值/(kg/hm²)	计算值/(kg/hm²)	相对误差/%	总平均相对误差/%
A	0.4185	0.5383	28.66	
B	0.3277	0.4421	34.91	
C	0.0257	0.0342	33.07	30.28
D	0.0165	0.0210	27.27	
E	0.0811	0.0622	23.30	
F	0.2138	0.2875	34.47	

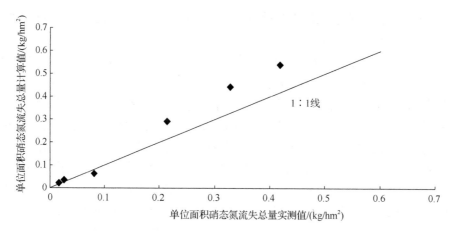

图 8.63　单位面积硝态氮流失总量计算值和实测值比较

　　借鉴 RUSLE 公式建构思路和因子计算方法，通过国内外文献提供的数据资料，获得次降雨条件下的各影响因子数值并分析因子与硝态氮流失总量间的关系，建立了坡地径流硝态氮流失量预报模型。通过统计数据资料并计算各因子数值得出，R 值的变化范围为 200～3220[(MJ·mm)/(hm²·h·a)]，且主要集中分布在 500～2100[(MJ·mm)/(hm²·h·a)]；K 值的计算受到土壤质地、土地利用方式及土粒团聚性、颗粒组成等土壤理化性质影响，其数值的大小在 0.0207～0.0511[(t·h)/(MJ·mm)]；C 值变化范围在 0.006～0.448；P 值的大小取值在 0.08～0.81，且不同水土保持措施下的 P 值大小排序为工程措施<耕作措施<综合措施<林草措施，说明工程措施减少水土流失的效果最为显著。分析影响因子与硝态氮养分流失总量之间的关系得出，R、K、LS、C、P 与硝态氮流失总量之间均呈幂函数关系。利用次降雨条件下 6 个小区的实测流失总量对式（8.272）预测结果进行检验，各小区单位面积硝态氮流失总量计算值与实测值之间的总平均相对误差为 30.28%，可用于不同地区的硝态氮地表径流流失总量预测，为坡地土壤硝态氮地表径流流失预测分析和控制措施优化配置提供参考。

参 考 文 献

[1] GUO T L, WANG Q J, LI D Q, et al. Effect of surface stone cover on sediment and solute transport on the slope of fallow land in the semi-arid loess region of northwestern China[J]. Soils and sediments, 2010, 10: 1200-1208.

[2] GUO T L, WANG Q J, LI D Q. Sediment and solute transport on soil slope under simultaneous influence of rainfall impact and scouring flow[J]. Hydrological processes, 2010, 24(11): 1446-1454.

[3] WANG Q J, HORTON R, SHAO M A. Effective raindrop kinetic energy influence on soil potassium transport into runoff[J]. Soil science, 2002, 167(6):369-376.

[4] 王全九, 王辉. 黄土坡面土壤溶质随径流迁移有效混合深度模型特征分析[J]. 水利学报, 2010, 41（6）: 671-676.

[5] 王全九，王文焰，沈冰，等. 降雨-地表径流-土壤溶质相互作用深度[J]. 土壤侵蚀与水土保持学报，1998，4（2）：41-46.

[6] WALLACH R, GRIGORIN G, BYK J R. The errors in surface runoff prediction by neglecting the relationship between infiltration rate and overland flow depth[J]. Journal of hydrology, 1997, 200(1-4): 243-259.

[7] PHILIP J R. The theory of infiltration: the infiltration equation and its solution[J]. Soil science, 1957, 83(5): 345-357.

[8] Meng X, Tong J, Hu B X. Using an ensemble Kalman filter method to calibrate parameters of a prediction model for chemical transport from soil to surface runoff[J]. Environmental science and pollution research, 2021, 28(4):4404-4416.

[9] YANG T, WANG Q J, SU L J, et al. An approximately semi-analytical model for describing surface runoff of rainwater over sloped land[J]. Water resources management, 2016, 30:1-14.

[10] NASH J E, SUTCLIFFE J V. River flow forecasting through conceptual models part I-A discussion of principles[J]. Journal of hydrology, 1970, 10(3): 282-290.

[11] FOSTER G R, MEYER L D. Transport of soil particles by shallow flow[J]. Transactions the ASAE, 1972, 15(1): 99-102.

[12] AHUJA L R, SHARPLEY A N, YAMAMOTO M, et al. The depth of rainfall-runoff-soil interaction as determined by ^{32}P [J]. Water resources research, 1981, 17(4): 969-974.

[13] AHUJA L R, LEHMAN O R. The extent and nature of rainfall-soil interaction in the release of soluble chemicals to runoff [J]. Journal of environmental quality, 1983, 12(1): 34-40.

[14] 史东梅. 基于 RUSLE 模型的紫色丘陵区坡耕地水土保持研究[J]. 水土保持学报，2010，24（3）：39-44.

[15] 王全九，王辉，郭太龙. 黄土坡面土壤溶质随地表径流迁移特征与数学模型[M]. 北京：科学出版社，2010.

[16] DONG W C, WANG Q J, ZHOU B B, et al. A simple model for the transport of soil-dissolved chemicals in runoff by raindrops[J]. Catena, 2013, 101: 129-135.

[17] YANG T, WANG Q J, XU D, et al. A method for estimating the interaction depth of surface soil with simulated rain[J]. Catena, 2015, 124: 109-118.

[18] HEILIG A, DEBRUYN D, WALTER M T, et al. Testing a mechanistic soil erosion model with a simple experiment[J]. Journal of hydrology, 2001, 244(1-2): 9-16.

[19] WALTER M T, GAO B, PARLANGE J. Modeling soil solute release into runoff with infiltration[J]. Journal hydrology, 2007, 347(3-4): 430-437.

[20] SHARPLEY A N. Depth of surface soil-runoff interaction as affected by rainfall, soil slope, and management[J]. Soil science society of American journal, 1985, 49(4): 1010-1015.

[21] MEYER L D, HARMON W C. 1984. Susceptibility of agricultural soils to interrill erosion[J]. Soil science society of American journal, 1984, 48(5): 1152-1157.

[22] YANG T, WANG Q J, LIU Y L, et al. A comparison of mathematical models for chemical transfer from soil to surface runoff with the impact of rain[J]. Catena, 2016, 137:191-202.

[23] YANG T, WANG Q J, WU L SH, et al. A mathematical model for soil solute transfer into surface runoff as influenced by rainfall detachment[J]. Science of the total environment, 2016, (557-558): 590-600.

[24] SRINIVASAN V S, GOMES H P, LEPRUN J C, et al. Erosion Studies in Sume, a Semiarid Region in the Northeast of Brazil[M]. Connecticut: IAHS publish. 1988, 174, Wallingford.

[25] SRINIVASAN V S, GALVAO C O. Evaluation of runoff and erosion loss in micro basins utilizing the hydrodynamic model WESP[J]. Advances in engineering software, 1995, 22: 79-85.

[26] TAO W H, WU J H. Study on numerical simulation of slope runoff and sediment yield rule[J]. Journal of soil and water conservation, 2016, 30(1): 54-57.

[27] YANG Y, WANG, Q J, FAN J, et al. Method for determining soil water and solute transport parameters using one soil column[J]. Journal of hydraulic engineering, 2007, 38(1): 120-126.

[28] WISCHMEIER W, SMITH D. Predicting Rainfall-erosion Losses from Crop Land East of the Rocky Mountains[M]. USDA Agriculture Handbook, 1965.

[29] WISCHMEIER W, SMITH D. A soil erodibility nomograph farmland and construction sites[J]. Journal of soil and water conservation, 1971, 26(5): 189-193.

[30] RENARD K, FOSTER G, WEESIES G, et al. Predicting Soil Erosion by Water: a Guide to Conservation Planning with the Revised Universal Soil Loss Equation[M]. Washinton D C: USDA Agricultural Handbook, 1997.

[31] WILLIAMS J R, RENARD K G, DYKE P T. Epic: A new method for assessing erosion's effect on soil productivity[J]. Journal of soil and water conservation, 1983, 38(5): 381-383.

[32] 张岩，袁建平，刘宝元. 土壤侵蚀预报模型中的植被覆盖与管理因子研究进展[J]. 应用生态学报，2002，13（8）：1033-1036.

[33] MCCOOL D K, BROWN L C, FOSTER G R, et al. Revised slope steepness factor for the Universal Soil Loss Equation [J]. Transaction American society of agricultural engineer, 1987, 30(4): 1387-1396.